Lean Six Sigma na Indústria de Óleo e Gás

Aplicações e Boas Práticas

AF820856

Robisom Damasceno Calado
(Organizador)

2017

1a Edição

GlobalSouth
PRESS

Copyright © 2017 by
Robisom Damasceno Calado

Published in the United States by GlobalSouth Press Inc TM.
All rights reserved. Published in the United States of America

No part of this book may be reproduced or utilized in any form or by any means, electronic or mechanical, including photocopying, recording, or by any information storage and retrieval system, without written permission from the publisher, except in the case of brief quotations embodied in critical articles and reviews. For information, address GlobalSouth Press Inc., 199 E. Montgomery Suite 100, Rockville-MD. 20850. GlobalSouth Press books are available at special discounts for bulk purchases in the U.S. by corporations, institutions, and other organizations.

For more information, please contact
info@globalsouthpress.com or go to
http://www.globalsouthpress.com/

Revisores de Capítulos

Ana Paula Barbosa Sobral, Dra, Christiane Lima, Dra
Eduardo Guilherme Satolo; Dr., Flávio Silva Machado, Dr., Iara Tammela, Dra, Leonardo Luiz Lima Navarro, Dr., Luis Enrique Valdiviezo Viera, Dr., Luis Gustavo Zelaya Cruz, Dr., Luiz Antônio de Oliveira Chaves, MSc., Marcos Ricardo Rosa Georges, Dr., Mateus Carvalho Amaral, Dr., Osvaldo Luiz Gonçalves Quelhas, Dr., Paulo Sérgio de Arruda Ignácio, Dr., Ramon Baptista Narcizo; MSc., Robisom Damasceno Calado, Dr., Sérgio Crespo C S Pinto, Dr., Uilson Alves da Silva, MSc., Vanessa Aguiar Vieira, Esp., Adalberto Lima

Lean Six Sigma na Indústria de Óleo e Gás
By CALADO, Robisom
—1st ed. — 2017
Includes bibliographical references and index
ISBN: 978-1-943350-64-3
1. Technology and Engineering— Industrial Engineering
2. Technology and Engineering — Mining
3. Technology and Engineering — Petroleum

GlobalSouth
PRESS

Editorial Board

Bulent Acma, Ph.D.
Anadolu University, Eskişehir, Turkey.

Flavio Saraiva, Ph.D.
Universidade de Brasília, Brasilia, Brazil.

Helmunt Schlenter, Ph.D.
Institute for Global Dialogue, Pretoria, South Africa.

Tullo Vigevani, Ph.D.
Sao Paulo State University, Sao Paulo, Brazil.

Monica Arruda Almeida, Ph. D.
Georgetown University,Washington, D.C., United States of America.

Yong J. Wang, Ph.D.
Ohio University, Columbus, United States of America.

Chih-yu Shih, Ph.D.
National Taiwan University (ROC), Taipei, Taiwan.

Irene Klumbies, Ph.D.
Jacobs University Bremen, Bremen, Germany.

Sai Felicia Krishna-Hensel, Ph.D.
Center Business and Econ. Develop., Auburn University, Montgomery, United States of America.

José Ãlvaro Moisés, Ph.D.
Universidade de São Paulo (USP), São Paulo, Brazil.

Martina Kaller, Ph.D.
Standford University, California, United States of America

Sumário

Autores:

Alberto Eduardo Besser Freitag, Dr., André da Silva Barcelos, Esp., Angela Alice Silva Boa Sorte Oliveira, MSc., Bruno Acioli de Matos, Msc. , Caio Ponara Russo, Camilla Campos Martins da Silva , Carmen Lúcia Campos Guizze, Drª, Cristiano Venâncio Xavier, Daiane Castelão Galdino, Dalessandro Soares Vianna, Dr., Daniel Luiz de Mattos Nascimento, Édio Pereira Neto, Msc., Eduardo Guilherme Satolo, Dr., Edwin Benito Mitacc Meza, Dr., Elen Nara Carpim Besteiro, Drª, Elie Chahdan Mounzer, Dr., Fernando Henrique da Fonseca Silva, Filipe Brandão Martins, Filipe Passaroni Daumas, Flávio Silva Machado, Dr., Fredjoger Barbosa Mendes, Esp., Guido Vaz Silva, Dr., Heitor Mansur Caulliraux, Dr., Iara Tammela, Drª, Jessica Carvalho das Chagas, Jéssica dos Santos Leite Gonella, Leonardo Luiz Lima Navarro, Dr., Luana Rodrigues Pizetta Claudino, Ludmilla Cardoso Martins, Luis Enrique Valdiviezo Viera, Dr., Luis Gustavo Zelaya Cruz, Dr., Luiz Antônio de Oliveira Chaves, Msc., Maria Fernanda Zelaya Correia, Msc., Mariana Franco Félix Nogueira, Mateus Carvalho Amaral, Dr., Maurício da Silva Barcelos, Messias Borges Silva, Dr., Osvaldo Luiz Gonçalves Quelhas, Dr., Paulo Sérgio de Arruda Ignácio, Dr., Pedro Henrique Perozini, Péricles Nunes da Silva, Ramon Baptista Narcizo, Msc.,Regina Meyer Branski, Drª, Renato Flórido Cameira, Dr., Robisom Damasceno Calado, Dr., Rodolfo Cardoso, Dr.,Rodrigo Goyannes Gusmão Caiado, Msc., Rosley Anholon, Dr., Tiago Ramos dos Santos, Esp., Uilson Alves da Silva, MSc., Vanessa Aguiar Vieira, Esp., Vinícius Luiz da Costa

1. Lean Six Sigma no setor de Óleo & Gás e correlações com o Modelo Toyota de Liker: uma revisão da literatura.

***Alberto Eduardo Besser Freitag*[a], *Osvaldo Luiz Gonçalves Quelhas*[a], *Rosley Anholon*[b]**

[a] *Universidade Federal Fluminense (UFF), Escola de Engenharia,*
[b] *Universidade Estadual de Campinas (UNICAMP), Faculdade de Engenharia Mecânica.*

Objetivo

O propósito desde estudo é o desenvolvimento de uma estrutura teórica, estabelecendo correlações entre ferramentas/técnicas de *Lean* Six Sigma (LSS) no setor de Óleo & Gas (O&G) e o Modelo Toyota de Liker (MTL). Existe ainda pouca literatura científica sobre LSS no setor de O&G, com um aumento de publicações a partir de 2014. Apesar dessa constatação, foi possível identificar 31 ferramentas/técnicas de LSS no setor de O&G, e estabelecer um modelo teórico, por meio de correlações com as 4 Camadas e 14 Princípios do MTL. Constatou-se que a maioria dos princípios correlacionados às ferramentas/técnicas LSS são relacionados à camada "Processo". A camada "Filosofia" é ainda pouco explorada, assim como a camada "Pessoas e Parceiros", que merece aprofundamento considerando que os sete princípios de maior correlação com as ferramentas/técnicas *Lean* Six Sigma (LSS) exigem um forte componente humano e de relacionamento com parceiros.

1. Introdução

Um estudo (IEO 2016) do órgão responsável pela administração de informações sobre energia nos EUA, com projeções até 2040, mostra que as energias renováveis são a fonte de energia com crescimento mais rápido do mundo. o consumo de energia renovável aumentará em uma média de 2,6%/ano entre 2012 e 2040, contudo, mesmo que seja esperado um crescimento maior no consumo de combustíveis não fósseis, os combustíveis fósseis ainda representarão 78% do consumo de energia em 2040 (Figura 1). o gás natural é o combustível fóssil de mais rápido crescimento, com aumento do consumo projetado em 1,9%/ano. Recursos abundantes de gás natural e produção robusta contribuem para a sua forte posição competitiva.

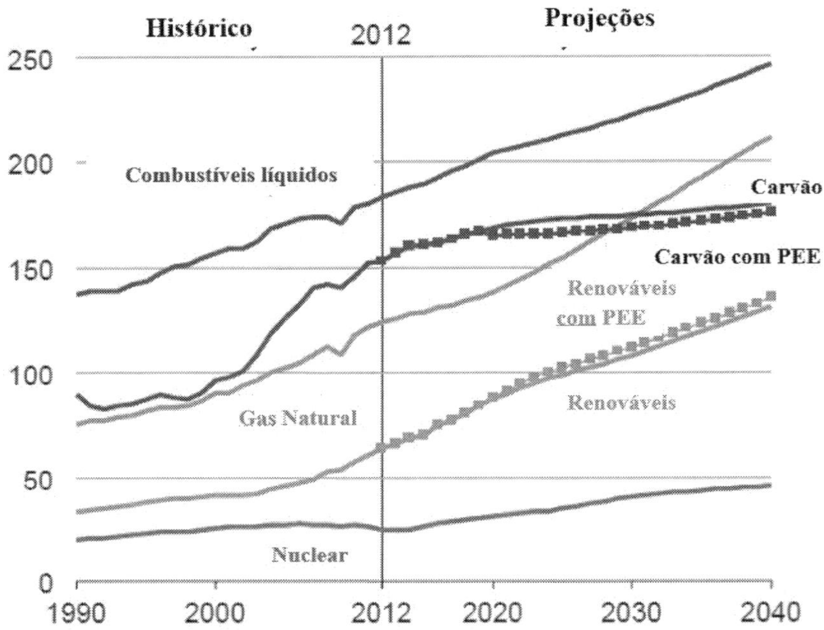

Nota: As linhas pontilhadas para carvão e renováveis são projeções do Plano de Energia Limpa (PEE) dos EUA.

Fonte: IEO (2016)

Figura 1 Consumo total de energia mundial por fonte de energia, 1990-2040 (quadrilhões Btu)

O uso de petróleo e outros combustíveis líquidos crescerá de 90 milhões de barris por dia (b/d) em 2012 para 100 milhões b/d em 2020 e para 121 milhões b/d em 2040. A maior parte do crescimento no consumo de combustíveis líquidos será nos setores industriais e de transporte. No setor de transportes, particularmente, combustíveis líquidos continuarão a fornecer a maior parte da energia consumida. Apesar dos avanços em tecnologias de transporte baseados em não líquidos, estes não são suficientes para compensar a procura crescente de serviços de transporte em todo o mundo. A maior parte do aumento restante do consumo de combustíveis líquidos é atribuída ao setor industrial, onde a indústria de produtos químicos continuará a consumir grandes quantidades de matérias-primas de petróleo até 2040.

A demanda mundial de petróleo aumenta continuamente, enquanto que a oferta de petróleo disponibilizado pela organização dos países de exportação de petróleo (OPEP) é menor que a demanda. Baseado nessa constatação, Chaurasia; Garg & Agarwal (2016) perceberam que *Lean* Six Sigma pode ser uma técnica importante para países da OPEP e não-OPEP, como forma de estratégia de sobrevivência durante a depressão ou recessão da economia, em função das variações nos preços do petróleo. Embora as abordagens de *Lean* e Six Sigma trabalhem de forma diferente, há semelhança entre ambas, e foi visto na última década que a integração do *Lean* e Six Sigma leva em direção a excelência empresarial de forma mais eficaz, produtiva e econômica (CHAURASIA; GARG & AGARWAL, 2016). A Tabela 1 mostra por meio de fatores-chave as diferenças básicas entre abordagens *Lean* e Six Sigma.

Tabela 1 Fatores-chave de comparação entre *Lean* e Six Sigma

Fator	*Lean*	Six Sigma
Teoria	Eliminação de desperdícios e melhoria de processos	Redução de variações no problema
Área focada	Metodologia de fluxo de processo	Metodologia de resolução de problemas
Fator-chave	Redução de desperdícios sem valor agregado melhora fluxo de processo	Redução da variação reduz o problema
Benefício-chave primário	Reduz o tempo de fluxo do processo	Uniformiza e controla saída do processo
Benefícios chaves secundários	Reduz desperdícios Uniformiza saída Controle de inventário Matriz de fluxo Melhora a qualidade Fortalece questões reativas	Reduz variações Melhora a taxa de transferência Controle de inventário Matriz de variação Taxa de qualidade é alta Fortalece questões pró-ativas
Gargalo	Menos concentrado em ferramentas de controle estatístico de processos	Sistema do processo não é considerado. Melhora de forma independente e não tem solução-padrão para problemas comuns e sua falha afeta toda a cadeia

Fonte: Chaurasia; Garg & Agarwal (2016)

O contexto apresentado demonstra a importância do setor de Óleo & Gas (O&G) na matriz energética mundial, e a contribuição que *Lean* Six Sigma

(LSS) pode oferecer para tornar as empresas mais produtivas, reforçado no artigo Oil Companies (2016), que trata da busca de executivos da British Petroleum em empresas de outros setores, para obter exemplos de como tornar a operação mais enxuta, envolvendo racionalização de inventários e mão de obra.

Analisando a literatura existente, percebe-se uma oportunidade de se desenvolverem pesquisas para identificar correlações entre ferramentas/técnicas de LSS no setor de O&G e o Modelo Toyota de Liker (MTL). Dessa forma, o estudo aqui proposto complementa os achados dos trabalhos existentes, almejando responder ao seguinte problema de pesquisa: "Como integrar ferramentas/técnicas de LSS no setor de O&G com o MTL?" Espera-se responder essa questão desenvolvendo uma estrutura teórica, integrando ferramentas/técnicas de LSS no setor de O&G com o MTL, que é o objetivo geral deste estudo. Os objetivos específicos são identificar as ferramentas/técnicas de LSS no setor de O&G, a partir do estado-da-arte da literatura existente, e pesquisar as lacunas na literatura científica, estabelecendo correlações com o MTL. A justificativa para tal trabalho está no diferencial de disponibilizar conhecimento para pesquisadores, que podem explorar novas linhas de pesquisa a partir dos resultados encontrados, desenvolvendo novos trabalhos científicos. o estudo também contribui para que mais empresas possam adotar LSS no setor de O&G. A delimitação pode ser caracterizada por pesquisa e análise de artigos e revisões de literatura, abordando ferramentas/técnicas de LSS no setor de O&G, com base em documentos pesquisados nas bases científicas Scopus e SciELO.

Esta primeira seção contém o contexto que levou ao desenvolvimento deste trabalho, a segunda seção apresenta o material coletado utilizando como método de pesquisa uma revisão sistemática da literatura, a terceira seção traz os resultados esperados para os objetivos deste estudo e a discussão dos mesmos e a quarta seção apresenta as conclusões.

2. Material e método

O material para a elaboração deste trabalho foi coletado por meio de uma revisão sistemática da literatura, em quatro etapas. Primeiro, foi identificado um conjunto de registros resultante das frases de pesquisa utilizadas nas bases científicas SciELO e Scopus. Em seguida, foi selecionado um segundo conjunto, constituído pelos documentos que restaram, após a eliminação dos registros em duplicidade, bem como os não aderentes e com informações incompletas de autores. Depois, procedeu-se com uma análise de conteúdo dos estudos para eleger aqueles a serem incluídos na revisão da literatura, que é a etapa final.

Inicialmente será apresentado o material utilizado na elaboração deste trabalho, englobando literatura científica existente a respeito de "*Lean* Six Sigma" no setor de Óleo & Gás. Em seguida será detalhado o método de pesquisa adotado.

2.1 Material

O trabalho de Haragovics; Mizsey (2014) investiga as técnicas utilizadas na avaliação de estruturas de destilação do ponto de vista de manufatura enxuta. A indústria de óleo e gás já começou a adotar princípios de manufatura enxuta em diferentes tipos de processos, de fluxo de informações a tecnologias de processamento. Geralmente, os custos de energia são o fator mais importante no processamento de hidrocarbonetos. A subutilização de plantas tem efeitos negativos maiores no consumo de energia do que qualquer melhoria tecnológica poderia contrabalançar, por isso, operações "pára e anda" ou tecnologias mais flexíveis seriam desejáveis, se for possível ser providenciado (HARAGOVICS; MIZSEY, 2014). Do ponto de vista de manufatura enxuta, a flexibilidade de processos é importante, e usando a análise de exergia, a eficiência energética pode ser facilmente avaliada para encontrar a alternativa ideal do conjunto de soluções possíveis. A solução será tão flexível quanto for necessário e ao mesmo tempo energeticamente eficiente. A análise de exergia combinada com simulações de plantas e cenários diferentes de tempos médios de parada pode melhorar uma planta que tem um consumo específico bom e constante de energia independentemente das condições. Haragovics; Mizsey (2014) desenvolveram quatro estudos de caso de componentes de uma planta, mostrando que a mesma estrutura de destilação pode ser mais ou menos eficiente, dependendo da situação da planta industrial. Além disso, a análise de energia usada com condições de contorno diferentes no mesmo sistema pode mostrar a flexibilidade do sistema e revelar potenciais de otimização.

O artigo de Buell; Turnipseed (2004) resume as experiências e resultados que melhoram o desempenho de negócios utilizando *Lean* Six Sigma (LSS) em operações *upstream* de óleo e gás nos EUA e Ásia. Buell; Turnipseed (2004) apresentam resumos de projetos LSS concluídos abordando testes de poços, reparo de haste de bombeamento, tratamento de água, tratamento de óleo, estimulação de poços de produção e registro de produção.

No estudo de Motała et al. (2008), manufatura enxuta e ágil são consideradas como duas estratégias organizacionais de gestão empresarial separadas. Portanto, os autores propuseram um modelo destas estratégias para situações de negócios, bem como atribuíram modernos conceitos e métodos de gestão para estas estratégias e segmentos de negócios. o modelo, chamado de MDNEA (modelo de desenvolvimento de negócio enxuto e ágil), foi provisoriamente verificado nas pequenas e médias empresas da indústria de engenharia de gás na província de Wielkopolska, na Polônia. Motała et al. (2008) estudaram a utilização de modernos conceitos e métodos de gestão em 17 empresas dessa indústria, concluindo que o MDNEA pode ser usado como uma ferramenta quando se considera uma estratégia enxuta ou ágil e modernos conceitos e métodos que estão associados com estas estratégias.

Para Chaurasia; Garg & Agarwal (2016), o requisito essencial para as indústrias no ambiente de negócios global de hoje em dia envolve a redução de desperdícios, redução de variações, redução de prazo de entrega e características inovadoras em produtos de qualidade com custo mínimo. Isso requer a melhoria da satisfação do cliente e adoção de estratégias para resolver problemas com a maior velocidade de processo. A estratégia e modelo *Lean* Six Sigma (LSS) pode ajudar a melhorar a excelência dos negócios e estratégias das empresas contra a recessão, quando estiverem enfrentando uma ou se houver uma chegando. o artigo de Chaurasia; Garg & Agarwal (2016) aborda a visão dos autores, especialistas industriais de indústrias de petróleo sobre estratégia LSS, modelos, e fatores-chave comparativos de *Lean* e Six Sigma para superar continuamente o declínio dos preços de petróleo globalmente. A estratégia LSS pode funcionar proativamente como ferramenta preventiva contra o crescimento econômico insípido de países exportadores de petróleo.

Sinkora (2015) relata a jornada de melhoria continua da empresa Rable, de Mansfield, Ohio, EUA, provando que técnicas *lean* simples e de bom senso, podem resultar em gigantescas melhorias de produtividade e rentabilidade. Ao longo de 11 anos a empresa, fornecedora de indústrias como óleo e gás, aeroespacial, telecomunicações e médica, saiu de uma produção de 1.700 para 3.500 peças diferentes, e aumentou as vendas por empregado, apesar da recessão. Um dos grandes clientes de petróleo e gás da Rable ajudou a potencializar a jornada *lean*, desafiando a empresa a produzir módulos dentro de um sistema kanban. A Rable vinha fabricando aproximadamente 400 componentes para este cliente, mas nenhum módulo. o cliente firmou com a empresa um contrato anual e pediu-lhes para combinar alguns dos componentes em uma dúzia de subconjuntos, mas somente quando tivessem um kanban eletrônico. Isso fez com que a Rable passasse a "puxar" o produto, sempre que precisava, ao invés de planejar a produção à frente, ficando assim mais em sintonia com a utilização do cliente, e repondo os componentes somente quando necessário, o que reduziu drasticamente o inventário em 45%, ao mesmo tempo aumentando a capacidade do maquinário. A Rable também instalou um sistema de programação visual, evitando em torno de 65% dos custos de setup. Para Sinkora (2015), é aquela vontade de sempre procurar maneiras de fazer as coisas melhor que impulsionaram as vendas por empregado em 61% em menos de 10 anos. É parte da mentalidade da Rable ser *lean*, ou em outras palavras, ter foco no bom senso.

Para Iudina; Garifullina & Serikova (2015), o grande interesse nos conceitos, princípios e ferramentas de produção enxuta é causado não só e não tanto pela "moda" por inovações organizacionais e de gestão, mas sim pela necessidade de se encontrar novas reservas para melhorar a eficiência da produção (em especial, na indústria de extração de óleo). Na teoria e prática russa (incluindo soviética) da gestão do trabalho, há exemplos de aplicação bem sucedida de ferramentas inovadoras que visam otimizar os custos de transação. No entanto, de acordo com Iudina; Garifullina & Serikova (2015), os problemas frequentes de implementar as ferramentas de produção enxuta nas práticas de empresas russas estão relacionados principalmente à distorção da essência desses princípios, com o formalismo e atitude instrumental dos executores, bem como com a falta de um sistema de gestão da inovação.

2.2 Método

O método utilizado teve uma abordagem qualitativa de pesquisa, em duas fases. o objetivo da primeira fase foi a obtenção de conhecimento disponível na literatura científica existente, que permita estabelecer correlações entre "*Lean* Six Sigma" e o setor de Óleo & Gas. Uma estratégia geral para realizar pesquisa é fazer uso dos dados disponíveis. Em contraste com estratégias de pesquisa que se baseiam em dados coletados em primeira mão (experimentais, *surveys*, estudos de campo), o pesquisador de dados disponíveis minera informações de segunda mão. A fonte de tais informações inclui arquivos de dados gerados a partir de *surveys* e etnografias (SINGLETON JR; STRAITS, 2010).

Uma abordagem de pesquisa de dados disponíveis é a análise de conteúdo, cujo objetivo é desenvolver critérios sistemáticos e objetivos para transformar o texto escrito em dados quantitativos altamente confiáveis (SINGLETON JR; STRAITS, 2010).

Com base no acima exposto, adotou-se uma abordagem qualitativa de pesquisa, utilizando dados disponíveis, cujo conteúdo foi analisado por meio do método Prisma (*Preferred Reporting Items for Systematic Reviews and Meta-Analyses*), um guia de recomendações para uma revisão sistemática de literatura, descrito por Moher et al. (2009), utilizando o fluxo de informações através de quatro etapas (identificação, seleção, elegibilidade e inclusão) descritas na Figura 2, a partir de dados pesquisados na bases SciELO e Scopus, até 7/12/2016.

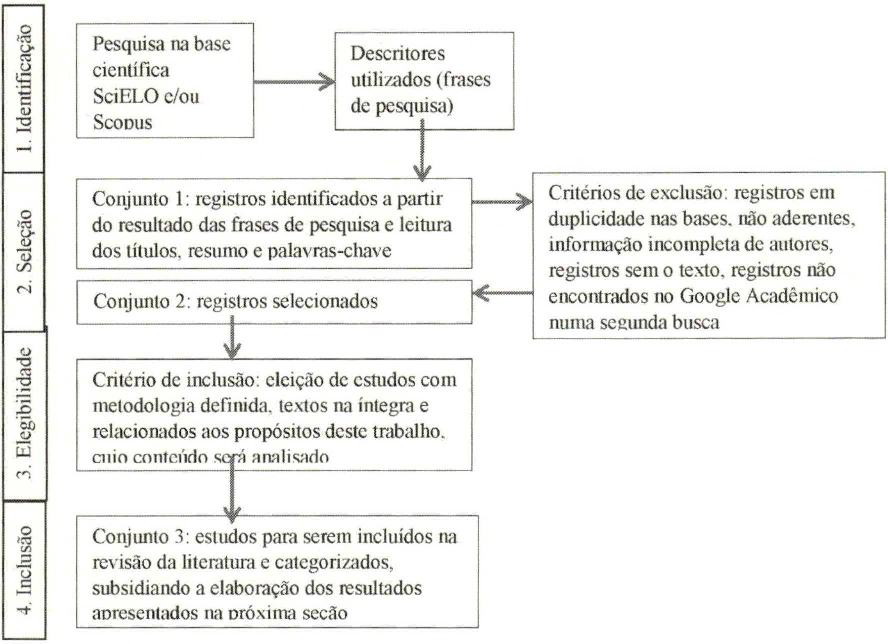

Fonte: Adaptado de Moher et al. (2009)

Figura 2 Fluxo de informações através das quatro fases de uma revisão sistemática de literatura

A base científica SciELO foi escolhida especialmente para se obter estudos disponíveis de pesquisadores de países da América do Sul. A base científica Scopus é considerada por Treinta et al. (2014) como sendo atualmente a maior base de dados, tendo em vista a ampla cobertura de resumos e citações de literatura que oferece, de modo que foi acessada com o objetivo de se obter o estado-da-arte em conhecimento a respeito de "*Lean* Six Sigma" no setor de Óleo & Gas.

Inicialmente, realizou-se uma busca na base Scopus utilizando-se o termo de pesquisa "*lean AND oil OR gas*", encontrando-se 6.648 registros, filtrando apenas "articles e reviews". Em função do elevado número de registros, adicionou-se a palavra "industry" ao termo de pesquisa, reduzindo para 305 registros. A Tabela 2 apresenta o fluxo da pesquisa conduzida utilizando o método Prisma, ao longo das suas quatro etapas.

Tabela 2 Fluxo de pesquisa para obtenção de estudos sobre "*Lean* Six Sigma" no setor de Óleo e Gas

Período de pesquisa	Base científica	Termos pesquisa	Número registros	Identificação	Seleção	Elegibilidade	Inclusão
Até 7/12/2016	Scopus (articles or reviews)	lean AND industry AND oil OR gas	305	339	8	8	6 estudos incluídos na revisão da literatura (2.1Material)
		lean six sigma AND oil OR gas	12				
	SciELO	lean AND oil	6				
		lean AND gas	16				

Fonte: Os próprios autores (2017)

A Tabela 3 elenca os seis estudos incluídos na revisão da literatura em 2.1 Material.

Tabela 3 Documentos relacionados a "*Lean* Six Sigma" no setor de Óleo & Gas

Nº	Referências	Ano	Título	Fonte	Projeto/ Método/ Abordagem de Pesquisa
1	Haragovics & Mizsey	2014	*A novel application of exergy analysis: Lean manufacturing tool to improve energy efficiency and flexibility of hydrocarbon processing*	Energy	Estudo de caso
2	Buell & Turnipseed	2004	*Application of Lean Six Sigma in Oilfield Operations*	SPE Production & Facilities	Estudo de caso
3	Motała, Pawłowski, Pawłowski & Trzcielinski	2008	*Designing an Effective Management System for Enterprises: Concepts and Verification*	Human Factors and Ergonomics in *Manufacturing*	Proposta de Modelo de Gestão
4	Chaurasia, Garg & Agarwal	2016	*Framework to improve performance through implementing Lean Six Sigma strategies to oil exporting countries during recession or depression*	International Journal of Productivity and Performance Management	Estudo de caso
5	Sinkora	2015	*Never Out of Style in the Shop: Classic Lean Techniques*	Advanced *Manufacturing*.org	Estudo de caso
6	Iudina, Gariful-lina & Serikova	2015	*Trends in Development of Corporate Organizational and Managerial Innovations in Russia and the Principles of Lean Production*	Mediterranean Journal of Social Sciences	Estudo de caso

Fonte: Os próprios autores (2017)

O objetivo da segunda fase do método foi estabelecer correlações das ferramentas/técnicas encontradas na revisão da literatura (2.1 Material) com as 4 Camadas do Modelo Toyota de Liker (2004), representado em forma de triângulo na Figura 3, e os seus 14 princípios, descritos na Tabela 4, com base no trabalho de Gao; Low (2014).

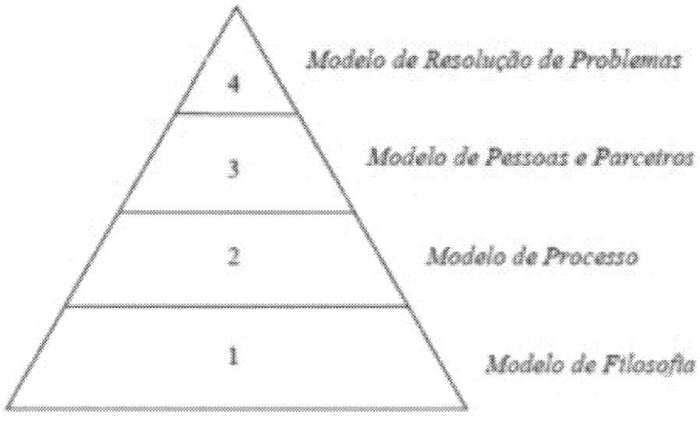

Fonte: Adaptado de Liker (2004)

Figura 3 Camadas do Modelo Toyota de Liker

Tabela 4 Princípios do Modelo Toyota de Liker para cada Camada

Princípios do Modelo Toyota de Liker para cada Camada
Camada 1 - Modelo de filosofia: a gestão da Toyota incentiva os gestores a basear suas decisões em uma visão bem articulada de longo prazo, mesmo que essas decisões contradigam o que pode ser financeiramente benéfico a curto prazo. P1: Gestão baseada na filosofia a longo prazo - esforços são feitos para avaliar este princípio em quatro sub-elementos: 'finalidade constante', 'foco no cliente', 'auto-suficiência e responsabilidade' e 'perspectivas a longo prazo'.
Camada 2 - Modelo de Processo: é considerada como um aspecto 'tático' ou 'operacional' do modelo Toyota Way. P2: Fluxo de uma peça - para alcançar o fluxo de uma peça, devem ser considerados aspectos tais como tempo *takt*, layout orientado a fluxo, sistema "puxado", trabalho padronizado, etc. Isto implica que este princípio (P2) é inter-relacionado com alguns outros princípios focados em processo, ou seja, o sistema "puxado" (P3) e o trabalho padronizado (P6).

P3: Sistema "puxado" kanban – no *Toyota Way*, o sistema "puxado" é o estado ideal de fabricação JIT (*Just in Time*): dar aos clientes o que eles querem, quando querem, e na quantidade que eles querem.

P4: Heijunka - nivelar a carga de trabalho.

P5: Qualidade embutida (Jidoka) - Jidoka é um conceito japonês, referindo-se à ideia de nunca deixar um defeito passar para a próxima estação de trabalho e de libertar as pessoas das máquinas. A ideia é 'embutir qualidade' no processo, de modo que todos os operadores podem parar toda a linha de produção, sempre que há um problema ou um produto com defeito for detectado.

P6: Trabalho padronizado – padronização é a essência dos métodos *lean* e constitui a base da melhoria contínua. Um processo padronizado não envolve apenas minimização de variação, mas também conduzir atividades kaizen e fazer melhoria contínua.

P7: Gestão visual - gestão visual no chão de fábrica visa tornar o processo transparente, passível de ser visualizado e assim permitir facilmente a detecção de anormalidades ou defeitos. Envolve várias ferramentas de controle visual, bem como as práticas de 5S. o 5S foi desenvolvido no Japão e veio a ser conhecido como parte do movimento de pensamento enxuto na década de 1990. o nome 5S vem de suas primeiras letras de cinco termos japoneses: Seiri, Seiton, Seiso, Siketsu e Shitsuke. Quando traduzido, significam a classificação, simplificação, limpeza, padronização e auto-disciplina, respectivamente.

P8: Uso de tecnologia confiável - provavelmente, cada organização quer estar na vanguarda da tecnologia. Liker (2004) sugere que a adoção de novas tecnologias seja baseada no pensamento *Toyota Way*, que inclui princípios tais como: (1) nova tecnologia deve ser exaustivamente testada e provada para ser confiável; (2) nova tecnologia deve apoiar o fluxo contínuo na operação (processo); (3) nova tecnologia deve ajudar os funcionários a produzir melhor (pessoas).

Camada 3 - Modelo de pessoas e parceiros: a maioria das empresas se interessa em nível de processo no modelo Toyota Way. Um nível acima, a camada de pessoas e parceiros do modelo Toyota Way, se preocupa de como a estratégia da Toyota se relaciona com seu pessoal (ou seja, os líderes, funcionários) e parceiros.

P9: Líderes e liderança - impulsionada pela filosofia da Toyota, de que a cultura deve apoiar as pessoas que fazem seu trabalho, os líderes devem demonstrar um compromisso de liderar pessoas, treinando-os, inspirando-os e assim por diante. Compromissos semelhantes estão incluídos nas áreas de qualidade, indo e vendo os fatos reais no ambiente de trabalho real (genchi genbutsu) e assim por diante.

P10: Gestão de pessoas - refere-se a um número de elementos de gestão de pessoas que caracterizam o japonês ou o *Toyota Way*. Isso inclui seleção e contratação, várias atividades de treinamento, trabalho em equipe e estratégias motivacionais. Na literatura de produção enxuta, diversos pesquisadores têm destacado locais de trabalho com o pensamento enxuto, onde as práticas de recursos humanos acima citadas estão descritas.

P11: Relacionamento com parceiros – a Toyota adotou cuidadosamente uma abordagem holística com seus fornecedores, entre outros parceiros de trabalho, percebendo que eles são uma extensão da empresa Toyota que deve ser incentivada, nutrida e suportada. Para apoiar esta relação de parceria, alguns elementos são identificados, incluindo o estabelecimento de relações estáveis e de longo prazo, respeito mútuo, colaborações e troca de informações.

Camada 4 - Modelo de resolução de problemas: a camada final do modelo Toyota Way, o modelo de resolução de problemas, tem sido visto como fundamental na resolução de problemas e na sustentação de melhorias no desempenho. Começa com o empenho dos líderes no genchi genbutsu quando um problema é descoberto. É necessário salientar que a tomada de decisões não é um processo fácil, e pode ser mais exigente do que simplesmente aceitar decisões autoritárias de cima para baixo. o elemento final (P14) a ser abordado na busca para melhorar o desempenho da empresa (projeto) relaciona-se com a melhoria contínua (kaizen).

P12: Genchi genbutsu - Genchi genbutsu é um elemento crítico da cultura Toyota, interpretado como 'Vamos no lugar real ver a situação real para a compreensão completa'. Não apenas mostra a determinação dos líderes para resolver os problemas, mas o mais importante, suporta a expectativa de que os líderes devem ser fontes técnicas confiáveis e tomadores de decisões.

P13: Tomada de decisão - tomada de decisão parece ser associado com características japonesas. Nos países do leste asiático, como o Japão, a cultura tende a ser coletiva, o que impacta processos de tomada de decisão, tornando-os mais consensuais.

P14: Kaizen e melhoria contínua - o princípio final é talvez o mais importante no modelo de resolução de problemas do *Toyota Way*. Uma das melhores maneiras de começar é objetivamente e humildemente exercitar a reflexão e avaliar a organização (ou um projeto) em termos de pontos de melhorias potenciais. Isto então é seguido pela realização diligente de atividades de melhoria contínua. Tudo isto só se torna possível quando a cultura da empresa permite a participação ativa de pessoas, promove uma cultura de não culpar, uma cultura que vê/ trata problemas como oportunidades, etc.

Fonte: Adaptado de Gao; Low (2014)

3. Resultados e Discussão

Ao analisar a Tabela 3, constata-se o relativamente baixo número de estudos relacionando "*Lean* Six Sigma" e o setor de Óleo & Gas, considerando sua relevância mundial.

Quando se analisam os seis documentos, percebe-se que o primeiro remonta ao ano de 2004 e o mais recente ao ano de 2016. Nota-se que a produção científica entre os anos de 2014 e 2016 (4 documentos) ultrapassa mais da metade da produção (67%) desde 2004.

A partir dos seis estudos identificados na Tabela 3, elaborou-se a Tabela 5, apresentando uma lista de 37 técnicas/ferramentas de "*Lean* Six Sigma" utilizadas no setor de Óleo & Gas.

Tabela 5 Ferramentas/técnicas de "*Lean* Six Sigma" no setor de Óleo & Gas, a partir da revisão da literatura

			Referências					
Nº	Ferramentas/técnicas "*Lean* Six Sigma"	Área de Aplicação no Setor de Óleo & Gas	Haragovics & Mizsey (2014)	Buell & Turnipseed (2004)	Morała et al. (2008)	Chaurasia et al. (2016)	Sinkora (2015)	Iudina et al. (2015)
1	Análise de otimização de eficiência energética e flexibilidade (*exergy analysis*)	Refinaria p/ processar hidrocarbonetos	X					
2	*First-in/first-out* no fluxo de estoque	Operações *upstream* – reparo de haste de bombeamento		X				
3	Controles visuais			X				
4	Projeto de segurança			X				
5	Diagramas de fluxo de processo	Operações *upstream* – tratamento de água		X				
6	Procedimentos operacionais padrão			X				
7	Projeto de experimentos			X				
8	Análise do histórico de dados estatísticos	Operações *upstream* – estimulação de poços de produção		X				
9	Diagramas de fluxo de processo			X				
10	Análise do sistema de medição	Operações *upstream* - registro de produção		X				

Nº	Ferramentas/técnicas "*Lean* Six Sigma"	Área de Aplicação no Setor de Óleo & Gas	Referências					
			Haragovics & Mizsey (2014)	Buell & Turnipseed (2004)	Motała et al. (2008)	Chaurasia et al. (2016)	Sinkora (2015)	Iudina et al. (2015)
11	Gestão da qualidade total (*TQM*)	Materiais necessários para a construção de redes de gás e estações de redução e de medição			X			
12	Melhoria contínua (*Kaizen*)				X			
13	Parcerias na cadeia de fornecedores				X			
14	*Just in time*				X			
15	Empoderamento				X			
16	*Benchmarking*				X			
17	Manutenção produtiva total (*TPM*)				X			
18	Gráfico de controle	Países exportadores de petróleo durante recessão ou depressão				X		
19	*Poka-Yoke* (técnica para prevenir erros, ao invés de detectá-los)					X		
20	Projeto com processos otimizados para atender expectativa do cliente					X		
21	Metodologia DMAIC					X		
22	Cadeia suprimentos enxuta (*lean*)					X		
23	Pareto (análise 80/20)					X		
24	Análise de árvore de falhas					X		
25	Células de famílias de processos	Manufatura de peças de precisão para refino de petróleo					X	
26	Máquinas com tecnologia multitarefa						X	
27	*Kanban* (quadro com cores para demandas de montagem de conjuntos de peças)						X	
28	Estudo para otimização de localização de máquina vs. matéria prima						X	
29	Sistema de Programação Visual						X	

Nº	Ferramentas/técnicas "*Lean* Six Sigma"	Área de Aplicação no Setor de Óleo & Gas	Referências					
			Haragovics & Mizsey (2014)	Buell & Turnipseed (2004)	Motaña et al. (2008)	Chaurasia et al. (2016)	Sinkora (2015)	Iudina et al. (2015)
30	5S (Organização do local de trabalho)	Companhias de petróleo verticalmente integradas						X
31	Manutenção produtiva total (*TPM*)							X
32	Mapeamento do Fluxo de Valor (*VSM*)							X
33	Treinamento dentro da indústria (*TWI*)							X
34	Trabalho padronizado							X
35	*Kanban*							X
36	Troca rápida de ferramentas (*SMED*)							X
37	Desenvolvimento de pessoal, envolvimento em atividades inovadoras							X

Fonte: Os próprios autores (2017)

Eliminando-se as duplicações na Tabela 5, chegou-se a um total de 31 ferramentas/técnicas de "*Lean* Six Sigma" utilizadas no setor de Óleo & Gas, a partir da revisão da literatura, que foram correlacionadas com as 4 Camadas e 14 Princípios do Modelo Toyota de Liker (2004), visando a identificação de lacunas para subsidiar futuras pesquisas científicas (Tabela 6).

A Tabela 6 será analisada de duas formas, inicialmente pela ótica dos 14 Princípios e em seguida pela ótica das 31 ferramentas/técnicas de "*Lean* Six Sigma" (LSS). Considerando a amostra ordenada do total de pontuação dos 14 Princípios [2, 8, 6, 3, 4, 12, 11, 3, 2, 3, 5, 5, 4, 11], calculou-se os Quartis, conforme mostrado na Tabela 7.

Tabela 6 Correlação de Ferramentas/técnicas “Lean Six Sigma” no setor de Óleo & Gas com as 4 Camadas e 14 Princípios do Modelo Toyota de Liker

Nº	Ferramentas/ técnicas “Lean Six Sigma”	Total pontuação ferramentas/técnicas LSS	4 Camadas e 14 Princípios do Modelo Toyota de Liker: Filosofia	Processo							Pessoas e Parceiros			Solução de Problemas		
			1-Filosofia de longo prazo	2-Fluxo de uma peça	3-Usar sistema “puxado”	4-Nivelar carga de trabalho	5-Cultura de parar para corrigir problemas	6-Tarefas padronizadas	7-Gestão visual	8-Estratégia de aquisição de nova tecnologia	9-Crescer líderes e liderança	10-Desenvolver pessoas e trabalho em equipe	11-Respeitar a rede estendida de parceiros e fornecedores	12-Vá ver por si mesmo	13-Estratégia de tomada de decisão	14-Prática de reflexão e melhoria contínua
1	Análise de otimização de eficiência energética e flexibilidade	1								X						
2	*First-in/first-out* no fluxo de estoque	5		X	X	X		X					X			
3	Controles visuais	1							X							
4	Diagramas de fluxo de processo	4		X			X	X	X							
5	Procedimentos operacionais padrão	2		X				X								
6	Análise do histórico de dados estatísticos	1														X
7	Análise do sistema de medição	1														X

4 Camadas e 14 Princípios do Modelo Toyota de Liker

Nº	Ferramentas/ técnicas "Lean Six Sigma"	Total pontuação ferramentas/técnicas LSS	Filosofia	Processo							Pessoas e Parceiros			Solução de Problemas		
			1-Filosofia de longo prazo	2-Fluxo de uma peça	3-Usar sistema "puxado"	4-Nivelar carga de trabalho	5-Cultura de parar para corrigir problemas	6-Tarefas padronizadas	7-Gestão visual	8-Estratégia de aquisição de nova tecnologia	9-Crescer líderes e liderança	10-Desenvolver pessoas e trabalho em equipe	11-Respeitar a rede estendida de parceiros e fornecedores	12-Vá ver por si mesmo	13-Estratégia de tomada de decisão	14-Prática de reflexão e melhoria contínua
8	Gestão da qualidade total (*TQM*)	8	X			X	X	X	X				X	X		X
9	Melhoria contínua (*Kaizen*)	1														X
10	Parcerias na cadeia de fornecedores	1											X			
11	*Just in time*	1			X											
12	Empoderamento	2									X	X				
13	*Benchmarking*	1								X						
14	Manutenção produtiva total (*TPM*)	3					X	X	X							
15	Gráfico de controle	2							X							X
16	*Poka-Yoke* (técnica para prevenir a ocorrência de erros)	4		X			X	X	X							

4 Camadas e 14 Princípios do Modelo Toyota de Liker

Nº	Ferramentas/ técnicas "Lean Six Sigma"	Total pontuação ferramentas/técnicas LSS	Filosofia	Processo							Pessoas e Parceiros			Solução de Problemas		
			1-Filosofia de longo prazo	2-Fluxo de uma peça	3-Usar sistema "puxado"	4-Nivelar carga de trabalho	5-Cultura de parar para corrigir problemas	6-Tarefas padronizadas	7-Gestão visual	8-Estratégia de aquisição de nova tecnologia	9-Crescer líderes e liderança	10-Desenvolver pessoas e trabalho em equipe	11-Respeitar a rede estendida de parceiros e fornecedores	12-Vá ver por si mesmo	13-Estratégia de tomada de decisão	14-Prática de reflexão e melhoria contínua
17	Projeto com processos otimizados para atender expectativa do cliente (ex.: segurança, experimentos etc.)	5						X	X					X	X	X
18	Metodologia DMAIC	5						X	X					X	X	X
19	Cadeia suprimentos enxuta (*lean*)	2	X										X			
20	Pareto (análise 80/20)	2							X							X
21	Análise de árvore de falhas	1														X
22	Células de famílias de processos	4		X	X	X		X								
23	Máquinas com tecnologia multitarefa	1								X						
24	*Kanban* (quadro com cores)	1			X											

Nº	Ferramentas/ técnicas "Lean Six Sigma"	Total pontuação ferramentas/técnicas LSS	4 Camadas e 14 Princípios do Modelo Toyota de Liker: Filosofia	Processo							Pessoas e Parceiros			Solução de Problemas		
			1-Filosofia de longo prazo	2-Fluxo de uma peça	3-Usar sistema "puxado"	4-Nivelar carga de trabalho	5-Cultura de parar para corrigir problemas	6-Tarefas padronizadas	7-Gestão visual	8-Estratégia de aquisição de nova tecnologia	9-Crescer líderes e liderança	10-Desenvolver pessoas e trabalho em equipe	11-Respeitar a rede estendida de parceiros e fornecedores	12-Vá ver por si mesmo	13-Estratégia de tomada de decisão	14-Prática de reflexão e melhoria contínua
25	Estudo para otimizar local da máquina vs. matéria prima	5		X	X									X	X	X
26	5S (Organização do local de trabalho)	1							X							
27	Mapeamento do Fluxo de Valor (*VSM*)	7		X	X			X					X	X	X	X
28	Treinamento dentro da indústria (*TWI*)	1										X				
29	Trabalho padronizado	1						X								
30	Troca rápida de ferramentas (*SMED*)	3		X				X	X							
31	Desenvolvimento de pessoal, atividades inovadoras	2									X	X				
	Total pontuação "Princípios"		2	8	6	3	4	12	11	3	2	3	5	5	4	11

Fonte: Os próprios autores (2017)

Tabela 7 Quartis para a pontuação total dos 14 Princípios

Quartiles - Ungrouped Data			
Method	Quartile 1	Quartile 2	Quartile 3
True Basic - Statistics Graphics Toolkit	3.000000	4.500000	10.250000
Observations			14

Fonte: Wessa (2017)

A ferramenta disponibilizada por Wessa (2017) para fins acadêmicos, permite o cálculo de Quartis por meio de oito métodos diferentes. Optou-se pelos resultados do método mais conservador (*True Basic - Statistics Graphics Toolkit*). Os princípios assinalados em verde (3º Quartil), portanto, os de maior correlação com as ferramentas/técnicas LSS foram 6-Tarefas padronizadas, 7-Gestão visual e 14-Prática de reflexão e melhoria contínua. o segundo grupo, assinalado em amarelo (2º Quartil), de menor correlação com as ferramentas/técnicas LSS, foi 2-Fluxo de uma peça, 3-Usar sistema "puxado", 11-Respeitar a rede estendida de parceiros e fornecedores, e 12-Vá ver por si mesmo. o fato desses sete princípios serem os que guardam maior correlação com as ferramentas/técnicas de LSS está alinhado à situação atual do setor de Óleo & Gás, em que empresas como a British Petroleum estão buscando se tornar mais enxutas, envolvendo a racionalização de inventários e mão de obra, aspectos mais relacionados à cultura de trabalho na empresa e menos a investimentos em capital.

Quando se analisam as camadas, percebe-se que quatro dos sete princípios supracitados (2, 3, 6 e 7) são da camada "Processo", que é o aspecto mais "tático/operacional" do Modelo Toyota de Liker (Tabela 4). A camada "Filosofia" é ainda pouco explorada, sendo uma oportunidade para estudos envolvendo a aplicação da ferramenta Hoshin Kanri da Toyota, que visa alinhar os objetivos da empresa (estratégia) com os planos da média gerência (táticas) e o trabalho realizado pelos funcionários (operações) para garantir que todo mundo esteja "puxando" na mesma direção ao mesmo tempo. Outra camada que merece atenção especial para futuros estudos é a "Pessoas e Parceiros", considerando-se que os sete princípios de maior correlação exigem um forte componente humano e de relacionamento com parceiros.

Considerando a amostra ordenada do total de pontuação das 31 ferramentas/técnicas "*Lean* Six Sigma" (LSS) [1, 5, 1, 4, 2, 1, 1, 8, 1, 1, 1, 2, 1, 3, 2, 4, 5, 5, 2, 2, 1, 4, 1, 1, 5, 1, 7, 1, 1, 3, 2], calcularam-se os Quartis, conforme mostrado na Tabela 8.

Tabela 8 Quartis para a pontuação total das 31 Ferramentas/técnicas LSS

Quartiles - Ungrouped Data			
Method	Quartile 1	Quartile 2	Quartile 3
True Basic - Statistics Graphics Toolkit	1.000000	2.000000	4.000000
Observations			31

Fonte: Wessa (2017)

Optou-se por indicar apenas as práticas/ferramentas assinaladas em verde (3º Quartil), portanto, as de maior correlação com os Princípios, que foram 2-*First in/first-out* no fluxo de estoque, 4-Diagramas de fluxo de processo, 8-Gestão da qualidade total (TQM), 16-*Poka-Yoke* (técnica para prevenir a ocorrência de erros), 17-Projeto com processos otimizados para atender expectativa do cliente, 18-Metodologia DMAIC, 22-Células de famílias de processos, 25-Estudo para otimizar local da máquina vs. matéria prima, e 27-Mapeamento do fluxo de valor. Nota-se que um grupo de práticas/ferramentas possui maior aderência com a racionalização de inventários (2, 4, 17, 18, 25 e 27), enquanto outro grupo é mais aderente aos aspectos de mão de obra (8, 16 e 22), em alinhamento ao trabalho que a British Petroleum pretende realizar para tornar suas operações mais enxutas.

4. Conclusões

Este trabalho demonstrou a importância do setor de Óleo & Gas (O&G) na matriz energética mundial, e a contribuição que LSS pode oferecer às empresas para aumento da produtividade. A British Petroleum, por exemplo, está buscando boas práticas em outros setores para tornar sua operação mais enxuta, envolvendo racionalização de inventários e mão de obra.

Partindo dessa constatação, procurou-se responder ao problema de pesquisa, de como integrar ferramentas/técnicas de LSS no setor de O&G com o Modelo Toyota de Liker (MTL). A questão foi respondida, atendendo-se assim ao objetivo geral do trabalho, que foi o desenvolvimento de uma estrutura teórica, integrando ferramentas/técnicas de LSS no setor de O&G com o MTL, por meio de uma revisão sistemática da literatura nas bases Scopus e SciELO. Os objetivos específicos também foram alcançados, identificando-se as ferramentas/técnicas de LSS no setor de O&G, a partir do estado-da-arte da literatura existente, e pesquisando lacunas na literatura científica, a partir de correlações com o MTL.

A discussão dos resultados mostrou que ainda existe relativamente pouca literatura científica sobre "*Lean* Six Sigma" e o setor de Óleo & Gas, considerando sua relevância mundial. A partir da análise das camadas do MTL, percebe-se que a maioria dos princípios correlacionados às ferramentas/técnicas LSS são relacionados à camada "Processo".

A camada "Filosofia" é ainda pouco explorada, sendo uma oportunidade para estudos envolvendo a aplicação da ferramenta Hoshin Kanri da Toyota, que alinha estratégia, tática e operação. Da mesma forma, merece aprofundamento a camada "Pessoas e Parceiros", considerando que os sete princípios de maior correlação com as ferramentas/técnicas *Lean* Six Sigma (LSS) exigem um forte componente humano e de relacionamento com parceiros, para que seja possível racionalizar inventários e a mão de obra, como pretende a British Petroleum.

Apesar das contribuições trazidas por este estudo, existem limitações na pesquisa, basicamente relacionadas às palavras-chave utilizadas nas frases de pesquisa, na escolha das bases científicas pesquisadas, e nas correlações estabelecidas com base no conhecimento acadêmico e experiência profissional dos autores, que deu origem aos resultados encontrados. Mesmo com as limitações na pesquisa, entende-se que este estudo representa um diferencial, contribuindo para que pesquisadores possam explorar novas linhas de pesquisa a partir dos resultados encontrados, desenvolvendo novos trabalhos científicos. o estudo também contribui para que mais empresas possam adotar LSS no setor de Óleo & Gás (O&G). Sugere-se para estudos futuros que a estrutura teórica aqui apresentada seja avaliada por meio de uma pesquisa empírica com entrevistas semiestruturadas, junto a profissionais do setor de O&G.

5. Referências

BUELL, R.S. & TURNIPSEED, S.P. *Application of Lean Six Sigma in Oilfield Operations. SPE Production & Facilities, November, 2004.*

CHAURASIA, B.; GARG, D. & AGARWAL, A. *Framework to improve performance through implementing Lean Six Sigma strategies to oil exporting countries during recession or depression. International Journal of Productivity and Performance Management, Vol. 65, Iss 3, pp. 422–432, 2016.*

GAO, S. & LOW, S. P. *The Toyota Way model: an alternative framework for lean construction. Total Quality Management & Business Excellence, 25:5-6, 664-682, 2014.*

HARAGOVICS, M. & MIZSEY, P. *A novel application of exergy analysis: Lean manufacturing tool to improve energy efficiency and flexibility of hydrocarbon processing. Energy, Vol. 77, Pg. 382-390, Dec., 2014.*

IEO 2016. *International Energy Outlook 2016. U. S. Energy Information Administration - EIA, maio 2016, Disponível em: www.eia.gov/forecasts/ieo, (Acesso em 4/1/2017).*

IUDINA, S. V.; GARIFULLINA, M. S. & SERIKOVA, N. V. *Trends in Development of Corporate Organizational and Managerial Innovations in Russia and the Principles of Lean Production. Mediterranean Journal of Social Sciences, Vol. 6, No. 3, 2015.*

LIKER, J. K. *The Toyota way: 14 management principles from the world's greatest manufacturer. New York: McGraw-Hill, 2004.*

MOHER D.; LIBERATI A.; TETZLAFF J.; ALTMAN D. G. & THE PRISMA GROUP. *Preferred Reporting Items for Systematic Reviews and Meta-Analyses: The PRISMA Statement. PLoS Med., 2009. Disponível em: http://www.ncbi.nlm.nih.gov/pmc/articles/PMC2707599/ (Acesso em 22 de dezembro de 2015).*

MOTAŁA, D.; PAWŁOWSKI, E.; PAWŁOWSKI, K. & TRZCIELINSKI, S. *Designing an Effective Management System for Enterprises: Concepts and Verification. Human Factors and Ergonomics in Manufacturing, Vol. 18 (5) 525–547, 2008.*

OIL COMPANIES. *Fit at fifty-or less. The Economist, Business, December, 2016.*

SINGLETON JR., R. A. & STRAITS, B. C. *Approaches Social Research. 5th Ed., Oxford University Press, Inc., chapter 12, p. 393-430, 2010.*

SINKORA, E. *Never Out of Style in the Shop: Classic Lean Techniques. AdvancedManufacturing, Feb., 2015.*

TREINTA, F. T.; FARIAS FILHO, J. R.; SANT'ANNA, A. P. & RABELO, L. M. *Metodologia de pesquisa bibliográfica com a utilização de método multicritério de apoio à decisão. Production, vol. 24, no. 3, 2014.*

WESSA, P. *Free Statistics Software. Office for Research Development and Education, version 1.1.23-r7, 2017, URL http://www.wessa.net/ (Acesso em 11 de janeiro de 2017).*

2. Avaliação dos fatores de melhorias nos processos de disposição de resíduos de uma empresa prestadora de serviços do segmento de óleo e gás

Flávio Silva Machado; Mateus Carvalho Amaral; Uilson Alves da Silva; Ludmilla Cardoso Martins
(Departamento de Engenharia, Universidade Federal Fluminense/UFF, Rio das Ostras, Rio de Janeiro, Brasil)

Objetivo

Avaliar o processo de descarte de resíduos sólidos de uma empresa do setor de óleo e gás e propor melhorias no processo, visando redução do volume de resíduo gerado e de custos. Apresenta-se um estudo de caso em uma empresa do setor de óleo gás, onde foi analisado os setores operacionais e os respectivos resíduos gerados, aquisição de dados sobre os resíduos (quantidade e custo), aplicação de questionários ao setor de compras, avaliação dos tipos de processos de descarte empregado e sugestões de melhorias.

1. Introdução

No Brasil em 1974 foi descoberta a Bacia de Campos, a qual possui aproximadamente 100 mil quilômetros quadrados e ainda é responsável por grande parte da produção nacional de petróleo. A indústria petrolífera é uma das principais fontes de recursos financeiros da Região Norte Fluminense, e a cidade de Macaé concentra grande número de empresas do setor, atraídas pela instalação da Petrobras em meados da década de 70 (Morais, 2013).

A exploração e produção de petróleo e gás natural proporcionam muitos benefícios para o setor industrial e indiretamente para diversos outros setores, porém existem hoje grandes preocupações acerca destas atividades, tais como: o meio ambiente, a sociedade e as próprias organizações envolvidas.

Devido a crescente preocupação com meio ambiente e a busca por atividades que causem menor impacto ambiental tornou-se um requisito de negociação que as empresas estejam em conformidade com as leis ambientais vigentes e que possuam certificações adequadas.

Geralmente, as empresas do setor possuem estruturas bem regradas e procedimentos muitas vezes estritos para manter continuamente o desempenho esperado pelos clientes-alvo, porém, quando o assunto é descarte de resíduos há grande dificuldade em encontrar caminhos seguros e eficientes para manter o desempenho esperado. Sendo assim, uma análise da disposição destes recursos não aproveitados, pode gerar novas estratégias que serão benéficas.

O desafio de qualquer empresa voltada para o setor petrolífero é conciliar a alta produtividade e o menor impacto ambiental possível. Neste contexto, a empresa multinacional estudada, doravante denominada PETROAMBI, localizada no município de Macaé, já possui certificações ambientais como a ISO 14000 e procedimentos operacionais reconhecidos no Brasil e no Mundo.

Visando alcançar um bom desempenho contínuo da empresa, este estudo pretende avaliar o descarte de resíduos gerados por meio da área operacional de exploração e perfuração que ocorre na Bacia de Campos com o intuito de propor melhorias no processo como um todo, e ainda reduzir os custos destas disposições.

Desta forma é necessário detalhar e entender as etapas que foram inicialmente identificadas como sendo parte do processo de descarte de resíduos utilizado pela empresa, a saber:

- Coleta interna de todos os resíduos gerados;
- Armazenagem temporária na base de operação;
- Avaliação do descarte realizado por cada setor e análise do processo que gera esses resíduos;
- Destinação final de todos esses materiais descartados.

Esta análise é relevante, visto que a organização está em expansão e, portanto, atividades que atualmente são suficientes e satisfatórias podem não ser no futuro e ainda gerar maiores custos inerentes aos custos operacionais.

2. Metodologia

Com base nos objetivos deste trabalho pode ser observado que o mesmo consiste em um estudo de caso realizado em uma empresa do ramo de petróleo e gás, deixando clara a sua posição sustentável no mercado atual, a sua projeção em termos de resultados para os anos à frente e como esta pode lograr benefícios ao aplicar consistentes melhorias em seus processos de descarte de resíduos sólidos.

O Estudo de Caso foi desenvolvido de acordo com as seguintes etapas apresentadas no Quadro 1 o qual indica também as descrições de cada uma.

Quadro 1 Fases de avaliação deste Estudo de Caso para aplicação de Melhorias ao Processo.

ETAPA	FASE	DESCRIÇÃO
1	Escolha da organização para aplicação de estudo de caso	Envolve determinar uma empresa conceituada em seu ramo de trabalho para obter dados consistentes para um estudo adequado.
2	Análise geral dos setores operacionais da empresa	Por meio desta será possível entender que tipos de materiais são descartados em cada setor operacional.
3	Obtenção de dados sobre o descarte de resíduos realizado pela empresa	A empresa fornece as informações, quantidade e valores gastos no último ano e no presente momento, exclusivamente da disposição realizada por cada setor produtivo da organização.
4	Aplicação de questionários ao setor de compras da organização	As perguntas permitirão entender a visão sustentável dos colaboradores da empresa ao comprar materiais que serão usados em todo o processo de produção.
5	Avaliação do acondicionamento de materiais dentro da empresa	Esta permitirá analisar em que condições se encontram os materiais após uso, aguardando a coleta respectiva.
6	Avaliação dos tipos de processos de descarte realizados	Que tratamentos estão disponíveis para os materiais descartados, recolhidos na fonte.
7	Sugestões de melhorias para organização avaliada	Desenvolver propostas para melhorar o que tem sido realizado pela organização, a partir de todas as informações encontradas.

Fonte: Os autores

3. Estudo de caso

3.1 Análise da empresa avaliada

A organização avaliada neste Estudo de Caso é uma multinacional do setor petrolífero, reconhecida internacionalmente, sendo uma grande colaboradora no retorno financeiro mundial já que é uma das maiores fornecedoras de produtos e serviços para a indústria de energia. Segundo divulgação da mesma, possui atualmente mais de 73 mil funcionários em cerca de 80 países.

No Brasil, a organização conta com 2700 funcionários em sete diferentes bases espalhadas pelo país, sendo que destes, mais de 65% está lotado Macaé. A base de operações em questão apresenta um espaço de aproximadamente 100 mil metros quadrados onde são realizados todos os serviços de preparação de recursos para as operações em terra *(onshore)* e alto mar *(offshore)* realizadas principalmente na bacia de Campos.

A PETROAMBI criou uma reputação de saúde, segurança, meio ambiente e desempenho de serviços com qualidade, por isso, garante a execução consistente de seus processos ao analisar, perfurar, testar, complementar e restaurar os poços de petróleo de seus clientes.

A empresa apresenta sete setores operacionais principais que foram analisados: Cimentação de Poços, Completação, Melhoria de Produção de Poços, Simulação de Reações Químicas, Análise Prévia para Perfuração, Perfuração Direcional e Teste de Poços. o trabalho desenvolvido por qualquer um destes setores é organizado por meio da aplicação de passos pré-estabelecidos, como pode ser visto na Figura 1.

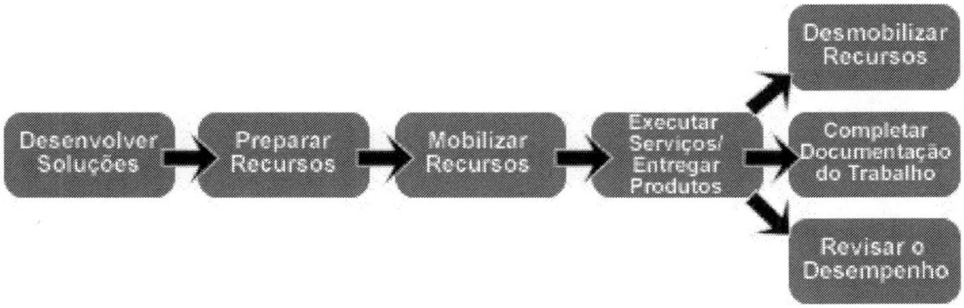

Fonte: Esquema fornecido pelo Sistema Web Interno da Empresa.

Figura 1 Diagrama de organização do trabalho nos setores operacionais da empresa.

Todos os serviços desenvolvidos *onshore*, na base da empresa, são para suporte dos serviços realizados nas sondas e nas plataformas, e os materiais descartados por cada setor provêm principalmente do resultado de manutenções de ferramentas, equipamentos críticos e preparações dos recursos que precisarão ser usados nas atividades desenvolvidas para o cliente *offshore*.

3.2 *Avaliação de resíduos sólidos descartados na empresa*

Analisando todos os processos de descarte de materiais usados para a manutenção de equipamentos que serão embarcados para trabalho *offshore* e *onshore*, é possível avaliar o que pode ser melhorado em todo o fluxo de atividades, ainda que a empresa apresente práticas alinhadas com as leis e as certificações que a regem.

Para tanto, serão abordados a partir de agora, os aspectos que a companhia leva em conta desde o momento da compra dos materiais até a disposição dos resíduos que será realizada pela empresa terceirizada.

3.3 *Análise da compra de materiais para uso interno*

Segundo GIANNETTI e ALMEIDA (2006), o ponto fundamental da prática correta de disposição para uma atitude sustentável, é a diminuição do uso de materiais antes do real consumo, em vez do tratamento de materiais depois que estes são gerados, conhecido como sistema de final de tubo (*end of pipe*). Portanto, fez-se necessário entender como o setor de compras avalia o que a empresa irá adquirir para uso nas operações.

Foi realizado um estudo por meio de questionários com perguntas fechadas, no qual houve participação de 100% dos colaboradores que fazem parte do setor de compras. Este setor é composto por 13 pessoas, sendo uma destas o supervisor geral de compras da base de Macaé. No Quadro 2, pode ser visto as perguntas realizadas e as respostas dos colaboradores.

Ao analisar o Quadro 2, é possível verificar que todos os colaboradores possuem responsabilidade e conscientização com cuidados ambientais ao adquirir materiais para a base e todos declararam que a empresa incentiva uma atitude sustentável. Pode ser observado também que diversos fatores são levados em conta na compra de recursos, além de menor custo e melhor fornecedor, fato este que dá lugar a novos horizontes na aquisição de itens que sejam ecologicamente menos prejudiciais e ambientalmente mais corretos.

Quadro 2 Folha de verificação dos resultados obtidos nos questionários aplicados no setor de compras.

PERGUNTAS	RESPOSTAS				
	CT	C	C/D	D	DT
1. A empresa é certificada na ISO 14000.	10	3			
2. Gestão ambiental é uma preocupação recente na empresa.	8	2	1	1	1
3. A organização está sempre alinhada com leis ambientais.	8	5			
4. A empresa incentiva à compra de materiais ambientalmente corretos.	5	4	3	1	
5. A compra de novos materiais é direcionada apenas pelos quesitos menor custo e melhor fornecedor.	3	2	2	2	4
6. O fluxo de entrada e saída de materiais é intenso.	11	2			
7. Os materiais descartados são tratados dentro da empresa.	2	3		3	5
8. O colaborador possui conhecimento de Sustentabilidade.	11	1	1		
9. Os procedimentos da empresa contemplam atitudes sustentáveis.	9	4			
10. Há colaboração com práticas ambientalmente corretas em âmbito pessoal e profissional.	11	2			
LEGENDA: CT – Concordo Totalmente. **C** – Concordo. **C/D** – nem Concordo nem Discordo. **D** – Discordo. **DT** – Discordo Totalmente.					

Fonte: Os autores

3.4 Armazenagem de materiais que serão descartados

Os materiais adquiridos pela organização são armazenados no galpão do almoxarifado por tipo e por incidência de uso. o espaço para esta armazenagem possui 3754,09 m^2 e possui corretas condições de ambientação para armazenamento, como pode ser visto abaixo nas Figuras 2 e 3.

Fonte: Os autores

Figura 2 Galpão do almoxarifado para armazenagem de materiais

Fonte: Os autores

Figura 3 Armazenagem de bi-bags e bombonas que chegam à base

Esta armazenagem é temporária, já que os materiais são designados em seguida aos departamentos que solicitaram o equipamento ou o material desejado para as respectivas funções necessárias no desempenho das atividades. Após a utilização de diversos materiais, cada setor possui a responsabilidade de descartar cada um deles.

O procedimento da empresa, denominado "Coleta Seletiva e Destinação Final dos Resíduos" e referenciado pelo número 108, padroniza a segregação dos resíduos por código de cores, como é convencionalmente realizado. Os materiais relacionados aos trabalhos operacionais são separados da seguinte forma:

- Coletor verde (saco plástico verde): Vidros isentos de graxa, óleo, solventes e produtos químicos. Este código de cor inclui o descarte de lâmpadas comuns e fluorescentes, porém, as mesmas devem ser devidamente acondicionadas em caixas que contenham devida proteção para evitar sua quebra.

- Coletor bege (saco plástico bege): Borrachas isentas de óleo e graxa.
- Coletor amarelo (saco plástico amarelo): Metal isento de óleo e graxa.
- Coletor preto (saco plástico preto): Madeira isenta de óleo e graxa.
- Coletor laranja (saco plástico laranja): Tintas, solventes e qualquer tipo de resíduos oleosos.
- Coletor lilás (saco plástico lilás): Pilhas e Baterias de diversos tipos. Quando há Bateria de Lítio para Descarte, estas são embaladas em caixas ou tambores que são pesados e identificados conforme legislação para transporte de produtos químicos perigosos, usando as etiquetas e número de identificação da ONU (3077).

Tendo todos os materiais segregados de forma correta, o que nem sempre ocorre por erro dos colaboradores que trabalham na base, é realizada a coleta diária destes resíduos por pessoas treinadas para que sejam transferidos para as devidas áreas de estocagem de Resíduos Perigosos (Classe I), Resíduos Não-Inertes (Classe 2A) ou Resíduos Inertes (Classe 2B), como pode ser visto nas Figuras 4 e 5.

Fonte: Os autores

Figura 4 Pessoa treinada para recolhimento de materiais descartados

Fonte: Os autores

Figura 5 Bombonas usadas, segregadas para descarte

Em seguida à correta segregação e descarte temporário de todos os materiais e resíduos sólidos, contaminados ou não, são realizados todos os procedimentos documentais exigidos por lei de acordo com os seguintes passos:

- Solicitar o Transporte à empresa terceirizada que é devidamente licenciada;
- Solicitar emissão de Nota Fiscal;
- Preparação de documentação requerida para transporte de resíduos (manifesto de resíduos, envelope de emergência, carta de descontaminação do veículo, ficha de controle de disposição de resíduos e documento que deve ser encaminhado ao Instituto Estadual do Ambiente (INEA), para descrição do que está sendo descartado).

Tendo colocado em prática todos estes passos, os resíduos são coletados e devem ser corretamente encaminhados à empresa terceirizada que fará a disposição final adequada destes. Estes materiais estão sob responsabilidade da empresa estudada até que cheguem ao seu destino, pois qualquer erro no descarte será atribuído à mesma por meio de órgãos ambientais correspondentes.

3.5 Volume e gasto com resíduo descartado

O valor contratual de coleta e tratamento dos resíduos é de R$ 652,18 por tonelada de qualquer que seja o material, o que gera um custo significativo para a organização, pois a quantidade descartada é grande e proporcional ao nível de operação da empresa. No Quadro 3 é apresentada a quantidade descartada em toneladas de resíduo e o valor gasto em cada mês de 2012 para a coleta dos mesmos.

Quadro 3 Quantidade e custo com descarte de materiais na manutenção

MÊS	QUANTIDADE DESCARTADA (t)	CUSTO (R$)
Janeiro	21,94	14.308,83
Fevereiro	32,36	21.104,54
Março	24,75	16.141,46
Abril	15,71	10.245,75
Maio	30,16	19.669,75
Junho	36,09	23.537,18

MÊS	QUANTIDADE DESCARTADA (t)	CUSTO (R$)
Julho	36,09	13.728,39
Agosto	27,40	17.867,78
Setembro	43,55	28.403,74
Outubro	56,09	36.582,73
Novembro	47,85	31.206,81
Dezembro	22,77	14.852,75

Fonte: Os autores

Pode ser verificado, no Quadro 3, um aumento em outubro e novembro da quantidade de resíduo descartada em decorrência da maior demanda de serviços da PETROAMBI para atender suas principais clientes.

Ao realizar este levantamento, é possível destacar os principais materiais que são usados na manutenção de equipamentos em toda a base, permitindo que ao analisá-los seja possível identificar dentre eles quais são os mais descartados dentro de toda a companhia. No gráfico da Figura 6, pode ser visto a porcentagem de cada material descartado e o seu respectivo custo de descarte no ano de 2012.

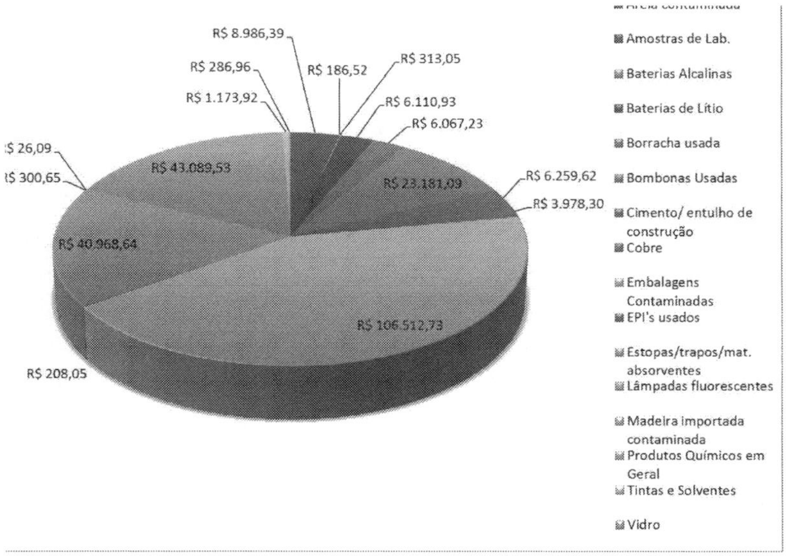

Fonte: Os autores

Figura 6 Descarte de Materiais em toda a Base em 2012.

Na Figura 6, pode ser notado que o principal resíduo descartado é as embalagens contaminadas, representando a maior quantidade e maior custo.

No Quadro 4, são demonstrado os materiais descartados e suas respectivas quantidade e porcentagem. A partir destas informações é possível elencar o percentual acumulado de descarte dos mesmos no ano de 2012 e construir o Gráfico de Pareto (Figura 7).

Quadro 4 Principais materiais descartados na base de Macaé

MATERIAL	QUANTIDADE DESCARTADA (t)	PERCENTUAL (%)	PERCENTUAL ACUMULADO (%)
Embalagens Contaminadas	**163,318**	**42,95**	**42,95**
Produtos Químicos em Geral	**66,07**	**17,38**	**60,33**
Estopas/trapos/mat. absorventes	**62,818**	**16,52**	**76,85**
Bombonas Usadas	**35,544**	**9,35**	**86,20**
Areia contaminada	**13,779**	**3,62**	**89,82**
Baterias de Lítio	**9,87**	**2,60**	**92,42**
Cimento	**9,598**	**2,52**	**94,94**
Borracha usada	**9,303**	**2,45**	**97,39**
Cobre	**6,1**	**1,60**	**98,99**
Tintas e Solventes	**1,8**	**0,47**	**99,47**
Baterias Alcalinas	**0,48**	**0,13**	**99,59**
Lâmpadas fluores-centes	**0,461**	**0,12**	**99,71**
Vidro	**0,44**	**0,12**	**99,83**
EPI's usados	**0,319**	**0,08**	**99,91**
Amostras de Lab.	**0,286**	**0,08**	**99,99**
Madeira com graxa	**0,04**	**0,01**	**100,00**
TOTAL	380,226	100	

Fonte: Os autores

Assim sendo, pode ser verificado que as embalagens contaminadas, os produtos químicos usados em geral e as estopas e trapos usados na manutenção são os principais responsáveis pelo alto gasto decorrente do descarte de resíduos na base de operações da companhia.

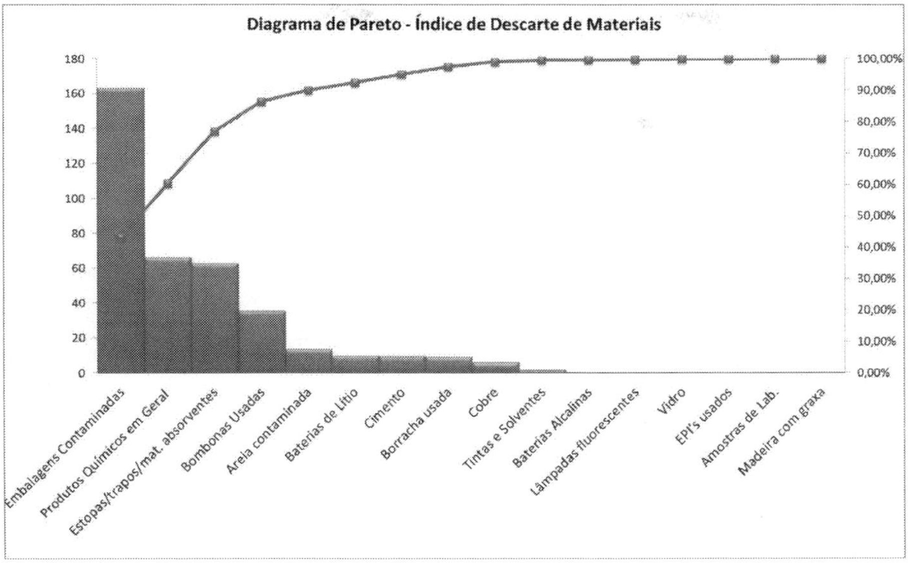

Figura 7 Gráfico de Pareto dos resíduos descartados em 2012

4. Prática da organização e a lei de resíduos sólidos

O procedimento colocado em prática pela empresa está em conformidade com as leis e certificações que possui, pois apresenta boas práticas ao dispor seus resíduos após operação e serviços, transmitindo confiabilidade a seus clientes.

A lei de resíduos sólidos, atualizada em setembro de 2011, define e descreve a prática correta e esperada a partir das corporações para garantir a conservação do meio ambiente. A mesma contempla todos os tipos de resíduos e classifica quem são os respectivos responsáveis por cada material sem uso e a empresa estudada está em conformidade com as especificações.

5. Sugestões de melhorias para a organização estudada

De acordo com o levantamento realizado a partir do Estudo de Caso, foram identificados 16 resíduos sólidos consequentes do uso de materiais na manutenção de equipamentos preparados para embarques. Cada tipo de resíduo é posteriormente tratado em uma empresa terceirizada, sem retorno, o que significa que estes geram apenas gastos e nenhum benefício financeiro para a organização deste estudo. Portanto, algumas mudanças podem ser sugeridas nesse quesito.

5.1 Embalagens Contaminadas, Bombonas Usadas e Sucata Ferrosa (Cobre)

Para uma melhor avaliação destas embalagens e bombonas deve ser realizado um estudo pormenorizado de cada tipo de produtos que estas contêm ou com os quais tiveram contato, para identificar quais embalagens devem ser completamente inutilizadas ou quais ainda podem ser reaproveitadas.

As embalagens plásticas são os resíduos sólidos que possuem maior índice de descarte por esta organização e, portanto, alguns fatores podem estar associados a este fato.

Para embalagens, bombonas e sucatas completamente inutilizadas, o processo realizado até o presente momento é suficiente, onde a empresa terceirizada que as recebe e aplica o co-processamento para utilização deste material conforme prevê a lei. Já embalagens laváveis, ou seja, que podem ser preparadas para posterior uso devem ser encaminhadas a empresas que prestam serviço de tratamento de reaproveitamento de embalagens.

No caso de reaproveitamento, a organização pode se valer da implantação de uma cooperativa para reutilização destes materiais disponíveis. Tal prática traria mais visibilidade à empresa no aspecto social, que é um dos eixos do tripé da sustentabilidade, demonstrando que a empresa engloba todos os fatores que satisfazem esta filosofia de trabalho.

Segundo FRANCO (2011), uma cooperativa é uma iniciativa que permite gerar tanto a reutilização dos materiais que a princípio seriam descartados como também a geração de empregos e renda para diversos colaboradores. E para tanto, todo material que não pode ser mais usado na empresa, segue para a cooperativa onde será cortado, higienizado, secado e armazenado para posterior venda, diminuindo assim o custo de descarte deste resíduo.

5.2 Produtos químicos em geral, cimento, estopas, trapos e materiais absorventes, tintas e solventes, madeira com graxa, areia contaminada, baterias alcalinas e de lítio, e outras amostras de laboratório

Para materiais como estes se faz necessária uma análise pormenorizada dos compostos que estes envolvem para chegar a uma conclusão clara do que poderia ser feito ou melhorado no descarte destes. No caso das estopas e trapos deve ser analisado o consumo destes materiais pela equipe e realizar um trabalho de conscientização. No entanto, a prática realizada de envio dos produtos para incineração é aprovada por lei e deve ser seguida de contínuo.

5.3 Borrachas Usadas e EPI's Usados

Neste caso, a empresa deve buscar fornecedores que estejam comprometidos com cuidados ambientais e que, portanto, incentivem o retorno de seus produtos para reaproveitamento. Assim, a organização conseguirá manter sua imagem corporativa em alta, demonstrando que só trabalha com aqueles que possuem igual ou superior preocupação com quesitos sustentáveis.

Alguns métodos já estão sendo estudados para a reciclagem de borracha, no entanto, este não é um aspecto muito bem abrangido até o momento. Segundo GARBIM (2008), a borracha pode ter diversas funções como: fonte de energia em indústrias de cimento, caldeiras e fornos, pelo alto poder calorífico do seu material; processo de industrialização por meio de moagens para regenerar as borrachas; uso como apoio de sustentação para bobinas de chapas metálicas em usinas siderúrgicas; entre outras.

5.4 Lâmpadas Fluorescentes

De acordo com LANNA (2005), as Lâmpadas Fluorescentes ainda que não possuem solução definitiva, podem contribuir para a sustentabilidade quando separados os componentes presentes nas mesmas.

Um projeto instituído pela USP auxilia e incentiva a prática de separar o mercúrio, o vidro e os componentes metálicos das lâmpadas para reduzir a quantidade de lixo enviada para os aterros. Estes materiais são destinados a uma empresa localizada em São Paulo para descontaminação, gerando recursos passíveis de reciclagem (LANNA, 2005).

5.5 Resíduos de Vidro

Resíduos de vidro poderiam ser aplicáveis a cooperativas para reutilização do material, porém, estes materiais apresentam grande risco no manuseio e isto pode gerar outros problemas para a organização como multas por acidentes.

Considerações finais

O presente estudo buscou analisar um fator crítico de empresas da indústria Petrolífera: o descarte de resíduos sólidos provenientes das operações e trabalhos adjacentes de preparação de materiais para os embarques.

Ao estudar a deficiência que empresas do ramo possuem neste sentido, foi possível aplicar esta análise em uma multinacional localizada em Macaé, com o intuito de destacar melhorias que poderiam ser alcançadas pela mesma e redução de custo com o descarte. o objetivo inicial do Estudo de Caso foi analisar todo o fluxo dos materiais dentro da organização, desde o momento da compra até seu posterior envio para terceirizadas que cuidam dos processos de descarte, como incineração, co-processamento ou disposição nos aterros. Após entender este trajeto, foi realizado um estudo com todos os documentos enviados para o INEA relativos a 2012 para entender quais são os maiores índices de descarte de resíduos sólidos na base de operações da organização.

A avaliação de todos os dados obtidos demonstrou que os valores de descarte de resíduos são proporcionais aos trabalhos desenvolvidos por mês, havendo, portanto, altos valores em outubro e novembro de 2012 por ser uma época de alta de trabalhos. Por meio destes dados foi também possível constatar que 13 principais resíduos sólidos são descartados como consequências da manutenção de ferramentas usadas para embarque e, destas, três são responsáveis por 80% dos resíduos que a empresa precisa dispor sem nenhum uso subsequente.

Posteriormente à análise realizada, verificou-se que a quantidade de resíduo gerado pela empresa é de aproximadamente 380 t o que implica no custo em torno de 247 mil reais para o descarte destes materiais. Os principais materiais responsáveis pelo volume e custo são as embalagens contaminadas (43%), produtos químicos em geral (17%) e as estopas e trapos (16%). Portanto, sugere-se que seja aplicado o questionário em todos os setores da empresa, principalmente nas equipes que consomem os materiais a fim de garantir que não haja desperdício, reduzindo o volume de resíduo e custo com o descarte. A organização também pode implementar uma cooperativa localizada em Macaé, próxima à empresa deste Estudo de Caso.

A implementação aqui sugerida, requer um estudo mais detalhado para a implantação desta Cooperativa, porque não foi possível analisar de perto alguma já existente e seu funcionamento, como parâmetro de aplicação.

Desta forma, foi possível constatar que a organização em questão possui boas práticas e garante sua Certificação ISO 14000, uma vez que se preocupa em conscientizar seus colaboradores a desenvolver atividades sustentáveis e a cumprir com a lei, levando em conta os requisitos da Política Nacional de Resíduos Sólidos. Ainda assim, melhorias podem ser alcançadas e esta empresa pode se destacar ainda mais no ramo de trabalho na qual está inserida.

6. Referências

MORAIS, José Mauro de. **Petróleo em águas profundas: uma história tecnológica da Petrobras na exploração e produção offshore.** *Brasília: IPEA: Petrobras, 2013.*

FRANCO, Felipe Braga. **Análise Comparativa da Nova Lei 12.305/2010 com a Logística Reversa de Embalagens de Produtos Químicos Utilizados em Plataformas.** *60 f. Trabalho (Graduação) – Engenharia de Produção, Universidade Federal Fluminense, 2011.*

GARBIM, Valdemir José. **A Reciclagem da Borracha Vulcanizada.** *Disponível em: <www.cenne.com.br> Finalizado em 2008. Acesso em: 16/07/2013.*

GIANNETTI, Biagio F.; ALMEIDA, Cecília M.V.B. **Ecologia Industrial: Conceitos, Ferramentas e Aplicações.** *São Paulo: Editora Edgard Blücher, 2006.*

HART, Stuart L. **Criando Valor Sustentável.** *Suart L. Hart; traduzido por: Pedro F. Bendassoli. Artigo originalmente publicado na Academy on Management Executive, v. 17, n. 2, p. 56-69, Maio 2003.*

LANNA, Ana Lúcia Duarte. **Meio Ambiente: Patrimônio Cultural da USP.** *São Paulo: Editora da Universidade de São Paulo. Pág. 194, 2005.*

MARSHALL JUNIOR, Isnard; et al. **Gestão da Qualidade.** *9ª. Edição – Rio de Janeiro: Editora FGV, 2008.*

WM-BR-HAL-HSE-108. **Método de Trabalho: Coleta Seletiva e Destinação dos Resíduos.** *Fornecido pela empresa analisada.*

YERGIN, Daniel. **o petróleo: Uma história mundial de conquistas, poder e dinheiro.** *Daniel Yergin; tradução: Leila Marina, et al. Edição Max Altman – São Paulo: Paz e Terra, 2012. 1ª Reimpressão.*

3. A gestão da cadeia de suprimentos no setor de Petróleo e Gás sob a ótica dos processos de negócios

Jéssica dos Santos Leite Gonella; Eduardo Guilherme Satolo
(UNESP – Universidade Estadual Paulista, FCE/ Tupã)

Objetivo

As diferentes mudanças de ordem econômica, como o fenômeno da globalização trouxeram a necessidade de adaptações nos mercados, tornando -os mais competitivos e aumentando sua imprevisibilidade e incerteza. Nesse contexto, o advento tecnológico pode ser considerado como o combustível para o desenvolvimento de novos modelos de negócios e formas de trabalhar, promovendo a diminuição das barreiras físicas e a aproximação das relações comerciais em âmbito global, resultando em efeitos positivos no fluxo de informações e em toda a dinâmica da cadeia de suprimentos. Este capítulo destaca-se por conduzir uma discussão em torno dos processos de negócio da gestão da cadeia de suprimentos para o setor de petróleo e gás, levantando e indicando considerações importantes para a melhoria da competitividade de todos os envolvidos na rede. o objetivo deste capitulo é analisar sob a perspectiva dos processos de negócios da gestão da cadeia de suprimentos o setor de petróleo e gás.

1. Introdução

As mudanças de proporções globais que circundam as fronteiras das organizações, como o fenômeno da globalização e o aprimoramento das ferramentas tecnológicas acarretaram mudanças no funcionamento de mercado, assim como os agentes que o compõe (SHUKLA; JHARKHARIA, 2013; FERNANDES; BERTON, 2012). Os negócios locais se tornaram globais, demandando diferentes formas de competir aos agentes desse complexo (COSTA, 2009). A competitividade tem direcionado as empresas a adotarem diferentes ações para alcançarem vantagem competitiva, muitas vezes priorizando por processos contínuos de inovação que confiram benefícios como melhores níveis na qualidade e diferenciação dos produtos e serviços (SIMON et al., 2007; MELO; ALCANTRA, 2014).

Neiro e Pinto (2004) defendem que o gestor deve ultrapassar as barreias físicas do meio empresarial antes de traçar o plano das atividades. Essa ideia vem ao encontro da nova dinâmica do mercado globalizado marcado pelo rompimento das esferas físicas, estreitamento das relações de negócios e pela interdependência presente entre os elos de uma cadeia. Compreender a importância dessa interação significa ampliar a visão de alcance das atividades conjuntas de todos os agentes que se relacionam direta ou indiretamente (SADEH *et al.*, 2003; NEIRO; PINTO, 2004). Nesse ponto, Aragão *et al.* (2004) afirmam que se deve atentar à intensificação do processo de desverticalização que promove o acirramento da dependência dos membros que compõe a cadeia de suprimentos (ARAGÃO et al., 2004).

Essa dinâmica se faz presente nos diversos segmentos econômicos, refletindo suas consequências na eficiência das cadeias de valor. o setor de petróleo e gás natural é fortemente influenciado pelas instabilidades globais, sendo assim, negligencias quanto a gestão da cadeia de suprimentos podem representar um vetor para o aprofundamento de crises no setor. No ano de 2015, por exemplo, foi registrada no Brasil uma queda de 21,6% nas reservas totais de petróleo em relação ao ano anterior, que influenciada pelo decréscimo dos preços, tornando inviável a exploração das reservas, tendência que se manteve para o restante dos demais produtores mundiais. Tais imprevisibilidades confirmam o ambiente suscetível que os arranjos produtivos estão submetidos.

Considerado como uma importante atividade econômica para o Brasil, o segmento é um forte propulsor da industrialização e exerce hegemonia econômica a nível mundial dada às funcionalidades do seu uso no meio comercial e industrial (TAMELA; NARCIZO; FEIJÓ, 2012) sendo um impulsionador das economias locais e regionais para a geração de renda e emprego.

Segundo a Agência Nacional de Petróleo (ANP), o Brasil ocupa a posição de 15° no ranking dos países com maiores reservas de petróleo, com um volume de 13 milhões de barris. Além disso, foi classificado como o quinto maior consumidor de petróleo, com um montante de 3,2 milhões de barris por dia, o que representa 3,3% do total mundial. No entanto, mesmo com um acréscimo de 1,8% da capacidade efetiva de refino no ano de 2016, o país não possui autonomia quanto ao suprimento da demanda interna, com uma capacidade de refino inferior ao consumo, cerca de 2,3 milhões de barris por dia (ANP, 2016).

No que tange o setor de gás natural, em 2016 o Brasil foi considerado como 36° país com as maiores reservas de gás natural do mundo e alcançou a 30° posição no ranking dos produtores de gás natural, o que representa 0,6% do total mundial, cerca de 22,9 bilhões de m^3 depois de um acréscimo de 1,3% neste mesmo ano. Quanto ao consumo, foi registrada alta de 3,8% em 2016, o que corresponde a 40,9 bilhões de m^3, o consolidando como o 24° colocado na posição dos maiores consumidores de gás natural do mundo (ANP, 2016).

Muito embora tenha-se registrado quedas de produção em 2013 e aumento da importação de derivados, o setor de petróleo e gás natural passa por um período distinto, marcado pelo crescimento da sua importância econômica e social no Brasil. Esse cenário é caracterizado pelas descobertas de novas reservas na camada pré-sal, gerando expectativas positivas quanto ao aumento da capacidade de extração e exportação a médio e longo prazo. Estima-se que em 2018 aproximadamente 52% da produção de óleo será proveniente das reservas do pré-sal, colocando o país como um dos principais mercados de comercialização de bens derivados do petróleo. Atrelado a isso, existe grandes investimentos destinados ao desenvolvimento de novas tecnologias, que até 2018 representará um aumento de 42,1% quando comparado aos anos de 2010 a 2013. Esse cenário animador, atrelado a considerável demanda interna pode ser traduzido em vetor estimulante para o desenvolvimento da indústria nacional (MENDES; TEIXEIRA, 2014).

Diante do caráter instável e dinâmico do mercado, assim como da importância econômica e social que o setor de petróleo e gás natural representa os diferentes segmentos econômicos do país, destaca-se a primordialidade da implementação de ferramentas de gestão que minimizem os fenômenos incontroláveis do ambiente. Nesse contexto, a *Supply Chain Management* (SCM) atua no correto alinhamento entre os elos da cadeia de suprimentos, tendo como pressuposto a importância do trabalho colaborativo, buscando a integração sistêmica dos agentes envolvidos e facilitando o fluxo de recursos tangíveis e intangíveis (SIMON et al., 2015). Para tanto envolve a gestão de variáveis internas e externas à organização, o que inclui as atividades de produção, abastecimento, logística e outras ações envolvidas com a oferta de um produto ou serviço (PRAJOGO; OKE; OLHAGER, 2016).

Inseridos do âmbito de gestão da SCM estão os Processos de Negócios (*Business Process*), que promovem a gestão dos recursos de forma eficiente, ultrapassando as barreias interorganizacionais e alcançando sucesso nas negociações com fornecedores, clientes ou intermediários (LAMBERT et al., 2008; PENG et al., 2016). Serão utilizados oito processos de negócios na descrição da cadeia de suprimentos do setor de petróleo e gás natural: (i) Gestão do relacionamento com o cliente; (ii) Gestão do serviço ao cliente; (iii) Gestão da Demanda; (iv) Atendimento ao pedido; (v) Gestão do Fluxo da manufatura; (vi) Gestão do Relacionamento com o Fornecedor; (vii) Desenvolvimento do produto e comercialização; (viii) e Gestão de Retornos/Devoluções.

Diante da importância que o setor representa para o desenvolvimento econômico e social do país, atrelada ao ambiente vulnerável que os mercados estão inseridos, esse estudo tem como objetivo analisar sob a perspectiva dos processos de negócios da gestão da cadeia de suprimentos o setor de petróleo e gás natural.

2. Procedimentos Metodológicos

Esse estudo é caracterizado pela abordagem exploratória-descritiva (CERVO; BERVIAN; SILVA, 2007), sendo empregado para sua construção a pesquisa bibliográfica. No que tange as etapas necessárias à realização da pesquisa bibliográfica optou-se pelo modelo proposto por Gil (2014): (i) Formulação do problema, (ii) Elaboração do plano de trabalho; (iii) Identificação das fontes; (iv) Localização das fontes e obtenção do material; (v) Leitura do material; (vi) Confecção de fichas; (vii) Construção lógica do trabalho e (viii) Redação do texto.

O levantamento bibliográfico propiciou o entendimento da atual configuração da literatura sobre a área da engenharia de produção, o que inclui a SCM e os Processos de Negócios, assim como sobre as especificidades do setor de petróleo e gás natural, permitindo a construção dos resultados e os principais esclarecimentos sobre que permeiam a cadeia de suprimentos do petróleo e gás natural. Essa etapa foi amparada pela busca em fonte de matérias de cunho científico nas bases de buscas Web of Science, Scopus, Ebsco e Periódicos Capes.

É necessário afirmar que o presente estudo é característico por propor uma abordagem teórica acerca da Gestão da Cadeia de Suprimentos e dos Processos de Negócios que são fundamentados na teoria estabelecida por Lambert Cooper; Pagh (1998).

3. Resultados

3.1 Cadeia de suprimentos do setor de petróleo e gás natural

Independente do setor de inserção, a cadeia de suprimentos é formada com um conjunto de agentes marcados por um grau de sinergia, sendo que sua eficiente dependerá da eficiência alcançada por cada segmento de forma individual. Esse complexo é formado por empresas, fornecedores, intermediários, clientes e outros agentes que se encontram dispersos geograficamente e trabalham para a produção e venda de um determinado bem a um custo competitivo (STEVENS; JONHSON, 2016).

Essa rede de atividades pode ser formada por um alto grau de assimetria e além disso, interferências do ambiente externo podem acarretar em mudanças abruptas nas relações comerciais. A exemplo, cita-se a tomada de decisões realizadas de forma individual em elos específicos, como a implementação de uma nova tecnologia, o que gera prejuízos no processo de comunicação em decorrência de incompatibilidade de sistemas. Portanto, a adoção de sistemas flexíveis e adaptáveis que promovam o fluxo de informações ao longo da cadeia são extremamente importantes para a sincronização das relações.

Para atender o objetivo proposto apresenta-se a Cadeia de Suprimentos de petróleo e gás natural modo a prover maiores esclarecimentos sobre os componentes que caracterizam cada processo de negócio sob o enfoque da SCM. A Figura 1 representa a cadeia de suprimentos do setor, com os principais agentes que a compõe.

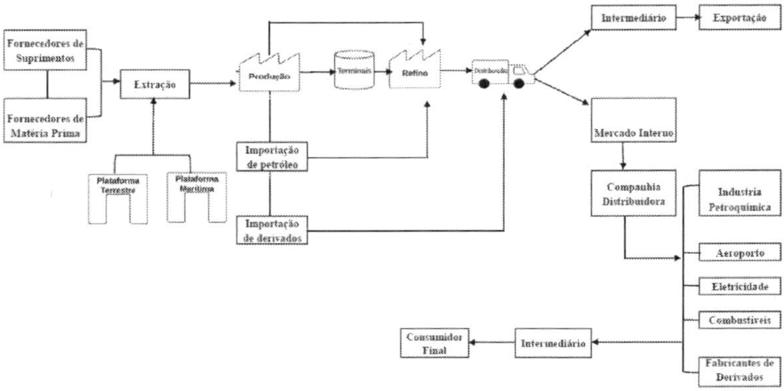

Fonte: Elaborado pelos autores com base em Marcellino (2013)

Figura 1 Cadeia de Suprimentos do setor de petróleo e gás natural

A figura 1 apresenta as possíveis relações entre os agentes inseridos nesse sistema, evidenciando as interações de forte dependência e entre os elos, sendo assim, falhas de caráter estrutural ou técnica podem ocasionar prejuízos para os próximos níveis e interferir na eficiência da rede de forma geral. Nesse ponto, Christopher e Peck (2004) apontam existência de riscos que circundam as cadeias de abastecimento como atrasos, problemas com previsões, compras, recebíveis, inventário e capacidade produtiva, classificando-os em cinco categorias de riscos: processo, controle, demanda, suprimento e ambiente. Em contrapartida, Kleindorfer e Saad (2005) consideram os riscos como operacionais (problemas com equipamentos e sistemas) e natural (o que inclui instabilidades climáticas e desastres naturais), além de imprevisibilidade no campo político e econômico a nível global.

No setor de petróleo e gás natural existe uma alta concentração de mercado em vários segmentos da cadeia, principalmente para bens e serviços de alto valor agregado como submarinos, turbogeradores e serviços de *offshore* (perfuração e exploração petrolífera). A maioria desses equipamentos de alta tecnologia são produzidos por empresas multinacionais, o que confere maior dependência com esses grandes fornecedores. No entanto, equipamentos que conferem menor custo e tecnologia para a produção como válvulas, possuem uma baixa concentração de mercado (BNDES, 2014).

Como mostra a Figura 1, existem as fases de extração e refino do petróleo. A primeira fase é composta pelo processo de extração que é realizado após a avaliação técnica do local. É importante afirmar que um campo de petróleo possui um tempo de vida útil, já que trata-se de um recurso não renovável e limitado, sendo assim, o nível de produtividade tende a cair no decorrer do tempo. A segunda etapa é o refino do petróleo que possui como objetivo gerar subprodutos, dentre eles existem as frações consideradas leves como propeno, gás liquefeito de petróleo, gasolina, nafta; médias, como querosene e óleo diesel; e frações mais concentradas como parafina, lubrificantes, óleo combustível, entre outros (MARCELLINO, 2013).

Muitos autores optam por dividir a cadeia de suprimentos de petróleo e gás natural em dois segmentos, *upstream* que remete as fases de extração e refino, podendo ser marítimo (*offshore*) ou terrestre (*onshore*); e *downstream*, que compreende as fases de logística e comercialização. Esse complexo abrange uma estrutura heterogêneo, com a presença de diversas unidades operacionais (refinarias), sistemas logísticos variados (dutos, terminais e diferentes meios de transportes), além de uma participação de mercado variada, dado as funcionalidades dos derivados.

Após o processo de refinamento, o produto pode ser encaminhado para terminais ou distribuído para outras indústrias para ser utilizado como matéria prima de outros produtos, a depender o tipo de petróleo, assim como do perfil de produção utilizado na refinaria. Assim, essa cadeia de suprimentos deve abranger todas as atividades sincronizadas para O bom funcionamento dos processos de produção, estocagem, refino, distribuição e comercialização. Para tanto, deve-se estar atento a uma série de variáveis que envolvem e se desenvolvem de forma concomitante nesse complexo, como capacidade produtiva, condições comerciais e condições da demanda, evidenciando o papel dos processos de negócios na gestão dos recursos e agentes envolvidos direta ou indiretamente na cadeia (JULKA *et al.*, 2002)

Na próxima seção serão apresentados os resultados referente aos oito processos de negócios da cadeia de suprimentos de petróleo e gás natural.

4. Gestão do relacionamento com o cliente (*Customer Relationship Management - CRM*)

Por volta do século XX, as novas formas de produção em massa promoveram transformações significativas no panorama competitivo global. No âmbito da gestão do relacionamento com o cliente, nota-se que os gestores perderam o controle sobre as preferências e gostos de seus compradores. Essas alterações no cenário corporativo influenciaram na relação entre empresa e cliente, e atualmente as organizações estão trabalhando para estreitar esse vínculo. Uma estratégia utilizada por muitas empresas competitivas é a gestão do relacionamento com o cliente acompanhado pelos princípios do relacionamento do marketing e aplicação de ferramentas tecnológicas (LAMBERT, 2004; LAMBERT, 2016).

A Gestão de relacionamento com o cliente é definida como a combinação entre pessoas, processos e tecnologias que juntas visam compreender os clientes de uma organização. Em termos mais específicos, apresenta uma estrutura integrada destinada a administração e desenvolvimento de um relacionamento que fidelize e retenha o cliente. o CRM está envolvido com os progressos auferidos no ramo da tecnologia da informação e comunicação, bem como às mudanças organizacionais dos clientes centrais (CHEN; POPOVICH, 2003). Nesse sentido, a internet emerge como um importante canal de comunicação não apenas com clientes, mas oferece uma troca mútua de dados com fornecedores, representantes e responsáveis pela rede logística (JULKA *et al.*, 2002).

Croxton *et. al.* (2001) enfatiza a necessidade de acordos de produtos e serviço (PSA – *Product and Service Agreements*) com os clientes chaves, assim como o desenvolvimento de relatórios que expressem a representatividade que o cliente exerce sobre a empresa, importantes fatores que evitem oscilações indesejáveis na demanda (LAMBERT, 2016; LAMBERT, 2004).

A gestão de relacionamento com o cliente no setor de petróleo e gás é a ponte de comunicação entre a empresa e o cliente. Essa relação permite identificar o perfil do cliente e direcionar medidas para fidelizá-lo. Dentre as ferramentas utilizadas para facilitar essa comunicação, têm-se os *websites, e-mails*, redes sociais, *call centers*, pontos de vendas e outras estratégias que facilitam a gestão de marketing, gestão de vendas, precificação e planejamento produtivo (CHEN; POPOVICH, 2003).

Por se tratar de uma cadeia marcada por arranjos complexos e com a presença de muitos elos e intermediários, a gestão da cadeia de suprimento no setor de petróleo e gás deve priorizar pela fidelização e conquista de seus clientes. Para tanto é necessário conhece-los e aplicar políticas de retenção, fidelização, além de buscar clientes potenciais.

A exemplo pode-se citar uma refinaria responsável pelo processo de refino e exportação de um determinado subproduto que identifica demanda para acessar um mercado específico. Essa demanda pode ser traduzida em um produto com menor densidade ou com a adição de uma matéria prima específica, afim de se obter um produto de maior valor agregado. Ao detectar essa preferência de um cliente potencial, a empresa passa a ampliar sua capilaridade de atuação a nível internacional, corroborando a importância do fluxo de informações na cadeia de abastecimento, seja na administração de recursos a curto prazo, ou na expansão de mercado.

5. Gestão do serviço ao cliente (*Customer Service Management*)

A denominada Gestão do Serviço ao Cliente estabelece uma relação dinâmica entre o cliente e a empresa, por meio de uma plataforma *online* que objetiva manter o cliente atualizado de informações inerente à atividade de compra, o que inclui produção, distribuição e disponibilidade do produto (LAMBERT, 2004). Além disso, fornece o ponto chave de contato para a gestão do PSA, com a disponibilização de informações em tempo real sobre andamento atual do pedido, quantidade de produtos disponíveis no estoque, assistência ao cliente, entre outras informações dinâmicas operacionalizadas por meio de uma interface ligada às atividades organizacionais (LAMBERT, 2016).

Este processo atua de forma intrínseca no relacionamento entre fornecedor e cliente, de forma a aperfeiçoar a satisfação dos clientes acerca do seu pedido, bem como no que se refere as atividades gerais da empresa desde à produção até a entrega (CROXTON *etal.*, 2001). Ele está diretamente relacionado com o processo de atendimento do pedido, pois garante as ações de recebimento, processamento, distribuição e fatura das vendas (CHRISTOPHER, 2001).

O time responsável pela Gestão do serviço ao cliente deverá estabelecer estratégias para otimizar essa relação, determinar os canais de comunicação e escrever um plano de ação para mensurar as alternativas de gestão e o seu impacto nas atividades da empresa, além de detectar falhas e se adequar a eventuais mudanças (MARCHESINI; ALCANTRA, 2016).

No setor de petróleo e gás natural essa gestão deve adequar os níveis de estoques, já que níveis muito baixos podem acarretar prejuízos na economia de escala, perda de vendas, além de retrocesso no relacionamento com os clientes, enquanto que excesso de estoque representa ociosidade financeira e custos extras. Assim, a programação do andamento operacional deve ser realizada antes da chegada do petróleo na refinaria, bem como período e quantidade destinada ao estoque antes e depois do refinamento, o que garantirá mais segurança e minimização dos riscos de atrasos ou outras perturbações aos clientes.

Conquistar o atendimento ao cliente perpassa pelo atendimento de uma série de requisitos, como qualidade, condições de pagamentos e acompanhamento do lote, além do planejamento eficiente da logística, que no caso desse setor é definida por um sistema heterogêneo de transporte, incluindo oleodutos, gasodutos, ferrovias, terminais de armazenagem e distribuição, conferindo a necessidade de planejamento alinhado com a cadeia produtiva. A exemplo cita-se negligências quanto ao transporte de petróleo de diferentes densidades e composições fisioquímicas nos mesmos oleodutos, medida que pode provocar a mistura de mais de um tipo de petróleo e consequentemente degradar aquele de maior qualidade, seja pela mistura ou por contaminação.

Vale ressaltar que a condição de cliente dependerá da posição na cadeia de suprimentos, podendo o agente ocupar a função de fornecedor e cliente ao mesmo tempo. Deste modo, a empresa de refino pode ser considerada como cliente para o agente responsável pela extração, ou produtor quando visto sob a perspectiva do intermediário ou distribuidor. As empresas distribuidoras geralmente encontram-se situadas nas extremidades da cadeia de suprimentos, agindo como clientes das refinarias, assim como postos de combustíveis podem ser classificados como consumidores finais desta rede.

6. Gestão da Demanda (*Demand Management*)

A Gestão da Demanda consiste no alinhamento correto da gestão dos recursos, principalmente quando a oferta é imperfeita, possibilitando a maximização da rentabilidade dos resultados em diversos segmentos administrativos como marketing, processo de planejamento, controle e monitoramento, incluindo para isso, tanto a previsão, como estratégias de equiparação da demanda nos processos de aquisição e distribuição. (BLACKSTONE; JONAH, 2013).

Atua também na integração entre a gestão de operação e de marketing, de modo a identificar o compreender o mercado atuante, direcionando as ações estratégicas, sempre considerando sua capacidade produtiva e atentando-se para as preferências e desejo dos consumidores, exercendo impactos positivos na cadeia de suprimentos. Para tanto são utilizadas variáveis que auxiliam as empresas a adotarem esse processo, como a gestão colaborativa, envolvimento da alta gerência, segmentação de clientes e fornecedores e tecnologia da informação (MELO; ALCANTRA, 2016).

A administração da demanda é influenciada pelo fluxo de informações ao longo da cadeia, sendo assim, a medida que um elo detém informações estratégicas, como níveis de estoques, padrão de vendas e procedimentos logísticos, existirá maior eficiência no gerenciamento da demanda. Embora a demanda esteja estável é necessário se atentar para aspectos como infraestrutura, condições de transporte e capacidade produtiva (SCRAMIN; BATALHA, 1999).

Caso grande parte da produção seja destina à exportação, atenta-se para as variações do dólar, fato que influencia de forma direta na quantidade demanda pelos países importadores de petróleo. Para tanto, a equipe responsável pela gestão da demanda deverá elaborar planos de contingência para sincronizar oferta e demanda, revisar periodicamente os planos, realizar inspeção da capacidade produtiva, além de interação com os demais processos de negócios.

A demanda no setor de petróleo e gás natural é oscilante, principalmente em decorrência de variações bruscas de preços, fazendo com que o mercado consumidor opte por bens substitutos por um determinado tempo, provocando quedas indesejáveis na demanda. Além disso, a indústria de petróleo enfrenta uma tendência de redução dos níveis de estoques e ociosidades, o que pode tornar a empresa ainda mais vulnerável à variações bruscas de oferta e demanda, reforçando a importância desse processo de negócio para a eficiência organizacional.

A busca pelo aperfeiçoamento das operações no setor de petróleo e gás natural é tida como uma tendência propulsora nos últimos anos, principalmente em decorrência do dinamismo que cerca o setor, sendo considerada como uma tendência estratégia para evitar oscilações indesejáveis na demanda.

7. Atendimento ao pedido (*Order Fullfillment*)

Outro condicionante importante para se alcançar a satisfação dos clientes, bem como tornar a gestão da cadeia de suprimentos eficiente é o atendimento ao pedido, já que é por meio desse processo que ocorrem todas as atividades necessárias para a entrega dos produtos no tempo e lugar correto (CROXTON *et al.* 2001). Para tanto, existe equipes multifuncionais, alocadas entre departamentos ou funções, que atuam no gerenciamento do pedido, identificando falhas e aplicando correções. Dentre os benefícios das equipes multifuncionais, tem-se o maior acompanhamento e controle de prazos de entregas, aprovação de pedidos e diminuição de falhas em todo o processo (CHRISTOPHER, 2001).

Esse processo de negócio influência de forma direta na gestão do fluxo de manufatura, pois são as informações derivadas do atendimento ao pedido que alimentará as operações na produção, seja no processo de refino ou na entrega do produto final. o pessoal responsável determinará os passos específicos desde o momento da entrada do pedido até a entrega do produto final, verificar o crédito dos clientes e com isso direcionar as possíveis formas de pagamento, identificar a capacidade produtiva para cumprir com uma demanda considerada alta, comunicar a equipe de gestão do serviço ao cliente quando a ordem de pedido está entregue, além de compartilhar informações para os responsáveis pela gestão da demanda.

A integração das equipes de gestão se fazem ainda mais importante no setor de petróleo e gás, em decorrência das oscilações na demanda e do caráter volátil dos preços do petróleo bruto que pode muitas vezes exceder a capacidade de refino da indústria. Além disso, a execução desse processo deve contemplar as exigências específicas dos componentes físico-químicos e outras particularidades como a matéria prima utilizada, a unidade de produção, o perfil do óleo, e outras variáveis que podem interferir na qualidade do produto final (JULKA *et al.*, 2002).

8. Gestão do Fluxo da Manufatura (*Manufacturing Flow Management*)

A Gestão do Fluxo de Manufatura se remete às estratégias implementadas na gestão da produção, delimitando planos de capacidade, assim como as necessidades e restrições de cada etapa do processo produtivo. Toda essa estrutura é realizada a fim de harmonizar as ações das empresas com o abastecimento necessário da demanda, sempre priorizando as necessidades dos clientes e alinhando produção à qualidade. Para isso, esse processo de negócio atua no desenvolvimento de ações destinadas a aumentar as flexibilidades, apontando as não-conformidades sempre atendendo às necessidades dos clientes (SIMON *et al.*, 2015).

Dentre as atividades desse processo, pode-se citar o desenvolvimento de uma rotina de produção, criação de um plano de capacidade detalhado, identificação das restrições de fabricação, alinhamento entre a demanda e a capacidade de oferta, definição de estratégias de compra e venda, planejamento para aumento da capacidade produtiva e maior flexibilidade, medição do período de fabricação, mensuração dos níveis de qualidade, identificação das causas de não conformidade e definição das prioridades das etapas do processo produtivo.

A Figura 2 apresenta as atividades simplificadas de uma refinaria de petróleo, apontando as matérias-primas de entrada, o tipo de refino utilizado e as saídas resultantes do processo de refino.

Assim, a refinaria objetiva a transformação de óleo bruto em outros subprodutos considerados mais finos e mais valorizados. Além das fases de processos descritas, as refinarias também são responsáveis pelo armazenamento e misturas de componentes afim de obter produtos com diferentes níveis de qualidade.

o craqueamento e o craqueamento catalítico são considerados processos de conversão que transformam partículas maiores em partículas menores e mais leves, assim produtos com menor valor agregado podem ser transformados em outros produtos com maior valor de comercialização. Já o processo de hidrotratamento e hidrodessulfurização são essenciais à qualidade, pois reduzem a quantidade de contaminantes como nitrogênio ou enxofre, gerando um produto mais puro.

No que tange às propriedades física e química dos produtos, vale ressaltar que sua composição está atrelada a componentes das matérias-primas, a condicionantes operacionais do processo e outras variações naturais como pressão e temperatura (MORO; PINTO, 1998). Sendo assim qualquer alteração inesperada pode influenciar na qualidade do produto final.

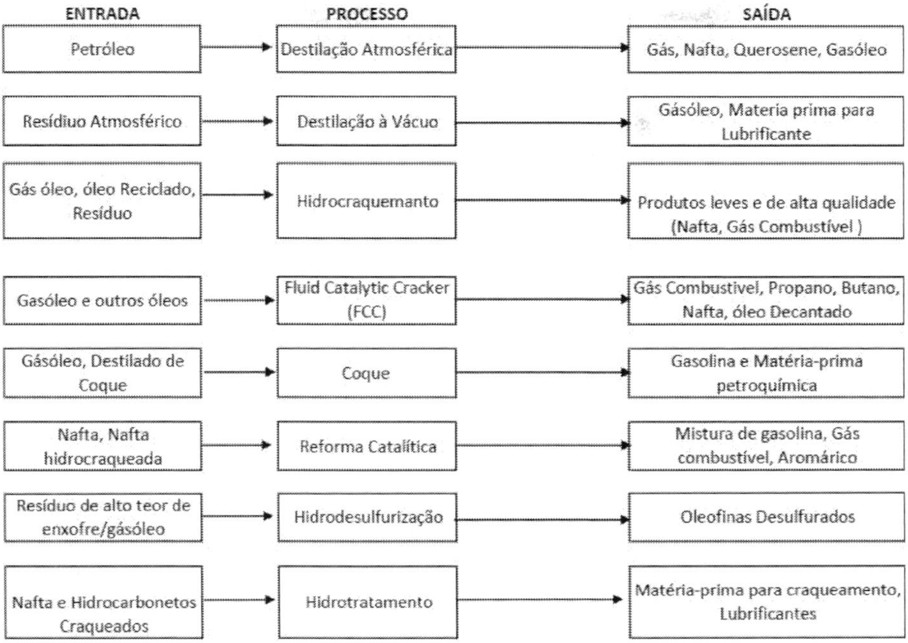

Fonte: Elaborado pelos autores com base em Marcellino (2013).

Figura 2 Processo de Refinamento de petróleo simplificado

Por se tratar de um produto com diferentes variações quanto sua composição química, o processo produtivo do petróleo não segue um padrão quanto aos procedimentos de produção, demandando necessidades particulares para cada tipo de óleo. o petróleo considerado "leve" é mais valorizado por dar origem a produtos considerados mais nobres como a gasolina e a nafta, enquanto que o petróleo "pesado" gera produtos menos valorizados do mercado como o óleo combustível e o asfalto. o perfil de produção deve estar adequado ao tipo de produto em processo, refletindo a importância da gestão do fluxo e manufatura como uma ferramenta que alinha as necessidades de mercado com a capacidade interna.

Um fator condicionante que pode alterar o fluxo operacional é o aumento de imposições normativas que incorrem sobre o meio ambiente. o maior rigor nas normas e regulamentos preventivos podem ser um obstáculo para a produtividade das operações, representando um ponto desafiador para os gestores do setor e mais uma vez reforçando a importância desse processo de negócio no gerenciamento da cadeia de suprimentos.

9. Gestão do Relacionamento com o Fornecedor (*Supplier Relationship Management*)

"Procurement" é o termo que entrou em desuso para a gestão do Relacionamento com o Fornecedor por restringir as atividades inerentes ao processo de negócio e por apresentar controvérsias quanto a sua definição (CROXTON *et al.*, 2001). Denominado por Simon (2005) como processo de gestão, ele estabelece as estratégias utilizadas para melhor interagir e identificar os fornecedores-chaves, considerados como os mais importantes. Nesse ponto, a empresa deve agir de modo a aproximar o relacionamento dos fornecedores estratégicos em detrimento de outros de menor representatividade (LAMBERT, 2008).

O aumento da concorrência influenciou tanto no desenvolvimento das funções internas, como em atividades que ultrapassam o entorno organizacional. Essa tendência inclui a capacidade de integrar fornecedores em uma cadeia de valor, tornando-os mais eficientes e competitivos no que tange qualidade, prazos, flexibilidade e custos (PRAJOGO; OKE; OLHAGER, 2016). Esse processo de negócio promove o equilíbrio da cadeia de suprimentos, além de influenciar no desempenho operacional competitivo, pois a gestão ineficiente deixará o ambiente suscetível, comprometendo as atividades como um todo (HEIKKILÄ, 2002).

Simon *et al.* (2007) afirmam que o acordo de produtos e serviços (*PSA - Product and Service Agreements*) atua na delimitação do relacionamento empresa-fornecedor, estando ligados com outros processos de negócios da cadeia de suprimentos como a Gestão do Fluxo de Manufaturas e o Desenvolvimento de Novos Produtos.

No caso do setor de petróleo e gás natural, existe a necessidade de altos investimentos e tecnologia de ponta para a produção dos equipamentos e outros suprimentos, tornando a comercialização de determinados bens concentrada nas mãos de poucas empresas (BNDES, 2014). Essa tendência intensifica a dependência da empresa com seus fornecedores, o que pode representar um risco nas negociações quanto às exigências de entrega, prazos e condições de compra, tornando a empresa "refém" de um fornecedor específico.

A gestão desse processo de negócio se faz ainda mais importante quando o setor apresenta formalidade e exigências de elevados índices de qualidade e certificação. o cumprimento dessas condições exige maior rigor e cuidado por parte das empresas fornecedoras desses suprimentos, além de que a extração de petróleo marítimo em águas profundas ou ultra profundas requer grandes investimentos em processos de inovação para o desenvolvimento e aperfeiçoamento de novas tecnologias para aumentar a eficiência da extração e produção em lugares com acessibilidade restrita. Nesse sentido, a gestão do relacionamento com o fornecedor atuará de forma a gerir tais eventualidades e minimizar os riscos que coloquem em cheque a eficiência da cadeia de suprimentos.

10. Desenvolvimento do produto e comercialização

Esse processo é responsável por fornecer estrutura para o desenvolvimento de novos produtos, sendo amparado pelos processos de Gestão de relacionamento com os Clientes e Fornecedores. Sua função não está ligada exclusivamente a processos de inovação, mas também deve fomentar a fabricação, logística, comercialização e outras ações necessárias à venda. A interação com a gestão do relacionamento com o cliente se faz importante no sentido de compreender as preferências suas preferências. No que concerne à Gestão do Fluxo de Manufatura, deve interagir a fim de desenvolver tecnologia de produção para o desenvolvimento do novo produto (LAMBERT; SCHWIETERMAN, 2012).

O desenvolvimento do produto para o setor de petróleo e gás natural apresenta uma conjuntura prospectiva diante da utilidade e diversidade usual do óleo bruto. Dentre os principais derivados pode-se citar gás natural, GLP, nafta, gasolina, querosene, óleo diesel, lubrificantes industriais e outros produtos que são destinados à industrias de diversos segmentos para o desenvolvimento de uma infinidade de subprodutos.

Por outro lado, existe uma tendência atrelada ao consumo de produtos biodegradáveis e ambientalmente corretos como os biocombustíveis que não requer a extração e o contato direto com o ambiente de modo a agredi-lo ou colocar em risco a diversidade ambiental. Esse cenário se mostra favorável ao setor sucroalcooleiro, por exemplo, no qual existe a proposta do consumo de energia considerada limpa e renovável. Essa tendência vem ao encontro da proposta da diminuição da dependência das energias não-renováveis e do desenvolvimento de novas formas de energias limpas, o que reflete um ponto desafiador para o setor de petróleo e gás natural no que tange o desenvolvimento de novos produtos.

Por se tratar de uma *commodity*, sua comercialização está constantemente vulnerável às oscilações de ordem global, portanto instabilidades financeira ou econômica podem provocar serias consequências para toda a cadeia de suprimentos (MARCELLINO, 2013). Sob a ótica da comercialização está a gestão da rede logística que é marcada pela elevada complexidade dada as demandas específicas do processo, o que abrange desde a perfuração de reservatórios até a distribuição dos produtos e subprodutos (TAMMELA; NARCISO; FEIJÓ, 2012). Sendo assim, o planejamento logístico deve estar sincronizado com a dinâmica da cadeia, garantido a rapidez e eficiência em todo o processo.

As atividades inerentes a esse processo podem ser amparadas por centros de pesquisa ou Universidades, no que tange o desenvolvimento de pesquisas laboratoriais e de mercado para o desenvolvimento de novos produtos, bem como para o entendimento da situação atual do mercado consumidor quanto à aceitação do produto, vislumbrando os níveis de demanda e prospecção de mercado.

11. Gestão de Retornos/Devoluções

A Gestão de Retorno trabalha para prover um bom relacionamento do processo produtivo, evitando possíveis desperdícios e ociosidades, com a prospecção de quedas de retornos indesejados. Esse processo está ligado às atividades de logística reversa e manutenção, de forma a determinar como elas são administradass por todos os membros da cadeia de fornecimento. Sua implementação além de contribuir para o fluxo eficiente dos processos, também serve para identificar gargalos e gerar oportunidades de amenizá-los e desta forma alcançar vantagem competitiva (LAMBERT, 2008)

Dentre as atividades desse processo de negócio pode-se citar a criação de um programa de retornos de embalagens, análise da identificação das causas de retornos, análise financeira decorrente das falhas, procedimento da evolução temporal dos impactos econômicos causados pelos retornos e aplicação e controle de medidas que visam diminuir tais deficiências (SIMON *et al.*, 2015).

Porter (1985) já destacava a importância da ligação entre as atividades organizacionais, o que reflete a atenção precoce com a questão da sincronização da cadeia de suprimentos e a relação de causa e efeito com o planejamento e execução de ações que alcancem diferentes níveis, o que pode ser traduzido na dependência entre os processos e subprocessos de negócios (LAMBERT, 2004).

Em decorrência da infinidade de subprodutos e matérias-primas geradas pelo petróleo, a gestão de retornos pode ser considerada como um processo complexo caso não haja um gerenciamento específico do processo de refino, uma vez que os níveis e exigências de qualidade dependerão do tipo processo empregado na transformação do óleo bruto, além de outros da escolha das matérias-primas.

12. Conclusões

O presente trabalho buscou descrever os processos de negócios da SCM na cadeia de suprimentos do setor de petróleo e gás natural, com a apresentação das principais atividades realizadas no âmbito de cada processo. Por se tratar de um estudo de natureza teórica, investigou-se na literatura as definições cunhadas por diversos autores que já pesquisaram a temática.

Muito embora os oitos processos de negócios foram aqui analisados de maneira individual, é possível concluir que eles possuem uma forte relação de sincronia. Além disso, o compartilhamento das informações entre as equipes responsáveis para cada processo de negócio é fundamental para a eficiência da sua execução. A Gestão de relacionamento com os clientes e a Gestão de Serviço ao cliente reúne um conjunto de dados e informações importantes que podem gerar ordens de execução e planejamento no processo responsável pela administração da demanda, gestão do fluxo de manufatura e atendimento ao pedido.

A Gestão do fluxo de manufatura além de contribuir para a organização e otimização do processo produtivo, também orienta os procedimentos de controle de qualidade e restrições de cunho ambiental. A gestão eficiente desse processo de negócio diminuirá as possibilidades de falhas e gargalos no processo de gestão de retornos.

Diante das interferências externas que abalam as estruturas de mercado, bem como da intensificação da competitividade e de outras perturbações que podem influenciar na desenvoltura das instituições, nota-se a importância do papel da SCM e dos processos de negócios aqui tratados na minimização dessas adversidades. Todas as atividades que envolvem o processo de planejamento como a previsão de demanda e outras estimativas podem ser alteradas em razão da dinâmica de mercado. Nesse sentido conclui-se que a cadeia de suprimentos do setor de petróleo e gás natural é extremamente suscetível às oscilações externas.

A intensificação da produção e oscilações indesejáveis na demanda reforçam a importância da gestão da cadeia de suprimentos, de forma a enxugar os custos e estreitar o relacionamento entre os agentes chaves, o que permite enxergar os pontos de ineficiência e atrasos no decorrer da cadeia. Deste modo, os processos de negócios são motivadores e exercem impacto na eficiência global, pois é a gestão integrada da cadeia que permite a minimização dos efeitos causados pelos agentes externos e pelo fluxo natural dos negócios.

Todos os processos de negócios abordados apresentam como característica a dependência, evidenciando que a cadeia de suprimentos é formada por elos relacionados e seu funcionamento depende do planejamento e execução de ações que ultrapasse as barreiras organizacionais internas, abarcando outros agentes externos que também trabalham para o andamento das atividades da cadeia como um todo.

13. Referências

AGÊNCIA NACIONAL DE PETRÓLEO. Anuário estatístico de petróleo, gás natural e biocombustíveis. Disponível em: <http://www.anp.gov.br/wwwanp/images/publicacoes/Anuario_Estatistico_ANP_2016.pdf> *Acesso em: 12 dez.2016.*

ARAGÃO, A. B.; SCAVARDA, L. F.; HAMACHER, S. Modelo de análise de cadeias de suprimentos: fundamentos e aplicação às cadeias de cilindros de gnv. **Gestão e Produção**. *v.11, n.3, p. 299-311, 2004.*

BANCO NACIONAL DE DESENVOLVIMENTO ECONÔMICO E SOCIAL. Perspectivas do investimento 2015-2018 e panoramas setoriais. Disponível em: < https://web.bndes.gov.br/bib/jspui/handle/1408/2842> *Acesso em: 13 dez.2016.*

BLACKSTONE, J. H.; JONAH, J. **Apics dictionary**: *The essential supply chain reference.14 ed. Chicago: Apics, 2013, 191p.*

CHEN, I. J.; POPOVICH, K.. Understanding customer relationship management (CRM). **Business Process Management Journal**, *v. 9, n. 5, p. 672 – 688, 2003.*

CROXTON, K. L.; GARCIA-DASTUGUE, J.; LAMBERT, D. M., ROGERS, D. S. The Supply Chain Management Processes. **International Journal of Logistics Management**, *v. 12, n. 2, p. 13-36, 2001.*

COSTA, C. C. **Estratégia de negócios**. *São Paulo: Saraiva, 2009.*

*CHRISTOPHER, M.; PECK, H. Building the Resilient Supply Chain.***The International Journal of Logistics Management, v.***15, N.2, p. 1–14, 2004.*

CHRISTOPHER, M. Logística e gerenciamento da cadeia de suprimentos - estratégias para a redução de custos e melhoria dos serviços. São Paulo: Editora Pioneira, 2001.

ELLRAM, L.M.; ZSIDISIN, G.A.; SIFERD, S.P.; STANLY, M.J. The impact of purchasing and supply management activities on corporate success. Journal of Supply Chain Management. v. 38, n.1, pp. 4-17. 2002.

FERNANDES, B. H. R.; BERTON, L. H. **Administração Estratégica**: *da competência empreendedora à avaliação de desempenho. 2.ed. São Paulo: Saraiva, 2012.*

HEIKKILÄ, J. From supply to demand chain management: Efficiency and customer satisfaction. **Journal of Operations Management**, *v.20, n.6, p. 747–767.2006.*

JULKA, N.; KARIMI, I.; SRINIVASAN, R. Agent-based supply chain management: a refinary application. **Computer and chemical engineering**. *v.1, n.26, 2002, p. 1771-1781.*

MARCHESINI, M. M. P.; ALCANTRA, R. L. C. Logistics activities in supply chain business process: a conceptual framework to guide their Implementation. **International Journal of Logistics Management.** *v.27, n.1. 2016.*

MARCELLINO, F. J. M. Planejamento integrado da cadeia de suprimentos da Indústria de Petróleo Baseado em agentes Holônicos. 2013. 272f. Tese (Doutorado em ciências) – Universidade de São Paulo, São Paulo, 2013.

MELO, D. C.; ALCÂNTRA, R. L. C. o que torna a gestão da demanda na cadeia de suprimentos possível? Um estudo multicascos dos fatores críticos de sucesso. Gestão da Produção., São Carlos, 2016.

MENDES, A. P. A.; TEIXEIRA, C. A. N. Panorama Setorial 2015-2018: Petróleo e Gás. Rio de Janeiro: Banco Nacional de Desenvolvimento Econômico e Social, 2014. 196 p.

MORO, L. F. L.; PINTO, J. M. A mixed-integer model for short-term crude oil scheduling. In: Alche Annual National Meeting. Miami Beach: [s.n.], 1998.

NEIRO, S. M. S.; PINTO, J. M. A general modeling framework for the operational planning of petroleum supply chains. **Computers and Chemical Engineering**. *v.28, n.1, p. 871-896, 2004.*

KLEINDORFER, P.; SAAD, G. Managing Disruption Risks in Supply Chains. **Production and Operations Management**, *v.14, n.1, p.53–68.2005.*

*LAMBERT, D. M.; COOPER, M. C.; PAGH, J.D. Supply chain management: implementation issues and research opportunities.***The international journal of logistics management**, *v. 9, n. 2, p. 1-20, 1998.*

LAMBERT, D. M. The eight essential supply chain management processes. **Supply Chain Management Review**, *v. 8, n. 6; p.18-25, September 2004.*

LAMBERT, D.; SCHWIETERMAN, M. A. Supplier Relationship Management as a macro business process. **Supply Chain Management:** *An International Journal, v.17, n.3, p.337-352, 2012.*

PENG, Jianping et al. Mediation effect of business process and supplychain management capabilities on the impact of IT on firm performance: Evidence from Chinese firms. **International Journal of Information Management**, *v. 36, n. 1, p. 89-96, 2016.*

PRAJOGO, D.; OKE, A. OLHAGER, J. Supply Chain Processes: linking supply logistic integration, supply performance, lean processes and competitive performance. **International Journal of Operations and Productions Management.** *v.25, n.2, p. 220-238, 2016.*

SCRAMIN, F. C. S.; BATALHA, M. O. **Supply Chain Management em cadeias agroindustriais***: discussões acerca das aplicações no setor lácteo brasileiro. In: WORKSHOP BRASILEIRO DE GESTÃO DE SISTEMAS AGROALIMENTARE. 2, 1999. Anais, Ribeirão Preto, São Paulo.*

SHUKLA, M.; JHARKHARIA, S. Agri-fresh produce supply chain management: a state-of-the-artliterature review", **International Journal of Operations & Production Management**, *v. 33, n 2, p.114–158, 2013.*

SIMON, A. T.; SATOLO, E. G.; SATOLO, L. F.; SIMON, E. J. **Uma análise do complexo alcooleiro sob a ótica da gestão da cadeia de suprimentos (scm).** *In: INTERNATIONAL PENSA CONFERENCE "SUSTAINABLE AGRI-FOOD AND BIOENERGY CHAINS/ NETWORKS ECONOMICS AND MANAGEMENT",6, 2007. Anais, Ribeirão Preto, São Paulo.*

SIMON, A. T.; SATOLO, E. G.; SCHEIDL, H. A.; DI SÉRIO, L. C. Business process in supply

chain integration in sugar and ethanol industry. Business Process Management Journal. v.20, n.2, p. 272-289, 2014.

SADEH, N. M.; SMITH, S. F.; SWAMINATHAN J. Supply-Chain Modeling and Analisys. ICLL Projects - Supply Chain Modeling and Analysis Overview - 2003. Disponível em: <http://www.ozone.ri.cmu.edu/projects/supplychain/supplychainmain.html>. Acesso em: 25/06/05.

SIMON, A. T.; DI SÉRIO, L. C.; PIRES, S. R. I.; MARTINS, G. S. Evaluating Supply Chain Management: A Methodology Based on a Theoretical Model. **Associação Nacional de Pós Graduação e Pesquisa em Administração**. *v.19, n.1, p. 26-44, 2015.*

STEVENS, G. C.; JONHSON, M. Integrating the Supply Chain... 25 years on. International **Journal of Physical Distribution and Logistic Management.** *v.46, n.1, p. 19-42, 2016.*

TÂMELA, I.; NARCISO, R. B.; FEIJÓ, C. C. Uma proposta de indicadores para a cadeia de suprimentos verde da indústria de petróleo e gás. In: SIMPÓSIO DE ENGENHARIA DE PRODUÇÃO, 19, 2012. Anais, Bauru, São Paulo, 2012.

4. Um mapa das publicações sobre Lean Six Sigma no setor de petróleo e gás

Eduardo Guilherme Satolo; Pedro Henrique Perozini
(UNESP – Univ Estadual Paulista, FCE/ Tupã)

Objetivo

Este capítulo tem como objetivo mapear as publicações sobre as temáticas de *Lean* Six Sigma em organizações atuantes no segmento de petróleo e gás. Os resultados da pesquisa indicaram de modo preliminar oito artigos que relacionam a aplicação de conceitos do *Lean* Seis Sigma junto ao setor de Petróleo e Gás. Destes estudos, seis estão alocados a base de dados Web of Science e três na base de dados Scopus. Os artigos foram publicados de modo distribuídos ao longo dos anos, demonstrando que os estudos são esporádicos no setor. Os estudos concentram-se em sua maioria na melhoria de processos e da cadeia em que atuam.

1. Introdução

As organizações enfrentam atualmente uma mudança constante no ambiente externo, impulsionada pela alta competição, consumidores mais exigentes e um clima econômico relativamente instável em muitos países. Há por parte das organizações a necessidade de que suas operações em curso tenham menor custo, uma maior confiabilidade e rapidez e uma capacidade superior de mudança e melhoria contínua, sendo estes importantes pilares no desenvolvimento de estratégias administrativas (DROHOMERETSKI et al., 2014)

Brown, Squire e Blackmon (2007) e Chiarini e Vagnoni (2014) descrevem que, para realizar tais mudanças, são empregadas estratégias administrativas (comumente nomeadas por acadêmicos como abordagens, sistemas ou filosofias) que auxiliam na seleção de técnicas e ferramentas apropriadas para a obtenção de uma melhor produção industrial, garantindo o maior desempenho de fabricação.

As técnicas e ferramentas empregadas têm como objetivo tornar a organização eficiente e eficaz em termos de qualidade, confiabilidade, flexibilidade, inovação e custos. Tais técnicas são escolhidas por meio do estudo dos recursos disponíveis que satisfaçam e cumpram os objetivos da organização (BROWN; SQUIRE; BLACKMON, 2007).

Na década passada, a melhoria da qualidade tem sido caracterizada por duas abordagens administrativas principais: o desenvolvimento *Lean*, que visa melhorar a eficiência do processo por meio da eliminação de etapas e atividades que não agregam valor em um processo e o Six Sigma, que inibe a variação do processo prioritariamente por transmitir todo o processo em torno da média (YADAV; Desai, 2016)

Estas duas abordagens administrativas possuem como expressão bastante popular o emprego da melhoria contínua cujo conceito está associado principalmente com o movimento de qualidade total, presentes nos modelos como o seis sigma e a produção enxuta (DROHOMERETSKI et al., 2014)

Em um esforço para combinar a redução na variação do processo, alcançável por meio de um projeto Seis Sigma, com a eliminação do valor não agregado e racionalização das atividades do processo, fornecido pelos conceitos *Lean*, gerou-se a integração das duas abordagens administrativas, denominado como *Lean* Seis Sigma (LSS), às vezes referido como *Lean* Sigma (MANVILLE et al., 2012). Tal fato, segundo os autores, permite que uma organização aproveite os pontos fortes de ambas as metodologias de qualidade de forma integrada.

Estudos como os de Yadav e Desai (2016) destacam que as publicações inerentes a temática LSS concentram-se principalmente nos setores automotivo, eletroeletrônicos, hospitais e de tecnologia da informação. É interessante identificar que tais setores dependem significativamente do abastecimento oriundo do setor de petróleo e gás, o qual é a principal fonte de energia para funcionamento destas organizações.

Este setor de petróleo e gás, segundo portal do governo brasileiro, foi responsável por 13% do Produto Interno Bruto (PIB) do Brasil no ano de 2014 (PORTAL BRASIL, 2016). Além do mais, as recentes descobertas de novas reservas no país, na camada do pré-sal, e a expectativa de aumento da produção de óleo e gás para os próximos anos possibilitaram que o país se torne um exportador líquido de óleo de forma sustentável no médio e no longo prazos (MENDES; TEIXEIRA, 2015).

Tal aspecto traz como importante fator a necessidade da melhoria dos processos organizacionais e de gestão das etapas do processo, que podem ser realizadas por meio da utilização dos conceitos da temática LSS. Entretanto, na literatura, pouco são citados por autores estudos específicos sobre a temática, que por vezes pode-se dar pela inexistência de tais estudos, ou por estes estarem pouco evidentes.

Desta forma, este capítulo objetiva avaliar as publicações sobre sistema *Lean* Seis Sigma aplicadas no segmento de petróleo e gás disponíveis nas bases de dados Web of Science e Scopus. Para cumprir tal objetivo, a obra se desmembra em outros quatro objetivos específicos: (i) detectar as publicações científicas que relacionam o termo *Lean* Seis Sigma associado ao setor de petróleo e gás; (ii) classificá-las e identificá-las; (iii) analisar tais obras por meio de tabelas unidimensionais e multidimensionais, gráficos e mapas; e (v) indicar oportunidades futuras de pesquisa.

Para tanto, este artigo apresenta-se dividido em cinco seções: esta primeira a qual apresentou a contextualização e objetivo da pesquisa. A segunda seção que discorre sobre o conceito de *Lean* Seis Sigma. A terceira seção, apresenta os aspectos metodológicos para condução da revisão bibliométrica sistematizada. Na quarta seção são apresentados e discutidos os resultados obtidos, e por fim, a quinta seção apresenta as conclusões e apontamentos de pesquisa futuros.

2. Breve fundamentação conceitual sobre *Lean* Seis Sigma

A questão de como enfrentar o desafio do padrão de qualidade e remoção de atividades sem valor agregado envolveu pesquisadores e profissionais nas duas últimas décadas (YADAV; DESAI, 2016)

Neste período a expressão melhoria contínua tornou-se popular e o conceito está associado principalmente com o movimento de qualidade total, presente em modelos como o Seis Sigma e filosofia *Lean* (DROHOMERETSKI et al., 2014)

A filosofia *Lean* identifica ineficiências e desperdícios em todos os processos, tanto na manufatura quanto no serviço, abordando a velocidade, flexibilidade e qualidade (HILTON; SOHAL, 2012). Além disso, o objetivo da prática enxuta é garantir o bom fluxo de fabricação, melhorando a produtividade para o nível de produtos de qualidade, a utilização da mão-de-obra de produção, o tempo de entrega reduzida e o custo efetivo de fabricação por meio do processo de melhoria contínua. Consequentemente, ajuda as organizações a melhorar o desempenho almejado e a obter benefícios do ambiente (HABIDIN; YUSOF, 2013).

O Seis Sigma foca principalmente na eliminação de variações e defeitos no processo de negócios, por meio da identificação de até que ponto o processo de negócio real é diferente do esperado ou ideal (LAMEIJER, 2016). Isto permite uma análise baseada em precisão e exatidão (HILTON; SOHAL, 2012), auxiliando a redução do número de defeitos e a aumentar tanto a satisfação do cliente como o benefício financeiro (HABIDIN; YUSOF, 2013).

Atualmente, a filosofia *Lean* tem sido integrada com Seis Sigma e tem ajudado a organizações a alcançar as atividades e com isso alcançar melhor economia em termos de operação e custo de qualidade, torna-se para uma ferramenta popular para melhorar a excelência operacional em bens de manufatura e serviços, bem como no setor público (ALBLIWI et al., 2014; SREEDHARAN; RAJU, 2016)

A primeira integração de *Lean* e Six Sigma ocorreu em 1986 no grupo americano George, tendo, porém, sua inserção na literatura pela iniciada em 2000. A popularidade e a implantação do LSS são notáveis no mundo industrial, especialmente em grandes organizações de liderança mundial como a Motorola, Honeywell, GE, Du Pont, Merck, Johnson & Johnson, Bank of America, e outros, assim como em algumas pequenas e médias empresas de manufatura (PMEs) (ALBLIWI et al., 2014; HILTON; SOHAL, 2012).

Drohomeretski et al. (2014) na Figura 1 destaca os objetivos de cada uma das estratégias administrativas, e os benefícios que estas geram ao atuar em conjunto.

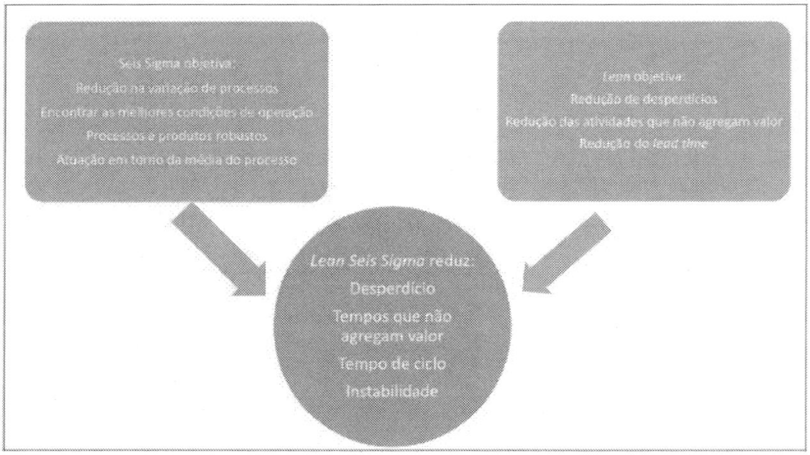

Fonte: *Adaptado de Drohomeretski et al. (2014)*

Figura 1 Objetivos do Seis Sigma e filosofia *Lean*, e benefícios quanto empregados em conjunto.

As organizações têm conduzido a implementar o LSS por diversas razões, como por exemplo, para melhorar o desempenho do negócio e a eficiência operacional, melhorar a qualidade do produto e confiabilidade dos processos, reduzir os custos de produção, reduzir tempos de retrabalho, melhorar a satisfação do cliente, aumentar a flexibilidade do sistema e consequentemente reduzir os níveis de estoque entre as estações de trabalho, especialmente considerando o crescimento dos mercados globais (ALBLIWI et al., 2014; YADAV; DESAI, 2016; HABIDIN; YUSOF, 2013).

Esta especificidade de considerar o LSS como um mecanismo para alavancar as empresas em um mercado globalizado, faz dessa receber a característica por alguns autores como Manville et al. (2012) de estratégica, no sentido de seguir uma abordagem que lida com uma determinada situação ou circunstância empresarial.

Lean e Six Sigma não melhoram a produtividade simplesmente por meio da mudança de atitude de trabalho (Delgado et al., 2010). Tanto *Lean* quanto Seis Sigma envolvem um conjunto de técnicas e ferramentas práticas para lidar com uma variedade de questões de processo (ZHANG et al., 2016)

A filosofia *Lean*, por tratar da melhoria de processos a partir da eliminação de desperdícios tem em suas técnicas e ferramentas o uso da análise do processo para detecção de melhorias muitas vezes atribuídas a busca da causa raiz do problema, que por muitas vezes difere do Seis Sigma, que utiliza da análise estatística para identificação dos problemas, e posterior desenvolvimento de sua resolução.

A Figura 2, retrata algumas técnicas e ferramentas frequentemente citadas na literatura que são empregadas na filosofia *Lean*, no Seis Sigma, e que são comuns as duas abordagens estratégicas.

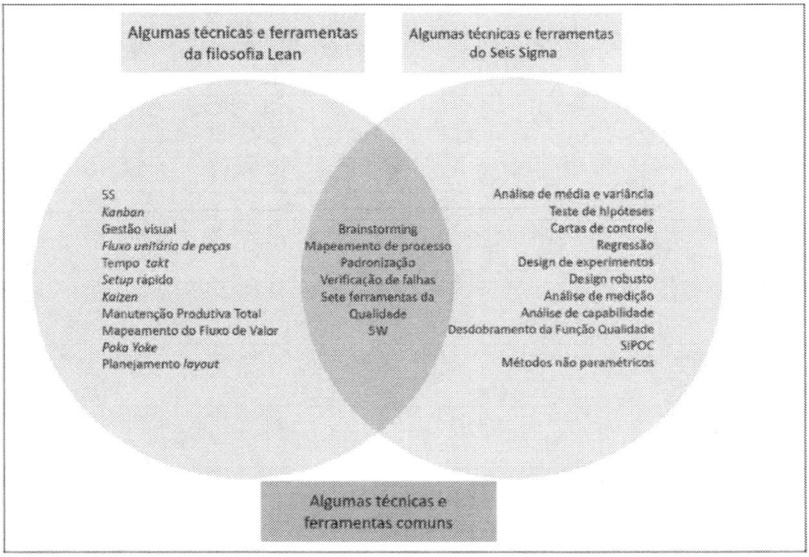

Fonte: Adaptados pelos autores a partir de Drohomeretski et al. (2014) e Zhang et al. (2016)

Figura 2 Algumas técnicas e ferramentas associadas ao *Lean* Production, Seis Sigma e *Lean* Seis Sigma

Conforme ilustrado na Figura 2, tanto a filosofia *Lean* quanto o Six Sigma possuem técnicas e ferramentas em particulares, sendo que algumas estão presentes em ambas e formam o que se define como *Lean* Seis Sigma, sendo: brainstorming, mapeamento de processos, padronização, verificação de falhas, sete ferramentas da qualidade e 5w.

3. Método de pesquisa

A condução de revisões bibliográficas sistemáticas tem como característica ser de natureza básica, pois utiliza de fontes de informação obtidas em base de dados, no caso a Web of Science e Scopus, necessários para construção dos indicadores científicos (ALVES, 2006; FERREIRA, 2006; SOUZA, 2006). Em sua abordagem, trata-se de uma pesquisa quantitativa, que emprega a sistemática dos dados, incluindo levantamentos estatísticos do tema (GREGOLIN, 2005). Pelo fato de registrar, analisar e correlacionar os fatos e fenômenos sem ter o poder de manipulá-los, e por procurar descobrir com maior precisão possível a frequência do fato, sua relação e conexão com os fatores envolvidos e os comportamentos dos fenômenos, essa pesquisa classifica-se como descritiva (COLLINS; HUSSEY, 2005, DEMO, 1985).

A bibliometria é um dos métodos desenvolvidos para a revisão sistemática da literatura de um tema e é reconhecida por ser metódica, transparente e replicável (COOK et al., 1997; COOPER, 1998). Sua condução seguiu o roteiro de Conforto, Amaral e Silva (2011) que sugere três macro etapas para sua condução (Figura 3): definição das Entradas, o Processamento dos dados, e a análise na Saída.

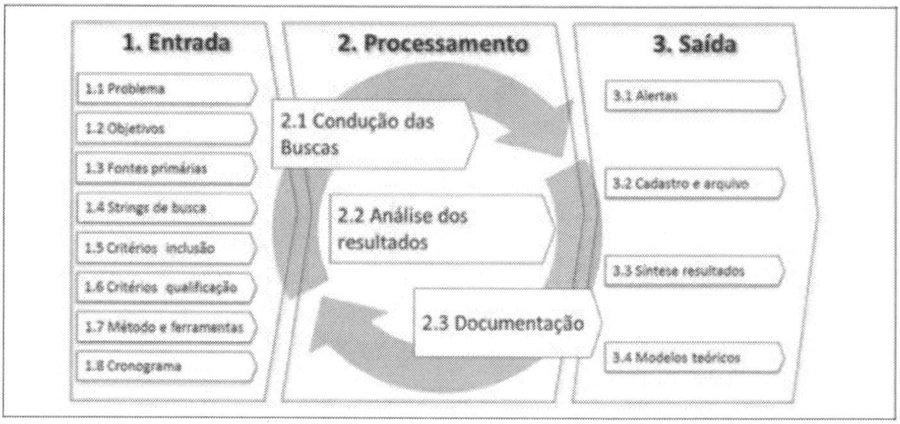

Fonte: Conforto, Amaral e Silva (2011).

Figura 3 Etapas para condução desta pesquisa bibliométrica

A primeira etapa para condução da pesquisa bibliométrica (denominada pelos autores como "Entrada") corresponde às definições metodológicas para justificativa e condução da pesquisa. Estas estão descritas no Quadro 1.

O uso das strings informadas na seção 1.4 resultou a identificação de um conjunto grande de artigos que abordam as temáticas em estudo, que porém quando combinadas reduzem a um conjunto inicial de 32 artigos, conforme ilustra a Figura 3.

Quadro 1 Definições metodológicas para justificativa e condução da pesquisa.

Etapa	Procedimento
1.1. Problema	Quais são as publicações relativas às temáticas sobre sistema *Lean Production* aplicados no segmento de petróleo e gás?
1.2. Objetivo	Avaliar as publicações existentes sobre sistema *Lean Production* aplicadas no segmento de petróleo e gás
1.3. Fontes primárias	Artigos científicos, revisado por pares, que estejam indexados em periódicos nos Metabuscadores Web of Science e Scopus desde 2000.
1.4. *Strings* de busca	1) "*Lean* production" OR "*Lean* manufacturing" OR "Toyota Production System"; 2) "Six Sigma" OR "6 Sigma"; 3) "Petroleum" OR "Gas"; 4) ("*Lean* Production" OR" *Lean Manufacturing*" OR "Toyota Production System") OR ("Six Sigma" OR "6 Sigma") AND ("Petroleum" OR "Gas").
1.5. Critérios de inclusão	Abordagem do tema LSS, *Lean* ou Seis Sigma no setor de petróleo e gás.
1.6. Critérios de qualificação	País de origem, instituição de vínculo dos autores, ano de publicação, palavras chaves, metodologia científica empregada, objetivos e resultados;
1.7. Método e ferramentas	Análise dos dados por meio dos *softwares* Microsoft Excel®, Ucinet® e NetDraw®.
1.8 Cronograma	Condução da pesquisa em dezembro 2016.

Fonte: elaborado pelos autores

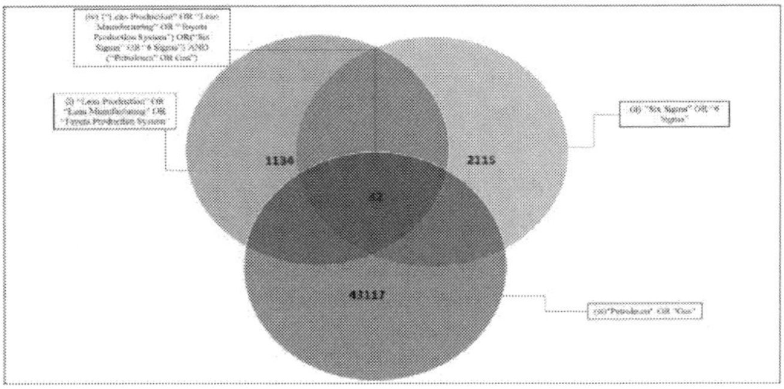

Fonte: Elaborado pelos autores com base nos resultados obtidos em pesquisa

Figura 3 Strings Pesquisadas e resultados identificados

A segunda macro etapa, denominada por Conforto et al (2011) como "Processamento", traz como foco principal a identificação dos estudos, a agregação das informações e análise dos dados. A terceira etapa, denominada "Saída", trata da discussão dos resultados.

4. Resultados

Os resultados da RBS identificaram oito artigos publicados desde 200 sobre a temática *Lean* Six Sigma dentro do segmento de petróleo e gás. Os dados base destes artigos são apresentados no Quadro 2.

Quadro 2 Principais Dados dos Artigos identificados nas bases de dados Web of Science e Scopus sobre a temática *Lean* Six Sigma no setor de petróleo e gás

Artigo	Título do artigo	Autor	Periódico	Ano	Citações	Universidade
A1	Design of six sigma supply chains	Garg; Narahari; Viswanadham,	IEEE Transactions on Automation Science and Engineering	2004	62	Indian Institute of Science Indian Institute of Science; University of Singapore
A2	Advanced seals for industrial turbine applications: design approach and static seal development	Aksit, Chupp, Dinc, Demiroglu	Journal of Propulsion and Power	2002	13	Gebze Institute Tecnology; General Electric Global Research; Rensselaer Polytechnic Institute

Artigo	Título do artigo	Autor	Periódico	Ano	Citações	Universidade
A3	Six Sigma review of root causes of corrosion incidents in hot potassium carbonate acid gas removal plant	Harjac; Atrens; Moss	ENGI-NEERING FAILURE ANALYSIS	2008	11	University Of Queensland; University Of Queensland University Of Queensland
A4	Improved quality of service pro-cesses using the logic of Six Sigma (Case study)	Iranzadeh; Sarhangi; Nikzad	Life Science Journal-Acta	2012	0	Tabriz Branch Islamic Azad Uni-versity; University of Ataturk; Tabriz Branch Islamic Azad University
A5	Application of *lean* Six Sigma in oilfield operations	Buell; Tur-nipseed	Spe Produc-tion & Facil-ities	2004	19	Colorado School of Mines; Colorado School of Mines
A6	Production improvement techniques in process industries for adoption in mining: A comparative study	Lanke; Ghodrati; Lundberg	International Journal of Productivity and Quality Management	2016	0	Lulea Universi-ty Technology; Lulea University Technology; Lulea University Tech-nology
A7	Management and *accounting* inno-vations: reflecting on what they are and why they are adopted	Busco; Ca-glio; Scapens	Journal of Management and Gover-nance	2014	1	National Univer-sity of Ireland; Bocconi Univer-sit; Manchester Business School; Birmingham Busi-ness School
A8	Application of Six Sigma in oil and gas industry: Converting operation data into business value for process prediction and quality control	Cheng; Azman; Hamdan; Mansa.	IEEE In-ternational Conference on Industrial Engineering and Engineer-ing Manage-ment	2014	0	PETRONAS; PETRONAS; PETRONAS; University Malaysia Sabah

Fonte: elaborado pelos autores com base nos dados obtidos em pesquisa

De modo inicial verifica-se que as publicações no setor de petróleo e gás na temática LSS apresentam-se escassas e fragmentadas ao longo do tempo, haja visto que as publicações possuem intervalos anuais entre elas (Figura 4). Isto demonstra que o setor não tem sido alvo de pesquisas por parte dos pesquisadores para tratar de melhoria de desempenho organizacional e de produtividade. Nota-se também que as citações dos artigos por outros pesquisadores encontram-se pequeno, o que reforça a baixa leitura e citações sobre estes artigos. Tal fato, no entanto tem de ser visto como um forte potencial científico com possibilidade de identificação de lacunas científicas ainda não exploradas, cabe aos pesquisadores demonstrar os benefícios do emprego do LSS no setor de petróleo e gás

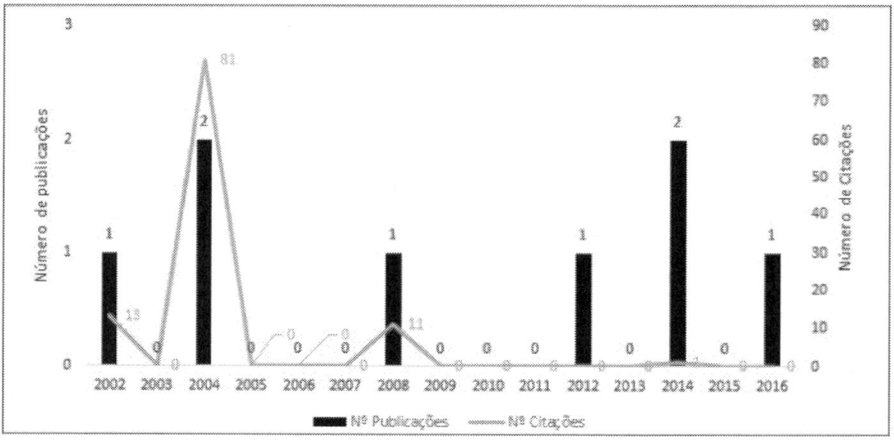

Fonte: elaborado pelos autores com base nos dados obtidos em pesquisa

Figura 4 Comparação entre o número de publicações e a quantidade de citações por ano

A temática petróleo e gás possui uma característica de natureza multidisciplinar e interdisciplinar trazendo consigo a necessidade de conhecimentos de diversas áreas para atender a expectativa de solução de um problema. Isto retrata na necessidade de pesquisas coletivas com pesquisadores tendo domínio de diversos saberes. Este fato é identificado ao avaliar a relação de número de autores por artigo, onde verifica-se que em média cada artigo possui a participação de 3,125 autores, como retrata a Figura 5.

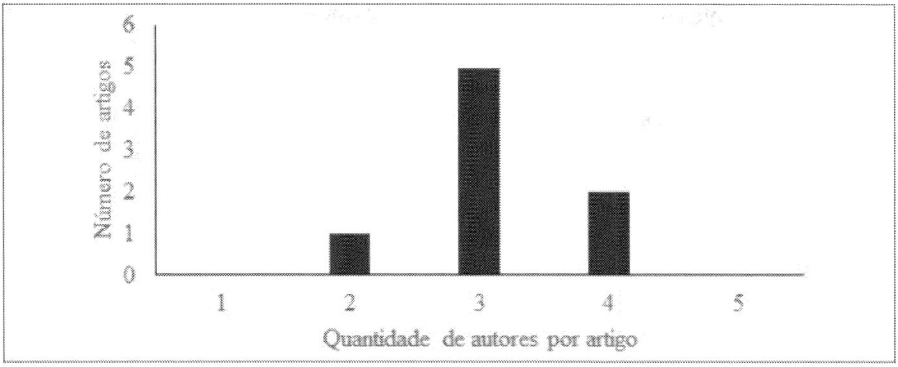

Fonte: elaborado pelos autores

Figura 5 Quantidade de autores envolvidos nas publicações

Outro fator que destaca a importância da pesquisa das temáticas LSS, e sua interdisciplinaridade, é o fato dos 25 autores participantes das publicações terem origem em 11 países distintos resultando na média na participação de 2,27 países por publicação, como ilustra a Figura 6. Pode-se deduzir que tal aspecto é resultado da importância do setor a nível global.

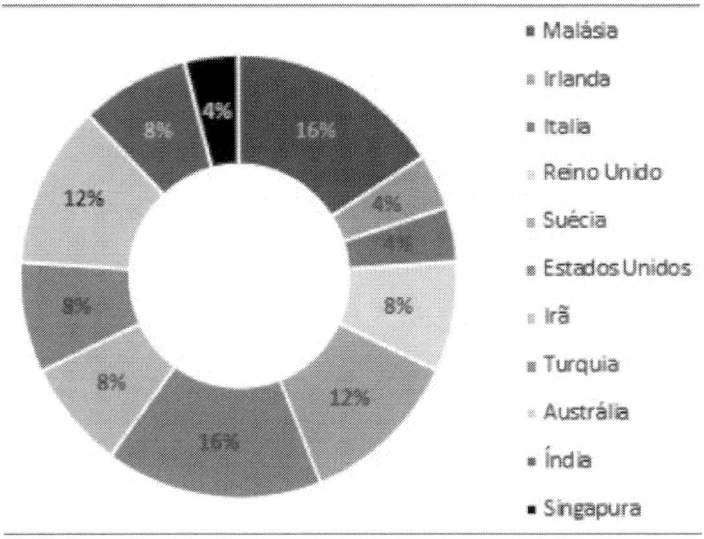

Fonte: elaborado pelos autores

Figura 6 Países de origem dos autores

Dos autores identificados nos trabalhos, 32% são de nacionalidade Americana ou Malaia, uma vez que os Suecos e Australianos representam 12% cada um do total dos artigos pesquisados. Alguns países como Reino Unido, Irã e Turquia correspondem a 24% das nacionalidades dos autores, sendo que os restantes são Italianos, Irlandeses ou Singapurianos.

As interações entre os países dos pesquisadores são vista por meio da rede social de pesquisadores, apresentada na Figura 7

Ao se analisar a estrutura da rede, com base nos preceitos de Barabási (2009) há indício de que os nós são independentes, ou seja, a interação entre autores de diferentes nacionalidades é escassa (apenas entre Estados Unidos – Turquia –Irã, Reino Unido –Irlanda - Itália e índia – Singapura), caracterizando assim uma arquitetura da rede descentralizada (em razão da ausência de um nó central que interliga todos os outros), com tipologia estrutural não simétrica.

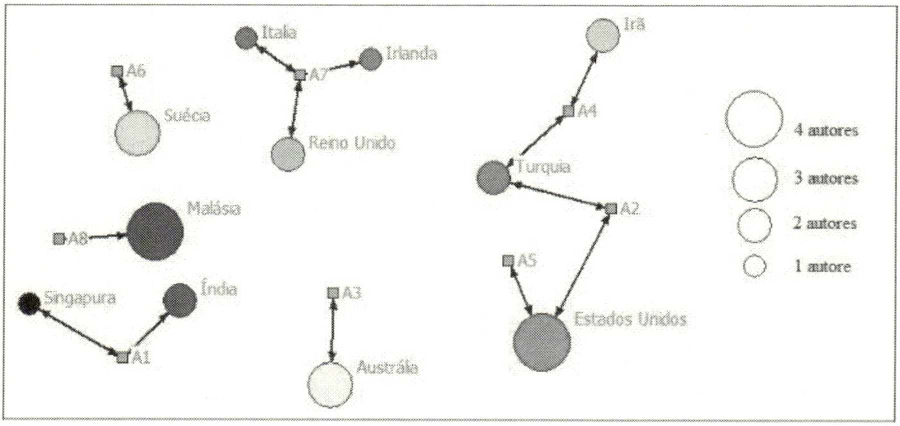

Fonte: elaborado pelos autores com base em dados obtidos em pesquisa

Figura 7 Rede de colaboração entre artigos e país de origem dos autores

Metodologicamente as pesquisas destacam-se por terem natureza aplicada, com exceção da pesquisa A7, que possui natureza básica e conceitual. Os artigos A1, A3 e A5 utilizam da pesquisa descritiva para apresentação dos dados, enquanto os artigos A2, A4, A6 são exploratórios, e os artigos A7 e A8 explicativos. Há uma tendência dos artigos terem um perfil de coleta e análise quantitativa, que ocorre na maioria dos artigos, com exceção dos artigos A3 e A7 que são qualitativos. Com exceção do A7, quanto a técnica de pesquisa é utilizada o estudo de caso, sendo o artigo A6 o único a conduzir múltiplos estudos comparativos.

Outro ponto interessante ao efetuar a leitura foi a identificação de apenas os artigos (A1 e A5) fazem uso do LSS, os demais citam, porém, utilizam para a solução do problemas as teorias isoladas da filosofia *Lean* (A6) ou do Seis Sigma (A2, A3, A4, A7 e A8). Este fato demonstra que há ainda necessidade no setor de demonstrar quais são os benefícios da abordagem LSS.

Estas diferenças metodológicas e teóricas são naturais em função do objetivo a ser respondido. As pesquisas identificadas possuem diferentes focos e trouxeram contribuições distintas a temática LSS, *Lean* e Seis Sigma para o setor de petróleo e gás. Tais enfoques podem ser vistos no Quadro 3.

Quadro 3 Resumo objetivos e resumo dos resultados identificados em cada artigo

Artigo	Objetivo	Resumo dos Resultados
A1	Apresenta o conceito de *six sigma supply chains* para descrever e quantificar entregas pontuais e oportunas, por meio de abordagem inovadora para projetar essas redes.	A partir de modelos estatísticos estabelecidos sobre uma empresa fornecedora de gás liquefeito os autores geram uma nova abordagem para alcançar a redução da variabilidade, sincronização e, portanto, melhoria do desempenho de entrega em redes de cadeia de suprimentos, por meio dos conceitos do Seis Sigma. A abordagem explora conexões entre tolerância de projeto em montagens mecânicas e compressão de tempo de espera em redes de cadeia de suprimentos.
A2	Utilizar a metodologia design for six sigma para a melhoria de selos aplicados em turbinas industriais.	O artigo apresenta as etapas conduzidas na aplicação do método DFSS e os resultados obtidos no desenvolvimento das melhorias para cada tipo de vedação estática.
A3	Avaliar as causas de incidentes de corrosão em uma planta industrial de remoção de gás ácido a partir de carbonato de potássio quente	Por meio das etapas do DMAIC a empresa conduziu um processo de melhoria Seis Sigma, que identificou que os cloretos não são a causa de corrosão localizada nas torres de absorção.
A4	Melhorar o nível de serviço (leitura de medidor) de uma empresa fornecedora de gás por meio da identificação de erros em equipamentos e de mão de obra.	O uso do Seis Sigma trouxe benefícios quanto a melhora na precisão da leitura, redução do número de reclamações dos clientes, ganho de tempo na operação, redução de gastos.

Artigo	Objetivo	Resumo dos Resultados
A5	Descrever as experiências e resultados que melhoram o desempenho de um negócio usando *Lean* Seis Sigma em operações de petróleo e gás na América do Norte e na Ásia	Condução de 11 projetos LSS entre 2002 e 2003 com ganho não inferiores a US$ 500.000.
A6	Propõe o estudo sobre técnicas de melhorias em empresas de quatro ramos industriais para adoção em empresas de mineração	Por meio do estudo de caso comparativo em quatro tipos de indústrias dos setores automotivo, alimentício, serviço e petróleo e gás o autor identificou qual as melhores técnicas de melhoria para criação de um modelo *lean* para o setor de mineração. o estudo de caso no setor de petróleo e gás identificou o uso da ferramenta PAP (Programa de Produção Assegurada) que visa garantia da qualidade dos itens ofertados. reduzindo a incerteza e aumentando a satisfação do cliente, além de permitir identificar necessidades de melhoria que acarreta em ganho de produtividade. Os autores ressaltam a similaridade com o ciclo PDCA. Entre os métodos apresentados nos quatro estudos de caso o PAP, utilizado no setor de petróleo e gás, apresenta-se mais apropriado para uma implantação no setor de mineração, junto a filosofia *Lean*.
A7	Discutir a partir de dois casos da literatura (um no setor de Óleo e Gás e outro alimentício) melhorias na proposição de inovações na gestão da contabilidade, a partir de um modelo criado pelos autores para a gestão Seis Sigma da contabilidade	Por meio dos casos de ilustração demonstram como características do Seis Sigma na GE Oil e Gas e o processo de orçamento conduzido na Nestlé Waters se tornaram inovações bem-sucedidas. Contribui para a prática de inovação e traz de volta a importante de promover inovações
A8	Prever o teor de coque do processo de reforma catalítica usando a metodologia Design for Six Sigma (DFSS).	Por meio das ferramentas de análise estatística do Seis Sigma os autores conseguiram gerar categorizações a 10 variáveis de entrada que afetam o teor de coque no catalisador.

Fonte: elaborado pelos autores com base nos dados obtidos em pesquisa

Para a condução dos estudos os autores empregaram diversas técnicas e ferramentas, conforme retrata o Quadro 4. Nota-se por estas que não há um padrão pré-estabelecido para o uso, ficando a cargo do pesquisadores/gestores a decisão de qual empregar e em que sequência, tendo a necessidade de conhecimento prévio dos conceitos.

Quadro 4 Técnicas e ferramentas identificadas em cada publicação

Artigo	Técnicas e ferramentas
A1	Capabilidade Conceito de Lead Time GRR FIFO Supply chain
A2	DFSS
A3	Causa Raiz Payoff matrix
A4	Teste de hipóteses Estatística não paramétrica
A5	Estatística não paramétrica Tempo de ciclo FIFO Controle visual DOE Estatística descritiva MSA DMAIC
A6	Production Assurance Program (PAP)
A7	Não indica uso de técnicas e ferramentas
A8	DMAIC Mapa do processo Estatística Descritiva Regressão múltipla Response Surface Methodology (RSM) 2 Samples 2-T Test

Fonte: elaborado pelos autores com base em resultados obtidos em pesquisa

Esta grande diversidade de métodos, objetivos, setores de aplicação dentro do segmento de petróleo e gás, técnicas e ferramentas é percebida quando se constrói a world cloud a partir dos palavras-chaves utilizadas pelos autores em seus artigos. Verifica-se que o destaque se dá sobre as abordagens teóricas *Lean* e Seis Sigma, além de um destaque ao setor de mineração (mining). As demais palavras foram utilizadas pelos autores com igual frequência, tendo estes tamanhos iguais.

Fonte: elaborado pelos autores por meio do software World Cloud

Figura 8 World cloud das palavras-chaves empregadas nos artigos identificados.

5. Conclusões

Com o objetivo de avaliar as publicações sobre sistema *Lean* Seis Sigma aplicadas no segmento de petróleo e gás, este estudo possibilita a compreensão sistemática quantitativa dos temas relacionados por meio de uma pesquisa bibliometrica.

Por meio dessa técnica, foram detectados 8 artigos que contemplam o objetivo estudado, demonstrando que o setor tem sido alvo de poucas pesquisas que propõem melhorias de desempenho organizacional. Nota-se também que existem poucas citações dos artigos pelos pesquisadores, o que reforça a baixa leitura e citações sobre tais estudos.

Já com relação a quantidade de autores envolvidos em cada trabalho, identificou-se mais que mais que 85% possuem no mínimo a participação de três autores, sendo que cada autor possui uma nacionalidade igual ou distinta do outro. Por essa razão detectou-se também que existem poucas interações entre nacionalidades distintas.

Ao analisar os métodos dos trabalhos, observou-se que maior parte destes possuíam natureza aplicada, objetivo descritivo, abordagem qualitativa e técnica de pesquisa definida por um estudo de caso. Tais estudo de casos, em grande maioria, são aplicações dos princípios *Lean* Seis Sigma nos processos industrias do setor analisado, sendo utilizadas diversas ferramentas enquadradas em tal modelo produtivo.

Tais ferramentas são facilmente identificadas quando se analisa a nuvem de palavras elaborada (word clouds), a qual destaca as palavras-chaves mais frequentes entre os estudos, sendo: *Lean*, Six Sigma e Mining (mineração).

Assim como citado no embasamento teórico deste estudo, o *Lean* Six Sigma pode ser um modelo produtivo importante para a diminuição de desperdícios no processo de refino e comercialização do petróleo e gás, sendo que este só pode ser comprovado por meio de estudos científicos. Por essa razão, espera-se que o presente estudo possa servir de base para pesquisadores ampliarem os estudos do *Lean* Six Sigma aplicado ao petróleo e gás, bem como a aplicação deste em setores menos desenvolvidos da economia global.

6. Referência

ALBLIWI, S.; ANTONY, J.; LIM, A. H. & WIELE, T. S. V. Critical failure factors of Lean Six Sigma: a systematic literature review. International Journal of Quality & Reliability Management, Vol. 31, n. 9, p. 1012-1030, 2014. http://dx.doi.org/10.1108/IJQRM-09-2013-0147.

ALVES, A.; FERREIRA, B. & SOUZA, C. Pesquisa Científica: Noções Introdutórias. In: ANDRADE, M. M. Introdução à Metodologia do Trabalho Científico. 7. ed. São Paulo: Atlas, 2006. Cap. 10 e 11. p. 119-154.

BARABASI, A.-l.. Scale-Free Networks: A Decade and Beyond. Science, [s.l.], v. 325, n. 5939, p.412-413, 23 jul. 2009. American Association for the Advancement of Science (AAAS). http://dx.doi.org/10.1126/science.1173299. Disponível em: <http://citeseerx.ist.psu.edu/viewdoc/download?doi=10.1.1.461.9320&rep=rep1&type=pdf>. Acesso em: 21 dez. 2016.

BROWN, S.; SQUIRE, B. & BLACKMON, K. The contribution of manufacturing strategy involvement and alignment to world-class manufacturing performance. International Journal of Operations & Production Management, Vol.. 27, n. 3, p. 282-302, 2007. http://dx.doi.org/10.1108/01443570710725554

BUELL, R. S. & TURNIPSEED, S.P. Application of Lean Six Sigma in Oilfield Operations. SPE Production & Facilities, Vol. 19, n. 04, p. 201-208, 2004.

BUSCO, C.; CAGLIO, A. & SCAPENS, R. W. Management and accounting innovations: reflecting on what they are and why they are adopted. Journal of Management & Governance, Vol. 19, n. 3, p. 495-524, 2015.

CHENG, W. K. AZMAN, A. F.; HAMDAN, M. H. & MANSA, R. F. Application of Six Sigma in oil and gas industry: Converting operation data into business value for process prediction and quality control. In: 2014 IEEE International Conference on Industrial Engineering and Engineering Management. IEEE, 2014. p. 148-153.

CHIARINI, A. & VAGNONI, E. World-class manufacturing by Fiat. Comparison with Toyota Production System from a Strategic Management, Management Accounting, Operations Management and Performance Measurement dimension. International Journal of Production Research, Vol. 53, n. 2, p. 590-606, 2014. http://dx.doi.org/10.1080/00207543.2014.958596

COLLINS, J. & HUSSEY, R. Pesquisa em administração. Porto Alegre: Bookman, 2005.

CONFORTO, E. C.; AMARAL. D.C. & SILVA, S.L. Roteiro para revisão bibliográfica sistemática: aplicação no desenvolvimento de produtos e gerenciamento de projetos. In: Congresso Brasileiro De Gestão De Desenvolvimento De Produtos, 8, 2011. Anais... Porto Alegre, 2011. p. 1-12.

COOK, D.J.; MULROW, C.D. & HAYNES, R.B. Systematic reviews: synthesis of best evidence for clinical decisions. Annals of Internal Medicine, v.126, n.5, p.376-380, 1997.

DELGADO, C., FERREIRA, M. & BRANCO, M.C. The implementation of lean Six Sigma in financial services organizations. Journal of Manufacturing Technology Management, Vol. 21, n. 4, p. 512-523, 2010.http://dx.doi.org/10.1108/17410381011104661

DROHOMERETSKI, E.; COSTA, S. E. G.; LIMA, E. P. & GARBUIO, P. A. R. Lean, Six Sigma and Lean Six Sigma: an analysis based on operations strategy. International Journal of Production Research, Vol. 52, n. 3, p. 804-824, 2014. Everton . http://dx.doi.org/10.1108/02656711211190873

GARG, D., NARAHARI, Y., & VISWANADHAM, N. Design of six sigma supply chains. IEEE Transactions on Automation Science and Engineering, Vol. 1, n. 1, p. 38-57, 2004.

GREGOLIN, J. R. Análise da produção cientifica a partir de indicadores bibliométricos. In: Fundação de Amparo à Pesquisa do Estado de São Paulo. Indicadores de ciência, tecnologia e inovação em São Paulo 2004. São Paulo: FAPESP, 2005.

HABIDIN, N. F. & YUSOF, S. M. Critical success factors of Lean Six Sigma for the Malaysian automotive industry. International Journal of Lean Six Sigma, v. 4, n. 1, p. 60-82, 2013.http://dx.doi.org/10.1108/20401461311310526

HARJAC, S. J.; ATRENS, A. & MOSS, C. J. Six Sigma review of root causes of corrosion incidents in hot potassium carbonate acid gas removal plant. Engineering Failure Analysis, Vol. 15, n. 5, p. 480-496, 2008.

IRANZADEH, S; SARHANGI, K. & NIKZAD, Y. Improved quality of service processes using the logic of Six Sigma (Case study). Life Science Journal, Vol.. 9, n. 4, 2012.

LANKE, A; GHODRATI, B & LUNDBERG, J. Production improvement techniques in process industries for adoption in mining: a comparative study. International Journal of Productivity and Quality Management, v. 19, n. 3, p. 366-386, 2016.

MANVILLE, G.; GREATBANKS, R.; KRISHNASAMY, R. & PARKER, D.W. Critical success factors for Lean Six Sigma programmes: a view from middle management. International Journal of Quality & Reliability Management, Vol. 29, n. 1, p. 7-20, 2012. http://dx.doi.org/10.1108/02656711211190846

MENDES, A.P.A. & TEIXEIRA, C.A.N. Panorama setorial 2015-2018: Petróleo e Gás. In: BNDES. Perspectivas do investimento 2015-2018 e panoramas setoriais, pag. 138-146, 2015.

PORTAL BRASIL. Setor de petróleo e gás chega a 13% do PIB brasileiro. Disponível em: http://www.brasil.gov.br/economia-e-emprego/2014/06/setor-de-petroleo-e-gas-chega-a-13-do-pib-brasileiro. Acesso em: 15 dez. 2016.

SREEDHARAN, V. R. & RAJU, R. A systematic literature review of Lean Six Sigma in different industries. International Journal of Lean Six Sigma, Vol. 7, n. 4, 2016. http://dx.doi.org/10.1108/IJLSS-12-2015-0050

YADAV, G. & DESAI, T. N. Lean Six Sigma: a categorized review of the literature. International Journal of Lean Six Sigma, Vol. 7, n. 1, p. 2-24, 2016. http://dx.doi.org/10.1108/IJLSS-05-2015-0015

ZHANG, A. LUO, W; SHI, Y. CHIA, S.T. & SIM, Z. H. X. Lean and Six Sigma in logistics: a pilot survey study in Singapore. International Journal of Operations & Production Management, Vol. 36, n. 11, p. 1625-1643, 2016. http://dx.doi.org/10.1108/IJOPM-02-2015-0093

5. Sinergias entre princípios Lean e metodologia Six Sigma para Melhoria Contínua e Incremental no Setor de Óleo e Gás

Osvaldo Luiz Gonçalves Quelhas; Rodrigo Goyannes Gusmão Caiado
Departamento de Engenharia de Produção - Pós-graduação em Sistemas de Gestão Sustentáveis - Universidade Federal Fluminense
Rosley Anholon
Departamento de Engenharia de Manufatura e Materiais - Faculdade de Engenharia Mecânica - Universidade Estadual de Campinas
Daniel Luiz de Mattos Nascimento
Instituto Tecgraf e Departamento de Engenharia Civil da Pontifícia Universidade Católica do Rio de Janeiro

Objetivo

Contexto - A metodologia emergente *Lean* Six Sigma (LSS) possui uma abordagem sistêmica que utiliza uma visão holística para a resolução de problemas e consiste na combinação dos benefícios de redução de custos do *Lean Thinking* com a qualidade e os benefícios de satisfação do cliente do Six Sigma, usados para minimizar o desperdício e reduzir a variabilidade, respectivamente. Este capítulo objetiva explorar sinergias entre metodologias e princípios do *Lean* e Six Sigma, a fim de propor um framework de LSS para a melhoria contínua e incremental do setor.

1. Introdução

Historicamente, com o choque do petróleo em 1973, o alto custo e a escassez de produtos petrolíferos gerou inúmeros efeitos secundários desafiadores, especialmente em indústrias na cadeia integrada de suprimentos e também em empresas de pequeno e médio porte no setor de serviços. Embora esse fato tenha levado as organizações a buscar soluções políticas e econômicas – pressionando a OPEP, vigiando as companhias de petróleo em relação ao consumo consciente de energia e governos a adequarem seus impostos, tarifas e cotas – o desenvolvimento de técnicas para redução do desperdício com a gestão da produção just-in-time (JIT) que eram utilizadas pontualmente em alguns projetos, foram influenciadas pelo contexto neste período a implementar mais seriamente práticas para redução do desperdício (SCHONBERGER, 1982). Com isso, Näslund (2013) afirma que após a crise do petróleo o termo japonês JIT passou a ser muito discutido como uma alternativa mais criativa para se adequar a recessão econômica.

Atualmente, a indústria de óleo de gás enfrenta grandes desafios, tais como: encolhimento das reservas de petróleo convencionais, desafios ambientais, regulamentos mais rigorosos, custos de produção mais elevados e queda no preço do barril, propiciando a seus agentes buscarem novas formas para otimizar suas operações, seu fluxo de caixa e evitar o desperdício, dentre eles destaca-se a necessidade do processo de melhoria contínua fornecido pelo *Lean Thinking* e o Six Sigma (MUSTAPHA et al. 2015). Essas metodologias são utilizadas globalmente na indústria, especialmente na manufatura, no entanto, na literatura cientifica existem poucos exemplos da aplicação de seus princípios, tanto do *Lean* Production quanto do Six Sigma, no setor de óleo e gás.

De acordo com Maleyeff et al. (2012) o *Lean* Production surgiu sob a liderança de Taiichi Ohno na Toyota Motor Company, na década de 1950, objetivando reduzir o desperdício, alcançar uma abordagem envolvente no relacionamento entre funcionários, fornecedores e clientes. Além disso, esse modelo mental promove a prática de eventos kaizen definido como um processo para melhoria continua e incremental a partir do mapeamento dos problemas e suas causas fundamentais em organizações, enquanto o Six Sigma (criado por Bill Smith na Motorola Corporation na década de 1980) busca reduzir erros e defeitos por meio da aplicação da metodologia DMAIC (do inglês Define, Measure, Analyse, Improve e Control) formado pelas etapas: 1) Definir, 2) Medir, 3) Analisar, 4) Melhorar e 5) Controlar. Sendo assim, os sinergismos desses conceitos tornam-se pontos de atenção para reduzir custos e maximizar o lucro nas organizações desenvolvendo produtos ou serviços de qualidade.

O objetivo deste capítulo é explorar sinergias entre as metodologias e os princípios do *Lean* e do Six Sigma, a fim de propor um framework de LSS para a melhoria contínua e incremental no ciclo PDCA do setor de óleo e gás. A pesquisa é relevante na medida em que pode orientar profissionais e acadêmicos sobre os benefícios dessa nova abordagem na busca por maior eficácia operacional, desempenho, rentabilidade e competitividade.

2. Sinergismos entre *Lean Thinking* e *Six Sigma*

Para Aziz e Hafes (2013), o *Lean* production foi formado por duas concepções pilares: (1) fluxo JIT, que consiste em produzir de acordo com a demanda e (2) a autonomação ou Jidoka, que consiste na separação homem-máquina, em que um operador gere várias máquinas. Já Taj and Morosan (2011) afirmam que o *Lean* é uma abordagem multidimensional que é fundamentada pelos seguintes métodos: JIT, layout celular, manutenção preventiva total, qualidade total e gestão de recursos humanos. Para Chaurasia et al., (2016), os fatores que tipificam um ambiente *lean* são:

- Reduzir os prazos de entrega;
- Acelerar o tempo de colocação no mercado;
- Redução dos custos operacionais;
- Exceder as expectativas dos clientes;
- Gerenciar a empresa globalmente;
- Agilizar os processos de terceirização;
- Melhorar a visibilidade do desempenho do negócio; e
- Utilizar de formas mais produtivas de energia, equipamentos e pessoas.

No mundo dos negócios atual, *Lean* representa um modelo mental, devendo ser adotado por funcionários em todos os níveis organizacionais, a fim de produzir resultados verdadeiramente sustentáveis (VOEHL et al., 2010). Conforme Chaurasia et al. (2016): "*Lean* é uma viagem interminável para o alcance da forma mais inovadora, eficaz e eficiente em uma organização". Para Voehl et al. (2010), as organizações que seguem uma filosofia *lean* devem ter as seguintes características: foco nos negócios; gerentes que ensinam; apoio ao colaboradores; orientação para o cliente; compartilhamento do sucesso; oportunidades de melhoria; equipes reais; senso de comunidade; processos focados no cliente; equipamento flexível; troca rápida de ferramentas; equipe multifuncional; controle dos trabalhadores; ambiente de aprendizagem; aliança com fornecedor; compartilhamento de informações; usar cliente como recurso; funcionário de acordo com a necessidade; analise das atividades que agregam valor; conhecimento profundo do processo; prevenção de problemas; organização; pensamento equilibrado; prestação de contas dos executivos (gerência); cooperação; e simplicidade.

O *Lean Thinking* oferece um meio de fazer mais com menos - menos esforço humano, menos equipamento, menos equipe e menos espaço - objetivando o alcance do que os clientes querem e resulta na eliminação de desperdício através de processos mais eficientes que geram as competências essenciais valorizadas pelo cliente (COMM; MATHAISEL, 2006). Conforme Sacks et al. (2010) há dezesseis princípios *Lean*:

a) Redução da variabilidade;
b) Redução número de ciclos;
c) Redução do tamanho da amostra;
d) Aumento de flexibilidade;
e) Seleção de um método apropriado de controle de produção;
f) Padronização;
g) Instituição de melhoria contínua;
h) Uso de gerenciamento visual;
i) Projeto do sistema puxado para o fluxo da cadeia de valor;
j) Garantia da captura compreensiva de requerimentos;
k) Foco na seleção de conceitos;
l) Garantia de requerimentos de fluxo operacional;
m) Verificação e validação;
n) Vá e veja você mesmo (Gemba);
o) Decisão por consenso, considerando todas as opções;
p) Cultivo de uma extensiva rede de parceiros.

Mediante os princípios expostos, Popa et al. (2005) afirmam que o Six Sigma é um processo altamente disciplinado que ajuda as organizações a se concentrarem em oferecer produtos com menor custo, com qualidade aprimorada e tempo de ciclo reduzido, em que o Sigma representa um termo estatístico que mede até que ponto um dado processo se desvia da perfeição e o *Lean* Six Sigma é uma metodologia de melhoria dos processos usada em organizações de padrão internacional a fim de eliminar desperdícios nos processos e entregar produtos e serviços com extrema qualidade aos seus clientes.

Conforme Franchetti (2015), o Six Sigma pode ajudar no desenvolvimento de competências, melhora de conhecimento e habilidades, melhora da moral dos funcionários e na capacidade de usar uma vasta gama de ferramentas, técnicas e possui as seguintes vantagens sobre a gestão da qualidade total: estabelecimento de metas desafiadoras de zero defeito, criação do ciclo de melhoria de processo DMAIC e uso intensivo de estatísticas e dados para tomar decisões gerenciais e reduzir a variação nos processos.

O campo do Six Sigma designou vários níveis de competência personalizada na aplicação desta metodologia: green belt - novato para Six Sigma com alguma experiência em projetos Seis Sigma, black belt - especialista em aplicação e liderança em projetos de melhoria Six Sigma e master black belts - líderes organizacionais que supervisionam todos os esforços e planos de execução do Six Sigma dentro de uma organização (FRANCHETTI, 2015).

Chaurasia et al. (2016) destacam as principais diferenças entre as abordagens *Lean* e Six Sigma (Tabela 1):

Tabela 1 Diferenças entre *Lean* e Six Sigma

Fator	*Lean*	***Six Sigma***
Origem	JIT	Gestão pela Qualidade Total (TQM)
Teoria	Eliminar desperdícios e melhorar processos	Reduzir variabilidade
Área Focalizada	Fluxo de processo	Resolução de problema
Fator-chave	Reduzir desperdício sem valor agregado melhora o fluxo de processo	Reduzir a variabilidade reduz o problema
Benefício-chave primário	Reduz o tempo de fluxo do processo	Uniformiza e controla a saída do processo
Benefício-chave secundário	Reduz desperdício Uniformiza saída Controle de inventário Matriz de fluxo Melhora a qualidade Questões reativas "empoderadas"	Reduz variabilidades Melhora o primeiro tempo de processamento Controle de inventário Matriz de variabilidade Taxa de qualidade é alta Questões reativas "empoderadas"
Gargalo	Menos concentrada em ferramentas de controle estatístico de processo	Sistema de processo não é considerado; melhora independentemente e não tem solução padrão para problema comum e sua falha afetará a cadeia inteira

Fator	*Lean*	***Six Sigma***
Principais Ferramentas	Análise de fluxo de valor Proteção de erro ou *poka-yoke* *Takt time* ou agendamento puxado baseado na demanda do cliente *Kaizen-blitz* Controle visual 5S - Seiri (*sort*), Seiton (*set*), Seiso (*shine*), Seiketsu (*standardize*) e Shitsuke (*sustain*) Trabalho padronizado Kanbans - entrega "just-in-time" (JIT) Fluxo de uma peça Smed ou troca rápida de ferramentas Manutenção Produtiva Total; Eficácia geral do equipamento (OEE) Heijunka Jidoka Yokoten Six Sigma	Mapeamento de processo / fluxo de processo Diagramas de causa e efeito Diagramas de fornecedores-entrada-processo-saída-cliente Gráficos de Pareto Histogramas-análise de distribuição Controle Estatístico de Processo Análise de regressão - gráficos de dispersão; Análise de variação Teste de hipóteses Análise de falhas de causa raiz Modo de falha e análise de efeito 7 ferramentas da qualidade Ferramentas *Lean*
Instrumento-chave	Evento *Kaizen*	DMAIC / DMADV

Fonte: Adaptado de Chaurasia et al. (2016)

Machikita et al. (2016) destaca que para realizar a assimilação do conhecimento em toda a empresa, seus gestores precisam adotar uma implantação horizontal de melhores práticas, chamado por empresas japonesas de Yokoten. Este modelo conceitual torna-se um fator decisivo para a transferência de conhecimento de todos e imprescindível na realização dos eventos Kaizen. o 5S e Yokoten podem fazer rotinas organizacionais, tais como documentação, padronização dos cases de sucesso e controle da qualidade melhorarem suas capacidades de transferência do conhecimento com o mínimo de desperdícios. A melhoria contínua em uma organização sustentável é um elemento-chave para liderança *Lean*. Os elementos básicos desta liderança são: cultura de melhoria, autodesenvolvimento e qualificação (que deve ser suportada com rotinas padronizadas de resolução de problemas que visam a utilização sistemática e ritualizada de Plan-Do-Check-Act), Gemba e Hoshin Kanri (DOMBROWSKI; MIELKE, 2014).

A utilização sistemática das ferramentas do Six Sigma pode ocorrer por meio do processo DMAIC ou por meio de outros processos de melhoria da qualidade de projetos como o DMADV (do inglês Define, Measure, Analyze, Design, Verify) formado pelas etapas: 1) Definir, 2) Medir, 3) Analisar, 4) Projetar e 5) Verificar, ou DMEDI (do inglês Define-Measure-Explore-Develop-Implement), constituído pelas etapas: 1) Definir, 2) Medir, 3) Explorar, 4) Desenvolver e 5) Implementar; ou Design para *Lean* Six Sigma (DFLSS). Esses outros processos incorporam uma maior ênfase na captura e compreensão das necessidades do cliente e do negócio do que o DMAIC e estabelecem ligações claras em cada passo, desde a tradução de "necessidades" em "requisitos" até, finalmente, os processos usados para criar o novo serviço ou produto (GEORGE, 2003).

A Figura 1 abaixo mostra os conceitos e a relação entre as etapas do DMAIC e do DMADV:

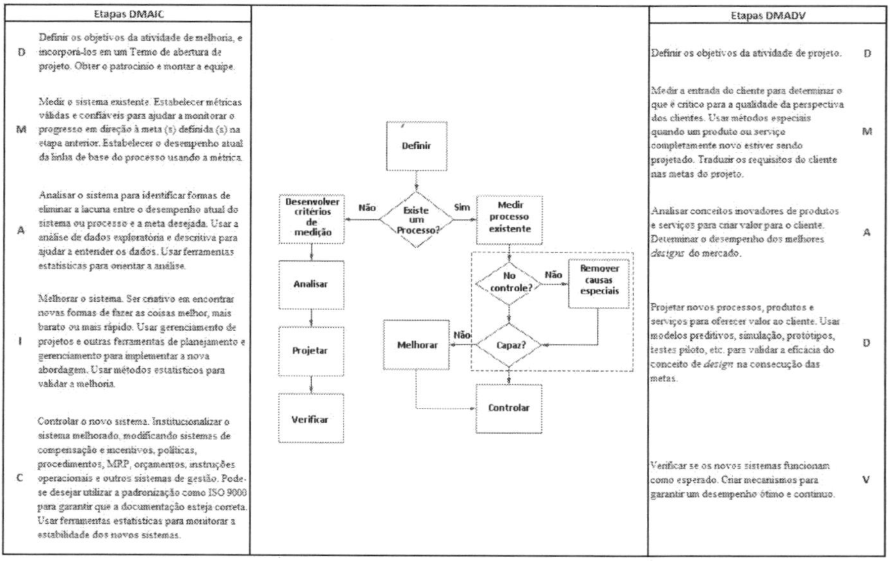

Fonte: Adaptado de Pyzdek e Keller (2009)

Figura 1 DMAIC e DMADV

A principal diferença entre *Lean* e DMAIC / DMADV é que os projetos *Lean* podem usar análises qualitativas e quantitativas de análise da causa raiz, como os cinco porquês, diagramas de causa e efeito, análise de modo e efeitos de falhas (FMEA) (VOEHL et al. 2010).

Entretanto, ao focar na melhoria de processo e redução da variabilidade, os programas Six Sigma não garantem uma vantagem competitiva sustentável, sendo necessário que sejam desenvolvidos mecanismos que abordem a inovação e diferencial de produtos, o padrão de mudança na base de clientes e a incerteza ambiental, ao mesmo tempo em que melhoram os processos organizacionais, considerando mudanças radicais e a formação de novos mercados e / ou clientes (PARAST, 2011).

George (2002) afirma ser essencial a fusão das duas metodologias para a redução de custo e complexidade. Assim como o *Lean* não consegue controlar estatisticamente um processo, o Six Sigma não consegue sozinho melhorar drasticamente a velocidade do processo ou reduzir o capital investido (GEORGE, 2003).

O Six Sigma ajuda a conectar líderes de negócios e equipes-chave de projeto em um potente diálogo bidirecional baseado em fatos, o que é considerado um ponto cego do *lean* thinking (VOEHL et al. 2010). Para Voehl et al. (2010), na situação adequada, as abordagens para a melhoria do processo, *Lean* e DMAIC / DMADV, podem ser integradas a fim de formar uma ferramenta mais poderosa do que qualquer outra é sozinha, pois praticamente todos os conceitos *Lean* se integram bem com qualquer projeto DMAIC e DMADV, independentemente do tamanho ou escopo, sendo que a análise da causa raiz é o ponto de cruzamento comum entre essas abordagens.

3. A metodologia *Lean Six Sigma* - LSS

O LSS "é uma metodologia que maximiza o valor para os acionistas ao atingir a taxa mais rápida ou trazer melhorias em satisfação do cliente, custo, qualidade, velocidade de processo e capital investido" (GEORGE, 2002). É uma metodologia holística que se baseia na abordagem de sistemas e considera toda a cadeia de suprimentos (FRANCHETTI, 2015).

A pressão intensa pelo uso de recursos de forma mais eficiente tem gerado uma expansão global do conhecimento da metodologia LSS no setor de óleo e gás por meio de treinamento de trabalhadores e programa especializado (BUFALO et al., 2015). Entre as organizações que iniciaram programas de formação em *Lean* Six Sigma destacam-se: Chevron, Aramco, Texaco, Aera

Energy, Baker Petroilite e Halliburton, Reliance Petroleum, ONGC e Indian Oil (BUFALO et al., 2015).

Recentemente, há casos promissores que mostram a adequação da metodologia LSS também no setor de energia. Alqahtani e Nour Eldin (2011)conduziram, na Arábia Saudita, um estudo de avaliação de energia seguindo a metodologia LSS para identificar, quantificar e classificar, técnica e economicamente, possíveis oportunidades de conservação de energia em uma Planta de Separação de Óleo de Gás operada pela Saudi Aramco.

A metodologia LSS expandiu os sete desperdícios originais (OHNO, 1997) e reconhece nove formas de desperdício - defeitos, superprodução, transporte, espera, inventário, movimento, superprocessamento, empregados subutilizados e comportamento - mostrando maior ênfase na diminuição de desperdícios do que na redução da variabilidade (VOEHL et al., 2010). Com isso, os autores indicam que essa metodologia busca eliminar os nove desperdícios e fornecer bens e serviços a uma taxa de 3,4 defeitos por milhão de oportunidades (DPMO).

Para George (2003), o LSS incorpora os princípios de velocidade e ação imediata do *Lean* com a visão Six Sigma de qualidade sem defeito e redução do impacto da variação nos tempos de fila. A partir disso, o *Lean* Six Sigma ataca os custos ocultos da complexidade e é um mecanismo que busca o engajamento de todos para o alcance conjunto e sem trade-offs de qualidade, velocidade e custo (GEORGE, 2003). Os maiores benefícios e desafios que poderão surgir a partir do LSS e são descritos na Tabela 2.

Ao promover o *Lean* Six Sigma para os tomadores de decisão, é fundamental relacionar os benefícios ao desempenho financeiro, pois pela criação de uma situação de ganha-ganha, o gerente aumentará significativamente a probabilidade de que as recomendações *Lean* Six Sigma sejam implementadas (FRANCHETTI, 2015).

Tabela 2 Benefícios e desafios do *Lean* Six Sigma

Benefícios	*Lean* **Six Sigma**		**Desafios**
Primário	Melhor rentabilidade corporativa e redução de custos operacionais	• Engajamento do CEO e da gestão de perdas e lucros (do inglês P&L management); • Dedicação de recursos: alcance de 1% ou mais de empregados Black Belts designados em tempo integral em esforços para a melhoria contínua; • Seleção de projetos: escolher projetos de melhoria com base em metas/necessidades estratégicas priorizadas para o aumento de valor; • Desenvolvimento de visão "lean": reconhecer as necessidades de eliminar desperdícios de processos e atrasos (em termos de trabalho e/ou custo) – não apenas melhorar a qualidade – para alcançar objetivos operacionais; • Gerenciamento baseado em dados: usar o conhecimento do processo e dos dados para fazer decisões.	Execução
Gerais	• Maior rentabilidade e redução de custos; • Melhora da qualidade e satisfação do cliente; • Aprimoramento de estratégia de gerenciamento, flexibilidade e agilidade; • Maior proteção ambiental; • Melhoria do desenvolvimento das habilidades dos funcionários, moral e satisfação no trabalho;		
Custo	• Economia de custo final; • Redução nos tempos de ciclo do processo; • Alta qualidade externa; • Maior satisfação do cliente; • Menos requisitos de espaço; • Maior rentabilidade; • Maior fidelização do cliente; • Menos defeitos e não conformidade; • Ambiente de trabalho mais seguro e menos desordem.		

Benefícios	*Lean* **Six Sigma**		**Desafios**
Satisfação do cliente e qualidade	• Melhoria da qualidade do produto ou serviço percebido pelo cliente (interno e externo); • Qualidade superior, tal como avaliado por revisores externos; • Menos defeitos, taxas de sucata e devoluções de clientes.	• Criar alinhamento e compreensão da estratégia, especialmente entre aqueles que exercem maior influência (formal ou informal) dentro da organização e aqueles que executam projetos; • Promover uma mentalidade colaborativa - entre treinadores e equipes, entre departamentos, entre gestores - como meio de alavancar os esforços.	Interação
Organizacionais	• Fornecer uma linguagem comum em toda a organização; • Melhorar a resolução de problemas corporativos e de processos; • Melhorar e agilizar o gerenciamento da cadeia de suprimentos; • Criar parcerias eficazes e canais de comunicação; • Melhorar a agilidade para reconhecer e mudar rapidamente para as condições do mercado; • Aumentar a flexibilidade; • Melhorar a motivação dos funcionários; • Melhorar a gestão do tempo; • Reduzir os níveis de estoque		

Fonte: Adaptado de George (2003) e Franchetti (2015).

4. Abordagem metodologia

A pesquisa é exploratória e descritiva de cunho quali-quantitativo, composta de três etapas. Na etapa 1 faz-se uma revisão na literatura dos conceitos, ferramentas e fatores de sucesso relacionados ao LSS, com uma análise dos princípios e pontos de convergência das duas metodologias. Na etapa 2 realiza-se um estudo empírico em uma empresa de óleo e gás para avaliar a aplicação dos princípios *Lean* nos ciclos PDCA e DMAIC. A avaliação é realizada por meio de entrevistas semiestruturadas com gestores, mais focada em redução de custo e de tempo de ciclo em operações em prol da melhoria contínua e incremental. Na etapa 3 é proposto um framework conceitual que integra qualitativamente e avalia quantitativamente o potencial sinérgico entre os conceitos.

5. *Framework* Tridimensional LSS

Como resultado, propõe-se um framework conceitual de LSS, contemplando a integração das metodologias kaizen (proveniente do *Lean*), DMAIC (provenientes do Six Sigma) e gera-se um gráfico de pareto com estatísticas descritivas para maior desempenho no ciclo de vida de ativos, economia nos custos e melhoria contínua e incremental dos processos. Na Tabela 3 é apresentado um modelo no qual avalia os sinergismos entre os princípios do *Lean Thinking* e Six Sigma dentro do ciclo PDCA e DMAIC em prol da melhoria contínua e incremental no setor de óleo e gás.

Dentro desse contexto é apresentado na Figura 2 um framework conceitual que integra os princípios do *Lean Thinking*, DMAIC e PDCA. Esse modelo busca destinar as etapas mais relevantes e/ou proeminentes para aplicação dos conceitos do Six Sigma e *Lean* no PDCA em plantas industriais em todo seu ciclo de vida.

Após apresentar o framework ou modelo conceitual com as melhores práticas para o uso dos três conceitos citados em prol do Kaizen, apresenta-se na Figura 3 um Gráfico de Pareto avaliando a frequência dos princípios *Lean* mais consumidas tanto no ciclo PDCA quanto no ciclo DMAIC.

Pode-se perceber que os benefícios da união entre os ciclos PDCA e DMAIC apontaram um percentual de 20,83% relativo ao total de princípios do *Lean Thinking* destinados a checar, analisar e medir fluxos de trabalho. Entretanto, o conceito de agir do PDCA compreende apenas a 2,08% do total. Sobretudo, os conceitos medianos ou indiferentes na percepção contabilizando 22,22% do total destes gestores no estudo empírico foram: definir, melhorar, controlar, planejar e fazer. Esses resultados denotam a aplicabilidade elevada dessas metodologias e ferramentas para gestão pela qualidade total. Vale salientar que o índice global de aplicabilidade desses princípios nos ciclos foi de 45,13% sobre a capacidade total possível de sinergia.

Tabela 3 Sinergismos entre Princípios do Lean Thinking e os ciclos PDCA e DMAIC

Princípios	***Plan*** **P**	***Do*** **D**	***Check*** **C**	***Act*** **A**	***Define*** **D**	***Mensure*** **M**	***Analyze*** **A**	***Improve*** **I**	***Control*** **C**
Redução da variabilidade	X		X			X	X		
Redução número de ciclos		X	X		X	X	X	X	X
Redução do tamanho da amostra	X		X			X	X		
Aumento de flexibilidade	X	X	X	X			X	X	X
Seleção de um método apropriado de controle de produção			X			X			
Padronização	X	X			X				
Instituição de melhoria contínua	X	X	X	X			X	X	X
Uso de gerenciamento visual	X		X			X	X	X	
Projeto do sistema puxado para O fluxo da cadeia de valor	X				X	X	X		
Garantia da captura compreensiva de requerimentos			X		X	X			
Foco na seleção de conceitos		X			X			X	
Garantia de requerimentos de fluxo operacional			X			X	X		X
Verificação e validação			X			X	X		X
Vá e veja você mesmo (*Gemba*)		X					X		X
Decisão por consenso, considerando todas as opções			X		X			X	
Cultivo de uma extensiva rede de parceiros				X	X			X	

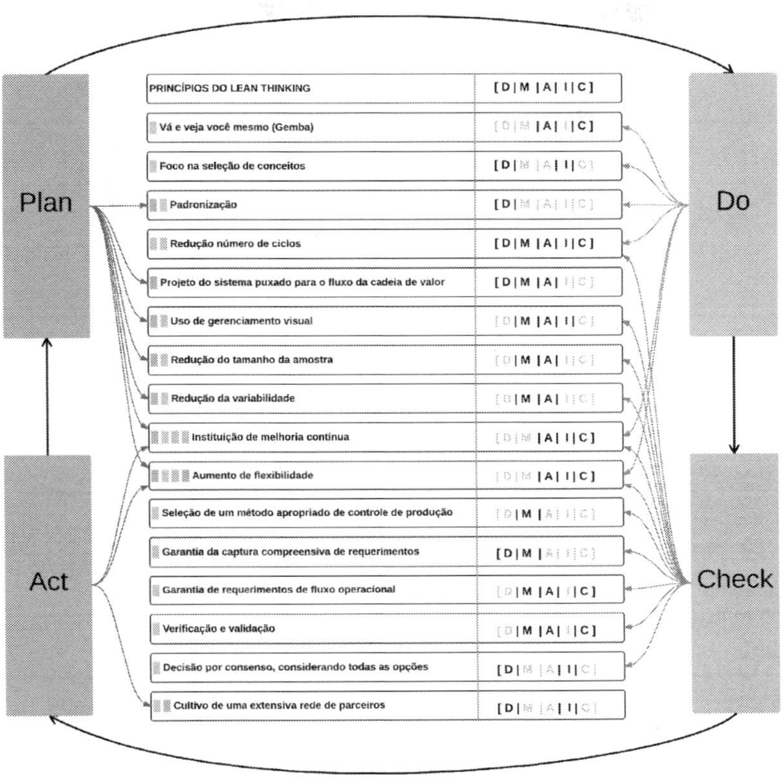

Figura 2 Framework Conceitual Integrando os Princípios *Lean* nos Ciclos PDCA e DMAIC

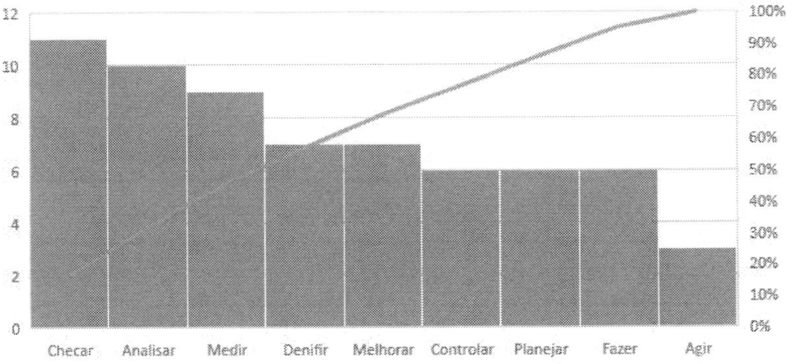

Figura 3 Gráfico de Pareto com a Frequência de Princípios *Lean* nos Ciclos PDCA e DMAIC

6. Conclusões

A triangulação teórica, empírica e construtivista permite afirmar que os princípios *Lean* obtiveram destaque na análise e monitoramento em busca da qualidade total. Também pode-se perceber que poucos princípios foram aplicáveis no planejamento e controle. Os fatores humanos pouco são explorados e/ou beneficiados pelos princípios para melhoria contínua e tornam-se fatores críticos de sucesso para tratamento em trabalhos futuros.

7. Referências

ALQAHTANI, B.J. & NOUR ELDIN, M.B. *Optimizing energy consumption in gas oil separation plant using lean six sigma methodology. 2011 AIChE Annu. Meet. 11AIChE p. 13–17. 2011.*

AZIZ, R.F. & HAFEZ, S.M. *Applying lean thinking in construction and performance improvement. Alexandria Engineering Journal, Vol.52(4), p.679-695, 2013.*

BUFALO, G. DEL; TORSELLO, A.; AKINMADE, A.; & MASI, S. *Innovative Instruments and Techniques for Measurement System Operation Management. p.1–12. 2015.*

CHAURASIA, B.; GARG, D., & AGARWAL, A. *Framework to improve performance through implementing Lean Six Sigma strategies to oil exporting countries during recession or depression. Int. J. Product. Perform. Manag. Vol. 65, p.422–432. 2016. doi:10.1108/IJPPM-01-2015-0011*

COMM, C.L. & MATHAISEL, D.F.X. *A case study in applying lean sustainability concepts to universities. International Journal of Sustainability in Higher Education, Vol. 6(2), p.134-146, 2005.*

DOMBROWSKI, U. & MIELKE, T. *Lean Leadership – 15 Rules for a sustainable Lean Implementation. Variety Management in Manufacturing, In Proceedings of the 47th CIRP Conference on Manufacturing Systems (pp. 565-570). Ontario, Canada: Elsevier. April, 2014.*

FRANCHETTI, M.J. *Lean Six Sigma for Engineers and Managers. 2015.*

GEORGE, M.L. *Lean Six Sigma: Combining Six Sigma Quality with Lean Production speed, McGraw Hill, 2002.*

GEORGE, M.L. *Lean Six Sigma for service: how to use Lean speed and Six Sigma quality to improve services and transactions. New York, McGraw-Hill, 2003*

MACHIKITA, T., TSUJI, M., & UEKI, Y. *Does Kaizen create backward Knowledge transfer to Southeast Asian firms? Journal of Business Research, 69, 1556–1561, 2016.*

MALEYEFF, J., ARNHEITER, E.A., & VENKATESWARAN, V. *The continuing evolution of Lean Six Sigma. TQM J. 24, 542–555. 2012. doi:10.1108/17542731211270106*

MUSTAPHA, A., UMEH, N., & ADEPOJU, A. *Deploying Continuous Improvement Methodologies to Improve Efficiency : A Way of Responding to Emerging Industry Challenges. Soc. Pet. Eng. - Niger. Annu. Int. Conf. Exhib. 2015.*

NÄSLUND, D. *Lean and six sigma - critical success factors revisited. Int. J. Qual. Serv. Sci. 5, 86–100. 2013.doi:http://dx.doi.org.ezp.waldenulibrary.org/10.1108/17566691311316266*

OHNO, T. *o Sistema Toyota de Produção: além da produção em larga escala. Porto Alegre: Bokmann, 1997.*

PARAST, M.M. *The effect of Six Sigma projects on innovation and firm performance. Int. J. Proj. Manag. 29, 45–55. 2011. doi:10.1016/j.ijproman.2010.01.006*

POPA, A., RAMOS, R., COVER, A., & POPA, C. *Integration of Artificial Intelligence and Lean Sigma for Large-Field Production Optimization: Application to Kern River Field. Proc. SPE Annu. Tech. Conf. Exhib. 2005.doi:10.2523/97247-MS*

PYZDEK, T. & KELLER, P. *The Six Sigma Handbook, Third Edition. New York: McGraw- Hill Professional. 2009.*

SACKS, R.; RADOSAVLJEVIC, M., & BARAK, R. *Requirements for building information modeling based lean production management systems for construction. Automation in Construction, Vol. 19(5), p.641-655, 2010.*

SCHONBERGER, R.J. *Japanese Manufacturing Techniques: Nine Hidden Lessons in Simplicity, The Free Press, New York, NY, 1982.*

TAJ, S. & MOROSAN, C. *The impact of lean operations on the Chinese manufacturing performance. Journal of Manufacturing Technology Management, Vol. 22 No. 2, p. 223-240, 2011.*

VOEHL, F., HARRINGTON, H.J., MIGNOSA, C., & CHARRON, R. *The Lean Six Sigma Black Belt Handbook - Tools and Methods for Process Acceleration. Taylor and Francis Group. 2010.*

6. Análise das causas preponderantes para o pouso de helicópteros em plataformas de petróleo erradas: um estudo preliminar.

Filipe Passaroni Daumas; Carmen Lúcia Campos Guizze
(Departamento de Engenharia, Universidade Federal Fluminense/UFF, Rio das Ostras, Rio de Janeiro, Brasil)

Objetivo

Os pousos de helicópteros em plataformas erradas ou WDL (Wrong Deck Landings) representam não conformidades que impactam significativamente na atividade de transporte de passageiros e cargas para as unidades de exploração de petróleo offshore. Sendo assim, entender as pré-condições para a sua ocorrência são, no mínimo, desejáveis. Com esse objetivo, esse trabalho procurou utilizar ferramentas de análise de falhas e entrevistas com pilotos de helicóptero offshore para identificar as causas fundamentais dessas ocorrências. Para a realização dessa proposta, o estudo foi dividido em 3 etapas. A primeira foi o levantamento dos aspectos que influenciam o erro do piloto a partir de relatórios emitidos por instituições, posteriormente foram elaborados o Diagrama de Ishikawa e o primeiro nível da Análise de Árvore de Falhas (FTA). As entrevistas não estruturadas com 05 pilotos para discussão dos dados encontrados e identificação das causas fundamentais do WDL finalizam o presente artigo.

1. Introdução

Desde que a Petrobras iniciou a exploração do petróleo encontrado no subsolo marítimo da Bacia de Campos no final da década de 1960, os helicópteros vêm sendo usados para o transporte de pessoas e de carga. Hermeto et al. (2014) destacam que no início dessas atividades foi mantido um sistema misto que incluía o transporte aéreo por helicópteros e o marítimo por lanchas rápidas (catamarãs). Somente a partir da década de 1990, um estudo interno da Petrobras concluiu que o modal aéreo obtinha mais flexibilidade e eficiência de tempo e custos do que o modal marítimo. Assim, os helicópteros passaram a ser a única opção de transporte. Brittan e Douglas (2009) afirmam que, devido a sua velocidade, flexibilidade e conforto dos passageiros, a aviação offshore desempenha um papel fundamental para a atividade de exploração de petróleo atualmente. No entanto, mesmo com todas as vantagens do transporte aéreo, para que tudo funcione de forma adequada e segura, precisa haver uma sinergia perfeita entre todos os envolvidos para que as trocas de passageiros ocorram de forma eficiente.

A unidade offshore, além de sofrer o impacto nas suas operações devido à mudança no grupo de trabalhadores, ainda precisa preparar o seu helideck, que é o local onde o helicóptero pousará na plataforma, mobilizando uma equipe de apoio e interrompendo diversas atividades. Por isso, é fundamental que os voos offshore ocorram exatamente como planejados, pois qualquer imprevisto pode comprometer a segurança da aeronave e da plataforma. Dentro deste contexto, pode-se destacar como um evento não desejável, o pouso em plataformas erradas ou WDL (Wrong Deck Landings).

Segundo a organização britânica Health and Safety Executive (2000), com o aumento da quantidade de helidecks nas novas unidades de exploração de petróleo offshore que foram incorporadas às áreas de produção, o cenário para a ocorrência de Wrong Deck Landings foi potencializado. Além das plataformas fixas (unidades que não alteram o seu posicionamento geográfico), muitas plataformas móveis e navios dotados de helideck fazem parte de uma grande comunidade offshore que costuma concentrar-se em determinados locais de exploração considerados mais produtivos. A característica de posicionamento das unidades apresenta vantagens porque podem facilitar um eventual resgate no caso de um pouso de emergência na água. No entanto, essa concentração pode fazer com que o piloto se confunda sobre as plataformas.

Conforme Nascimento, Majumdar e Jarvis (2012), uma das grandes preocupações para a aviação de helicópteros offshore envolve as fases de aproximação e pouso, principalmente porque os recursos tecnológicos atuais ainda não permitem que a aeronave pouse sozinha, exigindo do piloto responsável uma grande habilidade manual e cognitiva para realizar o pouso promovendo a adequada separação entre a aeronave e os obstáculos da plataforma.

Tendo em vista a problemática acima explicitada, este estudo objetivou identificar as causas fundamentais que podem acarretar os pousos de helicópteros em plataformas erradas.

2. Os pousos de helicópteros em plataformas erradas

A Health and Safety Executive (2000) destaca que, apesar de sofisticadas tecnologias de navegação e comunicação presentes nos helicópteros modernos, que auxiliam a tripulação durante a maior parte do voo, a verificação final que garante que o helicóptero está chegando à plataforma correta é feita exclusivamente pelos pilotos através da leitura do nome da unidade na sua estrutura ou no seu helideck. Essa organização afirma que a comprovação visual da unidade precisa ser feita em um momento em que a carga de trabalho da tripulação da aeronave encontra-se no nível mais alto de todo o voo, quando os pilotos precisam dedicar-se à realização de atividades fundamentais como o acompanhamento de diversos parâmetros técnicos da aeronave e das condições meteorológicas que influenciarão na sua estratégia para o pouso.

Em algumas unidades, devido à dificuldade em localizar ou ler o nome fixado na estrutura, essa identificação precisa ser realizada no próprio helideck, próximo a um momento do pouso chamado de LDP (Landing Decision Point), quando o piloto precisa decidir, de forma praticamente instantânea, se vai prosseguir ou se cancelará o pouso realizando um procedimento de arremetida. Desta forma, a Health and Safety Executive (2000, p. 4) afirma que: "qualquer desvio de atenção em uma fase crítica do procedimento pode causar um evento catastrófico como resultado do erro de julgamento do piloto causado por outras distrações durante as manobras de pouso". Sendo assim, mesmo não sendo classificado como um acidente aeronáutico, um WDL pode ser considerado um evento perigoso.

A Health and Safety Executive (2000) cita diversos perigos que podem ser considerados para a aeronave e seus ocupantes em um evento de WDL. Em primeiro lugar, não haverá uma equipe de combate ao fogo posicionada na plataforma para o caso de um incêndio no helicóptero. o grau de exposição ao risco pode variar em função do tipo de plataforma. Plataformas que contam com um efetivo maior de trabalhadores podem ser capazes de responder mais rapidamente a uma emergência do que plataformas menores ou navios nos quais os trabalhadores provavelmente estarão deslocados das suas funções normais para fazer parte da equipe de suporte do helideck. A referida organização destaca ainda outros riscos para a aeronave, que podem incluir: explosão nos queimadores de gás durante a aproximação da aeronave; condições meteorológicas deterioradas e movimentos excessivos de balanço da unidade; movimentação de guindastes; serviços de manutenção que podem estar afetando o helideck ou suas estruturas de suporte e operações de posicionamento, lastro e ancoragem em plataformas móveis.

Com todos esses riscos potenciais para a aeronave, mesmo que o WDL ocorra sem maiores consequências aparentes, esse tipo de evento não pode ser considerado uma operação segura e precisa receber uma atenção especial por todos os envolvidos na atividade de transporte aéreo. Devido a isto, foi considerado pela Flight Safety Foundation (2015)como uma das 11 principais ameaças à segurança das operações de voo offshore, juntamente com: obstáculos no helideck, falta de combustível, contaminação de combustível, colisão no solo, operações inseguras antes do voo, colisão com solo ou água em voo controlado (CFIT/W), falha técnica da aeronave, condições meteorológicas, perda de controle e colisão aérea. Além dos perigos para a aeronave, ainda podem ser citados riscos para a própria unidade offshore como danos estruturais por causa do pouso de um tipo de helicóptero para o qual ela não tinha capacidade, alterações no seu peso e balanceamento durante operações críticas como manobras de ancoragem e riscos para os trabalhadores em movimentação no helideck.

No Brasil, Rau (2016) informa que somente nos últimos 3 anos, ocorreram 11 eventos de WDL sendo cinco em 2013, um em 2014, quatro em 2015 e um em 2016 até o mês de maio. Essa estatística comprova que apesar de todos os esforços de prevenção da comunidade offshore, o WDL continua acontecendo. A Health and Safety Executive (2000) conclui que é improvável que o problema de pousos errados em plataformas possa ser eliminado definitivamente, pois os fatores humanos sempre estarão presentes nessa atividade, assim como as pré-condições para a ocorrência do erro da tripulação. Essa organização analisou os relatórios finais das investigações de 18 casos de WDL ocorridos na Inglaterra entre os anos de 1989 e 1999 e verificou que o erro do piloto foi a causa primária que levou ao evento indesejado. Afinal, segundo as conclusões dos investigadores, ele foi o último responsável, por não identificar corretamente a plataforma antes do pouso.

No entanto, Shappell, City e Wiegmann (2000), afirmam que atribuir um acidente ou incidente somente ao erro da tripulação seria como dizer a um paciente somente que ele está doente sem examinar as causas subjacentes ou definir melhor o tipo de doença. Sendo assim, reduzir a análise de um WDL ao erro do piloto vai de encontro ao pensamento atual sobre as causas dos acidentes e incidentes que considera toda a cadeia de eventos e as suas influências que levam ao ato inseguro final.

Para Hendy (2003) as pré-condições, tanto imediatas quanto latentes, representam o motivo de a falha ativa ter acontecido. Essas devem ser o foco da mudança para evitar a repetição, pois representam, direta ou indiretamente, a condição do pessoal, da missão e do ambiente de trabalho. Segundo o autor, não há muita efetividade em dizer para alguém que ele precisa ser mais vigilante e atento em uma tarefa. o que precisa ser mudada é a natureza do trabalho, em outras palavras, a pré-condição que sustenta uma condição para a manutenção da atenção. o autor destaca ainda que a chave para o processo é identificar o ponto em que houve a fuga da operação segura. "Se houve um acidente ou incidente deve ter havido o desvio da operação segura em algum ponto da linha do tempo" (HENDY, 2003, p 19).

3. Metodologia

Optou-se, neste estudo, identificar as pré-condições para ocorrência de WDL através da metodologia da Análise da Árvore de Falhas, pois, segundo Elliot (1998), essa ferramenta tem como enfoque principal a análise de falhas em sistemas complexos. Principalmente onde existe a relação de múltiplas causas potenciais, sendo um método poderoso para descobrir e entender as interações complexas que podem causar o evento indesejado.

Devido à ausência de publicações acadêmicas sobre o tema, foi necessário coletar informações de instituições ligadas à operação de voo offshore, tais como empresas aéreas e comitês de segurança que, a partir de seus próprios eventos de WDL, selecionaram fatores influenciadores dessa ocorrência. A partir da comparação desses documentos foi possível encontrar dez falhas predominantes destacadas por duas ou mais instituições.

Para Pinho, Leal e Almeida (2006), a redução de falhas está relacionada com a vantagem competitiva em várias situações. Afinal, quanto menos falhas uma empresa tiver nos seus produtos e serviços, mais satisfeitos e admirados os clientes dessa empresa ficarão. Para eles, de forma geral, as falhas são responsáveis pela redução da produtividade do sistema, pois atuando de forma contrária à realização das metas estipuladas, as falhas atuam como eventos indesejáveis aos processos. Todo sistema ou processo tem como objetivo operar com sucesso alcançando suas metas, sendo assim, a falha é o evento que impede o sucesso do sistema ou processo. Os autores afirmam ainda que a definição de falhas está diretamente relacionada à definição de confiabilidade. Dessa forma, podemos considerar que um evento indesejado é uma falha que ocorreu devido a uma falta de confiabilidade no sistema. Dentre as técnicas mais utilizadas para a análise e mapeamento de falhas estão o Diagrama de Ishikawa e a FTA (Fault Tree Analysis).

Para ajudar na análise das falhas, foram convidados cinco pilotos de helicóptero offshore, atuantes na cidade de Macaé, no estado do Rio de Janeiro, para participar de uma reunião de discussão de resultados. Todos os pilotos possuíam mais de 5 anos de experiência na aviação offshore. Após a apresentação dos dez aspectos encontrados, os pilotos puderam dividi-los em seis categorias montando um Diagrama de Ishikawa, pois, segundo Sakurada (2001) essa ferramenta proporciona uma análise rápida do problema e pode ser usada antes de uma Análise de Árvore de Falhas porque as entradas do diagrama são as mesmas da FTA. No entanto, afirma o autor, ele não contempla os relacionamentos fornecidos pelas portas lógicas definidas no FTA, pois o diagrama é estruturado como se todas as causas estivessem em série para um determinado efeito. Sendo assim, o Diagrama de Ishikawa não esgotou a análise, serviu apenas como base para a confecção do primeiro nível de uma Árvore de Falhas.

Segundo Niebel e Freivalds (2009) a FTA é um processo dedutivo probabilístico que utiliza um modelo gráfico de combinações de eventos paralelos e sequenciais. Os eventos podem ser falhas que levam a um resultado não desejado. Esse método foi desenvolvido pelos laboratórios Bell, no início da década de 1960, para ajudar a Força Aérea dos Estados Unidos a analisar as falhas em lançamentos de mísseis. Os autores afirmam ainda que a NASA também utilizou a metodologia para garantir a segurança total do programa espacial tripulado.

Os eventos podem ser de vários tipos e identificados por diferentes símbolos e existem duas categoriais principais: Eventos de Falhas, representados por retângulos e que podem ser expandidos começando pelo evento da parte superior, e Eventos Básicos, identificados por círculos na parte inferior da Árvore de Falhas e que não podem mais ser expandidos. Além desses, os autores explicam que podem existir outros símbolos em forma de casa, representando eventos esperados normalmente; em forma de diamante, indicando eventos sem consequências e outros com dados insuficientes para serem analisados com mais detalhe.

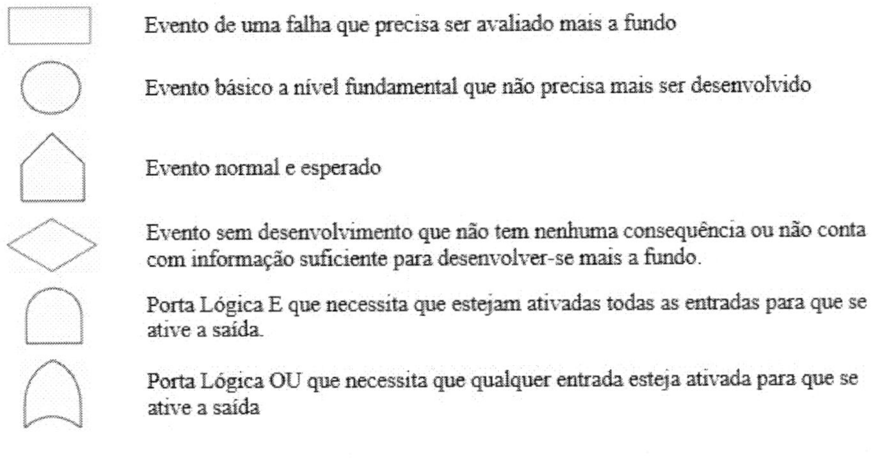

Fonte: Niebel e Freivalds (2009)

Figura 1 Símbolos utilizados na Árvore de Falhas.

Os eventos se relacionam através de uma lógica booleana na qual um símbolo de E exige que todos os eventos aconteçam para que ocorra o produto final e o símbolo OU necessita que apenas um dos eventos aconteça para a produção do resultado. o desenvolvimento de uma árvore de falhas começa com a identificação do evento que se considera indesejável e, posteriormente, se estabelece as relações entre os eventos causadores daquele evento indesejável através de combinações das portas lógicas E ou OU. Esse processo continua até que seja possível chegar aos eventos de falhas básicos, os quais não podem ser desenvolvidos com mais detalhes (NIEBEL e FREIVALDS, 2009). Dessa forma, a partir da atuação nos eventos mais relevantes, espera-se reduzir a probabilidade de que o evento principal não desejado ocorra. Por último, cada uma das categorias desmembrou a FTA em níveis até que, com a participação e consenso dos pilotos, foi possível encontrar as causas fundamentais para a ocorrência de WDL.

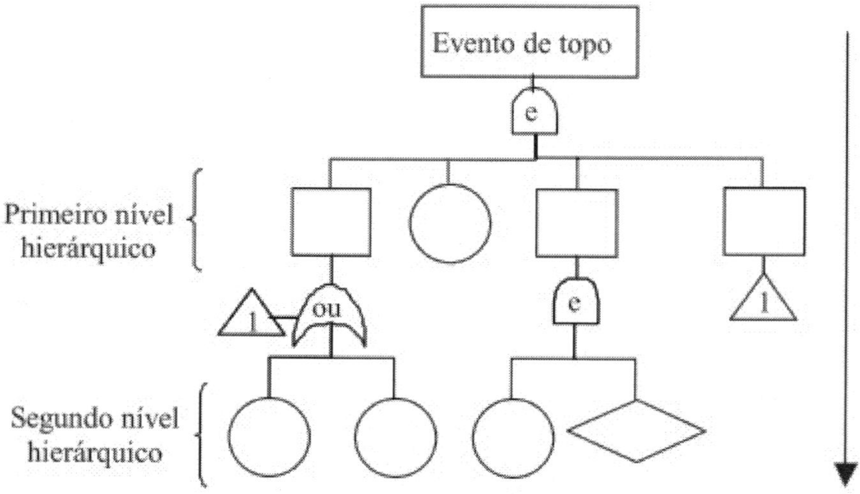

Fonte: Niebel e Freivalds (2009)

Figura 2 Hierarquia de níveis na Árvore de Falhas

4. Resultados e Discussão

Diversos atores do cenário da aviação offshore, dentre eles empresas aéreas e organizações ligadas à segurança, emitiram documentos com resultados de suas análises de vários eventos de WDL ocorridos nos últimos anos. Os aspectos listados na tabela 1, abaixo, representam as pré-condições ao erro final do piloto, segundo os relatórios destas instituições.

Tabela 1 Fatores Contribuintes para a ocorrência de WDL

HSE (HEALTH AND SAFETY EXECUTIVE, 2000)	**Canadian Helicopter Corporation** (CHC, 2012)	**Líder Aviação** (LIDER AVIAÇÃO, 2013)	**Flight Safety** (FLIGHT SAFETY FOUNDATION, 2015)
Condições meteorológicas marginais e baixa visibilidade	Condições Meteorológicas	Condições Meteorológicas - Nuvens e Visibilidade	
Movimentação da plataforma não informada pelo responsável		Instalação móvel	Coordenadas geográficas de unidades móveis.
Seleção errada da proa de navegação			
Supervisão deficiente do helideck pelo comandante			
Distração no helideck durante a aproximação final			
Rotas incorretas anotadas pelo piloto	Inclusão incorreta de coordenadas geográficas no GPS	Posição do destino inserida manualmente	
Alteração de rota durante o voo	Alterações de rota de última hora		
Turbulência/dificuldades para pouso durante a aproximação final			
Dados incorretos utilizados na navegação		GPS não confiável ou não funcionando	
Unidades offshores idênticas ou similares muito próximas	Semelhança entre unidades	Aparência similar a outras instalações	
Marcações de helideck ilegíveis	Falta de clareza ou lógica nas identificações das unidades	Instalação é conhecida por possuir identificação ruim ou obscura	Marcações de identificação da unidade deficientes.

HSE (HEALTH AND SAFETY EXECUTIVE, 2000)	**Canadian Helicopter Corporation** (CHC, 2012)	**Líder Aviação** (LIDER AVIAÇÃO, 2013)	**Flight Safety** (FLIGHT SAFETY FOUNDATION, 2015)
Designações incorretas da unidade usadas na comunicação	Comunicações por Rádio		Comunicação
Muitas unidades próximas umas das outras	Proximidade	Proximidade a outras Instalações	
Alta carga de trabalho	Fadiga	Alta carga de trabalho	
	Complacência		
	CRM		
	Falta de Familiaridade com a área	Um piloto é inexperiente (tipo, local ou cliente)	
	Erros do HLO ou Rádio Operadores.		
		Destinos múltiplos	

Fonte: Elaborado pelos autores

De acordo com a compilação da tabela acima, observou-se a predominância de 10 fatores que foram encontrados repetidamente nas análises independentes:

- Condições meteorológicas – Visibilidade;
- Erro na inclusão das coordenadas geográficas da unidade;
- Alterações no planejamento do voo;
- Problemas no GPS;
- Semelhança entre unidades offshore;
- Marcação de identificação da unidade deficiente;
- Problemas na comunicação com a unidade;
- Proximidade entre unidades semelhantes;
- Alta Carga de Trabalho;
- Falta de Familiaridade com a área.

Os 10 aspectos foram apresentados aos pilotos participantes que puderam dividi-los em 6 categorias para que fossem distribuídas no Diagrama de Ishikawa (figura 3), a seguir:

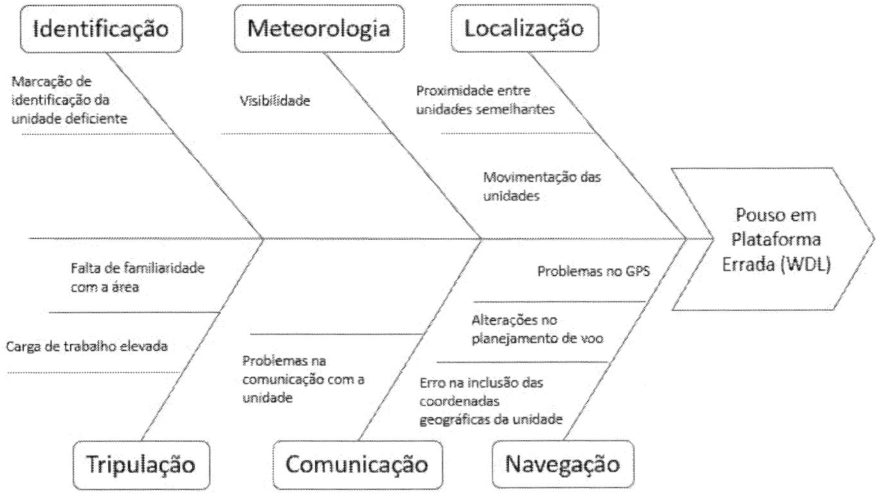

Fonte: Elaborado pelos autores

Figura 3 Diagrama de Ishikawa de Wrong Deck Landing

A partir do Diagrama de Ishikawa e da categorização dos 10 eventos predominantes, foi possível construir o primeiro nível da FTA, como pode ser observado na figura 4, a seguir:

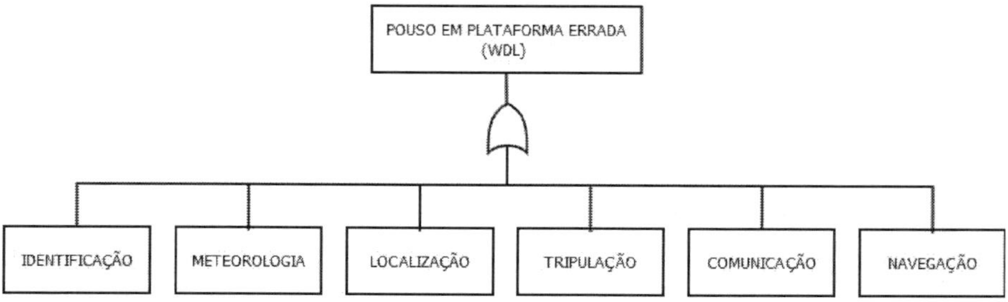

Figura 4 Primeiro nível da FTA de Wrong Deck Landing

Na sequência, o primeiro nível da FTA foi apresentado aos pilotos participantes que, aproveitando a sua experiência de trabalho e os relatórios já citados das organizações, estabeleceram uma discussão até que fosse possível chegar a um consenso sobre as causas fundamentais de cada categoria.

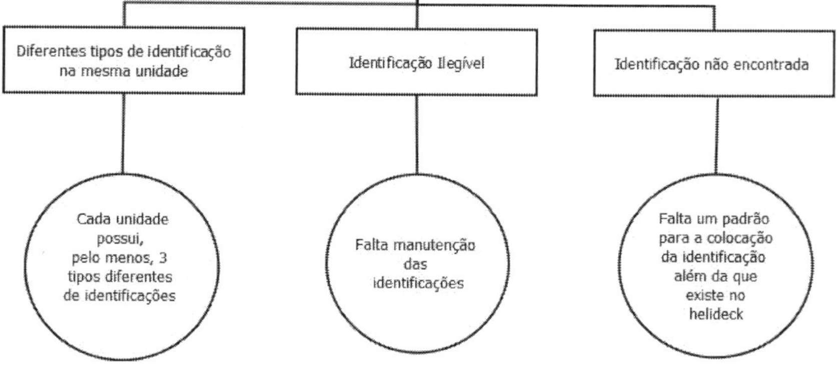

Figura 5 Continuação da FTA do nível IDENTIFICAÇÃO

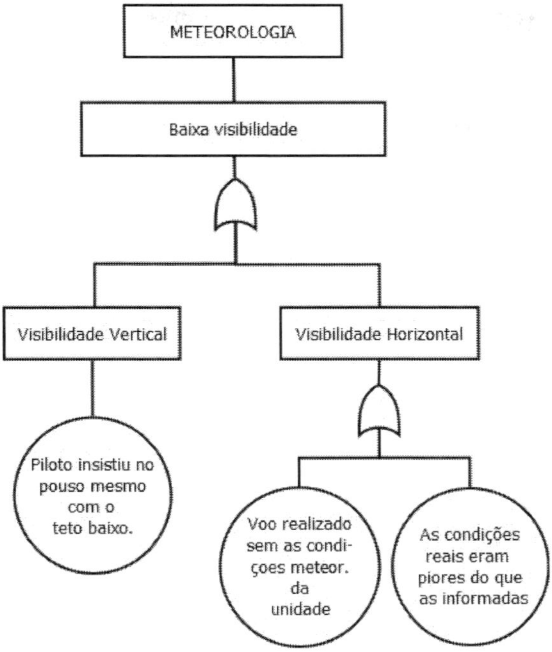

Figura 6 Continuação da FTA do nível METEOROLOGIA

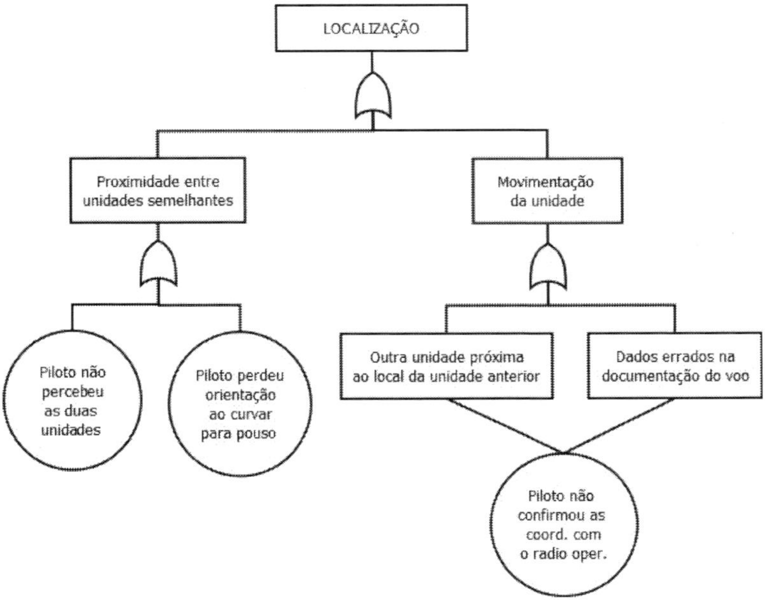

Figura 7 Continuação da FTA do nível LOCALIZAÇÃO

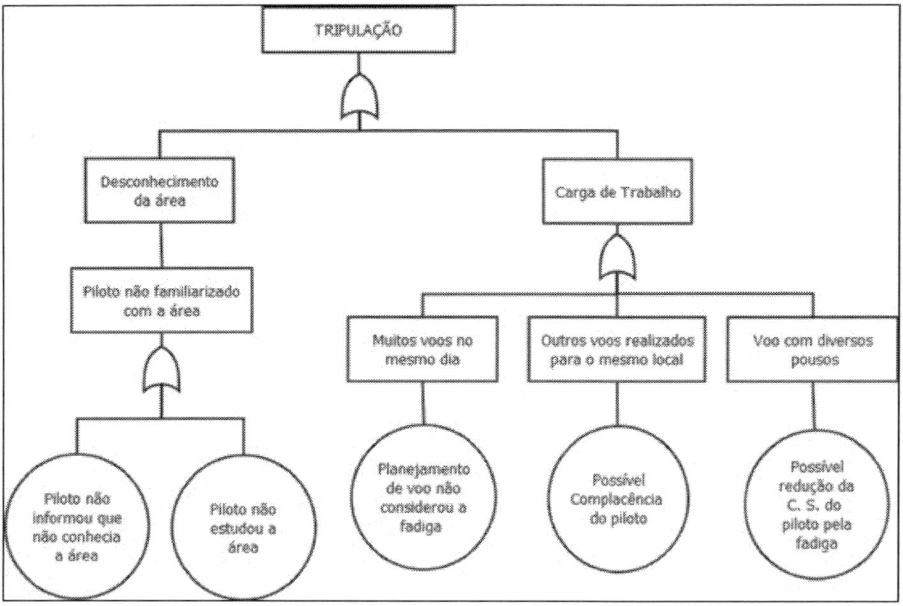

Figura 8 Continuação da FTA do nível TRIPULAÇÃO

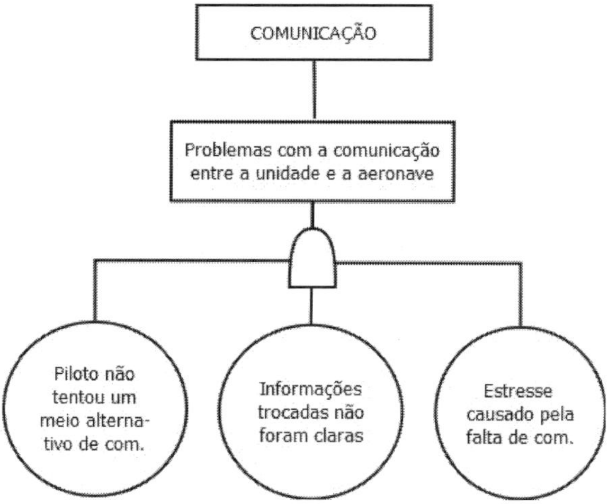

Figura 9 Continuação da FTA do nível COMUNICAÇÃO

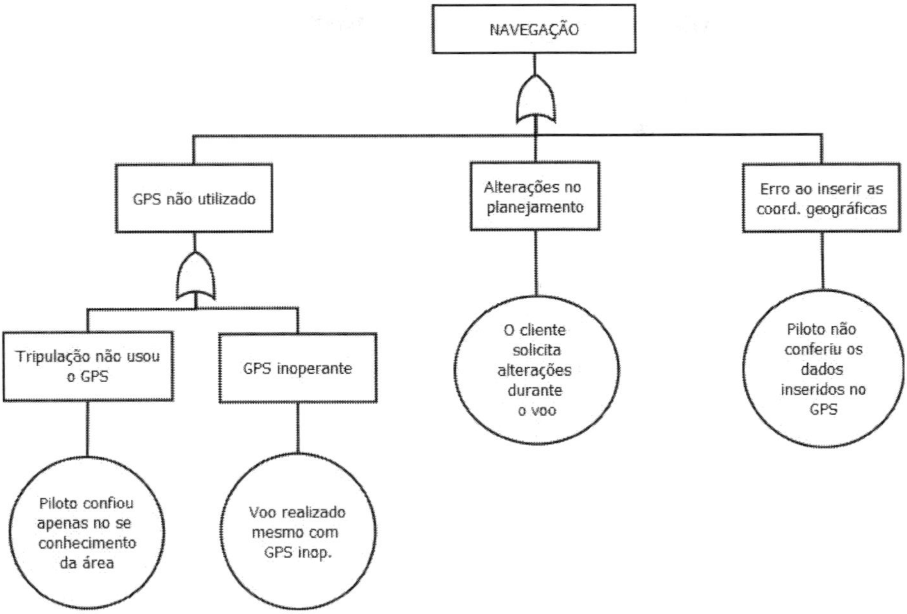

Figura 10 Continuação da FTA do nível NAVEGAÇÃO

5. Conclusão

A Análise de Árvore de Falhas mostrou que, por tratar-se de um sistema complexo e apresentar uma relação de múltiplas causas potenciais, a aviação offshore de helicópteros é vulnerável a simples eventos, que aparentam ser de fácil resolução. No entanto, se essas causas básicas não forem cuidadas, poderão se transformar em eventos maiores, influenciando ocorrências indesejadas como o pouso em plataforma errada ou até mesmo contribuir para a possibilidade de acidentes.

A partir do levantamento das causas fundamentais para a ocorrência de Wrong Deck Landing, todos os envolvidos no setor, como as plataformas de exploração de petróleo, empresas de aviação e as tripulações dos helicópteros, poderão identificar mais facilmente a presença de algum fator de risco no dia a dia da operação e estabelecer políticas de prevenção mais efetivas e direcionadas. Cabe destacar também que a maioria dos fatores de risco encontrados não necessita de grandes investimentos financeiros para a sua correção, pois estão relacionados à mudança de comportamento dos seus executantes. Seja um planejamento mais adequado do voo pelo coordenador de voo da empresa aérea, uma atenção mais cuidadosa do responsável pela plataforma com a identificação da unidade ou uma preocupação concentrada do piloto. Constatou-se que, na sua essência, o pouso em plataforma errada é causado principalmente pelo erro humano. No entanto, ficou evidente também que esse erro não pode ser reduzido apenas ao ato final do piloto que pousa errado já que são muitos os aspectos que podem influenciar essa ação. De acordo com Shappell e Wiegmann (1997) rotular um acidente ou incidente aeronáutico como "Erro do Piloto" tornou-se senso comum e é uma indicação de uma abordagem limitada na análise do erro humano. Os autores afirmam ainda que o grande potencial para reduzir o índice de acidentes está em entender a contribuição do aspecto humano para a sua ocorrência.

Como na revisão de literatura realizada, observou-se a ausência de publicações similares sobre o tema, espera-se, com esse estudo, ensejar a discussão sobre o assunto entre todos os envolvidos na atividade offshore. Esta análise preliminar não pretende esgotar o assunto. Ao contrário, procurou-se apenas destacar algumas causas básicas para estimular a criação de medidas de prevenção mais efetivas de modo que os pousos de helicópteros sejam cada vez mais seguros e não ocorram em plataformas erradas.

6. Referências

BRITTAN, D.; DOUGLAS, S. *Offshore crew supply - Modern marine options challenge helicopters. Society of Petroleum Engineers, n. September, p. 1–10, 2009.*

CHC. *Wrong Deck Landings Workgroup Findings: A Discussion Document. . [S.l: s.n.], 2012.*

ELLIOT, J.B. *Risk analysis, Two tools you can use to assure product safety and reliability, Booth Scientific, 1998.*

FLIGHT SAFETY FOUNDATION. *Basic Aviation Risk Standard - Offshore Helicopter Operations. . Melbourne: Flight Safety Foundation. , 2015*

HEALTH AND SAFETY EXECUTIVE. *Review of wrong helideck landings, status lights and signalling lamps (Offshore technology report). [S.l.]: Health and Safety Executive, 2000. v. 67.*

HENDY, K. *A tool for Human Factors Accident Investigation , Classification and Risk Management. Technical Report TR 2002-057. Ottawa, Canadá: [s.n.], 2003.*

HERMETO, N. D. S. S. et al. *Logistics network planning for offshore air transport of oil rig crews. Computers and Industrial Engineering, v. 75, n. 1, p. 41–54, 2014.*

LIDER AVIAÇÃO. *Análise de Riscos de Wrong Deck Landing (WDL). , nº RSG-OPE-001-036. [S.l: s.n.], 2013.*

NASCIMENTO, F. A C.; MAJUMDAR, A.; JARVIS, S. *Nighttime approaches to offshore installations in Brazil: Safety shortcomings experienced by helicopter pilots. Accident Analysis and Prevention, v. 47, p. 64–74, 2012.*

NIEBEL, B. W.; FREIVALDS, A. *Ingeniería Industrial: Métodos, estándares y diseño del trabajo. 12. ed. Ciudad de México: [s.n.], 2009.*

PINHO, A. F. DE; LEAL, F.; ALMEIDA, D. A. DE. *A Integração entre o Mapeamento de Processo e o Mapeamento de Falhas : dois casos de aplicação no setor elétrico. Encontro Nacional de Engenharia de Produção, p. 1–9, 2006.*

RAU, S. *Alerta de Segurança BHS03/2016 - CHC Helicopter. . [S.l: s.n.], 2016.*

SAKURADA, E. Y. *As técnicas de Analise dos Modos de falhas e seus efeitos e Análise da Árvore de Falhas no Desenvolvimento e na Avaliação de Produtos. p. 143, 2001.*

SHAPPELL, S. A; CITY, O.; WIEGMANN, D. A. *The Human Factors Analysis and Classification System – HFACS. 2000.*

SHAPPELL, S.; WIEGMANN, D. *A Human Error Approach to Accident Investigation: The Taxonomy of Unsafe Operations. The International Journal of Aviation Psychology, v. 7, n. 4, p. 269–291, 1997.*

7. Gestão do Custo Alvo (GCA) – finalidade, procedimentos e aplicações para gerenciar O resultado das empresas

Elen Nara Carpim Besteiro; Caio Ponara Russo
(Faculdade de Economia, Administração e Contabilidade da Universidade de São Paulo - CMS-Lab - Laboratório de Gestão Estratégica de Custos - FEA – USP)
Robisom Damasceno Calado
(DGE Lab - Laboratório de Design Thinking Gestão e Engenharia Industrial. Departamento de Engenharia, Universidade Federal Fluminense/UFF, Rio das Ostras, Rio de Janeiro, Brasil)

Objetivo

Apresenta-se neste capítulo os benefícios da implantação da Gestão do Custo Alvo (GCA) como um sistema de gestão voltado para o mercado que tem por objetivo melhor direcionar as decisões de lucros, custos e preços nas empresas. o processo tem como norteador os desejos do consumidor, que são incorporados às decisões de produtos e processos.

1. Introdução

A Gestão do Custo Alvo foi desenvolvida nos meios empresariais, especificamente por empresas japonesas, em resposta às difíceis condições de mercado (1960-1970). A concorrência e a variedade de produtos são alguns dos fatores que propiciaram um ambiente de alta competitividade. Para permanecer no atual mercado competitivo, as empresas devem oferecer produtos certos com preços justos, bem como gerenciar custos, lucros e são forçadas a buscar ferramentas para permanecerem competitivas.

Alguns estudos apontaram que muitas companhias japonesas utilizam a Gestão do Custo Alvo (GCA), uma forma de Estratégia de Gerenciamento Contábil (SMA), como uma ferramenta competitiva desde 1970 (Kato, Boer & Chow, 1995). Para atender as exigências do mercado, os japoneses recorreram à pratica de Engenharia de Valor, uma técnica desenvolvida nos Estados Unidos, logo após a Segunda Guerra Mundial, que tinha por finalidade produzir um produto ao menor custo possível, considerando a escassez de recursos pós-guerra, porém sem alterar a funcionalidade do produto.

Originalmente, a Gestão do Custo Alvo foi designada pelos japoneses como Genka Kikaku, que significa "planejamento de lucros"; o Target Costing, em inglês, recebe traduções também como custeio alvo ou custeio-meta. Nos países de língua espanhola e francesa, encontram-se expressões como Objetivo e Méthod du Côut, respectivamente, e que significam custeio-objetivo (Scarpim e Rocha, 2000). Segundo Rocha e Cruz (2008), existe uma pluralidade de nomenclaturas na literatura sobre o assunto e ainda uma falta de consenso conceitual.

No Brasil, atualmente, o termo Gestão do Custo Alvo é considerado o mais correto quando se trata do assunto. Isso se deve ao entendimento que o termo "Custeio" pode levar à confusões com métodos de mensuração e alocação de custos (ex. Custeio Fixo e Variável), e também por se entender que se trata de um processo de gestão, como será discutido a diante.

Na indústria petrolífera, o projeto econômico não era principalmente foco, mas sim aspectos técnicos. Com o aumento da concorrência e a pressão por margens, o custo tornou-se mais relevante e integrado, pois exigem compartilhamento de custos e riscos. Ao projetar lucros futuros, o custo desejado de operação da refinaria pode ser obtido e o projeto viabilizado (Nyiramucyo e Sahabanik, 2006).

Uma vez que investir em uma refinaria requer grande quantidade de capital, a gestão de custo alvo pode ser utilizada para análise do orçamento de custo de construção de uma refinaria. Principalmente, temos de descobrir as expectativas de rendimento dos proprietários do investimento (Nyiramucyo e Sahabanik, 2006). Adicionalmente, a utilização de dados confiáveis para a elaboração do projeto e viabilidade econômica é essencial na indústria petrolífera devido à incerteza que cerca o setor, como a capacidade de gerir e planejar os projetos de construção da estrutura necessária para a produção (Veigas, 2013).

Porém, o objetivo principal para a implantação da GCA é auxiliar as empresas a gerenciar suas estratégias e a operar com uma margem rentável. Ela pode ser considerada uma ferramenta que assegura que os produtos sejam suficientemente rentáveis, quando lançados pelo gerenciamento de custos, durante o seu estágio de desenvolvimento. Isso enquanto garantem que produtos reúnam qualidade, padrões de confiabilidade e outras necessidades dos consumidores (Kato, 1993).

Em conformidade ao objetivo, este capítulo se divide em duas grandes partes, além da Introdução e Conclusões. A primeira, intitulada "Aspectos conceituais da Gestão do Custo Alvo", que analisa as definições encontradas sobre o tema (aspectos conceituais) assim como as finalidades desse processo (aspectos utilitários); e a segunda, que analisa o funcionamento da Gestão do Custo Alvo (aspectos procedimentais), sendo denominada "Etapas de implantação da Gestão do Custo Alvo".

2. Aspectos conceituais da Gestão do Custo Alvo

Para entender o conceito, foi levantada uma análise das principais definições apresentadas na literatura:

Ansari et al., (1997) se refere à GCA como custeio alvo e a define como: [...] um sistema de planejamento de lucros e gerenciamento de custos que é conduzido pelo preço, focado no cliente, centrado no projeto, e que envolve diversas áreas da empresa. o custeio alvo inicia o gerenciamento de custos nos primeiros estágios de desenvolvimento do produto e é aplicado durante todo o ciclo de vida do produto por um envolvimento ativo de toda a cadeia de valor.

Camacho (2004), entende que a GCA é um processo que possui sua essência no gerenciamento de custos, mas que leva seis princípios ou ideias fundamentais: (1) o custo é conduzido pelo preço, ou seja, o preço de mercado define o custo do produto e não o contrário; (2) o foco está no cliente, portanto, consideram-se as exigências do mercado; (3) o foco também está no projeto, pois, nesse estágio a maior parcela dos custos é definida; (4) deve haver um envolvimento das diversas áreas da empresa (interfuncional); como controladoria, marketing, engenharia de produção; compras; (5) a orientação está para o ciclo de vida do produto, tanto do ponto de vista do consumidor quanto do produtor, visando à otimização do custo total do consumidor; (6) deve-se considerar a cadeia de valor, envolvendo fornecedores, distribuidores, prestadores de serviço, varejistas.

Cruz e Rocha (2008) entendem que as razões fundamentais da existência e do delineamento da GCA são: (1) o lucro é a garantia de sobrevivência da empresa; (2) o custo é conduzido pelo preço; (3) a satisfação dos clientes; (4) O custo é definido essencialmente no projeto. A GCA tem por base a estratégia empresarial de obtenção de lucro como garantia de sua continuidade, pois a principal finalidade do mencionado processo é garantir a margem almejada, segundo a estratégia adotada pela entidade, fato discutido na seção 3. Que a GCA é aplicada a todas a empresas (segundo setor) ou em quaisquer instituições (terceiro setor) onde os recursos são escassos. Os autores também apontaram alguns facilitadores, denominados requisitos, ou seja, condições desejáveis que contribuirão para o sucesso do processo, sendo esses: (1) envolvimento interfuncional; (2) orientação para o ciclo de vida do produto; (3) envolvimento da cadeia de valor.

Quanto a definição, a fim de separar os aspectos conceituais dos procedimentais, alguns pesquisadores definem Gestão do Custo Alvo de diversas formas como:

(a) Sakurai (1997) opta por uma definição mais sucinta, a definindo como "[...] um processo estratégico de gerenciamento de custo para reduzir os custos totais, nos estágios de planejamento e de desenho do produto".

(b) Camacho (2004), a define como "[...] um processo de gerenciamento de custos por meio do qual se busca o alcance do custo alvo".

(c) Cruz e Rocha (2008), afirmam que a GCA é um processo de gerenciamento por meio do qual se busca determinar o custo alvo e, posteriormente, eliminá-lo ou, se necessário, aumentá-lo.

Observa-se que, nesse momento, se requer o entendimento do que vem a ser o custo alvo. Duas abordagens têm sido usadas nesta definição: na primeira, entende-se o custo alvo como a diferença entre o preço alvo e o lucro alvo, sendo o primeiro o preço de venda, definido pelo mercado, e o segundo a margem de lucro objetivada pelas organizações (Ansari et al., 1997; Sakurai, 1997); na segunda, o custo alvo consiste na diferença entre o custo máximo admissível e o custo estimado, sendo que o custo máximo admissível é a diferença entre o preço alvo e o lucro alvo (IMA, CAM-I, 1999; Rocha, 1999).

Neste contexto, a segunda abordagem, mais recente, contempla os custos estimados no seu cálculo e é considerada mais adequada. Assim, apura-se um montante de custos que será objeto de decisões por parte da entidade, considerando os seus custos atuais estimados e o custo máximo admissível, tendo em vista o mercado e a margem almejada pela organização. Esta é a abordagem a ser utilizada ao longo deste capítulo.

Custo alvo é o montante de custos que deve ser eliminado ou aumentado para que o custo estimado de um produto ou serviço se ajuste ao admissível, tendo em vista o custo de uso e de propriedade para o consumidor, o preço alvo e as margens objetivadas para cada elo da cadeia (Rocha, 1999).

A adoção da expressão "custo alvo", é justificada por Camacho (2004) ao afirmar que o montante de custos, apurado pela diferença entre o custo máximo admissível e o custo estimado, é móvel, assim como um alvo, pois esse valor vai se modificando à medida que são feitas alterações no projeto e no custo estimado. Entende-se ainda que o uso do termo "custo máximo admissível" é adequado nesse contexto, pois representa um valor limite ou um custo máximo permitido pelo mercado, dada a rentabilidade definida pelos gestores das organizações.

Também se utiliza o termo "margem objetivada", o que é adequado considerando-se que, se o custeio alvo for utilizado tendo por base o custo variável, a expressão margem é mais apropriada que lucro (devido à margem de contribuição), ou ainda, quando utilizado por entidades sem fins lucrativos. Por fim, o autor também utiliza adequadamente o conceito de cadeia de valor em sua definição.

Cruz e Rocha (2008) definem custo alvo como o montante de custos que deve ser eliminado ou, se necessário, aumentado, para que o custo estimado de um produto ou serviço se ajuste ao admissível, tendo em vista o custo total do consumidor, o preço alvo e as margens alvo para cada elo da cadeia.

Almeida e Garcia (2011) afirmam que, de forma geral, o custo alvo pode ser visto como uma tentativa de assegurar a eficácia produtiva aliada à rentabilidade, sempre respeitando a influência do mercado como determinante dos preços, além do envolvimento de toda a cultura organizacional da empresa.

Frente a essas análises, observa-se que a GCA é um processo de gestão de custos focado na estimativa e posterior eliminação do custo alvo. Ela tem por base algumas características como: ser intraorganizacional e interorganizacional; buscar determinar estrategicamente o custo alvo e, posteriormente, eliminá-lo; ter a finalidade de atingir a lucratividade planejada; observar o ciclo de vida do produto; ser orientado pelo preço; ser focado no cliente; ser centrado no design. Apesar de alguns autores focarem a sua definição especificamente nas etapas de desenvolvimento do produto, a Gestão do Custo Alvo também pode ser utilizada para produtos que já estejam em produção.

2.1 Finalidade do custeio alvo

A principal finalidade do custeio alvo é garantir a margem objetivada pela organização (Cruz e Rocha, 2008). Entretanto, encontra-se na literatura outros objetivos considerados como assessórios, pois contribuem para o principal.

Hansen (2002) acredita que para alcançar o custo alvo são necessários: uma mudança na formação do preço de venda, em que o custo é determinado pelo preço; a promoção de uma completa integração de todos os setores da empresa; a realização de uma análise de custo considerando todo o ciclo de vida do produto visando à otimização do custo total do consumidor; e por fim, a otimização do custo total do produto, sem, entretanto, prejudicar a qualidade.

Para Ansari et al (1997), Sakurai (1997), Moden e Lee (1993), IMA e CAM-I (1999), Scarpin (2000), Hansen (2002) e Camacho (2004), a operacionalização da Gestão do Custo Alvo se dá pela identificação de três grandes fases: (1) Estabelecimento do custo máximo admissível; (2) determinação do custo alvo; (3) Processo de eliminação ou se necessário, aumento do custo alvo.

Tendo em vista que as instituições precisam melhor gerenciar seus recursos e que uma gestão eficiente possibilita os gestores conhecerem, controlarem e administrarem melhor a instituição, esse estudo evidencia a importância do planejamento de recursos para as instituições. Assim, a Figura 1 apresenta uma configuração para implantação da Gestão do Custo Alvo baseada nas visões de Hansen (2002) e Cruz e Rocha (2008):

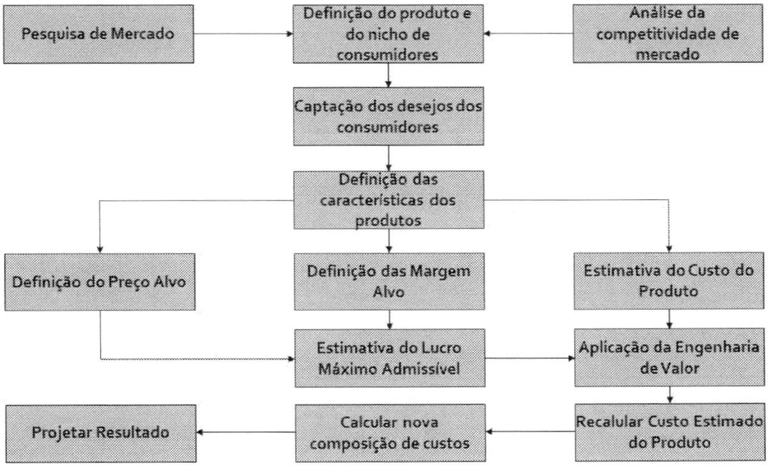

Fonte: Besteiro e Russo, 2016.

Figura 1 – Processo de Implantação da Gestão do Custo Alvo

Partindo deste pressuposto foram constituídas algumas etapas de implantação da Gestão do custo alvo, que são apresentadas na seção seguinte.

3. Etapas de implantação da Gestão do Custo Alvo

Nessa seção são descritas as etapas de implantação da Gestão do Custo Alvo, bem como de todos os requisitos adotados para planejamento de lucros e gerenciamento dos custos das entidades. Esta mentalidade tem por objetivo evidenciar o conceito de que, cada vez mais, o mercado é influenciado pelo valor que os clientes atribuem aos produtos e serviços e às suas características, **é** conhecido por gerenciamento por atributos.

As etapas serão descritas de acordo com uma mescla da visão de autores como: Ansari et al. (1997); Cooper & Slagmulder (1999); Kato (1995); Kato et al. (1996); Hansen 2002; Cruz e Rocha (2008); Baharudin e Jusoh (2014).

Etapa 1. Planejamento - Passo 1: Definir o preço de venda alvo

O preço alvo de venda é o preço de mercado unitário, ou seja, o valor que os clientes estão dispostos a pagar pelo produto. o processo se inicia com uma pesquisa e análise da competitividade do mercado, visando-se coletar dados sobre as necessidades e desejos dos consumidores, bem como informações sobre os produtos concorrentes, analisando como os consumidores avaliam esses produtos e como esses concorrentes reagirão à entrada de um novo produto.

Quando o produto já está inserido no mercado, é necessário identificar as características e especificações requeridas pelos consumidores, por meio de pesquisa de satisfação. Esta permite a customização e melhoria das principais características do produto para atender as solicitações e desejos do mercado.

Alguns autores tratam o assunto dividindo-o em duas partes: estabelecendo o preço alvo de venda de produtos existentes e de produtos novos. Para os produtos existentes considera alguns critérios como o preço corrente do produto, o histórico de uso do consumidor, os atributos físicos e as características e funções adicionadas ao produto. Para produtos novos, identificam-se os determinantes: necessidade do cliente, preço aceitável, oferta do competidor e parcela desejada pelo mercado.

Adicionalmente, a literatura indica que será preciso definir uma tentativa de preço de venda alvo para seus produtos considerando os fatores internos e externos como estratégia de gerenciamento, objetivos de rentabilidade, atributos e funcionalidades do produto, reação dos concorrentes e satisfação dos usuários.

Etapa 2. Planejamento – Definir a margem alvo ou margem objetiva

A segunda etapa envolve definir o lucro alvo e a margem percentual de retorno objetivada pela empresa. Identificam-se os impostos incidentes sobre as vendas e comissões (caso sejam existentes), pois dependendo do método de custeio utilizado, já existe a margem de contribuição, margem bruta ou margem operacional. Elementos como prudência e a necessidade de se compensar o ciclo de vida do produto também devem ser observadas.

A literatura indica que existem vários caminhos para definir o lucro alvo, como os baseados em retorno sobre as vendas (ROS) passado e futuro, e os planejamentos de longo prazo ou médio prazos.

Esse percentual é determinado em função de retornos financeiros, como a taxa de Retorno sobre Ativos (ROA), Rentabilidade sobre o Patrimônio Líquido

(ROE) ou Valor Econômico Agregado (EVA). Nesse caso, a margem alvo é expressa como um percentual sobre as vendas.

Entre todos os métodos, a literatura destaca que definir o lucro alvo baseado no planejamento de lucro no longo ou médio prazos é o melhor método para integrar o planejamento do produto e lucro da empresa. Isso acontece porque o planejamento de médio e longo prazos é realizado conforme compromisso acordado, no qual, todos os colaboradores se comprometem.

A disponibilidade de informações financeiras como o lucro médio mensal apresentado nas demonstrações contábeis pode ser usada como ponto de referência para justificar o planejamento de lucro da empresa. Portando, indica-se o uso do planejamento de lucro de longo ou médio prazo, que considere condições de competitividade do mercado e informações das diretrizes de lucro.

Etapa 3. Planejamento – Calcular o custo máximo admissível do produto

Depois de estabelecidas as margens objetivadas, calcula-se o custo máximo admissível para o produto. Em geral, o custo alvo pode ser derivado pela subtração do lucro alvo do preço de venda alvo. o custo máximo admissível é calculado com base no objetivo da alta administração e calculado pela subtração do lucro alvo pelo preço de venda alvo. Por outro lado, o custo alvo está em algum lugar entre o custo admissível e o custo estimado.

Etapa 4. Planejamento - Calcular o custo estimado

Uma vez estabelecido o custo máximo admissível, deverão ser apurados os custos previstos iniciais para o novo produto. Quando o produto ainda está em fase de desenvolvimento, o custo estimado provém das previsões das áreas de projeto, engenharia e contabilidade, feitas com base no conhecimento dos colaboradores sobre o processo produtivo a ser desenvolvido. Já quando o produto já está em produção, o custo estimado é calculado pelo seu custo atual.

Quanto aos métodos de custeio a serem utilizados na estimativa dos custos, não há uma prescrição na literatura sobre qual é o melhor método a ser utilizado. Pode-se utilizar o custeio pleno, em que se conhecem os custos diretos, indiretos e despesas durante a confecção do produto, que devem ser oriundos dos relatórios gerenciais e as demonstrações financeiras da entidade o custeio fixo ou o variável também podem ser utilizados. Sugere-se que as organizações utilizem os métodos de custeio que já possuem afinidade em seu processo de gestão, levando-se em conta sempre qual é o objetivo dessa estimativa.

Etapa 5. Planejamento – Determinar o Custo Alvo

Neste momento deve ser comparado o custo estimado do produto com o custo máximo admissível para a identificação do custo alvo. Esse custo deve ser realista para motivar os funcionários a alcançá-lo. Pesquisas apontam que a criação de cenários de custos ao longo dos estágios de desenvolvimento e produção dos produtos são normalmente baseados nas premissas do projeto e nas estimativas dos fornecedores.

Desse modo, quando o custo alvo for maior que zero, ele deve ser eliminado, o que é coerente, pois demonstra que a empresa está com um custo estimado maior que o admissível. Por outro lado, se o custo alvo for menor que zero, a empresa poderá aumenta-lo.

Em termos de definição do custo alvo, a literatura destaca que as companhias japonesas desmembram o custo alvo de cada item e principais funções. Em outra pesquisa, os itens foram categorizados em controláveis e incontroláveis e desmembrados para os departamentos responsáveis pela compra para encontrarem seus custos alvos.

Etapa 6. Planejamento - Aplicação da Engenharia de Valor

No intuito de eliminação do custo alvo, o produto e o processo devem ser redesenhados, e, para isso, podem ser utilizadas as atividades de Engenharia de Valor. Ela consiste em um método sistemático de avaliar as funções de um produto para determinar se eles podem ser produzidos a um menor custo, sem sacrificar as características, desenho, confiabilidade, utilidade e reciclabilidade. Ou seja, significa fornecer a mesma funcionalidade, segurança, confiabilidade e utilidade do produto por um custo mais baixo.

Esta etapa consiste em realizar um conjunto de procedimentos que resumem-se em manter ou melhorar o funcionamento de um produto, por meio da análise funcional, da avaliação de atributos e de planos de melhoria. Para esta fase, deve-se realizar uma pesquisa a fim de se obter informações sobre o grau de importância que os consumidores conferem a cada atributo do produto. Isso pode ser realizado pela empresa através de questionários enviados aos consumidores nos quais constam importância de cada atributo, em percentual.

Deve ser mensurado o grau de importância relativa do atributo, que representa o valor dado por cada consumidor ao produto, ou seja, quanto ele é importante no conjunto total de atributos do produto. Também deve ser calculado o custo relativo e o índice de Valor. o custo relativo significa o percentual de custo de cada atributo em relação ao custo estimado total do serviço prestado.

Conhecendo-se o custo relativo dos atributos, e a importância relativa deles, se calcula o Índice de Valor, que representa a relação entre à importância de um recurso e seu custo relativo. Um índice de valor maior que 1 significa que o custo relativo do atributo é menor que o seu grau de importância relativa. Por outro lado, um índice de Valor menor que 1 significa que o custo relativo do atributo é maior que o seu grau de importância relativa. o ideal é que o IV fique próximo de 1, alcançando assim uma situação de equilíbrio entre os atributos/funções do serviço e seu respectivo custo.

Portanto, ao aplicar a engenharia de valor nas atividades e funções pôde-se observar quais são os atributos que merecem ter seus custos gerenciados para que sejam atingidos os resultados desejados pela instituição. A partir desses resultados, os gestores podem optar pela alteração dos atributos que apresentaram índice de valor abaixo de 1, reduzindo os seus custos para que o custo máximo admissível seja alcançado.

Etapa 7. Planejamento – Calcular a Viabilidade e Rentabilidade do Projeto

Nesta etapa se compilam todos os itens de custos a fim de se verificar se o custo máximo admissível foi atingido e o custo alvo foi eliminado. Recalcula-se o custo estimado, que contém todos os custos e despesas da instituição ajustados, bem como apresenta-se a nova previsão de resultados.

As estimativas de custos e simulação de lucro são realizadas por meio planilhas eletrônicas. Todos os itens de custos devem ser relacionados, tabulados e categorizados por departamentos. Os resultados devem ser apresentados para a alta administração como um critério crítico para avaliação do projeto antes do estágio de desenvolvimento.

Com base nos resultados, os ensaios são ajustados. Esse processo de redução de custos é uma atividade contínua que acontece antes de encontrar o custo alvo. Fornecedores participam pró-ativamente para encontrar alternativas para os prospectos do projeto. Atividades de negociação com fornecedores e informações de benchmark são intensificadas entre as partes, a fim de se obter um consenso sobre os objetivos do projeto até as partes ficarem satisfeitas com o nível de custo. Portanto, verifica-se que o ambiente de relacionamento com os fornecedores pode influenciar o projeto de implementação do processo de GCA.

Etapa 8. Monitoramento – Monitorar e reportar o status de realização

A literatura enfatiza que se deve monitorar e reportar continuamente o status de realização do projeto para assegurar que ações corretivas possam ser tomadas antes de se exceder o custo máximo admissível, ou seja custo alvo. Nesta etapa são conduzidas muitas reuniões periódicas para monitorar o status do custo de realização do projeto. o estudo de viabilidade financeira é finalizado para se calcular a estimativa de custo total e simulação de lucro. o resultado deve ser apresentado para a administração como um critério a ser aprovado, para prosseguir para o estágio de produção e massa.

Na etapa seguinte, deve-se verificar o grau de realização do custo alvo. Se o custo alvo não foi eliminado, uma análise detalhada do processo deve ser conduzida para encontrar a causa onde ocorreram as lacunas, assim como identificar os departamentos responsáveis. A integração com outros sistemas como o Kaizen, o sistema de Manufatura *Lean* e a tecnologia de manufatura avançada (ATM) podem influenciar a implementação da GCA.

4. Conclusões

Partindo do pressuposto que as empresas devem competir em termos de eficiência operacional, buscar estratégias melhores que seus concorrentes e ter capacidade de geração de fluxo de caixa, a Gestão do Custo Alvo (GCA) consiste em um processo de gestão, um instrumento gerencial que auxilia as empresas no planejamento e controle do negócio.

Sobre a relevância do tema e o estado da arte, Matos, Nepomuceno e Silva (2016) afirmam que a GCA ainda não está consolidada no Brasil, porém o ambiente de negócios brasileiro tem se tornado cada vez mais propício para a utilização desse processo como forma alternativa para reduzir os custos em cada etapa da produção.

Quanto a aplicação do GCA na indústria petrolífera pode ser considerada de grande utilidade pois na administração do investimento e dos custos operacionais, pois estes influenciam na rentabilidade do projeto. As incertezas sobre os custos operacionais são maiores do que o custo de capital devido à linha do tempo, onde eventos inconvenientes têm uma maior probabilidade de ocorrer. Com isso, uma política preventiva e de manutenção é decisiva para manter os custos operacionais controlados.

De forma geral, a GCA pode ser vista como um modelo de gestão dos custos orientado para o cliente, uma tentativa de assegurar a eficácia produtiva aliada à rentabilidade, sempre respeitando a influência do mercado como determinante dos preços, além do envolvimento de toda a cultura organizacional da empresa.

Considerando as análises efetuadas, a GCA é um processo de gestão de custos focado na estimativa e posterior eliminação do custo alvo. Dessa forma, são razões fundamentais da existência e do delineamento do Gestão do Custo Alvo (princípios): 1. o lucro é a garantia de sobrevivência da empresa; 2. O custo é conduzido pelo preço; 3. o processo de eliminação ou, se necessário, aumento do custo alvo.

Podem ser destacados alguns requisitos ou características que contribuem para o sucesso da Gestão do Custo Alvo, como: ser intraorganizacional e interorganizacional; buscar determinar estrategicamente o custo alvo e, posteriormente, eliminá-lo; ter a finalidade de atingir a lucratividade planejada; observar o ciclo de vida do produto; ser orientado pelo preço; ser focado no cliente; ser centrado no design.

Adicionalmente a aplicação da GCA nas empresas empodera os gestores das instituições com informações para tomada de decisão, principalmente quanto a garantia da margem objetivada pela organização. Pode ser aplicada em pequenas, grandes e médias empresas. Porém, pode ser um diferencial para pequenas e médias empresas especialmente por reduzir a sua falta de informações gerenciais, às ajudando a alcançar um resultado operacional sustentável, resultado financeiro desejável, bem como atingir o ponto de equilíbrio para uma gestão duradoura.

Outro ponto forte, é colaborar com a formação de uma cultura multitarefas, relacionada a resultados que pode influenciar o cenário de cada setor ao gerenciar o planejamento de lucros e o controle custos das instituições anualmente. E tendo em vista que a voz do consumidor orienta o processo, as pesquisas de satisfação contribuem para identificar os pontos fortes, qualidades e demais pontos que precisam ser melhorados, mas, principalmente conhecer os atributos mais importantes para a satisfação dos consumidores.

Portanto, ao adotar a Gestão por Custo Alvo como forma de planejamento e controle de custos, as instituições podem anualmente garantir sua margem desejada. Este fator é uma das características do processo, principalmente quando utilizado na etapa de desenvolvimento dos produtos, dado que é nela que a maioria custos são estabelecidos, que as alterações devem ser feitas, para que se obtenham economias significativas de custos. Assim, ao fazer o planejamento de recursos e direcionar esforços para uma gestão eficiente, contribui-se para geração de empregos e desenvolvimento do país.

5. Referências

Almeida, L. B.; Garcia, R. (*2011). A possível inadequação do Custeio Meta pós-estágio de engenharia e desenvolvimento de produtos: uma evidência empírica. Revista de Estudos Contábeis, Londrina, v. 2, n. 2, p. 3-20, jan./jun. ISSN: 2237009*

Ansari, S.; Bell, J.; Klammer, T.; Lawrence, C. *(1999). Module: Target Costing. 1. Ed. Richard D Irwin, Publisher look-up service, University of Georgia.*

Ansari, S. L., Bell, J. F., & Okano, H. *(2007). A review of literature of target costing and cost management. Handbook of Management Accounting Research, 2, 507-30.*

Baharudin, N. e Jusoh, R. (*2014). Global Conference on Business & Social Science, Kuala Lumpur. Malaysia.*

Bertucci, C. E. *(2008). Custeio alvo na indústria brasileira de autopeças. São Paulo. Dissertação (Mestrado em Controladoria e Contabilidade) – Faculdade de Economia, Administração e Contabilidade da Universidade de São Paulo.*

Biazebete, C. M., Borinelli, M. L., & Camacho, R. R. *(2009). Análise da aplicação do custeio alvo e do custeio pleno em indústria de confecções: um estudo de caso. Revista de Contabilidade e Organizações, 3(5), 44-61.*

Camacho, R. R. *(2004). Custeio alvo em serviços hospitalares. Um estudo sob o enfoque da gestão estratégica de custos. São Paulo. Dissertação (Mestrado em Controladoria e Contabilidade) Faculdade de Economia, Administração e Contabilidade da Universidade de São Paulo.*

Camacho, R.R; Rocha, W. *(2008). Custeio alvo em serviços hospitalares um estudo de caso sob o enfoque da gestão estratégica de custos. Revista de Contabilidade & Finanças USP, vol. 19. n.47, p.19-30.*

Cooper, R. Slagmulder, R. *(1997). Target costing and value engineering. Portland Productivity Press.*

Cooper, R. Slagmulder, R. *(1999). Develop profitable new products with target costing: Sloan Management Review, vol.40, n.4, p.23-33.*

Cruz, C. A; Rocha, W. *(2008). Custeio-alvo: reflexões sobre definições, finalidades e procedimentos. Revista Contemporânea de Contabilidade, Florianópolis, v. 1, n. 10, p. 31-51, jul./dez. ISSN: 1807-1821.*

Institute of Management Accountants – IMA; Consortium For Advanced Manufactoring-International – CAM-I. *(1999). Practices and techniques: implementing target costing. New Jersey: IMA.*

Hansen, J. E. *(2002). Aplicação do custeio alvo em cursos de pós-graduação lato sensu: Um estudo sob o enfoque da gestão estratégica de cursos. 2012. 211f. Dissertação (Mestrado em Controladoria e Contabilidade) – Universidade de São Paulo, São Paulo.*

Marques, K. C. M., & Rocha, W. *(2015). Custeio Alvo e sua Contribuição para a Implementação das Estratégias de Negócio de uma Subsidiária de Origem Asiática. Contabilidade, Gestão e Governança, 18(2).*

Matos, A.L.; Nepomuceno, D.D., Silva, G.M. *(2016) Custeio alvo: um estudo da produção científica nos periódicos brasileiros. Brazilian Journal of Production Engineering, São Mateus, Vol. 2, N. °1, (Julho). p. 38-52.*

Nishimura, A. *(2005). Management Accounting Practices of Japanese Affiliates in Singapore, Malaysia and Thailand. In A. Nishimura & R. Willett (Ed.), Management Accounting in Asia. Malaysia: Thomson.*

Nyiramucyo, L; Sahabanik, D. *(2006). A descriptive analysis of value creation at Statoil Mongstad and its supply chain.*

Kato, Y., Boer, G., & Chow, C.W. *((1995). Target Costing: Na Integrative Management Process. Journal of Cost Management, 9 (1), 39-51.*

Kato, Y. *(1993). Target Costing Support Systems: Lessons from leading Japanese companies. Management Accounting Research, 4, 33-77.*

Rocha, W. *(1999). Contribuição ao estudo de um modelo conceitual de sistema de informação de gestão estratégica. São Paulo. 148 f. Tese (Doutorado em Controladoria e Contabilidade) – Faculdade de Economia, Administração e Contabilidade da Universidade de São Paulo, São Paulo, 1999.*

Sakurai, M. *(1997). Gerenciamento Integrado de Custos. 1 ed. São Paulo: Atlas. 280p. ISBN: 85224-1789-X.*

Scarpin, J. E. *(2000). "Target Costing" e sua utilização como mecanismo de formação de preços para novos produtos. Londrina. Dissertação (Mestrado em Contabilidade) – Universidade Norte do Paraná.*

Scarpin, J. E.; Rocha, W. *(2000). Target Costing: abordagem conceitual e histórica. In: CONGRESSO BRASILEIRO DE CUSTOS, 7, 2000, Recife. Anais do 7o Congresso Brasileiro de Custos.*

Tho, L. M., Isa, C.R.M.,& Ng, K.T. *(1998). Manufacturing environment, cost structure and management accounting practices: some Malaysia evidence. Akauntan Nasional, August, 3-12.*

Viegas, T. *(2013). Competitividade em custos na atividade petrolífera em águas profundas. 2013 – Rio de Janeiro: UFRJ/IE.*

Zimina, D.; Ballard, G.; Pasquire, C.v*(2012). Target value design: using collaboration and a lean approach to reduce construction cost. Construction Management and Economics, v. 30, n. 5, p. 383-398.*

8. Vantagens e ferramentas da contabilidade enxuta (*lean accounting*) para empresas que adotam a filosofia *lean production*

Vanessa Aguiar Vieira; Robisom Damasceno Calado
(Departamento de Engenharia, Universidade Federal Fluminense/UFF, Rio das Ostras, Rio de Janeiro, Brasil)

Objetivo

O objetivo deste capítulo é discutir e analisar as vantagens da Contabilidade Enxuta sobre a Contabilidade de Custos Tradicional (ramo da Contabilidade Gerencial), mostrando suas ferramentas e técnicas de aplicação, que evidenciam os ganhos das empresas que adotam a filosofia *lean* de produção. Outro aspecto que se tornou motivante para a realização deste estudo foi a constatação de que existem ainda hoje poucos profissionais e estudiosos de Contabilidade que se dedicam às empresas que utilizam a filosofia *Lean* no Brasil. Percebemos que existe uma demanda não atendida por profissionais de contabilidade que, não só conheçam a filosofia *Lean*, mas também saibam aplicá-la às suas rotinas contábeis para atender à produção com informações claras e objetivas, que demonstrem em termos financeiros as vantagens obtidas pela implementação da filosofia enxuta em suas organizações. Esperamos, portanto, contribuir com a aproximação dos conhecimentos na área de Engenharia de Produção e Contabilidade, explorando o vasto campo da Contabilidade Enxuta.

1. Introdução

A filosofia *lean* de produção teve origem com o sucesso do sistema Toyota no Japão desenvolvido na década de 70. Foi inicialmente adotada por indústrias automobilísticas e, seguidamente, se estendeu para outros tipos de negócios em todo o mundo. A filosofia *lean* de produção baseia-se em alguns princípios fundamentais, tais como: redução de inventários, redução de *lead-time*, aumento da produtividade, produção "puxada" pela demanda, melhoria nos fluxos e processos, eliminação de perdas e de atividades que não agregam valor, entre outros.

A medida que o sistema de produção *lean* foi sendo implementado nas empresas, estas começaram a perceber que seus relatórios gerenciais, fornecidos pela contabilidade tradicional, mostravam resultados desfavoráveis após a introdução do *lean* em suas linhas de produção. Tal fato causou questionamentos a respeito das reais vantagens financeiras trazidas pela implantação deste novo sistema.

Isto ocorre devido ao fato de que a contabilidade de custos tradicional foi desenvolvida com base na produção em massa e, por isso, nem sempre consegue fornecer informações financeiras adequadas e que reflitam os ganhos trazidos pela implementação da produção lean.

Atualmente, existe uma crescente competitividade global entre as empresas. Conforme Kocamis (2015), no ambiente competitivo global de hoje, os compradores se tornam cada vez mais exigentes com as empresas. No intuito de manter sua presença, as empresas devem adaptar sua estrutura para atender às demandas dos clientes por maior qualidade, a um preço mais baixo e em menor tempo de entrega. Ainda, devem atender às expectativas de ordens de compra inesperadas, com uma maior variedade de produtos em menor quantidade e mais rapidamente. o sistema *lean* de produção emerge mediante estas condições e obrigações. Portanto, torna-se necessária a utilização da contabilidade enxuta (*lean accounting*) que é uma metodologia moderna de contabilização de custos, alinhada com a filosofia *lean* de produção e com as atuais necessidades competitivas globais. A contabilidade enxuta fornece informações para os gerentes para que estes possam tomar as decisões baseadas nos números corretos, decisões estas que irão aumentar as receitas e a lucratividade no longo prazo, além de ajudar a evidenciar atividades que não agregam valor. Além disso, o *lean accounting* motiva o comportamento *lean* entre as equipes de trabalho, que visa fornecer ao cliente exclusivamente o produto ou serviço que ele demanda e quando demanda. Aplica-se *lean* até mesmo no próprio sistema de contabilização através da eliminação de lançamentos desnecessários, ou seja, faz-se aplicação do pensamento *lean* nas rotinas contábeis.

Supondo uma fábrica cujo gerente de produção recebe relatórios mensais da contabilidade sobre a absorção dos custos de produção de um determinado departamento. Nos métodos de custeio da contabilidade tradicional, medidas de absorção de custos medem a habilidade de um departamento em produzir uma determinada quantidade de produtos suficiente para absorver todos os custos envolvidos na produção em um determinado mês. Então, tal fato encoraja os gerentes a manter um nível de produção que alcance esta quantidade ou até mesmo a suplante. Contudo, isto é contrário à filosofia *lean* que objetiva produzir apenas o que o cliente demanda, através de um modelo de produção "puxada". o resultado disso, como paradigma, são números desfavoráveis já que, depois de adotada a filosofia lean, a produção tende a cair e a absorção dos custos passa a mostrar valores desfavoráveis, apenas aparentemente, por não se produzir uma quantidade de produtos suficientes para a absorção dos custos conforme os moldes tradicionais.

Portanto, faz-se necessária a adoção da contabilidade enxuta, baseada em medidas do fluxo de valor intrínseco na cadeia produtiva e na produção "puxada" pela demanda do cliente, que fornecerá relatórios financeiros que demonstrem os ganhos obtidos pela implementação da manufatura lean.

Através de ferramentas como o Custeio do Fluxo de Valor e o *Box Score* , vários pesquisadores nacionais e estrangeiros mostram como se torna possível fazer a gestão pelos números certos, estendendo e ampliando o pensamento *lean* para os relatórios financeiros gerenciais e, consequentemente, consolidando a filosofia *lean* na organização como um todo.

2. Revisão bibliográfica

2.1 A contabilidade de custos

A contabilidade de custos é um ramo da contabilidade gerencial e foi criada com o objetivo de avaliar precisamente o valor dos estoques de diversos tipos nas indústrias.

De acordo com Martins (2000), a preocupação primeira dos Contadores, Auditores e Fiscais foi a de fazer da contabilidade de custos uma forma de resolver seus problemas de mensuração monetária dos estoques e do resultado, não a de fazer dela um instrumento de administração.

Por essa não-utilização de todo o seu potencial no campo gerencial, deixou a contabilidade de custos de ter uma evolução mais acentuada por um longo tempo.

Os impactos das mudanças originadas pela implementação da produção enxuta em empresas são sentidos no sistema contábil e se refletem nas demonstrações financeiras. Os executivos reconhecem que as informações baseadas nos tradicionais sistemas contábeis, como por exemplo, o custeio padrão por absorção dos *overheads*, não atende mais estas organizações modernas (Santos, 2010).

Segundo Goldratt (1997), a incapacidade da contabilidade de custos em apoiar o processo decisório nas empresas enxutas ocorre, sobretudo, pelo fato de ela considerar todos os recursos como igualmente importantes, sejam eles restrições ou não restrições, o que é incorreto, como muito bem demonstra a contabilidade de ganhos, braço contábil da Teoria das Restrições.

O método de custeio tradicional promove comportamentos incompatíveis com a produção lean, tais como a fabricação de grandes lotes e a preservação de elevados estoques. Além disso, o sistema de custeio tradicional não atende as exigências do lean, pois não fornece informações precisas, oportunas e confiáveis aos gestores, dificultando a tomada de decisões sobre os preços, desenvolvimento de linhas de produção, melhorias nos processos e mix de produtos (ALSMADI; ALMANI; KHAN, 2014).

Corbett Neto (1997), enumeram outros motivos pelos quais a contabilidade de custos tradicional não é capaz de prover informações relevantes e confiáveis nas empresas enxutas. o autor menciona que na manufatura enxuta algumas medidas não-financeiras não estão representadas nos relatórios, como por exemplo: melhorias nos níveis de satisfação do cliente, redução de prazos de entrega, melhoria no fluxo de caixa, etc. o autor conclui que as medidas de eficiências locais isoladas, apregoadas pela contabilidade de custos, não conduzem à eficiência global da empresa, mas sim, ao desperdício, o que contraria os princípios da produção enxuta. Nesse contexto, entende-se por contabilidade de custos, os métodos de custeio por absorção, o custeio variável, o Activity Based Costing (ABC), o custeio meta ou, ainda, qualquer outra metodologia que tenha custos como base, uma vez que todas, sem exceção, consideram o pressuposto da produção em massa e o de que as otimizações locais isoladas conduzem à otimização global.

Um sistema de gerenciamento contábil com design inadequado provavelmente terá um efeito negativo no processo de adoção de uma estratégia complexa como a produção lean. (KARLSSON, 1996).

Maskell e Baggaley (2004) listam algumas razões para essa inadequação dos sistemas contábeis tradicionais aos princípios da produção enxuta:

- Eles motivam as pessoas a ter atitudes não enxutas, como a produção de grandes lotes e a manutenção de estoques, ou seja, a maximização da utilização dos recursos produtivos, indo de encontro à filosofia enxuta de maximizar o fluxo (de material, de informação e de dinheiro);
- Os sistemas tradicionais são esbanjadores, requerendo uma grande quantidade de trabalho desnecessário, seja coletando e analisando dados, produzindo relatórios de pouca ou nenhuma utilidade, ou gerando tarefas adicionais que não agregam valor ao consumidor;
- Os métodos tradicionais de custeio são prejudiciais às companhias enxutas, pois foram concebidos sob as premissas da produção em larga escala, premissas essas que são totalmente abandonadas pela produção enxuta.

Assim, o novo sistema de produção *lean* tende a gerar um entendimento deturpado do custeio e levar a tomadas de decisões erradas em questões importantes como: produzir ou comprar, rentabilidade de pedidos e racionalização de produtos ou clientes.

Outros questionamentos sobrevêm quando se trata do rateio de custos na contabilidade de custos tradicional. Continuam a existir, mesmo dentro do ABC, critérios ou direcionadores de custos que, muito comumente, contêm variadas doses de subjetivismo. Além disso, continuam em pauta todos os problemas derivados da existência da variação nos volumes de produção no que se refere ao cálculo do custo unitário, como afirma Martins (2000).

Em virtude desse problema e também do grau de subjetivismo e arbitrariedade subjacente a todas as formas de rateio, é comum encontrarmos auditores independentes muito mais preocupados com a consistência na aplicação dos critérios de alocação de custos indiretos do que com os fatores levados em conta para sua escolha. Sua preocupação se resume exclusivamente ao Balanço e à Demonstração de Resultados e estes podem sofrer modificações fictícias e deliberadas em função de mudanças nos procedimentos utilizados pela contabilidade de custos. (MARTINS, 2000).

Conforme Dutra (2010), os custos da produção são utilizados para auxiliar na tomada de decisão, sob a ótica econômica, e para apurar os resultados, sob a ótica financeira. Os métodos de custeio mais aplicados são: absorção, variável, baseado em atividades (ABC) e padrão conforme o quadro 1.

Quadro 1 Modelos tradicionais de custeio e suas definições

CUSTEIO POR ABSORÇÃO	Este critério é a apropriação aos bens elaborados de todos os custos da produção, quando estes são alocados em todos os produtos e serviços realizados. É utilizado para apurar os resultados e associar aos serviços e produtos em fase de preparação, e está relacionado à execução de serviços e produtos, oferecendo informações relevantes à contabilidade financeira, sobretudo na mensuração de estoques, logo, o custo da mercadoria vendida. Todos os custos variáveis e fixos, diretos e indiretos estão incluídos no produto final, possibilitando a apuração de resultados e cálculos de impostos e dividendos. Os gastos que não estão ligados à fabricação do produto são classificados como despesas.
CUSTEIO VARIÁVEL	Este procedimento tem seu alicerce na fragmentação de gastos em variáveis e fixos, assim, gastos que se alternam na proporção do volume da produção e vendas e gastos que se conservam sólidos às variações de volumes de produção e vendas. o custeio variável é compreendido por todos os custos variáveis, sendo eles diretos ou indiretos, mas indispensáveis para obter o produto ou serviço, incorporando, além da matéria-prima e mão de obra direta, os custos indiretos equivalentes ao volume dos produtos e serviços e as despesas variáveis.

CUSTEIO BASEADO EM ATIVIDADES (ABC)	Este método, também conhecido por ABC (*Activity-Based Costing*), reduz as deformidades causadas pelo rateio arbitrário de custos indiretos. Aplica-se aos custos diretos, em especial à mão de obra direta. o custeio ABC proporciona aos objetos analisados todas as despesas e custos, da forma que os custos diretos são apropriados e os indiretos seguidos por direcionadores. o principal objetivo desse método é aprimorar a qualidade, precisão e a magnitude das informações fornecidas para a tomada de decisão. Para este sistema os produtos utilizam atividades consumidoras de custos. Portanto, averígua-se os custos das atividades e depois o produto que mais consumiu tais atividades.
CUSTEIO PADRÃO	Através desse método podem-se determinar os orçamentos e preços de venda ou serviços antes de confirmar a produção, além da definição adiantada da quantidade e valor dos itens que serão utilizados. Esse sistema é uma técnica para firmar antecipadamente os preços para os produtos fabricados. A razão para se adotar esse método é a utilização das informações gerenciais para apressar os encerramentos mensais.

Fonte: Martins (2010). Silva; Lins (2013). Dutra (2010). Bruni; Famá (2012). Perez Júnior; Oliveira; Costa (2012)

Segundo Byrne (2016), uma empresa não pode ser realmente *lean* sem fazer a transição entre a contabilidade de custos tradicional e a contabilidade lean. Na opinião do autor, existem várias razões muito fortes para isso. Primeiramente, a contabilidade de custos tradicional não fornece informação de qualidade. Na realidade, a informação que ela provê frequentemente leva a equívocos. E o que é mais importante, o custeio tradicional propicia uma série de coisas que a filosofia *lean* tenta eliminar e, por isso, chamamos de anti-lean. Além disso, segundo o autor, manter um sistema de contabilidade de custos padrão é muito mais dispendioso.

Deste modo, podemos entender que a contabilidade de custos tradicional não é suficiente para prover as informações necessárias à correta tomada de decisão nas empresas enxutas (Cogan et al, 2011).

Mas, afinal, como a contabilidade enxuta se mostra uma alternativa vantajosa e supera as deficiências e limitações da contabilidade de custos tradicional para as empresas que adotam a filosofia *lean* de produção?

2.2 Por que a contabilidade de custos tradicional é nociva para as empresas lean?

Cogan (2012) faz as seguintes considerações de como a forma tradicional de calcular custos é nociva para as empresas lean:

- O cálculo tradicional dos custos dos produtos é complexo, consome tempo, e cria milhares de transações. E, por seu turno, fabricantes *lean* geralmente não precisam calcular o custo dos produtos;
- Supõe-se que a análise de variações forneça as informações para entender e melhorar o processo. Isso, contudo, leva a perda de tempo para explicar as variações ao invés de melhorar o processo. o controle do chão de fábrica *lean* conduz a uma oportuna solução de problemas e de melhoramentos;
- Os custos dos produtos são usados para criar informações sobre as margens de lucro dos produtos para que os gerentes possam otimizar os produtos através dos mercados, de regiões, etc. Essas decisões são melhor realizadas usando métodos de margens de contribuição e de custos incrementais. A contabilidade *lean* utiliza esses métodos;
- Muitos pensam que o inventário é avaliado pelo custo padrão. Contudo, o inventário precisa ser avaliado em custo real. Isso significa que o pessoal financeiro precisa analisar e aplicar as variações de custos afim de transformar o custo padrão em custo real. A contabilidade *lean* utiliza tão somente custo real através de todo o processo da contabilidade de custos;
- Tradicionalmente, os custos indiretos são alocados aos produtos baseados no tempo de mão de-obra, no tempo de máquina e de outros direcionadores de atividades. Isso conduz sempre a cálculos imprecisos nos custos dos produtos e leva a decisões más e danosas;
- No fluxo lean, o custo do produto está relacionado à taxa do fluxo, não ao tempo de mão-de-obra ou ao tempo de máquina. Muitos produtos têm a mesma taxa de fluxo através dos gargalos, mas diferentes tempos de mão-de-obra ou de máquina. A contabilidade *lean* não utiliza custo do produto para tomada de decisão. Se o custo de um produto é calculado, ele é baseado na taxa de consumo no fluxo, tornando-se mais preciso;
- O custeio tradicional padrão demanda grande quantidade de trabalho, milhares de transações, conduz a melhoramentos ruins e não

pode avaliar o inventário diretamente. É tão complicado que somente poucas pessoas podem entendê-lo, e leva a um custo errado;

- O custeio tradicional dos produtos é inútil para as companhias que aspiram se tornar organizações lean. Existem, contudo, muitas ações *lean* que permitem atender esses propósitos.

Chavéz e Mokudai (2015), citam ainda outros equívocos gerados pela utilização da contabilidade tradicional em empresas que estão adotando a filosofia *lean* no que diz respeito à cotação de insumos, rentabilidade, abastecimento de inventário, decisões sobre o que produzir e o que comprar, racionalização de produtos, etc. Como exemplos, os autores enumeram a rejeição de encomendas altamente lucrativas, a compra de produtos ou atividades que poderiam ser desenvolvidas na própria planta, a fabricação no exterior de artigos que poderiam ser competitivamente fabricados no próprio país, etc.

2.3 A contabilidade enxuta

De acordo com Maskell e Baggaley (2004), quando uma empresa substitui a produção em massa pela enxuta, é necessária a utilização de um novo sistema de informações, denominado por eles de *lean accounting* ou contabilidade enxuta, que os autores apresentam como sendo um método alternativo à inadequação do tradicional sistema de informações gerenciais frente aos princípios da produção enxuta.

Uma perspectiva contábil dos princípios *lean* sugere que as firmas combinem técnicas desenvolvidas para minimizar gastos em processos e facilitar a tomada de decisão e controle em um ambiente de manufatura *lean* (KENNEDY; WILDENER ,2008).

A contabilidade enxuta, *lean accounting* ou contabilidade *lean* pode ser entendida como um conjunto de ferramentas de contabilidade gerencial adaptado e estruturado com modelos de decisão específicos para suprir o processo decisório de empresas que estão adotando ou adotaram os princípios e valores da produção enxuta (CANELLA; SANTOS; COGAN, 2011).

Para Solomon e Fullerton (2007), a contabilidade da produção enxuta pode ser definida como um sistema contábil que:

- Fornece informações acuradas, tempestivas e de fácil entendimento para motivar a transformação *lean* dentro da organização, além de melhorar o processo decisório que levará o maior valor agregado ao cliente, crescimento, rentabilidade e fluxo de caixa;
- Suporta a transformação lean, providenciando informações que irão proporcionar a melhoria contínua em todos os níveis da organização;

- Utiliza o Custeio do Fluxo de Valor, demonstração de resultados "enxuta", "*Box Score* ", e outras maneiras diretas para medir o desempenho das atividades;
- Atende às necessidades de todos os seus usuários, incluindo os órgãos de fiscalização, diretoria, fornecedores de créditos, auditores internos e externos, e clientes internos como área de manufatura.

Segundo Lopez e Santos (2010), para que uma empresa siga o modelo enxuto de produção, os valores de desperdícios devem estar destacados em seus relatórios gerenciais. De acordo com Bargerstock (2016), uma aplicação bem-sucedida de *lean* deve começar com a firme determinação de criar mais valor para os clientes, alinhando processos de negócios, eliminando todos os tipos de perdas e construindo vantagens competitivas de longo prazo através de treinamento e desenvolvimento do empregado. As equipes de *lean accounting* criam novos tipos de relatórios de lucros associados aos fluxos de valor, a série de atividades que levam o produto ou serviço desde o seu início até o cliente.

O fato de haver incremento nas margens com a redução de desperdícios e a produção puxada, entre outros, devem ser mostrados claramente em termos financeiros, tornando-se fator motivador para a definitiva consolidação da produção enxuta, especialmente em empresas que se encontram em etapa iniciais da implementação do pensamento lean.

É importante observar que, segundo alguns especialistas, em um primeiro momento da implantação da filosofia lean, este pode parecer um sistema de produção desfavorável para os resultados da empresa, visto que normalmente neste início, as empresas ainda utilizam os sistemas tradicionais de custeio e ainda não adotaram a contabilidade enxuta. Há uma certa resistência natural à aplicação de uma nova técnica ao mesmo tempo que uma aderência à antigas práticas.

Conforme afirma Araújo (2014), as empresas que optam pela manufatura enxuta encontram dificuldades no início da implantação desse sistema. Por ter seu estoque reduzido, consequentemente seu resultado também será reduzido, devido aos custos agregados ao mesmo. Os clientes dessa empresa também passam a ter seus estoques reduzidos e acostumam-se com entregas mais rápidas e realizam seus pedidos em um espaço de tempo mais curto, gerando prorrogação nas vendas a curto prazo.

Contudo, no curto prazo é difícil para a empresa se beneficiar desses melhoramentos na sua lucratividade. Isso porque a força de trabalho ociosa não pode ser desligada, pois se necessita a cooperação dos trabalhadores e gerentes para o restante da implementação. Nem a capacidade extra disponível em consequência da melhoria de produtividade pode ser utilizada no curto prazo, pois, a empresa ainda em transição leva tempo para introduzir novos produtos na fabricação e otimizar o sistema ao longo das linhas de produtos enxutos. (Cogan, 2012)

2.3.1 Vantagens da contabilidade lean

Santos (2010) evidencia claramente algumas vantagens da utilização das técnicas da contabilidade lean:

- Adaptação rápida e flexível perante modificações solicitadas pelo cliente: o pensamento enxuto altera o modo como a empresa foca os seus clientes. Organizações enxutas procuram maximizar o valor de seus produtos e serviços para seus clientes. Elas reconhecem que seus clientes têm necessidades que se modificam rapidamente e as mesmas precisam se adaptar de forma flexível às estas mudanças. Alterações no desenho dos produtos, nos processos de fabricação e distribuição são fundamentais e levam a redução do ciclo de vida dos produtos. Estas novas condições exigem novos tipos de informações financeiras e de desempenho que reportem os princípios *lean* tais como estabilidade, motivação, melhoramento contínuo e que facilitem a identificação rápida de problemas, desperdícios e mudanças nos valores percebidos pelos clientes;
- Redução das etapas de processamentos das transações: A contabilidade de custos tradicional, quando aplicada, pressupões uma série de lançamentos e etapas contábeis que tornam o processo de geração de relatórios financeiros lento e oneroso. A aplicação do pensamento *lean* no que diz respeito a eliminação de atividades que não agregam valor caracterizadas por transações contábeis desnecessárias, revela-se benéfico para a rotina contábil em si, tornando o processo mais simples e a geração de relatórios, mais ágil.

Segundo Maskell e Baggaley (2003), as práticas da contabilidade enxuta procuram especificamente reduzir etapas de processamento de transações, eliminar os custos padrão em favor custos reais. A aplicação da contabilidade enxuta é realizada através do Custeio do Fluxo de Valor, onde os custos são atribuídos diretamente aos fluxos através:

- Do fornecimento de informações e relatórios mais compreensíveis para leigos em contabilidade: A maior parte das pessoas não compreende os relatórios financeiros que fundamentarão as decisões a serem tomadas. Não por serem ignorantes, mas porque estes relatórios são complexos e produzidos com métodos obscuros para a maioria. (MASKELL; KENNEDY, 2007);
- Da utilização do Mapeamento do Fluxo de Valor: Para reconhecer e diferenciar as operações que adicionam valor ao produto ou serviço, é utilizado o método de Mapeamento do Fluxo de Valor (MFV), sendo

essa uma ferramenta para utilização na busca de melhorias regularizadas e duradouras, eliminando permanentemente o desperdício e suas fontes (MORINI et al, 2015).

O Mapeamento do Fluxo de Valor, além de identificar as ações que não agregam valor e que podem ser eliminadas, permite a visualização de todas as etapas de processo da cadeia, identificando os fluxos de informação, fluxos de materiais, fontes de desperdício, *lead time* total e de cada processo. A contabilidade enxuta expressa a redução do custo total, concentrando-se somente nos processos que criam valor para o cliente. Iremos explorar este tópico com mais detalhes adiante.

2.3.2 Ferramentas da contabilidade enxuta

No quadro 2 verifica-se o detalhamento das ferramentas a serem utilizadas pela contabilidade enxuta relacionadas aos princípios e às práticas da filosofia *lean* elaborada por Maskell e Baggaley (2005).

Quadro 2 Princípios, práticas e ferramentas da contabilidade enxuta

Princípios	Práticas	Ferramentas da Contabilidade Enxuta
A. Sistema contábil enxuto e simples	1. Eliminação dos desperdícios nas transações, processos e relatórios contábeis	a. Mapeamento do Fluxo de Valor b. *Kaisen* c. PDCA
B. Processos contábeis que suportam a transformação *lean*	1. Gestão dos processos contábeis e melhoria contínua	a. Quadro de desdobramento dos indicadores contábeis no fluxo de valor – *box scores* b. Quadros de Medição do desempenho do fluxo de valor – *box scores*
	2. Gestão de custos	a. Custeio no fluxo de valor b. Declaração de renda do fluxo de valor
	3. Valor para clientes e fornecedores e gestão de custos	a. Método de Custeio Alvo – *Target Cost*
C. Divulgação clara e em tempo das informações	1. Relatórios financeiros	a. Declaração financeira – *Plain English* b. Contabilidade do fluxo de caixa
	2. Relatórios financeiros visuais e medição do desempenho de indicadores não-financeiros	a. Gestão visual dos relatórios financeiros e dos indicadores
	3. Tomada de decisão	a. Análise do custo incremental e da lucratividade através do Custeio de Fluxo de Valor

Princípios	Práticas	Ferramentas da Contabilidade Enxuta
D. Planejamento através da perspectiva *lean*	1. Planejamento e orçamento	a. Política *Hoshin* b. Planejamento de vendas, operações e finanças – SOFP
	2. Análise dos impactos das melhorias *lean*	a. Custeio do Fluxo de Valor e análise da capacidade b. Mapeamento do Fluxo de Valor do estado presente e futuro c. Quadros que apresentam os impactos na capacidade, operações e finanças das melhorias – *box Scores* d. Plano com os benefícios financeiros das melhorias
	3. Planejamento do capital	a. Análise dos impactos e da viabilidade dos investimentos
	4. Investimento em pessoas	a. Medição do desempenho da participação dos *kaisens*, satisfação dos empregados e treinamentos b. Participação nos lucros
E. Controle financeiro consistente	1. Controles internos baseados nos controles operacionais do *lean*	a. Matriz de eliminação das transações b. Mapeamento dos processos apresentando os controles e riscos
	2. Avaliação do estoque	a. Métodos simples de avaliação dos custos envolvidos nos estoques

Fonte: Maskell e Baggaley (2005 apud Fantti, 2010)

Maskell e Bagalley (2006) destacam os princípios da contabilidade enxuta:

- Sistemas contábeis simples e enxutos (por exemplo, mapeamento da cadeia de valor, cujo custo da informação não seja superior ao benefício desta);
- Processos contábeis que suportem o processo de transformação para o pensamento enxuto (relatórios econômico-financeiros focados na melhoria contínua, Gestão Visual de Indicadores, Custeio da Cadeia de Valor, foco em fornecedores e clientes, Custeio Alvo e Kaizen);
- Comunicação clara e oportuna da informação (por unidade de negócio, produto, célula de produção, cadeia de valor e cliente). Utilização do *Box Score* para divulgar informações de caráter operacional, financeiro e de capacidade, tais como: faturamento por funcionário, giros de inventários, média do custo unitário, percentual de acertos na primeira vez (*first pass yield*), *lead time* em dias, custos de materiais, custos de produção, resultados gerados nas operações, entre outros;

- Planejamento e orçamento sob uma perspectiva *lean* (com foco nas possíveis melhorias nos processos, em receitas, em custos/despesas e em investimentos);
- Controles internos mais robustos (mapeamento dos processos e gestão de estoques).

2.3.3 Objetivos da contabilidade enxuta

São quatro os objetivos da contabilidade enxuta (MASKELL; KENNEDY, 2007):

- Prover informação compreensível, tempestiva e precisa, para motivar a transformação de toda a organização e para a tomada de decisão que leve ao aumento de valor para o consumidor, ao crescimento, à rentabilidade e ao incremento do fluxo de caixa;
- Utilizar as ferramentas enxutas para eliminar o desperdício dos processos contábeis, enquanto realiza o controle financeiro da organização;
- Ser totalmente compatível com os princípios de contabilidade, com as normas de divulgação de informações e com as necessidades internas de informação;
- Apoiar a cultura enxuta através da motivação do investimento em pessoas, provendo informação relevante e útil, e fortalecendo o aprimoramento contínuo em todos os níveis da organização.

2.3.4 O *Box Score*

Conforme já mencionado anteriormente, quando uma empresa está em transição da antiga forma de produzir (produção em massa) para a nova forma (produção enxuta), os informes financeiros da contabilidade tradicional de custos mostram que a lucratividade reduziu e, em função desses resultados, muitas empresas cancelam essa transição voltando para a forma tradicional de produção/operação. Entretanto, o problema é causado pela contabilidade tradicional desenvolvida há cerca de cem anos, adequada à indústria que produzia o mesmo artigo em larga escala, não estando, pois, adequada aos novos tempos da produção enxuta. Ser enxuta inevitavelmente faz com que a companhia se torne mais produtiva.

Por esses motivos, a contabilidade enxuta criou novas maneiras de relatar os resultados financeiros, abandonando os antigos relatórios de difícil compreensão para leigos, elaborados em intervalos de tempo muito extensos e que não refletiam com clareza as vantagens do sistema *lean* de produção. Um desses relatórios é o chamado *Box Score* . o *Box Score* foi desenvolvido, mais especificamente, para substituir o Demonstrativo de Resultados (Ganhos e Perdas) da contabilidade tradicional.

O *Box Score* é um quadro que fornece ao gerente do fluxo do valor, bem como a seu grupo de trabalho, uma visão sumária do desempenho do fluxo de valor. É constituído de três partes: a parte superior é formada por indicadores de desempenho; a parte central mostra os indicadores de recursos de capacidade; e a seção inferior apresenta os indicadores financeiros. o *Box Score* é reportado semanalmente, apresenta as semanas anteriores bem como o objetivo planejado para o futuro, que foi acertado com o grupo de trabalho, visando os melhoramentos previstos com a produção enxuta (Cogan, 2011).

O pessoal de operações e da contabilidade deve trabalhar em conjunto para garantir que práticas de gerenciamento contábil *lean* (*Management Accounting Practices* – MAP) estejam estrategicamente integradas na mesma cultura. Em resumo, o *lean* MAP deve prover um controle financeiro essencial que ofereça suporte e esteja integrado com as operações no intuito de alcançar os resultados almejados (Fullerton, et al, 2014). E o *Box Score* se mostra uma excelente ferramenta para promover o envolvimento das operações com a contabilidade.

Pode-se ver no quadro 3 um exemplo de *Box Score* elaborado para uma empresa comercial de vendas no varejo. Este simples comparativo (entre dados obtidos em semanas anteriores e o objetivo das próximas semanas) informa claramente aos colaboradores dos diversos processos o nível que se deseja alcançar em termos não só de vendas, como também de Custos, Receitas e Lucros.

Quadro 3 O *Box Score*

		Semana de 03/ago	Semana atual 10/ago	Próxima semana 17/ago	Semana de 24/ago	Objetivo Semana 28/dez
OPERACIONAL	Vendas por pessoa	36,16	42,4			51,39
	Entregas no prazo	98,00%	94,00%			98,00%
	Lead time doca a doca	23,58	23,5			16,5
	Até O primeiro defeito	46%	42%			50%
	Custo médio por unidade	R$ 388,46	R$ 348,66			R$ 388,46
	Contas a receber (dias)	34,5	37			35
CAPACIDADE	Recursos produtivos	9,30%	10,80%			11,90%
	Recursos não produtivos	63,70%	54,80%			49,30%
	Capacidade disponível	27%	34%			39%
FINANCEIRO	Receita	R$ 1.101.144	R$ 1.280.400			R$ 1.408.440
	Custo do material	R$ 462.480	R$ 512.160			R$ 535.207
	Custo de conversão	R$ 250.435	R$ 231.884			R$ 208.696
	Lucro bruto no fluxo de valor	R$ 338.228	R$ 536.365			R$ 664.537

Fonte: Maskell e Baggaley (2004)

2.3.5 Comparação e análise dos resultados através do Custeio do Fluxo de Valor

O Mapeamento do Fluxo de Valor (*Value Stream Mapping*) é uma técnica utilizada para visualizar o processo produtivo como um todo, representando tanto o fluxo de material como o de informação, auxiliando na melhoria de desempenho do processo produtivo através da identificação dos desperdícios e suas fontes (ROTHER et SHOOK, 1999).

Segundo Barros, Santos e Santos (2012), o fluxo de valor possibilita que a empresa e o cliente tenham um vínculo, intensificando a utilização dos recursos para corresponder a solicitação do cliente. o fluxo é estruturado por equipes funcionais que orientam nos processos, na melhoria contínua, na eliminação dos desperdícios e criam valor para o cliente.

O fluxo de valor é constituído, pois, de todas as atividades requeridas para trazer um grupo de produtos ou serviços de seu ponto inicial (exemplo: pedido do cliente, ou concepção para um novo produto) para um produto final nas mãos do cliente.

O Custeio do Fluxo de Valor (Value Stream Costing), normalmente, não usa o custeio ABC. É uma sistemática simples de custeio onde as alocações são mínimas. Os custos diretos e indiretos incidem no fluxo de valor como se diretos fossem. (MASKELL; BAGGALEY, 2004). o que se torna realmente necessário é um Custeio de Fluxo de Valor baseado no produto que inclua desde o desenvolvimento até a venda do produto, assim como custos com produção e fornecedores, para que todos os participantes do fluxo de valor possam enxergar claramente se seus esforços coletivos estão adicionando mais custos que valor ou o inverso. (WOMACK, 1996).

Fonte: Cogan (2012) apud Hall (2008)

Figura 1 Organização enxuta – Fluxo de Valor

De acordo com DeBusk (2015), o Custeio por Fluxo de Valor é mais vantajoso para as empresas que adotaram a filosofia *lean* de produção pois o fluxo de valor de Receitas X Custos ajuda a promover novas formas de gerenciar um negócio. A contabilização dos custos quando incorridos desencoraja práticas perdulárias de compra de materiais, suprimentos ou serviços antes que sejam necessários. E ainda, os gerentes não podem mais manipular o sistema e incrementar lucros através da produção excessiva. Produção em excesso irá levar a menores lucros nos fluxos de valor pois os custos são aumentados sem um correspondente incremento de receitas. Do mesmo modo, redução nos inventários de estoques são recompensados no fluxo de valor. As receitas são incrementadas sem o aumento dos custos.

Conforme nos mostra Cogan (2011), após a aplicação do custeio tradicional e do Custeio do Fluxo de Valor na organização objeto do estudo, podem ser analisados os resultados obtidos pela aplicação das duas metodologias através do quadro 4, mostrado a seguir:

A seguir estão descritos as origens e alterações dos valores apresentados no quadro 4:

- Vendas – As receitas obtidas com a venda de produtos não se alteram quando aplicado o CFV se comparado ao custeio tradicional pois se trata do valor efetivamente vendido aos clientes.
- Custo material – o custo de material total no resultado passa de R$7.630.200,00 para R$ 7.823.780,00. No CFV os materiais adquiridos para a fabricação (matéria-prima, peças, partes e componentes) são classificados como custos de produção no momento em que são solicitados para efetiva transformação. Por outro lado, quando se trata do método de custeio tradicional, o material adquirido para fabricação é primeiramente classificado como estoque e considerado custos de produção apenas quando o produto é despachado para o cliente. Segundo Barros e Santos (2012), a fim de evitar distorções significativas, é importante que a organização tenha sua programação efetiva de compras de materiais, a fim de receber no momento certo os materiais que irá utilizar na produção. Este ponto está diretamente associado com o quarto princípio da produção enxuta, que diz que a organização enxuta deve configurar o sistema produtivo de forma que o acionamento se dê a partir do pedido do cliente, sejam eles internos ou externos, de forma que o fluxo e a programação sejam puxados, não empurrados.
- Custos com mão de obra – No Custeio do Fluxo de Valor são considerados mão de obra todos os custos com pessoal envolvido no processo produtivo, sejam eles trabalhadores diretos (operadores de

Quadro 4 Custeio do Fluxo de Valor

Acumulado out, nov, dez	Resultado Custeio Tradicional	Ajustes Custeio Fluxo de Valor (Em R$)					Resultado Custeio Fluxo de Valor
		Ajuste material	Mão de obra	Custo Indireto	Custo Conversão	Ajuste "do (para) Estoque	
Vendas	15.203.100,27						15.203.100,27
Custo de material	-7.630.200,00	-193.580,00					-7.823.780,00
Custo de mão-de-obra	-624.340,00		-216.060,00				-840.400,00
Custo Indireto de Fabricação	-1.170.435,00			1.170.435,00			0,00
Custo de conversão					-597.405,00		-597.405,00
Margem Bruta do Fluxo de Valor	**5.778.125,27**	**-193.580,00**	**-216.060,00**	**1.170.435,00**	**-597.405,00**	**0,00**	**5.941.515,27**
% Retorno sobre as Vendas	**38,01**						**39,08**
Custos Indiretos				-280.484,00			-280.484,00
							0,00
Custos do (para) O Inventário						-169.295,00	-169.295,00
							0,00
Margem Bruta da Unidade	**5.778.125,27**	**-193.580,00**	**-216.060,00**	**889.951,00**	**-597.405,00**	**-169.295,00**	**5.491.736,27**
% Retorno sobre as Vendas	**38,01**						**36,12**

Fonte: Cogan (2011)

máquinas, abastecedores, movimentadores de material, etc.) ou indiretos (designers de produtos, supervisores, pessoal de planejamento de produção, qualidade, compras, etc.). Esta abordagem difere do custeio tradicional que considera apenas a mão obra direta (pessoal do chão de fábrica, almoxarifado, supervisão da fábrica e controle de qualidade). Isso explica a diferença do valor de mão de obra no Custeio do Fluxo de Valor (R$840.400) e no custeio tradicional (R$ 624.340).

- Custos indiretos – Estes são os custos de produção aos quais não se pode atribuir diretamente nenhuma atividade específica que gere valor, ou seja, se referem a atividades que indiretamente geram valor, mas às quais não se pode atribuir nenhuma medida.
- Custos de conversão – Estes valores se referem aos demais custos atribuídos aos fluxos de valores relacionados com a transformação de matéria-prima em produto acabado. No custeio tradicional estes custos foram incluídos como custos indiretos de fabricação mostrado no quadro na linha anterior.
- Custo de (para) inventário – Este tipo de ajuste só se faz necessário se houver diferença no consumo efetivo de materiais em relação às compras realizadas. Em outras palavras, tal ajuste de custos serve para que sejam reconhecidos como resultado somente os custos relacionados com as quantidades de produto vendidas. Segundo Barros e Santos (2012), para se evitar grandes ajustes nesta conta, é importante que a programação das compras de materiais e programação da produção sejam efetivas.

3. Conclusão

A contabilidade de custos, como ramo da contabilidade gerencial, utiliza-se de métodos de custeio tradicionais, desenvolvidos em uma fase anterior à criação da filosofia da produção enxuta. Tais métodos promovem comportamentos incompatíveis com a produção lean, como a fabricação de grandes lotes e a preservação de elevados estoques.

Com a substituição da antiga produção em massa por um tipo de produção "puxada" pela demanda advinda do cliente e a crescente necessidade de redução de custo para atender à moderna competitividade dos mercados, típicas do pensamento lean, a contabilidade de custos tradicional se torna incapaz de oferecer informações necessárias para a tomadas de decisão, podendo levar os gestores a decisões equivocadas.

Os ganhos trazidos pela implementação do sistema *lean* de produção (como redução de desperdícios e adiantamento no prazo de entrega de mercadorias) precisam ser evidenciados pelos relatórios financeiros da empresa. Decorre daí a necessidade da utilização da contabilidade enxuta, que os autores apresentaram como sendo um método alternativo à inadequação do tradicional sistema de informações gerenciais frente aos princípios da produção enxuta.

A contabilidade *lean* está baseada em medidas do fluxo de valor intrínseco na cadeia produtiva, que fornece relatórios financeiros que demonstram os ganhos obtidos pela implementação da manufatura *lean* e, por isso, propiciam tomadas de decisões acertadas com base em números que refletem claramente os verdadeiros resultados.

Um desses relatórios é o chamado *Box Score* , que foi desenvolvido, mais especificamente, para substituir o Demonstrativo de Resultados (Ganhos e Perdas) da contabilidade tradicional. Trata-se de um quadro que fornece ao gerente do fluxo do valor, bem como a seu grupo de trabalho, uma visão sumária do desempenho do fluxo de valor que se deseja alcançar.

Outra ferramenta de grande utilidade é o Custeio do Fluxo de Valor que, além de identificar as ações que não agregam valor e que podem ser eliminadas, permite a visualização de todas as etapas dos processos. Além disso, permite evidenciar os ganhos obtidos pela empresa com a adoção da produção enxuta.

Portanto, este estudo chega a seu objetivo final de demonstrar as vantagens e ferramentas da contabilidade enxuta (lean *accounting*), em seus vários aspectos, para empresas que adotam a filosofia *lean* de produção.

4. Referências:

ALSMADI, M. S.; A. ALMANI; Z. KHAN. *Implementing an integrated ABC and TOC approach to enhance decision making in a Lean context: a case study.* **International Journal of Quality & Reliability Management**, *v. 31, n. 8, p. 906 - 920, 2014.*

ARAÚJO, F. F. M.; *et al. Lean no Brasil: os principais congressos e as demonstrações financeiras de algumas companhias participantes. In Congresso Nacional de Administração e Ciências Contábeis, Rio de Janeiro, RJ. Anais do V AdCont, 2014. v. 1. p. 1-16.*

BARGERSTOCK, A.; SHI, Y. *Leaning away from standard costing: Lean companies need value stream costing and new performance metrics. Strategic Finance, June 2016, p. 38+.*

BARROS, L. F.; SANTOS, R. F.; SANTOS, N. M.. *Custeio do fluxo de valor: um estudo empírico da metodologia de custeio da contabilidade da produção enxuta (lean accounting). XIX Congresso Brasileiro de Custos – Bento Gonçalves, RS, Brasil, novembro de 2012.*

BRUNI, A. L.; FAMÁ, R. *Gestão de custos e formação de preços: com aplicações na calculadora HP 12C e Excel. 6. ed. São Paulo: Atlas, 2012.*

BYRNE, A. *What sets lean accounting apart from traditional accounting? Disponível em:* http://www.lean.org/*Lean*Post/Posting.cfm?*Lean*PostId=654. *Acesso em 07 de dezembro de 2016.*

CANELLA, C. J.; SANTOS, R. M.; COGAN, *S. Contabilidade enxuta – uma alternativa à contabilidade tradicional. In XVIII Congresso Brasileiro de Custos, 2011, Rio de Janeiro/RJ. Anais do XXI CBC, 2011.*

COGAN, S. *Contabilidade Enxuta – A Contabilidade para a Empresa Lean. Lean Institute Brasil, 2013.*

COGAN, S. *Gestão dos Números Certos: Uma Novela sobre a Transformação da Contabilidade Gerencial para as Empresas Lean. Bookman, 2012.*

CORBETT NETO, T. *Contabilidade de Ganhos: A Nova Contabilidade Gerencial de Acordo com a Teoria das Restrições. São Paulo: Nobel, 1997.*

CHÁVEZ, Z.; MOKUDAI, T., *Mokudai T. Putting Numbers to Value: Going Simplistic for Reaching Lean Manufacturing. In Proceedings of the International MultiConference of Engineers and Computer Scientists 2015 Vol II, IMECS 2015, March 18 - 20, 2015, Hong Kong.*

DUTRA, R. G. *Custos: uma abordagem prática. 7. ed. São Paulo: Atlas, 2010.*

DEBUSK, G. K. *Use Lean Accounting to Add Value to the Organization Volume 23, Number 3 of* **The Journal of Corporate Accounting and Finance**, *2015. Wiley Periodicals, 2015.*

FULLERTON, R.; KENNEDY, F.; WIDENER, S. K. *Lean manufacturing and firm performance: The incremental contribution of lean management accounting practices.* **Journal of Operations Management, November** *2014, Vol.32(7-8), pp.414-428.*

GOLDRATT, E.; COX, J. *A Meta: um processo de aprimoramento contínuo. São Paulo: Educator, 1997.*

KARLSSON, P. A. C. *Change processes towards lean production: The role of the management accounting system,* **International Journal of Operations & Production Management**, *Vol. 16 Iss 11 pp. 42 – 56, 1996.*

KENNEDY, F. A.; WIDENER, S. K. *A control framework: Insights from evidence on lean accounting Management Accounting Research 19, 2008, 301–323.*

KOCAMIS, T. U. Dr. *Lean Accounting Method for Reduction in Production Costs in Companies.* **International Journal of Business and Social Science**. *Vol. 6, No. 9(1), 2015.*

LÓPEZ, P. R. A.; SANTOS, J. F. *An accounting system to support process improvements: Transition to lean accounting.* **Journal of Industrial Engineering and Management**, *Algarve, v. 3, n. 3, p. 576-602, 2010.*

MARTINS, E. *Contabilidade de Custos. 7ª Ed. São Paulo: Atlas, 2000.*

MASKELL, B. H. *Lean accounting for lean manufacturers. Manufacturing Engeneering, n. 12, p. 46-53, 2000.*

MASKELL, B. H.; BAGGALEY, B. L. *Lean accounting: what's it all about? AME anual conference, 2005.*

MASKELL, B. H.; BAGGALEY, B. *Accounting for the lean enterprise: major changes to the accounting paradigm. Statements on Management Accounting. Institute of Management Accountants. 2006.*

MASKELL, B. H.; BAGGALEY, B. *Practical lean accounting: a proven system for measuring and managing the lean enterprise. New York: Productivity Press, 2004.*

MASKELL, B. H., & KENNEDY, F. *Why do we need lean accounting and how does it work?* **The Journal of Corporate Accounting & Finance**. *Vol. 18, 2007, 59-73.*

MASKELL, B. H.; BAGGALEY, B. *Practical lean accounting: a proven system for measuring and managing the lean enterprise. New York: Productivity Press, 2003.*

MORINI, J. Al.; FRANCISCATO, R. S.; FREITAS, W. J. *Mapeamento do fluxo de valor: uma aplicação em empresa do ramo de folheados.* **Revista de Administração do Sul do Pará (REASP) – FESAR**, *Redenção, v. 2, n. 1, p. 1-19, Jan. a Abr. 2015.*

PEREZ JUNIOR, J. H.; OLIVEIRA, L. M.; COSTA, R. G. *Gestão Estratégica de Custos: Textos, casos práticos e testes com as respostas. 8. ed. São Paulo: Atlas, 2012.*

ROTHER, M., SHOOK, J. *Learning to See: Value Stream Mapping to Add Value and Eliminate Muda. (1.2 ed.). Brookline, MA: The Lean Enterprise Institute, Inc, 1999.*

SANTOS, R. V. *Evidências do lean accounting em empresas enxutas: um estudo de caso exploratório. Anais do XVII Congresso Brasileiro de Custos, Minas Gerais, Nov., 2010.*

SILVA, R. N. S.; LINS, L. S. *Gestão de Custos: contabilidade, controle e análise. 2. ed. São Paulo: Atlas, 2013.*

SOLOMON, J.; R. FULLERTON. *Accounting for World Class Operations: A Practical Guide for Management Accounting Change in Support of Lean Manufacturing. Fort Wayne,In: WCM Associates, 2007*

WOMACK, James P.; JONES, Daniel T. *lean thinking: banish waste and create wealth in your corporation. New York: Simon & Schuster, 1996.*

9. Aumento de produtividade a partir da implementação do fluxo contínuo em uma fábrica de serviços do setor de óleo e gás

Luana Rodrigues Pizetta Claudino; Jessica Carvalho das Chagas;
(Depto de Engenharia, Universidade Federal Fluminense/UFF, Rio das Ostras, Rio de Janeiro, Brasil)
Fernando Henrique da Fonseca Silva
(Departamento de Engenharia, Universidade Federal de Minas Gerais/UFMG)
Vinícius Luiz da Costa
(Departamento de Engenharia, Universidade Cenecista, Rio das Ostras, Rio de Janeiro, Brasil)

Objetivo

Este capítulo tratará sobre a aplicação do fluxo contínuo em uma fábrica de serviços do setor de Óleo e Gás, de modo a aumentar a produtividade na execução dos serviço, reduzir o *lead time* de entrega e criar esquemas táticos de produção, com o intuito a ter uma linha adaptável aos diferentes cenários de demanda dos clientes. Neste sentido, este capítulo tem como objetivo apresentar o método utilizado para criar um fluxo contínuo em uma fábrica de serviços, e analisar os resultados obtidos por meio deste método utilizado.

1. Introdução

O Sistema Toyota de Produção (posteriormente denominado *Lean Manufacturing*) foi concebido no Japão em um contexto de crise e escassez de recursos, forte competição, demanda baixa e em pequenos volumes. A necessidade fez com que fosse desenvolvido um sistema que conseguisse produzir mais com menos. Esse sistema, também conhecido como *Lean*, é um dos mais influentes e novos paradigmas da manufatura atual e se expandiu além da sua aplicação original, abrangendo diversos setores da economia, desde a indústria de base até empresas de serviços e tecnologia da informação.

A empresa na qual esse trabalho foi desenvolvido é uma multinacional do ramo siderúrgico que possui uma divisão no Brasil. A filial em estudo é uma empresa que presta serviços e fabrica produtos aplicados ao setor do óleo e gás. Desde 2014 vem gradativamente recuando seu mercado, não apenas pela situação econômica do país, como também devido à queda do preço do petróleo. Nesse contexto, faz-se necessária uma abordagem para aumento de produtividade e redução de custos, para retomar sua competitividade e garantir sua permanência no mercado em questão. Analogamente à Toyota, no início dos anos 50, a organização objeto desse trabalho vislumbrou a necessidade de gerir a produção numa abordagem enxuta.

A implementação do *Lean Manufacturing* tem mostrado bons resultados para as empresas e crescido o interesse da comunidade acadêmica ao longo de sua evolução. Hines et al. (2004) citam certas limitações que o *Lean* tem apresentado com o tempo, mesmo assim sua constante evolução trouxe novas abordagens buscando lidar com os desafios enfrentados. A adaptação do *Lean* para a realidade de cada organização faz-se necessária, de forma que conceitos mais aplicáveis sejam explorados de maneira estratégica.

No processo produtivo em estudo, as operações são consideravelmente manuais, possui grande variedade de produtos em pequenas quantidades e nível de interrupções alto, o que é perceptível pelo acúmulo de estoque ao longo da linha. Além disso, a empresa é relativamente nova, tem um baixo nível de padronização e devido ao cenário de mercado em que enfrenta é pressionada a reduzir custos para sua sobrevivência.

A necessidade de rápidas mudanças era um fato e o *Lean* foi uma escolha da empresa para estruturar seus processos. Mediante a diversidade de métodos e técnicas disponíveis no *Lean*, foram escolhidos por meio desse trabalho o 5S, trabalho padronizado, fluxo contínuo e balanceamento de linha para atuar no aumento de produtividade. A decisão foi bem sucedida em termos de resultado e essa aplicação será desdobrada nos capítulos seguintes, destacando os aspectos metodológicos e desafios enfrentados no processo.

A aplicação de métodos e técnicas de *Lean* de maneira integrada e sequencialmente lógica é o diferencial desse trabalho, haja em vista o expressivo resultado obtido em termos de produtividade e considerando potencialmente a similaridade de contexto em que outras empresas podem se encontrar.

2. Referencial teórico

2.1 Lean manufacturing

De acordo com Holweg (2007) o *Lean Manufacturing* é o resultado de um processo de aprendizado adquirido frente às contingências enfrentadas pelos setores têxtil e automotivo no Japão. Sua adoção nas organizações se intensificou após a publicação do livro "A Máquina que Mudou o Mundo", de Womack et al (1990).

Também conhecido como Sistema Toyota de Produção (STP), o *Lean* pode ser definido como uma filosofia ou conjunto de métodos, técnicas e ferramentas que buscam essencialmente eliminar desperdícios nas operações (Shingo, 1996).

Um termo chave para o *Lean* é a palavra em japonês muda que significa desperdício ou qualquer atividade que o cliente não está disposto a pagar. Muda é o oposto de valor e deve ser eliminada de forma sistemática, sendo esse o principal objetivo na aplicação da produção enxuta. Shingo (1996) cita oito tipos de desperdício: movimentação, transporte, superprocessamento, espera, defeitos, estoque, produção em excesso e desconexão de conhecimento. Além das mudas há também o muri, que é a sobrecarga de tarefas e o mura, que é variabilidade ou flutuações de demandas nas atividades.

2.2 5S

Segundo Ferro et al. (2007), o 5S são cinco termos em japonês que começam com a letra "S", sendo consideradas de grande importância para o *Lean* por descreverem práticas que quando implementadas melhoram o ambiente de trabalho, utilizando principalmente técnicas de gestão visual. Os cinco termos em japonês são (FERRO et al., 2007; DENNIS, 2007):

- Seiri (Senso de Utilização): separar os itens necessários dos desnecessários para o Posto de Trabalho, deixando no ambiente de trabalho apenas os itens necessários e descartando os demais.
- Seiton (Senso de Organização): organizar os itens que sobraram, definindo e identificando o melhor local para armazená-los, de modo a reduzir as movimentações desnecessárias. Dessa forma, é importante considerar que os objetos utilizados com maior frequência devem estar localizados mais próximos do local de uso e os que são utilizados com menor frequência devem estar mais distantes.
- Seiso (Senso de Limpeza): após as fases de descarte e organização, realiza-se uma limpeza nos objetos necessários, como máquinas, ferramentas, chão, entre outros. Vale ressaltar a necessidade de identificar as fontes de sujeira, como algum vazamento na máquina, por exemplo, a fim de eliminar a causa raiz do problema.
- Seiketsu (Senso de Padronização): padronizar o que foi realizado nos "3S" anteriores. Nesta etapa, pode-se utilizar a gestão visual como forma de padronização, como por exemplo anexando próximo ao

objeto uma foto de como para identificar o local que cada objeto deve ser armazenado, ou ainda elaborando um checklist dos itens que devem ser verificados, limpos e organizados de acordo com a frequência necessária e definindo quem deverá realizar cada atividade.

- Shitsuke (Senso de Autodisciplina): ter disciplina para manter o que foi realizado nos 4 primeiros Ss. A fim de promover esta autodisciplina, primeiramente deve ser realizado um treinamento de 5S com todos os funcionários da área. Além disso, realiza-se uma gestão à vista com as metas de 5S, promover mensalmente a área com o melhor 5S, realizar visitas na área a fim de avalizar o 5S e propor melhorias, conceder ao trabalhador da área a responsabilidade de manter o 5S da mesma.

O 5S, por sua vez, propicia o trabalho padronizado que é a base para a execução da produção.

2.3 Trabalho padronizado

Segundo Marshall et al. (2006), Womack (2010), a padronização é fundamental para as organizações, pois quando se tem os processos e métodos padronizados é possível haver uma disseminação do conhecimento e das técnicas aprimoradas na própria empresa e em outras empresas como *benchmarking*, a fim de que sejam base para a definição de seus processos. Além disso, quando se tem o envolvimento de todos os colaboradores em uma cultura de melhoria contínua, a estabilidade do processo, causada pela padronização das atividades, torna o ambiente de trabalho propício à análise crítica das operações pelos próprios operadores, fazendo com que haja uma ajuda mútua com problemas recorrentes na linha e uma consequente melhoria dos procedimentos e métodos da empresa.

Com base em Ohno (1997) & Liker et al. (2004), entende-se que o Trabalho Padronizado consiste de uma especificação detalhada para as atividades elementares dos operadores em um processo, de forma a produzir com um mínimo de perdas, em prazo adequado à demanda dos clientes e com baixo nível de estoque (FAZINGA; SAFFARO, 2012).

De acordo com Monden (1997) e Dennis (2007), o Trabalho Padrão é expresso por meio de três elementos:

a) Tempo de ciclo e tempo takt;
b) Sequência do trabalho (também denominada rotina de operações padrão);
c) Estoque padrão entre processo.

Segundo Dennis (2007), o Trabalho Padronizado é uma ferramenta com foco na padronização das atividades operacionais rotineiras, para definir a maneira mais segura, fácil e eficiente de se produzir. Além disso, o Trabalho Padronizado proporciona benefícios à produção como a estabilidade, gestão do conhecimento, autonomia aos operadores para resolverem problemas e melhoria contínua (kaizen).

2.4 Fluxo contínuo

Segundo Rother et al. (2002), fluxo contínuo se refere a produzir uma peça por vez, com cada item passando imediatamente de uma etapa do processo para a próxima etapa sem interrupções e desperdícios entre elas.

Segundo Womack et al. (1998), a primeira etapa para se colocar em prática o fluxo, uma vez definido o valor e identificada toda a cadeia de valor, é focalizar o objeto real – o projeto específico, o pedido específico e o próprio produto – e jamais desviar a atenção deste objeto do início à conclusão do projeto. A segunda etapa é ignorar as fronteiras tradicionais de tarefas, profissionais, funções departamentais, ou seja, eliminar todos os obstáculos ao fluxo contínuo do produto ou a família específica de produtos. A terceira e última etapa é repensar as práticas e ferramentas de trabalho específicas, a fim de eliminar retrofluxos, sucata e interferências de todos os tipos, a fim de que o projeto, a emissão de pedidos e a fabricação do produto possam seguir continuamente.

Womack et al. (1998) afirma ainda que para os sistemas de fluxo contínuo fluírem, é preciso que todas as máquinas e todos os operadores estejam totalmente "capazes", ou seja, é necessário que os mesmos estejam em condições favoráveis a operar com boa performance, qualidade e precisão quando necessário. Considerando isso, é necessário que a equipe de produção tenha habilidade nas tarefas executadas, que as máquinas estejam sempre disponíveis e que o trabalho seja rigorosamente padronizado.

2.5 Balanceamento de linha

Segundo Tapping, Luyster e Shuker (2002), balancear uma de linha de montagem é o processo por meio do qual a carga de trabalho é dividida entre os operadores em uma linha de produção de modo a atender o tempo takt, ou seja, ao ritmo da demanda do cliente. Algumas vantagens de se ter uma linha balanceada é que cada estação de trabalho produz de forma sincronizada e na quantidade adequada, gerando um fluxo constante e sem interrupções em todos os Postos de Trabalho (ABDULLAH, 2003). Uma das ferramentas utilizadas para realizar o balanceamento de linha é o Gráfico de Balanceamento de Operador (GBO), também conhecida como quadro yamazumi, que consiste em um gráfico no qual está descrito a distribuição de trabalho e seus tempos entre os operadores da linha de produção e relaciona com o takt time, baseado em dados reais observados. Esta ferramenta é quantitativa, simples, visual, retira as aproximações no projeto e permite que engenheiros, gerentes e operadores trabalhem juntos utilizando fatos, sendo muito útil para desenvolver nossos próprios "olhos para o fluxo", ou seja, o entendimento pleno do processo (ROTHER et al., 2002). Segundo Ferro et al. (2007), o Gráfico de Balanceamento de Operador ajuda na criação de fluxo contínuo em um processo com múltiplas etapas e múltiplos operadores, distribuindo os elementos de trabalho do operador em relação ao tempo takt.

3. Método de pesquisa

O método de pesquisa utilizado teve como referência os 5 princípios do *Lean Manufacturing* propostos por Womack (2010), as considerações de Dennis (2007) em seu livro "Produção *Lean* Simplificada" e as etapas propostas por Rother et al. (2002) no livro "Criando um Fluxo Contínuo".

Tendo em vista que a fábrica em estudo não tinha nenhuma experiência com projetos de implementação da filosofia manufatura enxuta, foi considerado como premissa na criação deste método que o mesmo tivesse uma sequência de implementação que promovesse uma cultura de melhoria contínua e de colaboração mútua dos funcionários envolvidos, de modo que as melhorias realizadas fossem sustentáveis após a implementação de uma maneira natural, na própria rotina do colaborador.

Considerando as referências pesquisadas e o contexto atual da fábrica estudada, desenvolveu-se o método para a implementação do fluxo contínuo

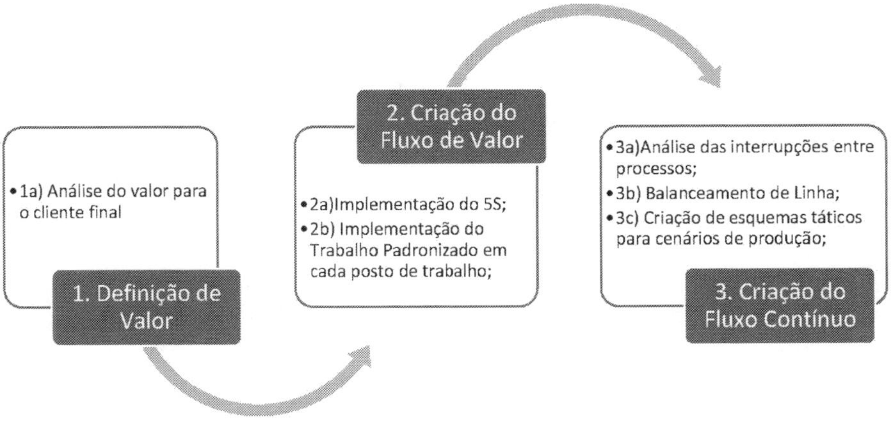

Fonte: Os autores

Figura 1 Etapas do Método de Pesquisa

As etapas elaboradas para o Método de Pesquisa consistem em:

1) Definição de valor: a primeira etapa do método utilizado consiste em realizar uma análise do valor para o cliente final, ou seja, quais são suas expectativas com o serviço final entregue e seus requisitos para que a qualidade do serviço seja atendida;
2) Criação do fluxo de valor: Após entender quais são os valores do cliente, realizou-se a criação do fluxo de valor para que essas expectativas fossem atendidas com eficácia. Para criar um fluxo de valor de maneira estruturada, seguiu-se as seguintes etapas:
    a. Implementação do 5S na linha: esta primeira etapa consistiu em descartar os itens desnecessários na linha de produção, realizar a limpeza da fábrica, ferramentas e eliminação de fontes de sujeira, ordenação e identificação das ferramentas e insumos e criação de uma rotina de limpeza;
    b. Criação de rotinas de auditoria para sustentação do 5S: foi elaborado um calendário de visitas dos gestores à área para a verificação do 5S e geração de ações de melhoria, a fim de promover a sustentação do trabalho realizado e a melhoria contínua do 5S;
    c. Implementação do trabalho padronizado nos postos de trabalho: esta etapa consistiu em padronizar o trabalho executado por cada operador, considerando a sequência mais segura, fácil e produtiva das atividades, analisando o sincronismo entre operadores e entre operador e máquina;
    d. Criação de rotinas de auto avaliação para sustentação do trabalho padronizado: após a implementação do Trabalho Padrão foram realizadas auto avaliações mensais a fim de sustentar o trabalho e promover a melhoria contínua do mesmo.
3) Criação do fluxo contínuo: após a estabilização do processo a partir da implementação do 5S e Trabalho Padronizado, foi possível realizar a implementação do fluxo contínuo no processo produtivo, ou seja, criar um processo que flua sem estoques e sem interrupções entre suas etapas. Para isso utilizou-se o seguinte método:
    a. Análise do mapa de processo: elaboração do mapa de processo da linha e análise dos tempos de ciclo, estoques entre processo e *lead time*;

b. Criação do yamazumi estado atual: análise do takt time, e do processo gargalo, de modo a identificar causas para o desbalanceamento da linha de produção e analisar o atendimento ao cliente na situação inicial;
c. Análise das interrupções do processo: realização de análise dos motivos de interrupções que o processo enfrenta e criação de ações para mitigar estas causas;
d. Criação do yamazumi futuro: nesta etapa foi elaborado o yamazumi considerando as interrupções que foram eliminadas e o balanceamento realizado entre as atividades dos operadores. Foi levado em consideração possíveis cenários de produção e analisado o esquema tático da produção para cada um deles.

4. Aplicação do método

4.1 Valor

Percebe-se que a primeira etapa para a otimização e melhorias de um processo é entender e especificar o que é valor para o cliente. Utilizando o conhecimento e informações recebidas pelo setor de planejamento e controle da produção da organização, consegue-se listar as principais necessidades do cliente, que são: (i) qualidade do produto, devendo estar de acordo com as especificações técnicas estabelecidas e solicitadas, e (ii) prazo de entrega, haja visto que o cliente está cada vez mais exigente quanto ao prazo de recebimento dos produtos, cada atraso na entrega pode gerar multa contratual e perda de confiança na organização.

4.2 Criação do fluxo de valor

Na criação do fluxo de valor da linha de produção considerou-se o 5S como base para se implementar o trabalho padronizado, pois somente após ter uma linha produção organizada, limpa, ordenada, com todos as ferramentas e insumos identificados e disponíveis nos locais certos e na quantidade necessária, foi possível criar um trabalho padrão, buscando reduzir as variabilidades das operações e eliminar ou reduzir àquelas atividades que não agregavam valor ao processo.

4.2.1 Implementação do 5S

Para se implementar o 5S na linha de produção foi necessário realizar um treinamento com toda a equipe sobre o conceito dessa ferramenta, bem como sua importância alinhada às estratégias da organização. A implementação do 5S na área estudada contou com a participação de todos os operadores da fábrica, gerando um senso de responsabilidade com a manutenção da limpeza e organização da área pelos próprios colaboradores.

Primeiramente foi realizada uma visita ao gemba e anotadas oportunidades de melhoria com relação à materiais sem utilização na área, desorganização, equipamentos sujos e falta de padronização para manutenção do 5S. Com isso foram levantadas e implementadas ações para melhorar o 5S na área.

Após a implementação do 5S foi criado o padrão de auditorias de 5S, que apesar de ser o último passo, ele foi também o mais importante de toda fase de implementação, pois através de todo o estudo e pesquisa realizado a equipe compreendeu que realizar o 5S na linha era a parte mais fácil e manter o trabalho feito é que seria difícil, pois implica e quebras de paradigmas e cultura, mas foi isso que o sistema de auditorias de 5S proporcionou. Foram criados os seguintes documentos:

Checklist de 5S: São documentos que estão disponibilizados por posto de trabalho e disponibiliza todas as atividades, com suas respectivas frequências, que o operador deverá realizar para manter 5S naquele respectivo posto.

Padrões Visuais: São documentos dispostos na linha de produção, mostrando o certo e o errado das disposições e ordenações de alguns pontos críticos dos postos de trabalho (Figura 2). Eles auxiliaram a deixar as determinações claras e eficazes, melhorando a compreensão e o entendimento da maneira correta de organizar o posto.

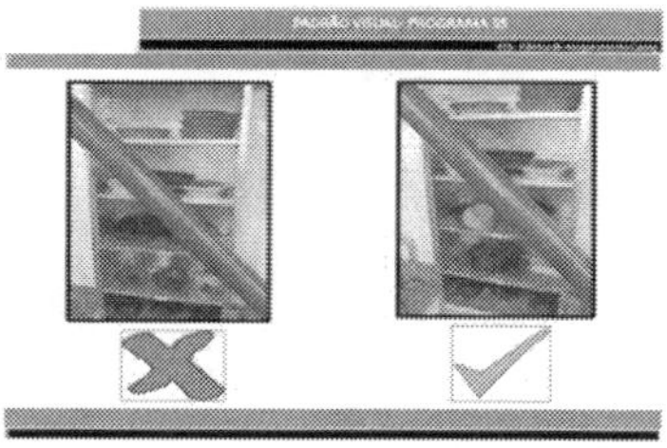

Fonte: Os autores

Figura 2 Padrão Visual

Formulário de Auditoria: Foram criados formulários de auditoria, onde os gestores de produção são responsáveis por verificar se cada posto de trabalho está condizente com as diretrizes do 5S. As auditorias são realizadas pelos líderes de produção, supervisores de produção, engenheiros de produção e gerente de produção, cada um com sua frequência determinada. Cada formulário gera uma nota que alimenta um indicador, onde é possível acompanhar desvios da meta e a evolução do trabalho.

4.2.2 Implementação do trabalho padronizado

Para implementar o fluxo contínuo na linha de produção, foi necessário antes de tudo aumentar a disponibilidade de cada posto de trabalho, para que depois o balanceamento viesse a ser realizado de maneira mais sólida e eficaz.

Foi implementado o trabalho padronizado nos 6 postos da fábrica estudada, sendo a serra, a calibradora, o torno, o tratamento superficial, o aperto e a marcação, sendo que cada posto de trabalho tem sua individualidade, e tratá-los separadamente, fez com que as melhorias pudessem ser implementadas de maneira mais eficiente, já que quanto menor o universo, com mais detalhes são geradas as análises.

Para implementar o trabalho padronizado em cada posto de trabalho, foi seguido os seguintes passos:

A. Definição das famílias

Foi necessário analisar as famílias existentes em cada posto de trabalho, ou seja, de acordo com as características de materiais, as atividades realizadas poderiam mudar, com isso existiu a necessidade de criar padrões individuais por família de material por posto de trabalho.

B. Criação do Diagrama de Operações:

O Diagrama de Operações foi criado a partir da descrição da sequência de atividades pelos operadores e sua comparação com filmagens realizadas previamente na área, sendo possível entender mais claramente o conjunto de atividades do posto de trabalho. Cada atividade foi classificada conforme categorias apresentadas na Figura 3.

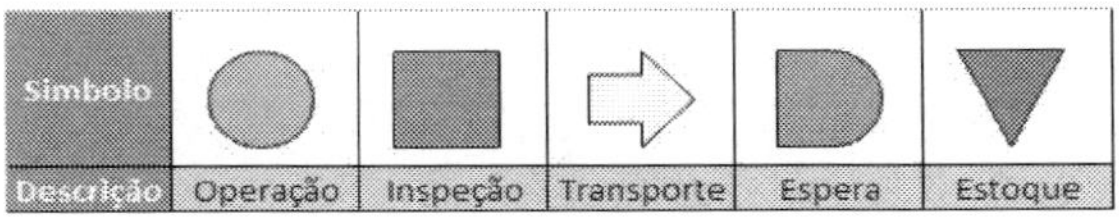

Fonte Os autores

Figura 3 Categorias Diagrama de Operações

C. Separação AV/NAV/ Mudas Padronizadas:

Após criar o diagrama de processos e conhecer melhor as atividades do fluxo, é necessário ir mais afundo e saber se aquela atividade agrega ou não valor ao processo, ou se é uma muda padronizada, ou seja, uma atividade que não agrega valor ao processo, mas é necessária. Foi realizada essa análise com toda a equipe sobre cada atividade do posto de trabalho estudado.

D. Tabela de Combinação de Tarefas:

Foi criada a tabela de combinação de tarefas é uma ferramenta que proporciona uma análise do sincronismo entre operadores ou entre operador e máquina. Neste trabalho realizamos a análise do sincronismo estado atual e posteriormente o sincronismo futuro, ou seja, após a execução das melhorias propostas, objetivando reduzir principalmente a ociosidade de máquina e operadores, ritmar as operações e consequentemente aumentar a produtividade.

Essa nova Tabela de Combinação de Tarefas fica exposta para uso dos operadores atuantes no processo, afim de mostrar os novos sincronismos e os tempos de cada atividade, sendo essa mais uma maneira do operador seguir o balanceamento realizado no fluxo.

E. Criação do Novo Diagrama de Operações

Foi criado um novo Diagrama de Operações para visualizar e analisar o estado futuro depois das melhorias realizadas para cada posto de trabalho. Toda a equipe participou da elaboração do novo diagrama.

F. Criação dos Padrões:

Instrução de Trabalho Padronizado:

Foi criada a Instrução de Trabalho Padronizado para cada posto de trabalho, que mostra a forma de se realizar cada atividade de maneira simples, visual, sequenciada e padronizada. o novo padrão busca ter pouca escrita e mais recursos visuais como fotos e desenhos para facilitar o entendimento das operações.

Tabela de Sequenciamento Operacional:

Foi criada também a Tabela de Sequenciamento Operacional, que como próprio nome já diz, busca mostrar apenas a sequência das operações de maneira simples e visual para que o operador possa segui-la no momento de realização das atividades. Essa tabela fica exposta para o operador no seu respectivo posto de trabalho.

Padrão de Reação:

Por fim, foram elaborados também Padrões de Reação por posto de trabalho, que nada mais é que um fluxograma de atividades a ser seguido pelo operador de produção de maneira padronizada para a resolução de problemas recorrentes do posto de trabalho. Esse documento buscou trazer autonomia para o colaborador e claras definições do que deve ser feito quando cada problema ocorrer.

G. *Criação da Rotina de Auto-avaliação*

Uma vez que os padrões foram criados, dando suporte para que as melhorias sejam mantidas, é preciso garantir e verificar se os mesmos estão sendo seguidos da maneira correta. A melhor maneira de se fazer isso é realizando auditorias periódicas. Para isso foi criado um formulário de autoavaliação, o qual permite que o líder de produção audite cada operador no seu respectivo posto de trabalho quanto ao seu desempenho diante dos padrões criados. Essa auditoria permite monitorar a sequencia das atividades, e se estão sendo realizadas corretamente, bem como o tempo de realização do processo. São tecidas análises e ações caso seja percebida alguma anomalia.

4.3 Criação do fluxo contínuo

4.3.1 Análise do mapa de processo

A primeira etapa na criação do fluxo contínuo foi a realização de uma análise do processo produtivo, considerando layout, tempos de ciclo, quantidade média de estoque entre processo e *lead time* total do processo. Para isso foi utilizada como ferramenta a criação do mapa de processos da linha. A partir da análise deste mapa foi possível retirar algumas informações relevantes quanto ao processo:

- Estoque entre processo: foram coletadas informações do comportamento do estoque entre processo na linha durante 2 semanas, e considerando uma média em dias normais de trabalho.
- Tempo de ciclo: a coleta do tempo de ciclo de cada etapa do processo foi realizada por meio de três fontes: tempo de ciclo padrão elaborado na etapa de criação do trabalho padronizado; filmagens atuais dos processos; e tempo apontado pelos operadores durante o processo. Percebeu-se que os tempos coletados estiveram bastante próximos, o que aumenta a confiabilidade da análise, portanto foi considerada a

média dos tempos coletados a fim de obter valores mais próximos da realidade possível.

- Lead time: considerando o tempo de ciclo de cada processo e o estoque médio entre cada etapa do processo, calculou-se o lead time da linha, ou seja, o tempo total que a peça demora para ser processada por todas as etapas do processo, considerando a fila gerada pelo excessivo estoque.

4.3.2 Criação do *yamazumi* estado atual

Após a realização da análise do mapa de processo, foi elaborado o yamazumi estado atual, que consiste em um gráfico de barras que compara os tempos de ciclo de cada operador com o takt time e segrega o tempo produtivo do tempo de interrupção do processo (Figura 4).

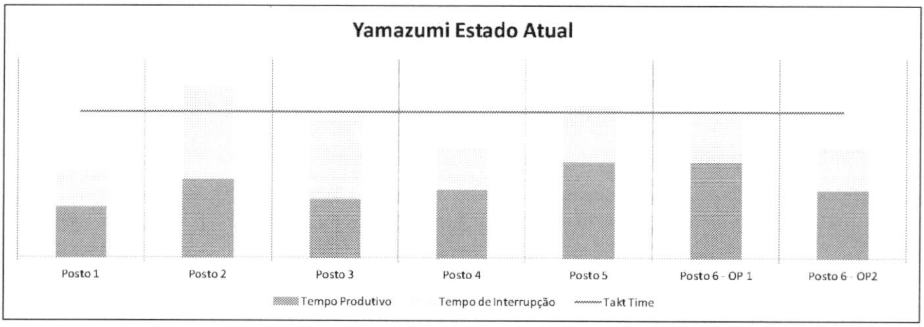

Fonte: Os autores

Figura 4 Yamazumi Estado Atual

Percebeu-se após a realização do yamazumi atual, que o takt time não é atendido, por conta do alto tempo de ciclo da calibradora, considerada o gargalo da linha e do aperto.

4.3.3 Análise das interrupções entre os processos

Considerando o yamazumi realizado, observou-se que o tempo gasto com interrupções do processo é determinante para a realização da produção nos limites do takt time. Por conta disso, viu-se a importância de analisar a causa dessas interrupções e criar ações para mitigá-las de modo a tornar a linha mais produtiva. Para isso, foi realizado um levantamento do histórico de três meses das interrupções ocorridas no processo e analisada as causas-raízes dessas interrupções, a parti do método 5 porquês.

4.3.4 Criação do yamazumi estado futuro

Após a criação de ações para reduzir as interrupções atuantes no processo, foi criado o yamazumi estado futuro. Na elaboração do yamazumi estado futuro foi considerado 4 possíveis cenários de produção, levando em conta possíveis variações no ritmo de pedidos do cliente. Dessa forma, é possível criar uma flexibilidade da linha, de forma que a produção seja realizada apenas na quantidade necessária e com os recursos necessários, otimizando a produção da linha e possibilitando uma melhor gestão de seus recursos.

Portanto, foram elaborados 4 yamazumis futuros e calculados o takt time mínimo para cada cenário, considerando o tempo 5% acima do tempo do gargalo de produção, a fim de absorver possíveis variabilidades da linha (Figura 5).

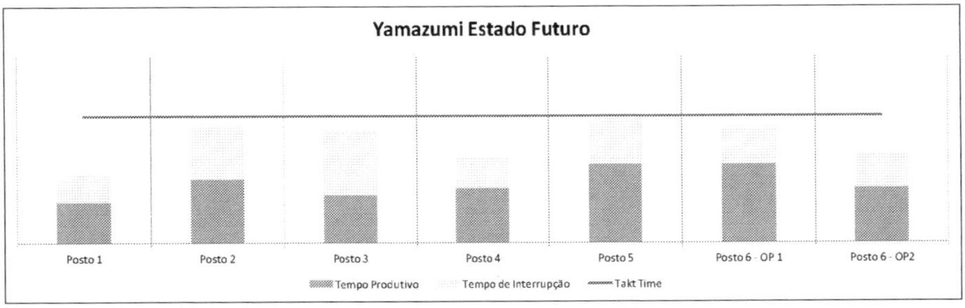

Fonte: Os autores

Figura 5 Yamazumi Estado Futuro

5. Conclusão

5.1 Desafios e Aprendizagens

Dentre os vários desafios encontrados durante a implementação da filosofia *Lean Manufacturing* base deste trabalho, foi primeiramente criar um ambiente favorável para aplicação das ferramentas *Lean*, realizar a quebra de diversos paradigmas existentes no processo, mudar a forma de pensar de todas as pessoas envolvidas, contornando afirmações do tipo, “Eu sempre fiz assim”! “ Deste jeito acho que não dá para fazer”.

Com a aplicação das ferramentas básicas para o sucesso deste trabalho como o 5S, e a padronização através da instrução do trabalho padronizado, começamos moldar a mente de todos envolvidos para criar a cultura "*Lean Thinking*".

Como todo processo de criação de cultura tivemos que ter alicerces para sustentar todas as mudanças ocorridas, e aprendemos que isto só é possível quando temos uma cadeia típica de responsabilidades muito clara é perceptível por todas as pessoas integrantes do processo de fabril, segundo Rother e Harris (2002) a melhoria do processo de fabril só é conseguida se na estrutura de gestão da produção as responsabilidades dos operadores, lideres de produção, supervisores de produção, engenheiro de produção e gerente de produção, estão definidas e todos estão envolvidos e direcionados para obtenção do resultado.

Este foi um dos fatores de sucesso deste trabalho, pois a tanto a gestão da produção, quanto a alta gestão estiveram envolvidos em todo o trabalho dando o suporte necessário e disponibilizando os recursos para necessários para que o mesmo ocorresse.

A base para possibilitar obtenção dos resultados, começou com uma transformação profunda na visão do 5S pela gestão da empresa, vários trabalhos foram realizados utilizando metodologia Kaizen, estes com foco total em criar a cultura para manutenção do 5s em toda estrutura fabril da empresa. Após consolidação da cultura 5S, foi iniciado um processo de padronização em todos os processos de transformação da linha de produção, com a aplicação do ITP – Instrução de Trabalho Padronizado, através da observação do processo, utilizando de meios como filmagens, entrevistas com os operadores e áreas de apoio ao processo, foi definido a melhor forma de atividade, tendo sempre em mente a redução de interrupções para aumento da produtividade do processo, definindo a melhor sequencia para realização da atividade, detalhando esta o máximo possível, com o intuito de reduzir a variabilidade na sua realização.

Com a maturidade do uso e aplicação das ferramentas *Lean*, conseguimos tornar o processo consistente, tendo grande facilidade de enxergar a existência dos desperdícios e os gargalos, assim criamos a condição para implementar o balanceamento da linha, distribuindo as cargas ao longo do processo, ritmando o mesmo objetivando o atendimento do takt time definido pelo cliente.

Alguns pontos chaves aprendidos durante a realização do trabalho, é a definição clara das funções das pessoas que irão coordenar a execução do mesmo, envolver os operadores e especialistas do processo se tornou o grande diferencial, visto que é nesta fase que buscamos identificar momentos ociosos dentro de toda cadeia produtiva com o intuito de preenchê-los, com isto possibilitando uniformização de tempos em todas as atividades ocorridas dentro do processo de transformação. Especialistas em *Lean* se fazem de extrema importância, pois estes se tornam guardiões da metodologia, tecendo um olhar mais focado com identificação da melhor ferramenta a ser utilizada para cada momento.

5.2 Considerações finais

Aplicação da metodologia *Lean*, composta por suas diversas ferramentas, organizadas de forma lógica para este contexto possibilitou a empresa a obter os resultados necessários para atendimento ao *takt time*, contribuindo assim a redução do *lead time* total do processo de transformação.

O balanceamento de linha se mostrou uma ferramenta poderosa para dar empresa maior flexibilidade, os esquemas táticos permite a empresa atender de forma mais rápida a mudança do *takt time* definido cliente, podendo absorver a variabilidade que inerente ao mercado óleo e gás.

O trabalho também demonstrou uma grande alternativa para empresa utilizando do mesmo quadro atual de empregados atender a mudança demanda solicitada pelo cliente, não obrigando a empresa a realizar contratações de pessoal.

O ambiente laboral se tornou mais organizado e estável, as variabilidades do processo foram reduzidas, possibilitando a empresa a assumir novas demandas oriundas deste mercado dinâmico que é de óleo e gás.

6. Referências

ABDULLAH, F. M. Lean Manufacturing **tools and techniques in the process industry with a focus on steel**. *Tese (Doutorado em Engenharia) – Departament of Industrial Engineering - University of Pittsburgh, 2003. 245 p. Disponível em: <http://dscholarship.pitt.edu/7968/1/Abdullah.pdf>. Acessado em: 28 jan. 2016.*

DENNIS, P. Lean **Production Simplified**. *New York: Taylor & Francis Group, 2007. 192 p.*

FAZINGA, W. R.; SAFFARO, F. A. Identificação dos elementos do trabalho padronizado na construção civil. **Ambiente Construído**,, *v. 12, n. 3 p. 27-44, 2012.*

FERRO J.; JONES D.; WOMACK J. **Léxico** *Lean: glossário ilustrado para praticantes do Pensamento Lean. São Paulo: Lean Institute Brasil, 2007. 107 p.*

HINES, P.; HOLWEG, M.; RICH, N. Learning to evolve: a review of contemporary lean thinking. **International Journal of Operations & Production Management**, *v. 24, n. 10, p. 994–1011, 2004.*

HOLWEG, M. The Genealogy of Lean Production. **Journal of Operations Management**, *v.25, p. 420–437, 2007.*

LIKER, J. K. **The Toyota Way**: *14 management principles from the world's greatest manufacturer. New York: McGraw-Hill, 2004.*

MARSHALL, I. J.; CIERCO, A. A.; ROCHA, A. V.; MOTA, E. B.; LEUSIN, S. GESTÃO DA QUALIDADE. 8 ed. Rio de Janeiro: Ed. FGV, 2006. 196 p.

MONDEN, Y. **Toyota Production System**: *an integrated approach to just-in-time. 3TH. Norcross, GA: Industrial Engineering and Management Press, 1997.*

OHNO, T. o **Sistema Toyota de Produção**: *além da produção em larga escala. Porto Alegre: Bookman, 1997. 150 p.*

ROTHER, M.; HARRIS, R. **Criando o Fluxo Contínuo**: *um guia de ação para gerentes, engenheiros e associados da produção. São Paulo: Lean Institute Brasil, 2002.*

SHINGO, S. **o Sistema Toyota de Produção do ponto de vista da Engenharia de Produção**. *Porto Alegre: Bookman, 1996.*

TAPPING, D; LUYSTER, T.; SHUKER, T. **Value Stream Management**: *eight steps to planning, mapping, and sustaining lean improvements. Productivity Press. New York, 2002. 169p.*

WOMACK, J.P., ROOS,D.T. **The Machine That Changed the World**. *Rawson Associates, New York, 1990*

______________; *JONES, D. T.* **A mentalidade enxuta nas empresas**.*5 ed. Rio de Janeiro: Ed Campus, 1998. 427 p.*

______________. **Gemba Walks**. *Cambridge, MA USA: Lean Enterprise Institute, 2010.*

10. Análise da Cultura *Lean* no Mercado de Óleo e Gás

Tiago Ramos dos Santos; Robisom Damasceno Calado
(Departamento de Engenharia, Universidade Federal Fluminense/UFF, Rio das Ostras, Rio de Janeiro, Brasil)

Objetivo

Neste capitulo apresenta-se um estudo do desenvolvimento de uma estrutura teórica sobre cultura organizacional, estabelecendo comparações entre o estado atual das empresas de óleo e gás no Brasil, a criação da cultura *Lean* na Toyota e as recomendações para mudança de cultura com base na análise do mais estudado caso de sucesso. Temos então, pesquisadas de casos publicados na literatura mais relevante quando o assunto é Cultura nas empresas onde a abordagem *Lean* é adotada somada ao estudo de caso da evolução da indústria do óleo e gás no Brasil e identificados os pontos chave para reprodução da cultura. Foram também encontradas e destacadas características únicas do setor que o diferem bastante da indústria automobilística, berço da abordagem *Lean*.

1. Introdução

O objetivo deste capítulo é se basear na literatura existente sobre o *Lean Manufacturing*, principalmente nos cases de sucesso do modelo Toyota de Produção e fazer uma a comparação com a cultura existente no mercado de óleo e gás brasileiro de forma a permitir que os gestores das empresas da cadeia de exploração de Petróleo entendam onde suas companhias estão e por onde a indústria automobilística se desenvolveu, permitindo assim, através das lições aprendidas nas últimas seis décadas, acelerarem a implantação da abordagem enxuta nas suas empresas evitando erros já cometidos e adotando as melhores práticas de "preparação do terreno" para disseminar a abordagem enxuta por toda a companhia.

Segundo Houseus e Liker (2008), cultura é o conjunto de crenças que são observados através das atitudes dos membros de uma comunidade, país ou empresa. São conjuntos de comportamentos socialmente aceitos e dessa forma estimulados. Esse comportamento, que forma a cultura, começa a ser repetido pelos integrantes de um grupo e se torna um padrão onde todos os indivíduos do grupo são influenciados a segui-lo e esse será o foco deste capitulo..

2. Metodologia

Para construção desse capitulo a metodologia utilizada foi a de identificar estudos de casos publicados na literatura mais relevante quando o assunto é Cultura de Manufatura Enxuta somado ao estudo de caso da indústria do Petróleo no Brasil.

Para fornecer ao gestor um entendimento maior da situação atual das empresas do setor de óleo e gás no Brasil foram pesquisados artigos e livros que contam a história desde os primeiros relatos de exploração de Petróleo até os dias atuais, com o propósito de dar uma visão geral sobre os ciclos de investimentos, intrinsicamente ligados à cotação dessa comoditie no mercado internacional.

De forma a traçar um paralelo, a pesquisa foi feita também sobre a história do *Lean Manufacturing*, nesse caso entrando mais em detalhe na empresa que é seu maior ícone, a Toyota e como se formou a cultura e alguns processos dentro da empresa.

Outro ponto destacado nesse capítulo é o famoso caso da empresa NUMMI, que foi a primeira experiência da Toyota no mercado americano, num ambiente desacreditado e cheio de fatores para minar qualquer iniciativa de melhoria. o capítulo visa destacar os principais pontos e mostrar que mesmo num lugar onde a cultura parecia não ajudar, com as técnicas e iniciativas certas foi e é possível implantar a Manufatura Enxuta em qualquer empresa, independente do volume de produção e de sua origem, desde que suportada pelas pessoas certas e com as adaptações necessárias.

Por fim o veremos algumas correlações de como as iniciativas de sucesso mexeram com o cerne da motivação humana. Para que haja mudança, têm que haver incentivo, as pessoas devem enxergar algo melhor no novo, senão porque fazê-lo?

3. Estudos de casos

3.1 Para entender a cultura presente, vamos olhar o passado: Um breve histórico da exploração de Petróleo no Brasil

A indústria do óleo e gás no Brasil teve seus primeiros registros de regulamentação da exploração e produção no ano de 1864 quando através do decreto nº3.352-A, Thomas Denny Sargent teve a permissão pelo prazo de 90 anos para explorar turfa, petróleo e outros minerais na Bahia. Mas esse evento não teve muita relevância, pois foi só a partir das décadas de 30,40 e 50, onde vários técnicos estrangeiros contratados pelo governo afirmavam que no Brasil não existia Petróleo de forma significativa, o assunto se tornou polemico e passou a ocupar uma parte considerável na mídia da época. Nesse momento várias pessoas influentes da imprensa nacional se tornaram fervorosos defensores de que num país de dimensões continentais, seria impossível não termos hidrocarbonetos em abundância. (DIAS e QUAGLINO, 1993).

O fato é que somente após a criação da Petrobras em três de outubro de 1953 e forte aporte de recursos públicos é que se originou de forma sistemática um mapeamento geológico do Brasil na busca de campos com potencial econômico de exploração. (DIAS e QUAGLINO, 1993).

Na década de 60, o primeiro diretor do departamento de geologia da Petrobras Walter Link fez o que ficou famoso como relatório Link com suas conclusões sobre o potencial petrolífero do Brasil, que foram consideradas pessimistas e contestadas por muitos, mas que já alertavam que o futuro da exploração no Brasil estaria na costa e não na bacia amazônica como se esperava. Em 1967, começou-se o período de exploração em alto mar e a fabricação da primeira plataforma no Brasil, a Petrobras I, que entraria em operação no ano seguinte com capacidade para lâminas d'agua de até 30 metros, mas por muito tempo os equipamentos de exploração ainda seriam, em sua maior parte, importados (DIAS e QUAGLINO, 1993).

E 1973 ocorreram às primeiras descobertas na bacia de Campos, o que animou os defensores do potencial produtivo do Brasil. Isso coincidiu com a primeira grande crise do Petróleo que teve, como um de seus efeitos, uma enorme alta do preço desse commoditie passando de USD 19,43 em julho de 1973 para USD 52,44 em apenas seis meses (Valores ajustados para atuais conforme inflação americana)

Com o preço do petróleo supervalorizado, aumentou-se bastante a viabilidade de exploração em alto mar, mesmo com a pouca tecnologia existente na época, isso se tornou um incentivo natural à evolução da exploração offshore.

Em 1970 a produção offshore correspondia em média a 8539 barris diários e em 1980 esse valor já atingia 74.695, um crescimento de quase 10 vezes. Esse incrível resultado é resultado da produção da Bacia de Campos a partir de 1977.

A bacia de campos ainda hoje é a principal fonte de petróleo do nosso país, porém o seu tempo de exploração aliado ao fato das principais descobertas do pré-sal se localizarem na bacia de Santos indicarem que em alguns anos ela perderá seu protagonismo.

Fonte: http://www.macrotrends.net/1369/crude-oil-price-history-chart, acessado em 19/11/2016.

Fig. 1 Histórico da cotação do barril do petróleo em valores ajustados a inflação dos EUA

Fonte: Ministério das minas e energia

Fig. 2 Principais descobertas do pré sal

Um fato importante no estudo da cultura dessa indústria é que enquanto boa parte dos empreendimentos tem a opção de escolher onde se estabelecer, avaliando questões como mercado consumidor, cultura local, qualificação da mão de obra, logística e potencial de expansão, isso não ocorre com as indústrias de extração mineral, incluída aí a de óleo e gás (SERRA e PIQUET, 2007). Isso significa que seja no oriente médio, na Noruega, no golfo do México ou no Brasil não foi possível estabelecer as sondas de perfuração e todas as empresas de serviço nos grandes centros urbanos, próximos a grandes universidades e com abundancia de mão de obra local qualificada.

Diante dessa dificuldade, o contingente de funcionários acaba sendo formado uma parte profissionais provenientes de outros polos petrolíferos ao redor do mundo, outra parte se desloca dos grandes centros, mas como essa última opção isso só é possível com salários muito atrativos , há a pressão natural para o desenvolvimento de mão de obra local que em geral, até a chegada da indústria do petróleo em geral sobreviviam de empregos e negócios típicos de zonas rurais e treinar essa mão de obra no novo negócio.

O gráfico da evolução da extração do Petróleo no Brasil mostra o tamanho do crescimento dessa indústria no Brasil. Nele podemos ver um crescimento muito baixo até meados dos anos 90 e a partir de 1995 até hoje o volume extraído quase triplicou. Esse crescimento é um desafio para formação de mão de obra em qualquer negócio, mas sem poder escolher a sua localização, aí o cenário fica realmente desafiador.

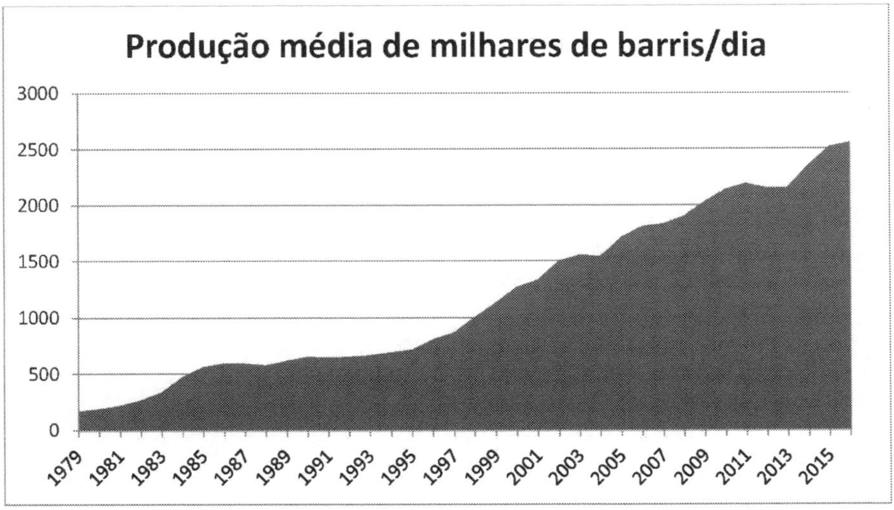

Fonte: BRASIL. IPEADATA.

Fig. 3 Curva de produção do petroleo brasileiro

É fato que quanto mais distantes são os países, mais diferentes são suas culturas, não seria diferente no mundo dos negócios. Não é estranho que a indústria automobilística, ícone do consumo moderno, das relações de varejo e da produção em massa que vem aperfeiçoando técnicas e ferramentas de redução de custos a mais de um século seja tão diferente da indústria do petróleo que trabalha com uma comodditie cujas rápidas variações de preço presentes na historia trouxeram mais impactos no negócio que qualquer filosofia de produção.

O que veremos no restante desse capítulo é como superar esses obstáculos culturais para implantação com base na experiência de dezenas de outras empresas que já ingressaram na jornada *Lean*. Afinal já estamos na quarta década de publicações e estudos sobre o sistema Toyota de produção e suas aplicações nos mais diversos tipos de negócio.

3.2 Um resumo da história da Manufatura Enxuta. Aspectos relevantes para entendimento da cultura de uma empresa *Lean*

Antes de tudo é preciso que o leitor saiba que *Lean Manufacturing* ou Produção enxuta foi um termo criado pelos pesquisadores do MIT – Massachussets Institute of Technology que iniciaram no ano de 1985 uma pesquisa sobre porque as empresas japonesas eram mais competitivas que a Americana e Europeia. Pesquisa essa patrocinada pela indústria automobilistica e governos da América do Norte e da Europa (JONES, WOMACK, 2004).

Esses pesquisadores formaram o *IMVP – International Motor Vehicle Program* e passaram anos entrevistando os executivos de diversas plantas, comparando as práticas das que tinham sucesso com as que não estavam se saindo bem. Nesse estudo identificaram que a Toyota, considerada a montadora mais japonesa das japonesas, tinha um conjunto de práticas muito eficaz. A maioria adaptadas de outros segmentos e algumas criadas internamente sob a gestão de um gênio da produção chamado Taichi Ono, braço direito do presidente da companhia Eiji Toyoda. A esse conjunto de práticas, internamente chamado de TPS – Toyota Production System foi dado o nome de LEAN MANUFACTURING, que se espalhou pelo mundo quando os 3 líderes do programa da universidade americana escreveram o best seller: A máquina que mudou o mundo. (JONES, WOMACK, 2004)

Fica difícil explicarmos a criação do TPS, sem explicar o cenário em que ele nasceu: Em 1937 a família Toyoda, que tinha uma historia de sucesso na fabricação de teares no final do século XIX, fundou a Toyota Motor

Company e iniciou sua produção de caminhões. Seu fundador e presidente havia visitado a lendária fábrica da Ford em Detroit no ano de 1929 para obter conhecimento para seu empreendimento. 13 anos depois, em 1950, a Toyota teve que demitir grande parte dos seus funcionários devido à dificuldade nas vendas, o que ocasionou uma enorme greve. Desde a sua fundação, a Toyota tinha produzido 2685 automóveis, enquanto a fábrica da Ford visitada pelo sr Toyoda fazia 7000 veículos num só dia. Nesse momento, olhando a foto da companhia, não tínhamos, nem de longe um caso de empresa a ser copiada. Mas é nesse cenário que ocorre o que vários autores destacam: Sem crise não há mudança! Se a Toyota continuasse operando, sem grandes demissões, sem grandes lucros, mas também sem grandes prejuízos, ela não teria alterado profundamente seu DNA e passado a ser modelo para empresas do mundo todo.

Para por fim a greve, que teve inclusive ocupação da fábrica, houve um acordo com o sindicato que aceitou desligar um quarto dos funcionários, mas o restante conquistou estabilidade vitalícia e progressão do salário por tempo de casa, bônus com base na lucratividade e livre acesso à empresa em qualquer hora para utilizar as áreas de recreação. Os funcionários se tornaram membros da comunidade Toyota, e sem a preocupação com demissão e vendo seus bônus aumentarem com os ganhos de produtividade, fez com que toda a força de trabalho exercesse o sentimento de dono que os empresários tanto desejam nos seus funcionários, criando-se então um ambiente perfeito para o desenvolvimento da melhoria continua.

Além disso, Kiichiro Toyoda teve que renunciar e assumir a culpa pelo fracasso da empresa. Nesse momento Eiji Toyoda assumiu e na tentativa de ser produtiva como as "*big three*" de Detroit (Chrysler, Ford e GM) começou a adaptar e melhorar técnicas de produção em massa para sua realidade usando não só as ideias de Taichi Ono, mas sim de toda a força de trabalho, engajada e comprometida com o sucesso da empresa. A abordagem de utilizar não só a **mão** de obra, mas o cérebro dos funcionários foi algo totalmente natural nessa circunstância, se a Toyota estava obrigada a manter seus funcionários até sua aposentadoria e isso significava um casamento, sem chance de separação de até quarenta anos para um funcionário de 20 anos de idade por exemplo, porque não contar com essa pessoa para pensar e aperfeiçoar seu próprio trabalho?

Para exemplificar como a necessidade foi a mãe do *Lean Manufacturing*, vamos citar a criação de uma das técnicas, o SMED (*Single Minute Exchange of Die*) em tradução aproximada "troca rápida de ferramentas" nasceu de uma problema que fazia a Toyota ter que reduzir o tempo de troca e preparação dos enormes e pesados moldes das prensas que fazem a conformação das chapas que produzem os carros. Nessa época, essa troca levava até 1 dia nas empresas americanas e com um ritmo de produção de 12 peças por minuto, pode se imaginar o quanto isso representava em peças não produzidas. Era comum uma trabalhar meses sem trocar os moldes, já que era uma operação muito difícil e demorada. No final da década de 40, com orçamento restrito não fazia sentido comprar um prensa para cada peça e deixa-las fabricando a mesma peça por meses, então Ohno adquiriu um conjunto de prensas de 2º mão e começou a trabalhar em melhorias para reduzir esse tempo de setup e assim conseguir fazer várias peças na mesma prensa. Quase dez anos depois ele conseguiu através de melhoria continua reduzir para apenas 3 minutos a troca de um molde. Essa solução mostrou que o custo por peça produzida ficava menor do que a produção em massa, pois apesar de ficar muito tempo sem trocar o molde gerar mais peças do que quando se efetuava a troca, os custos de estocagem eram bem menores, quando um problema aparecia na linha, não se tinham estoques gigantes para retrabalhar, as mudanças de mercado poderiam ser atendidas com mais rapidez devido à flexibilidade. Agindo num problema, foram solucionados outros e daí o conceito de pequenos lotes, estoques reduzidos, just in time, etc... que causam uma redução exponencial nos custos da empresa.

Nesse ponto, é merecido destacar que algumas empresas começam errada a implantação do *Lean Manufacturing*, pois colocam metas de curto prazo, para comprovar os ganhos da nova abordagem. Elas começam pelo fim, sem dar a devida atenção à criação da cultura adequada. Os funcionários se veem com um conjunto de novas regras e projetos e os gestores da empresa não se preocupam em criar um ambiente onde as pessoas se motivam a pensar de forma enxuta e a identificar os desperdícios nos seus processos.

Segundo a teoria de Maslow a motivação é interna e não externa, as necessidades são hierárquicas (seguem uma ordem de prioridade) e uma necessidade uma vez satisfeita, não é mais um motivador.

Pode-se observar que cada pessoa tem um grau de interesse, desejo, habilidade aptidão para realizar suas atividades pessoais e profissionais Uma necessidade de um nível só se manifesta se a do nível anterior tiver sido satisfeita. (MASLOW 1943, apud KLEINMAN 2015).

Sem se preocupar com a cultura, fazemos as pessoas se preocuparem com seus empregos, pois as melhorias são rapidamente atreladas à redução de pessoal e se a base da pirâmide fica ameaçada, não há como motivarmos as pessoas a se dedicarem aos Kaizens (Palavra japonesa que significa Melhoria Continua), pois o reconhecimento dos colegas e da direção da empresa pela conclusão de uma melhoria esta ligada as partes mais acima da pirâmide, onde ficam a estima e a realização pessoal como na figura 3.

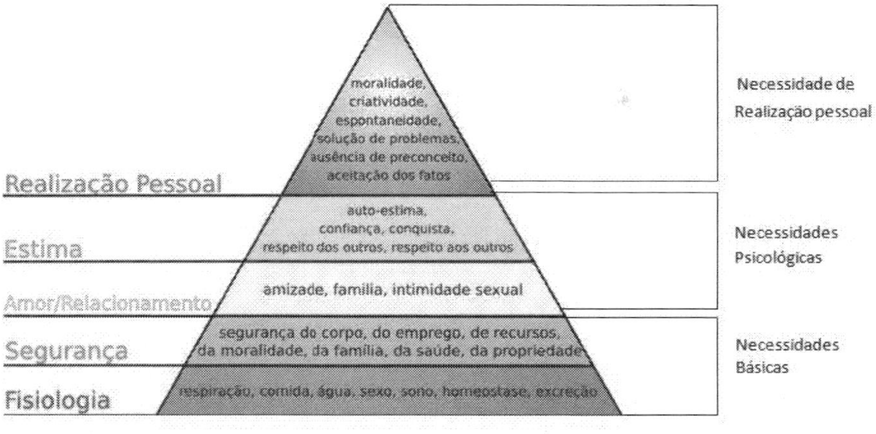

Fonte: Kleinman, 2015

Fig. 4 Pirâmide das necessidades de Maslow

3.3 A implantação do Lean na reabertura de uma empresa. Uma grande mudança de cultura: o caso NUMMI

No inicio da década de 80, a Toyota estava interessada em entrar no mercado americano, pois a competição com a Honda e Nissan estava se acirrando, era estratégico aprender a lidar com os trabalhadores e sindicatos dos Estados Unidos (INKPEN, 2005) e também havia um interesse em desenvolver fornecedores naquele país conforme cita Adler. A GM por sua vez tinha interesse em fabricar um carro pequeno para ocupar uma lacuna de mercado e como os resultados fabris da Toyota já chamavam a atenção do ocidente, claramente havia interesse em aprender como isso era feito. A GM tinha ainda uma unidade fabril ociosa, que havia sido fechada em 1982 pelos seus péssimos resultados.

Então, segundo Levine, et al. (1995) surgiu em 1984 um joint-venture entre as duas empresas, 50%-50%, onde a Toyota ficou como responsável por toda a parte fabril e para isso trouxe o corpo gerencial todo do Japão para reiniciar a fábrica. o grande desafio é que o motivo da empresa ter sido fechada foi porque era considerada por muitos a "pior fábrica do mundo". Havia profundos problemas de produtividade e qualidade. Entre os trabalhadores o absenteísmo era enorme, na casa dos 20% e problemas com drogas e álcool um rotina. o sindicato era extremamente duro e difícil de lidar e os gestores acreditavam que só a pressão e ameaças funcionavam nesse cenário. Na reabertura da fábrica o sindicato colocou como condição a recontratação de grande parte dos ex-funcionários.

Conforme Adler (1993a) esse era o desafio, fazer uma grande mudança cultura com funcionários já antigos e de meia idade, média de 41 anos. Para ter sucesso o plano foi desenhado da seguinte forma:

- Quatro dias de imersão sobre princípios de qualidade, o novo sistema de produção, segurança, etc. para todos os funcionários;
- Aproximadamente 450 líderes de produção foram convidados a passar três semanas em uma fábrica da Toyota, no Japão;
- Colocar essas 450 pessoas igualmente distribuídas pela fábrica para se tornarem os pregadores do novo modelo, retirando essa obrigação somente dos gerentes;
- Inicio lento focando na qualidade e no TPS.
    - Dezembro de 1984 – 17 unidades produzidas;
    - 1985 – 65 mil unidades produzidas;
    - 1986 – Mais de 190 mil unidades produzidas.

No que diz respeito à produtividade, a tabela abaixo de Adler (1993b) mostra os resultados da fábrica NUMMI em 1986, apenas dois anos após o início das operações. A produtividade da NUMMI é comparada com a da antiga fábrica GM-Fremont em 1978, com uma planta GM ativa similar em Framingham (MA), e com Fábrica irmã da NUMMI em Takaoka no Japão.

Tabela 1 Comparação de Produtividade, qualidade e utilização do espaço NUMMI

	Fábrica GM em Framingham	**Antiga GM-Fremont:**	**NUMMI:**	**Fábrica Toyota em Takaoka:**
Produção Incorreta (horas/unidade)	40,7	43,1	20,8	18,0
Indice de confiabilidade reportado pelos consumidores (média)	2,1 – 3,0	2,6 – 3,0	3,6 – 3,8	3,8 – 4,0
Utilização de espaço (pés²/unidade/ano)	8,1	7,9	7,0	4,8

Fonte: Adaptado de (Table 5 in Adler, 1993b, p. 128)

Esses indicadores mostram uma grande melhoria de produtividade, mas e os funcionários? Como podemos medir sua mudança de cultura? Se olharmos dos dados de absenteísmo, abuso de substâncias e Participação dos funcionários no programa de sugestão. Citando de Adler (1993a) mais uma vez, podemos ver que a empresa agora era outra:

... o absenteísmo caiu de 20% a 25% na antiga planta da GM-Fremont para estáveis 3% a 4% na NUMMI; Abuso de substâncias entorpecentes virou um problema mínimo;

E a participação no programa de sugestão aumentou constantemente de 26% em 1986 para 92% em 1991.

A gestão da empresa adotou outra abordagem e passou de ser a ouvir e facilitar o trabalho dos colaboradores. o time de produção consistia em 5 a 7 trabalhadores e um líder. Este era responsável por algumas atividades como: treinar novos funcionários, auxiliar àqueles que tinham problemas no trabalho, orientar o time quando a linha parava divulgar constantemente os valores, organizar eventos sociais fora do trabalho (ADLER 1993a et all). Hoje, institutos que pesquisam sobre o clima de trabalho nas empresas como o GPTW (*Great Place to Work*) já mostram forte correlação entre a satisfação das pessoas no trabalho e sua produtividade conforme mencionado por Burchell e Robinn (2012)

Conforme publicado por Austenfeld (2006) vários aspectos da NUMMI podem se encaixar nos 5 pilares que o resultado das pesquisas apontam para um bom ambiente de trabalho, berço para uma mudança de cultura conforme defendido por Burchell e Robinn (2012)

- Credibilidade;
- Respeito;
- Imparcialidade;
- Orgulho;
- Camaradagem.

Por exemplo, problema de absenteísmo também foi resolvido de forma disciplinar. Eliminaram-se as zonas cinzentas e discussões sobre se as faltas seriam justificadas ou não simplesmente ignorando a distinção entre elas. A seguinte regra foi implantada e divulgada amplamente na empresa: Após três ocorrências dentro de um período de 90 dias, era enviado um aviso por escrito de forma automática. Após mais três ocorrências em 90 dias havia mais um aviso mais contundente e após mais três o funcionário recebia um aviso final. o trabalhador era aconselhado após o segundo e terceiro avisos na tentativa de ajudá-los a resolver seus problemas de faltas, mas depois de mais três faltas em menos de 90 dias, o funcionário era desligado.

As faltas que eram da ordem de 20-25%, depois desse procedimento caíram para 2-4%, isso comprova a eficácia de um dos pilares do *Lean*, a padronização, também nas iniciativas envolvendo pessoas.

4. Recomendações para implementação da Manufatura enxuta com base nos verificado nos estudos de caso:

Foi desenvolvida uma pesquisa para avaliar o grau de implantação do *Lean Manufacturing* na região metropolitana de São Paulo-SP. Essa pesquisa conduzida em 51 empresas automobilísticas e de metal mecânica de tamanhos diversos, mixando empresas brasileiras e multinacionais teve algumas conclusões interessantes a respeito da evolução do tema como, por exemplo, não houve diferenças significativas entre o nível de implementação entre empresas grandes e pequenas (LUCATO, CALARGE,LOUREIRO e CALADO, 2014)

Analisando essa pesquisa ter segurança então de adotar essa abordagem independente do tamanho da companhia, bastando para isso disciplina e seguir as lições aprendidas de implantações anteriores, sendo uma fonte de resiliência para os responsáveis pela implementação da Manufatura Enxuta a cada vez que ele encontrar uma resistência manifestada por meio de comentários como "Isso não funcionará aqui!".

Liker (2007) cita os 4 Ps para como base do sistema Toyota de Produção e que devem ser cuidados para ter sucesso na implementação: Filosofia, Pessoas/ Parceiros, Solução de Problemas e Processos (Em inglês, Philosophy, People/ Partners, Problema solving and Processes)

- Filosofia, a gestão da Toyota acredita que deve servir a sociedade e não só para parecer uma empresa politicamente correta, mas seguem esse principio desde seu fundador e isso é a base para os demais princípios.
- Processo, os gestores da Toyota entendem claramente que se os processos estiverem organizados, mapeados, padronizados e se forem continuamente melhorados, os resultados sairão. Então todos cuidam dos processos e os resultados aparecem. Nesse quesito, há uma frase que aprendi na minha vida profissional e se encaixa bem nesse P: "O fim é resultado da excelência dos meios". Envolver várias pessoas para validar uma mudança no processo demanda tempo e energia e por isso é muitas vezes evitado nas empresas, mas a Toyota entende que

isso poupa muito tempo depois e se traduz no engajamento de todos os envolvidos para que haja sucesso na mudança.

- Pessoas e parceiros, esse ponto deve ser bem explicado para que não haja confusão. A ideia não é criar um ambiente livre de pressão e com as pessoas fazendo só as tarefas que desejam como visto em algumas empresas que implementam politicas de bem estar dos funcionários. A ideia principal é valorizar a inteligência dos funcionários e faze-los se sentir parte do desafio da melhoria continua e recompensá-los quando isso ocorre, estimulando-os a contribuir ainda mais. Todos se sentem bem quando contribuem e percebem que isso pode os fazer crescer na companhia.
- Solução de problemas, o foco na Toyota é sempre na causa raiz dos problemas, vários checks são feitos para garantir que não se eliminou somente os efeitos do problema e que a causa ainda está lá, pronta para manifestar um efeito diferente. Outro fator importante é o compartilhamento de lições aprendidas entre as áreas e unidades, pois aprender com um erro de outra área/unidade é muito mais barato para a companhia. Portanto, qualquer iniciativa de implantação do *Lean* na sua empresa deve conter um diagnostico e um plano de ação para cada um dos Os acima.

Alguns passos necessários para criar um ambiente de aplicação sucessiva de ferramentas, técnicas e mudanças organizacionais devem ser seguidos e a maioria das publicações mostra algo similar ao diagrama abaixo:

(Adaptado de Das, Venkatadri & Pandey, et all 2013)

Fig 5. Plano para introdução do *Lean Manufacturing*

Um plano de implantação adequado deve levar um ano e embora Shingo (1996) considera que exista uma sequencia adequada, acredito que pequenas adequações podem ser feitas dependendo das características de cada empresa. Se houver um inicio com sensibilização, criando o ambiente ideal para os projetos e utilizando as técnicas *Lean* adequadas para melhorar o layout e os fluxos, detectar anomalias, eliminar defeitos, balancear e nivelar a produção o sucesso estará a caminho. Nessa etapa, podem ser colocadas metas de Kaizen por área visando o aprendizado e a melhoria da autoconfiança de todos, pois será normal encontrar vários céticos e pessoas inseguras em conduzir melhorias, mas depois de alguns sucessos, as pessoas começam a perder o medo do novo e a ficar mais independentes da gestão, criando melhorias numa velocidade exponencial.

5. Conclusão

Observa-se nesse estudo que todas as empresas tem dificuldades e que essas devem servir como motivador para uma mudança e não como justificativa para fazer as coisas da mesma forma. Portanto entende-se que a Toyota não nasceu *Lean*, mas se tornou ao longo dos anos por necessidade de sobrevivência, vimos que é possível implantar essa abordagem mesmo quando a empresa tem uma cultura muito degradada como no caso da NUMMI, observa-se também que muito já se foi estudado e que se os passos certos forem seguidos com um bom planejamento e gerenciamento estratégico, qualquer empresa, seja ela de fabricação ou de prestação de serviços, poderão se beneficiar dos menores custos e maior agregação de valor que a abordagem *Lean* pode proporcionar.

6. Referências

Adler, P. S. *(1993a, Jan–Feb). Time-and-Motion Regained. Harvard Business Review, pp. 97–108.*

Adler, P. S. *(1993b). The 'Learning Bureaucracy': New United Motor Manufacturing, Inc. In L. L. Cummings & B. M. Staw (Eds.), Research in Organizational Behavior, Vol. 15, pp. 111–194.*

Bhamu, J., Khandelwal, A. and Sangwan, K.S. *(2013), "Lean manufacturing implementation in an automated production line: a case study", International Journal of Services and Operations Management, Vol. 15 No. 4, pp. 411-429.*

Bhamu, J., & Sangwan, K.S. *(2014). Lean manufacturing: literature review and research issues. International Journal of Operations & Production Management, 34, 876-940.*

Jaiprakash Bhamu Kuldip Singh Sangwan , *(2014)," Lean manufacturing: literature review and research issues ", International Journal of Operations & Production Management, Vol. 34 Iss 7 pp. 876 - 940*

Biman Das & Uday Venkatadri & Pankajkumar Pandey, *(2014), "Applying lean manufacturing system to improving productivity of airconditioning coil manufacturing, Int J Adv Manuf Technol 71:307–323*

BRASIL. IPEADATA. Produção de Petróleo. *BRASÍLIA. República Federativa do Brasil. Disponível em: http://www.ipeadata.gov.br/ Acesso em 26 nov. 2016.*

Burchell, Michael; Robbin, Jennifer: *A Melhor Empresa para Trabalhar, Bookman, 2012, 232p*

DIAS, José Luciano de Mattos ; QUAGLINO, Maria Ana; *A questão do petróleo no Brasil: uma história da PETROBRAS. Rio de Janeiro: CPDOC: PETROBRAS, 1993. 211p*

Ferreira, Denilson. *Curva de Hubbert: uma análise das reservas brasileiras de Petróleo /* **Denilson Ferreira***; orientador Carlos Américo Morato de Andrade. – São Paulo, 2005. 101 p. : il.; 30cm.*

Inkpen, A. C. *(2005, Summer). Learning Through Alliances: General Motors and NUMMI. California Management Review, pp. 114–136.*

Kleinman, Paul. *Tudo que você precisa saber sobre psicologia: Um livro prático sobre o estudo da mente humana – 1. Ed. – São Paulo: Editora Gente, 2015.*

Kyle B. Stone, *(2012),"Four decades of lean: a systematic literature review", International Journal of Lean Six Sigma, Vol. 3 Iss 2 pp. 112 – 132*

Levine, D., Adler, P. S., Goldoftas, B. *(1995). NUMMI: A Case Study. In D. Levine, Reinventing the Workplace: How Business and Employees Can Both Win Washington, DC: Brookings Institution (pp. 10-35):*

Liker, Jeffrey K.; Meier, David. *o Modelo Toyota: Manual de Aplicação - Um Guia Prático para a Implementação dos 4Ps da Toyota (Page 27). . Kindle Edition*

Liker, J. *(2004). The Toyota Way: 14 Management Principles from the World's Greatest Manufacturer. New York: McGraw-Hill.*

Liker, J.K. and Houses, M. *(2010), "Human resource development in Toyota culture", International Journal of Human Resources Development and Management, Vol. 10 No. 1, pp. 34-50.*

Liker, Jeffrey K.; Hoseus, Michae*l. Toyota Culture: The Heart and Soul of the Toyota Way (2008) (Kindle Locations 475-477). McGraw-Hill Education. Kindle Edition.*

Piquet, Roselia; Serra, Rodrigo Valente. *2007. Petróleo e região no Brasil: o desafio da abundância*

SHINGO, *Shigeo. O Sistema Toyota de Producao Do Ponto. Bookman, 1996.*

Wagner Cezar Lucato Felipe Araujo Calarge Mauro Loureiro Junior Robisom Damasceno Calado , *(2014)," Performance evaluation of lean manufacturing implementation* *in Brazil ", International Journal of Productivity and Performance Management, Vol. 63 Iss 5 pp. 529 – 549*

Womack, James P. Jones, T. Jones *(2004). A máquina que mudou o mundo. Editora Gulf Professional Publishing, 2004. 322 páginas*

11. Aplicação de *Lean* na cadeia de exploração e produção de petróleo (*UPSTREAM*)

Regina Meyer Branski
Departamento de Minas e Petróleo da Escola Politécnica
Universidade de São Paulo
Paulo Sérgio de Arruda Ignácio
Faculdade de Ciências Aplicadas
Universidade Estadual de Campinas

Objetivo

Identificar a aplicação de ferramentas e técnicas Lean na cadeia de exploração e produção de petróleo (upstream) utilizando a metodologia de Revisão Sistemática da Literatura. A revisão incluiu artigos publicados nos principais periódicos científicos, jornais, revistas e congressos entre os anos de 2005 e 2016. O estudo indica aplicações com potencial de uso na cadeia de exploração e produção de petróleo e os estudos e trabalhos já publicados na área.

1. Introdução

Nos últimos anos o preço do petróleo sofreu uma grande queda. Consequentemente, as empresas da cadeia de exploração e produção de petróleo passaram a sofrer pressão crescente para reduzir seus custos e melhorar sua eficiência.

O pensamento enxuto é uma abordagem para melhorar a qualidade, aumentar a produtividade, reduzir custos e aumentar a satisfação do cliente pela eliminação dos desperdícios e pela criação de valor aos resultados obtidos.

Estudos realizados com fabricantes de aviões, de navios, de equipamentos industriais, entre outros, mostraram ser possível à aplicação das técnicas e ferramentas *Lean* – com algumas adaptações – nos setores que produzem sob-encomenda (Melchert, Mesquita e Franchischini, 2006).

Assim, a questão que se coloca é se o *Lean* pode contribuir para reduzir custos e melhorar a eficiência na cadeia de petróleo?

Este capítulo tem como objetivo identificar aplicações de ferramentas e técnicas *Lean* na cadeia de exploração e produção de petróleo e o estado da arte da pesquisa, levantando os estudos já realizados e contribuindo com o debate para novos caminhos para seu desenvolvimento na área.

2. Cadeia de exploração e produção do petróleo

O petróleo pode ser encontrado tanto em terra quanto no mar, sendo que a exploração de jazidas em terra é denominada onshore e, no mar, offshore. Tradicionalmente a cadeia de suprimentos do petróleo é classificada em dois segmentos: upstream (a montante) e downstream (a jusante). No upstream estão as atividades de exploração, desenvolvimento e produção e, no downstream, refino e distribuição. A Figura 1 representa uma cadeia de exploração e produção do petróleo.

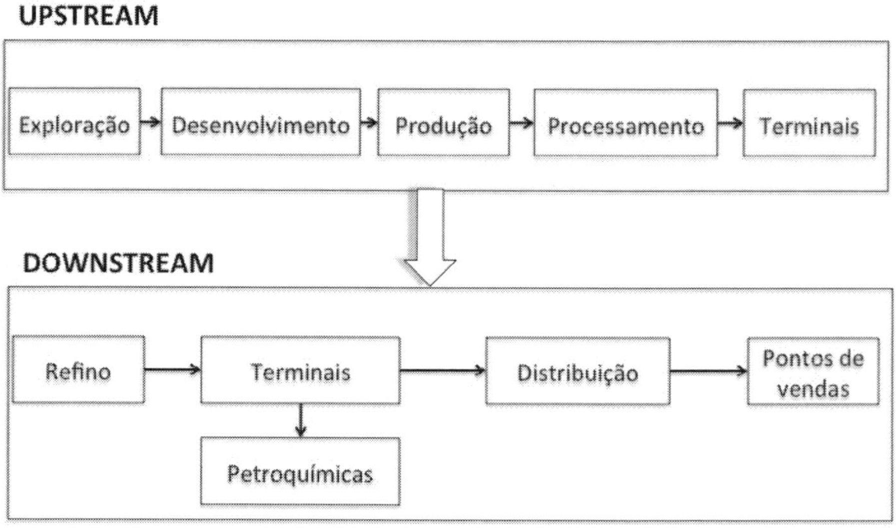

Figura 1 Cadeia de exploração e produção do petróleo

No upstream, a atividade de exploração tem início com levantamentos sísmicos (estudos geológicos e geofísicos) que avaliam as áreas e identificam possíveis jazidas. Esta atividade envolve muitos custos e riscos, já que os investimentos em capital e mão de obra especializada são altos e os resultados podem ser poços de baixo ou mesmo de nenhum potencial econômico. Os estudos apontam os locais com maior probabilidade de ocorrência do petróleo, mas sua existência só pode ser efetivamente comprovada com a perfuração dos poços exploratórios (Almeida, 2004).

Na etapa de desenvolvimento, os poços são perfurados e preparados. As atividades para preparação do poço são denominadas completação. Simultaneamente, são instalados equipamentos para extração, tratamento e estocagem e, ainda, preparado um sistema para escoamento do óleo e do gás (Almeida, 2004; Thomas, 2001).

Finalmente, na etapa de produção, é iniciada a extração do óleo. Os fluídos produzidos pelos poços (água, óleo e gás) são, então, separados, tratados e armazenados para serem depois transportados (através de dutos, navios petroleiros, caminhões ou trens) para as refinarias.

Na exploração offshore, as plataformas (muitas delas adaptadas a partir de antigos petroleiros) possuem todos os equipamentos necessários para a exploração dos poços e processamento do óleo bruto, além de alojamento para as pessoas, geradores de energia, depósitos para materiais etc. o óleo extraído é armazenado na própria plataforma para, depois, ser transferido para o navio aliviador. Finalmente, já em terra, o óleo é levado dos terminais para as refinarias por meio de dutos.

A rede logística é determinada a partir da localização da jazida. Em jazidas localizadas em terra, as instalações para armazenamento (terminais) estão próximas à área de exploração. Na exploração offshore, o petróleo extraído do fundo do mar é armazenado em plataformas, em seguida, transferido para navios aliviadores para, finalmente, ser transportado para armazenamento nos terminais em terra.

A gestão dos estoques é atividade estratégica na cadeia do petróleo. o óleo cru é comercializado em grandes lotes e tem alto valor agregado, mas sua demanda é volátil e de difícil previsão (Jacoby, 2012). Além disso, para operar plataformas são necessários inúmeros equipamentos, peças e materiais não só para a exploração e produção do petróleo, como também para a manutenção e reparos. No transporte são utilizados dutos, petroleiros, caminhões ou trens de acordo com a distância, tipo de óleo, custo e recursos disponíveis (Chu et al., 2012).

No downstream, o processo de refino envolve três etapas: destilação, conversão e tratamento. Inicialmente, o petróleo é aquecido a temperaturas elevadas até sua evaporação para, em seguida, ser resfriado e voltar ao estado líquido. Neste processo é feita a separação dos diferentes tipos de hidrocarbonetos que compõe o óleo cru. No processo de conversão, as partes mais pesadas e de menor valor são transformadas em moléculas menores que resultam em produtos mais nobres. E finalmente, no tratamento, as impurezas ou substâncias indesejadas são removidas, adequando os refinados à qualidade exigida pelo mercado. Os produtos são então armazenados em terminais de onde, finalmente, irão abastecer postos de combustíveis ou empresas do setor petroquímico e de fertilizantes (Machado, 2012; Kuo, Chang, 2008).

A refinaria é composta por terminais para armazenamento de matéria prima, unidades de produção e de mistura, terminais intermediários e terminais para armazenamento dos produtos finais. o projeto de rede é fundamental porque questões como configuração da planta, capacidade das instalações, distâncias das fontes de petróleo e das áreas de consumo, infraestrutura existente (rodovias, dutos, etc.) é que irão garantir uma operação eficiente (Shah e Ierapetritou, 2011). Se a capacidade de armazenamento for insuficiente, por exemplo, pode ser necessário utilizar instalações externas, aumentando custos (Jacoby, 2012).

A etapa mais complexa no processo de refino é o planejamento da produção. o óleo cru pode ser transformado em diversos produtos. o planejamento da produção define quando, como e quanto será produzido de cada derivado. o planejamento envolve, também, outras variáveis como: capacidade das refinarias e dos terminais, tamanho dos lotes, processamentos intermediários, tratamento dos dejetos envolvidos nos processos etc. (Shah e Ierapetritou, 2011). o transporte dos derivados também tem grande complexidade. Os refinados são transportados geralmente por dutos. Um duto simples tem apenas uma origem, um destino e um tipo de produto para transportar. Mas os dutos podem ter múltiplos destinos e, mais ainda, transportar os diversos produtos resultantes do processo de refino (Sasikumar, Prakash, Patil e Ramani, 1997).

Um dos principais desafios na operação dos dutos é planejar a sequencia de produtos bombeados. Nos dutos os produtos são bombeados lado a lado, sem qualquer separação física nas interfaces, tornando inevitáveis as contaminações. Estas misturas são denominadas transmix e não podem ser descartados sem passar por reprocessamento nas refinarias (Herran e Andres, 2010). o programador do transporte, a partir da disponibilidade dos produtos e da demanda por refinados, envia pedidos em lotes sequenciais evitando ao máximo a mistura de fluídos e contaminação.

Finalmente, na etapa de distribuição da cadeia, os combustíveis ficam armazenados em terminais primários, localizados próximos às refinarias de onde, em seguida, são transferidos para terminais secundários, geralmente próximos aos mercados consumidores. São transportados por caminhões para os postos de combustíveis ou para os grandes consumidores como, por exemplo, a indústria aeronáutica. A complexidade é atender uma rede logística dispersa e de grande capilaridade, composta de inúmeros pequenos clientes.

3. O pensamento enxuto

O pensamento enxuto, ou *Lean* thinking, surgiu, principalmente, pela necessidade de otimização de recursos no Japão logo após a Segunda Guerra Mundial. o país, que se encontrava devastado, precisava de uma filosofia e estratégia de negócios diferente da que era praticada na maioria dos países: a produção em massa convencional - uma vez que as principais necessidades da população eram produtos variados a preços acessíveis.

Como solução para tais impasses, surgiu no final da década de 1940, o Sistema Toyota de Produção (STP), ou sistema de produção enxuta, que garantia à Toyota ganhos competitivos duráveis, através da identificação e eliminação de desperdícios ao longo de sua cadeia produtiva (Womack; Jones; Roos, 1992). Desde então tem se tornado cada vez mais comum sua aplicação em empresas de todos os setores que buscam bons resultados através dos princípios enxutos.

Os ganhos obtidos com a busca constante pela eliminação de desperdícios e aumento da flexibilidade, provenientes da adoção dessa abordagem no setor automobilístico foram tão grandes que muitas empresas de outros setores, inclusive as de serviços, se interessaram e aderiram à filosofia, passando a disseminar práticas baseadas nos conceitos *Lean*.

O desperdício é tudo aquilo que consome recursos sem agregar valor para o cliente. Taiichi Ohno (1997) categorizou esses desperdícios em sete tipos: (1) superprodução, (2) defeito e retrabalho, (3) espera, (4) transporte desnecessário, (5) processamento desnecessário, (6) estoque e (7) movimentação desnecessária.

Na busca pela otimização de recursos e eliminação de desperdícios em toda a cadeia produtiva, são utilizadas uma série de técnicas e ferramentas da mentalidade enxuta. As oito principais são: (1) Cinco Ss (5s), (2) Mapa de Fluxo de Valor (MFV), (3) Fluxo contínuo, (4) Sistemas puxados, (5) Trabalho padronizado, (6) Poka-yoke, (7) SMED ou troca rápida de ferramentas e (8) Manutenção produtiva total (TPM), (*Lean* Institute Brasil, 2016).

O pensamento enxuto não é somente uma forma de pensar, uma filosofia, é também uma estratégia de negócio que busca incessantemente a satisfação do cliente, utilizando seus recursos da melhor maneira possível. A filosofia possui cinco princípios centrais: valor, fluxo de valor, fluxo contínuo, produção puxada e perfeição (LEAN INSTITUTE BRASIL, 2016), como apresentado na Tabela 1.

Tabela 1 Cinco princípios do pensamento enxuto

Princípios	Descrição
Valor	Tudo começa a partir da definição correta do que é valor, que deve ser feita pelo cliente. A empresa tem que criar a necessidade, pois é daí que surge o valor para o cliente. Assim, ela deve procurar um preço que satisfaça essa necessidade e que sustente seu negócio. o aumento do lucro deve vir da melhoria contínua nos processos, reduzindo os custos e melhorando a qualidade
Fluxo de valor	Definido o que é valor, deve-se identificar na cadeia produtiva quais atividades, de fato agregam valor, quais que não agregam, mas que são necessárias para a produção e quais as que não agregam valor nenhum e não são necessárias. Assim, a empresa conhece todo o fluxo de valor, isto é, todas as etapas do seu processo produtivo, inclusive o pós-venda, e não ficam somente se preocupando com números e indicadores de curto prazo
Fluxo contínuo	Pode ser considerado o princípio mais complicado, pois mexe com a cultura das pessoas que estão acostumadas em produzir por departamentos, ou lotes. Esse pilar consiste em dar, de fato, um fluxo contínuo para os processos e atividades. Dessa forma, visa garantir o atendimento à necessidade do cliente quase que instantaneamente, uma vez que desenvolve, produz e distribui de maneira rápida e assertiva
Produção puxada	Consiste na inversão do fluxo produtivo: o que antes era empurrado pelas empresas, através de promoções ou descontos, por exemplo, deve agora ser puxado, ou seja, requisitado pelo consumidor. A partir dessa requisição, a empresa irá produzir a quantidade exata, reduzindo a necessidade de inventários e valorizando seu produto
Busque a perfeição:	Tem como objetivo buscar pela transparência e pelo aperfeiçoamento contínuo de todos seus processos produtivos. Com isso, todos os envolvidos conhecerão todo o processo, podendo participar e ajudar na busca contínua pela criação de valor

Fonte: *Lean* Institute Brasil, 2016.

A cultura do pensamento *Lean* é a soma de todas as ferramentas, técnicas e conhecimentos existentes em uma organização, desde o seu nível básico e que alimenta o alinhamento organizacional geral através de pensamentos, palavras e ações que levam a eliminação do desperdicio e a criação de valor. As organizações que apresentam uma forte cultura *lean*, normalmente fazem duas coisas: (1) promovem ao menos cinco facilitadores culturais (segurança, padronização, liderança, poder de decisão e colaboração), que permitem a existência dessa cultura; (2) constroem seus negócios na fundamental essência de respeito aos individuos (MANOS E VINCENT, 2012).

4. Metodologia

A metodologia adotada para o desenvolvimento do trabalho foi revisão sistemática da literatura para identificar as referencias tradicionais sobre o tema e também as abordagens na cadeia de exploração e produção de petróleo. A metodologia permite sumarizar conhecime`nto acumulado em um campo de interesse, identificar os métodos de pesquisa que predominam na área e, ainda, determinar onde existem lacunas para futuras pesquisas (Chrochane Libray, 2014).

A revisão sistemática difere da revisão bibliográfica tradicional porque exige uma sequencia de etapas, com técnicas padronizadas, e que podem ser replicáveis. A Figura 2 mostra as principais etapas cumpridas: definição dos objetivos e das estratégias de busca (seleção das bases, período, palavras-chave, critérios de inclusão e exclusão dos artigos), identificação e seleção dos trabalhos e, finalmente, análise criteriosa da literatura levantada.

Fonte: Adaptado do Centre for Reviews and Dissemination (2009)

Figura 2 Etapas da Revisão Sistemática

A busca foi realizada no portal de periódicos mantido pela Coordenação de Aperfeiçoamento de Pessoal de Nível Superior (CAPES), que abrange mais de 37 mil publicações de bases como Science Direct, ProQuest, Academic OneFile, Emerald, Sage Journals, Science Electronic Library Online (SciELO), SciFinder, SpringerLink etc;. Buscou-se, também, no Google Academics e em congressos da área de petróleo.

Inicialmente, buscou-se artigos em periódicos científicos publicados entre os anos de 2005 e 2016 em inglês e revisados por pares. As palavras-chave utilizadas foram "petroleum and lean", "oil and lean". Apesar do grande número de artigos retornados, nenhum se referia ao tema de interesse. Outras palavras-chave – como lean thinking and petroleum, lean production and petroleum – também não indicaram nada relevante. Finalmente, a maior parte dos estudos localizados foi publicada em anais de congresso (15 artigos), e relatam experiências de aplicação das ferramentas lean na cadeia do petróleo.

5. Resultados

Nos resultados das pesquisa, destacam-se sete artigos científicos. Quatro relatam experiências de aplicação de *lean* em empresas do setor de óleo e gás: (1) o de Taj (2008) é mais geral e investiga a utilização do *Lean* em empresas chinesas de diversos setores, entre elas, a do petróleo. (2) Uzochukwu e Ossai, (2016) identificam relação positiva significante entre a adoção dos princípios *lean* e a entrega de serviço em três empresas de óleo e gás na Nigéria; (3) Buell e Turnipeseed (2004) relatam experiências e resultados da aplicação do *Lean* combinado Six Sigma, com técnicas estatística para reduzir variabilidade, Six Sigma na produção e exploração de petróleo na América do Norte e na Ásia; e (4) Atanas, Rodrigues e Simmons (2016) oferecem uma visão geral do uso do *Lean* e do Six Sigma, sumarizam lições aprendidas na implantação de *Lean* na indústria de óleo e gás dos Emirados Árabes e destacam as vantagens que pode trazer para o setor.

O artigo de Alotaibi e Alotaibi (2016) avalia o potencial uso do *Lean* para redução da água efluente no processo de exploração de petróleo no Kuait. A produção de óleo e gás é acompanhada da produção de volume significativo de água. A gestão desta água efluente é um processo complexo e seu descarte inadequado pode causar danos ao meio ambiente.

E, finalmente, os dois últimos artigos estão correlacionados ao tema: Chaurasia, Garg, e Agarwal, (2016) propõem a adoção de estratégias do *Lean* Six Sigma para melhorar o desempenho dos países exportadores de petróleo frente ao declínio do preço do óleo. E Garbie (2011) propõe um modelo para medir a agilidade de empresas produtoras de petróleo que considera tecnologias disponíveis, nível de qualificação das pessoas, estratégias de produção – que podem ser adoção de *Lean* – e sistemas de gestão das organizações. Para validação foi aplicado em duas empresas do setor de óleo e gás.

Quanto às teses e dissertações, foram identificados 4 trabalhos. Sakhardande (2011) investigou o uso de técnicas e ferramentas *Lean* em prestadores de serviço para empresas de óleo e gás. Através de questionários e entrevistas, a pesquisa mostrou que sua adoção de *Lean* ainda é baixa, a despeito do conhecimento sobre muitas das ferramentas e técnicas.

Torresdal (2016) tinha como objetivo compreender como o *Lean* poderia ser utilizado em bases offhsore da empresa específica: a DeepOcean. Por meio de estudos de casos com empresas que implantaram lean, o autor identificou ferramentas e técnicas com potencial para trazer melhorias aos processos offshore e sugeriu adaptações nos técnicas e ferramentas *Lean* para adequação às atividades da empresa.

Hermansen (2010) investigou como a tecnologia RFID pode ser usada para implantação de técnicas e ferramentas *Lean* em uma empresa fornecedora de sistemas de controle hidráulico e válvulas para a indústria de óleo e gás offhsore.

E Balla (2016), analisou a aplicação da metodologia *Lean* Six Sigma na perfuração de poços a partir de estudos de casos. Os estudos de caso foram realizados a partir de dados reais coletados nas operações em águas profundas e foi analisado os tempos não produtivos e perdidos na operação.

Finalmente, nos Anais de Congresso identificou-se um número significativo de trabalhos: 15, onde destacam-se a aplicação das principais ferramentas *Lean*, combinadas com Seis Sigma, permitindo redução dos desperdícios e da variabilidade do processo.

O VSM – Value Stream Map – é uma das ferramentas mais aplicadas no gerenciamento de processos para perfuração de poços, tanto para grande áreas de exploração quanto para exploração e recuperação de alguns específicos. A aplicação do VSM permitiu os seguintes resultados: aumento da produtividade (Popa et al, 2005); intervenção rápida, com redução de despesas de capital (CAPEX) e despesas operacionais (OPEX) (Romero et al, 2015); redução do tempo do ciclo de perfuração e consequente entrega mais rápida dos poços para produção (Al Kindi et al, 2016); mapeamento com técnicas estatísticas para estimular a recuperação de poços através da mensuração da variação de carbonetos e nível de acidez (O'Reilly et al, 2016) e o desenvolvimento de projetos de infraestrutura para as comunidades envolvidas na exploração (Asomba et al, 2013).

A padronização de processos também é outra ferramenta utilizada nas operações upstream da cadeia de exploração e produção de petróleo. o desenvolvimento de processos padronizados, tanto isoladamente quanto combinado com análise estatística, permitiu redução de tempo de ciclo dos projetos de construção de poços (Tonnessen et al, 2015), (Allan et al, 2013), (Zandvoord et al, 2009), Mustapha et al, 2012) e (Wabara et al, 2011).

A aplicação de técnicas estatísticas derivadas do desenvolvimento seis sigma também permitiu a aplicação das ferramentas gerenciais do *Lean Thinking*, como: o Kaizen – Melhoria contínua na redução de desperdícios em projetos operacionais (Itua e Shamuganathan, 2015), (Mustapha et al, 2015), (Charles et al, 2012); Design of Experiments (DOE) para controle de perfuração para extração do gás (Juranek et al, 2010) e até um modelo de *Lean* Drilling para perfuração de poços (Wardt, 2012).

6. Considerações finais

Para reduzir os desperdícios típicos, a aplicação do *Lean* deve ter foco na combinação da flexibilidade nos recursos e o controle das variabilidades dos processos quando e onde for possível. Para isso, a aplicação de células de trabalho e de trabalho padronizado nesse ambiente ajuda a construir limites sobre as fontes de variação.

Como o ambiente é instável, a padronização dos processos deve ser almejada, mas, permitindo suficiente flexibilidade ao processo. A equipe de produção deve ser altamente treinada, porém não especializada, com alto grau de conhecimento para realizar trabalhos que variam ao longo do tempo.

Sugere-se também o uso de estoques intermediários de recursos estrategicamente posicionados, de ferramentas, material e mão-de-obra. As irregularidades do processo devem ser alertadas por meio da gestão visual, inspirando a melhoria contínua dos processos.

Outras ferramentas da manufatura enxuta podem ser aplicadas, como a troca rápida de ferramentas (TRF) ou set-up rápido (SMED), o que viabiliza a redução dos lotes de produção e a criação de um fluxo contínuo. Vale ressaltar que projeto de produtos modulares – aquele no qual o projeto de peças e subsistemas tolera nível aceitável de redundância e permitem modularidade – é um fator chave para o sucesso do *Lean Thinking*, quando possível sua aplicação. Projetos modulares podem reduzir estoques ao amortecer variações, aumentam volume de compra por material, o que pode resultar em preços menores e relação de parceria com fornecedores, facilidade em padronização dos processos, uso do leiaute celular, dentre outros.

E ainda, vale lembrar que a implantação do *Lean*, seja em ambientes complexos ou estáveis, deve ser um processo planejado e contínuo. Para isso, medidas de desempenho podem e devem ser utilizadas como termômetro da eficiência da empresa. Indicadores são importantes mecanismos de controle e servem como base para tomadas de decisão.

Por fim, é importante salientar que não há solução padrão para problemas específicos. Cada empresa tem sua realidade, e os princípios e ferramentas do *Lean* devem ser adaptados a cada necessidade. A dica é pensar enxuto, produzir valor em processos contínuos e, a cada dia, buscar uma melhor forma de atender o cliente.

7. Referências

A. Popa, A.; Ramos, R.; Cover, A.; Popa, C. *Integration of Artificial Intelligence and Lean Sigma for Large-Field Production Optimization: Application to Kern River Field. SPE 97247. SPE Annual Technical Conference and Exhibition. Dallas, Texas, U.S.A., 9–12 October 2005*

Al Kindi, N; Al Shehhi, Q; Al Adwani, A.; Al Habsi, S.; Emanuel, R. *Lean Optimization on Well Placement: Directional Drilling Operations in South of Oman Wells: A Case Study. SPE-183038-MS. Abu Dhabi International Petroleum Exhibition & Conference. Abu Dhabi, UAE, 7-10 November 2016*

Allan, M. E.; Gold, D. K.; Reese, D. W.; *Application of Toyota's Principles & Lean Processes to Reservoir Management: More Tools to Overload the Toolbox or a Step Change in Our Business?. SPE 165331. SPE Western Regional & AAPG Pacific Section Meeting, Monterey, California, U SA, 19–25 April 2013*

Alotaibi, A S M e Alotaibi J.G. *An analytical assessment of lean manufacturing strategies and methodologies applied to Kuait Oil Company (KOC). GSTF Journal of Engineering Technology (JET) Vol.3 No.4, April 2016*

Asomba M.; Mustapha, A.; Odunwa, P.; Onaolapo, B., Mshelbila, P.; Osayande, N. *Application of Lean Methodology in Community Development to Improve Infrastructure Projects Delivery. SPE 167567. Nigeria Annual International Conference and Exhibition, Lagos, Nigeria, 30 July–1 August 2013*

Atanas, J.P., Rodrigues C.C., Simmons, R.J. International Journal of Scientific and Research Publications, *Lean Six Sigma applications in oil and gas industry: case studies. Volume 6, Issue 5, May 2016*

Balla, P.R. *A aplicação de lean six sigma na otimização das operações de perfuração de poços. Trabalho de Conclusão de Curso (TCC) em Engenharia de Petróleo da Escola Politécnica da UFRJ. 2014.*

Buell, R.S. e Turnipeseed S.P. *Application of Lean Six Sigma in Oilfield Operations. Society of Petroleum Engineers – SPE Production & Facilities, November 2004*

Charles, S. R; Deutman, R.; Gold, D.K. *Implementing Lean Manufacturing Principles in New Well Construction. SPE 157907. SPE Heavy Oil Conference Canada. Calgary, Alberta, Canada, 12–14 June 2012*

Chaurasia, B; Garg, D. Agarwal, *A. Framework to improve performance through implementing Lean Six Sigma strategies to oil exporting countries during recession or depression. International Journal of Productivity and Performance Management, Vol. 65 Iss 3 pp. 422 – 432. Permanent link to this document: http://dx.doi.org/10.1108/IJPPM-01-2015-0011(2016).*

Garbie, I.H. *Implementation of agility concepts into oil industry. Journal of Service Science and Management, 2011, 4, 203-214. doi:10.4236/jssm. June 2011.42024. (http://www.SciRP.org/journal/jssm).*

Hermansen, T.E.T, *University of Agder. The use of radio frequency identification (RFID) as a tool for lean production: case study of Oceaneering Rotator. Master of Science in Industrial and Technology Management. 2010.*

Itua, O.J.; Shamuganathan, G. *Lean Methods Application to Frontend Petroleum Engineering Project. SPE-178337-MS. Nigeria Annual International Conference and Exhibition, Lagos, Nigeria, 4–6 August 2015.*

Juranek, T. A.; Seeburger, D.; Tolman, R.; Choi, N.H.; Pirog, T.W.; Jorgensen, D.; Jorgensen, E.. *Evolution of Mesaverde Stimulations in the Piceance Basin: A Case History of the Application of Lean Six Sigma Tools. SPE 131731. SPE Unconventional Gas Conference. Pittsburgh, Pennsylvania, USA, 23–25 February 2010*

LEAN INSTITUTE BRASIL. *Pensamento Enxuto (Vocabulário) (2016). Disponível em: http://www.lean.org.br/vocabulario.aspx. Acessado em 28/12/2016.*

Mano, A. e Vincent, C. *The Lean Handbook. American Society for Quality, Quality Press, Milwaukee, 2012.*

Mustapha, A.; A.; Umeh, N.; Adepoju, A.. *Deploying Continuous Improvement Methodologies to Improve Efficiency: A Way of Responding to Emerging Industry Challenges. SPE-178387-MS. Nigeria Annual International Conference and Exhibition. Lagos, Nigeria, 4–6 August 2015*

Mustapha, A.; Ageh, E.; Maduekwe, E.; Ojulari, B. *Improving Efficiency of Oil & Gas Development through Lean Concept. SPE 162995. 2012 SPE Nigerian Annual International Conference and Exhibition. Abuja, Nigeria, 6-8 August 2012.*

O'Reilly DI; Hopcroft BS; Nelligan KA; Haghighi M. *A Lean Six Sigma Approach to Well Stimulation on Barrow Island, Australia. SPE-182323-MS, SPE Asia Pacific Oil & Gas Conference, 2016*

OHNO, T. *o sistema Toyota de Produção: além da produção em larga escala / TaiichiOhno; trad. Cristina Schumacher – Porto Alegre: Bookman, 1997.*

Romero, J.; Janusz, N; Farei, I. *LEAN Methodology in a Long Term Velocity String Campaign, a Step Forward in Snubbing Operations. SPE-176766-MS. SPE Middle East Intelligent Oil & Gas Conference & Exhibition, Abu Dhabi, UAE, 15–16 September 2015*

Sakhardande, R. *Lean manufacturing in the oil and gas industry. Dissertação Master of Science. Auburn, Alabama. 2011.*

Taj, S. *Lean Manufacturing performance in China: assessment of 65 manufacturing plants. Journal of Manufacturing Technology Management. Vol. 19, n. 2, 2008, pp 217-234.*

Tønnessen, R.; Statoil; Byrnes, R.; Miguel Franco, M.; Keith Romaine, K.. *Application of Lean Principles to Accelerate Project Development. SPE/IADC-173014-MS. SPE/IADC Drilling Conference and Exhibition. London, United Kingdom, 17–19 March 2015*

Torresdal, I. *A study of how a lean approach can be used in dealing with challenges present a deepocean offshore base and their specialty within logistics, waherouse and wokshop services. Dissertação de mestrado. Faculty of Science and Technology. University of Stavanger. 2016.*

Uzochukwu, O.C. e Ossai, I.F. *Lean Production: A Frontier for Improving Performance of Oil and Gas Companies in Nigeria. Pyrex Journal of Business and Finance Management Research. Vol 2(5) pp.35-41 May, 2016.*

Wabara, K.; Petton, R.; Houllevigue, H,; Garinet, E. *Lean Synchronization for Turnaround Reduction in Seismic Exploration Programs: The Case of Diaba 3D 6000 km2 Deep Offshore Seismic. SPE 146708. SPE Annual Technical Conference and Exhibition. Denver, Colorado, USA, 30 October–2 November 2011*

Wardt, J.P. de. *Manufacturing* **Wells:** *Myth or Magic. IADC/SPE 151051. 2012 IADC/SPE Drilling Conference and Exhibition. San Diego, California, USA, 6–8 March 2012.*

WOMACK, J. P.; JONES, D. T.; ROOS, D. *A máquina que mudou o mundo. Campus, Rio de Janeiro, 1992.*

Zandvoord, W.E.J.J. van; Skilbrei, O.; Sim-Siong, W.; Wong; J.; Nones, N.. *Applying LEAN Principles to Achieve Breakthrough Performance Gains from Existing Assets. SPE 123538. SPE Asia Pacific Oil & Gas Conference and Exhibition. Jakarta, Indonesia, 2009.*

12. Aplicação do estudo de tempos e movimentos em uma manufatura de pequeno porte

Mariana Franco Félix Nogueira, Robisom Damasceno Calado, Luis Enrique Valdiviezo Viera
(Departamento de Engenharia, Universidade Federal Fluminense/UFF, Rio das Ostras, Rio de Janeiro, Brasil)

Objetivo

Demonstrar a importância da definição dos parâmetros de produção baseados em fatos reais e não em estimativas. .

1. Introdução

Este capítulo trata da aplicação do estudo de tempos e movimentos em uma empresa de manufatura de pequeno porte. O objetivo do estudo foi a obtenção dos tempos-padrão das principais operações da empresa para comparação com as metas de tempos estimadas pela gerência, que até então eram os únicos parâmetros de determinação de performance e produtividade na empresa. Os resultados obtidos, a partir destas análises, corroboram a teoria de estudo de tempos e movimentos, que enfatiza a importância da aplicação de técnicas de medidas de tempos para a obtenção de parâmetros que consideram a realidade da produção.

2. Contexto

A sistematização do conceito de produtividade, desenvolvida por Frederick W. Taylor no século XIX nos Estados Unidos, deu início a busca por melhores métodos para os processos de produção com objetivo de redução de custos. A partir daí, Henry Ford, em 1910, introduziu os conceitos de produção em massa, revolucionando a indústria e apresentando novos métodos para a melhoria da produtividade. A produção em massa, caracterizada pela fabricação de produtos padronizados em grandes quantidades, representou uma grande evolução para as manufaturas. As organizações perceberam o aumento na qualidade e rentabilidade da produção, decorrentes da padronização e ampliação da produção, com aplicação de técnicas de controle estatístico (Martins & Laugeni, 2005, p. 2).

De acordo com estudo realizado pela Deloitte (2015), hoje, as demandas do mercado industrial são muito mais customizadas, as fábricas devem ser cada vez mais especializadas e precisam reinventar suas formas de gestão da produção constantemente para acompanhar as exigências de segurança, qualidade, prazos e custos. A constante evolução da indústria manufatureira em forma de novas tecnologias, exigências sobre os produtos e o consequente aumento da concorrência, levam empresas a uma busca contínua por métodos que tornem a produção mais eficiente. Conceitos como indústria inteligente, indústria 4.0, entre outros que remetem a chamada quarta revolução industrial, estão sendo amplamente explorados pelo mundo.

Ainda segundo a Deloitte (2015), ao redor do mundo, a indústria de manufatura está sofrendo uma transformação digital, acelerada pelo crescimento exponencial de tecnologias (robôs inteligentes, drones automatizados, sensores, impressão 3D). Empresas e seus processos industriais precisam se adaptar a essa rápida mudança no mercado, se não quiserem ser ultrapassados pelo desenvolvimento no setor e por seus competidores.

Os estudos de tempos e movimentos, apesar de serem temas desenvolvidos antigamente, continuam sendo fatores significativos e muito importantes na determinação da produtividade e eficácia dos custos de grandes e pequenas empresas. Segundo Niebel & Frievalds (2003), o aumento na qualidade dos produtos e eficácia nos custos é resultado da aplicação dos conceitos da Engenharia de Métodos, que também proporciona o aumento da motivação dos funcionários, com a possibilidade de aplicação de sistemas de bonificação modernos e justos.

Segundo Seleme (2012, p.18), o estudo de métodos das atividades de uma organização torna-se fundamental para a padronização da produção e até mesmo de serviços. Entretanto, muitas organizações não possuem um departamento específico para o estabelecimento dos tempos e métodos de produção, ficando a cargo do gestor de produção a determinação dos processos, padrões e métodos relacionados às atividades.

A criação de metas e padrões da produção baseando-se apenas em históricos ou estimativas não considera pequenos eventos inevitáveis e variações que somados causam um grande impacto na produtividade. o sétimo princípio da qualidade afirma que a tomada de decisões deve ser baseada em fatos. Isto reafirma a necessidade do gerenciamento e planejamento dos parâmetros de produção mais com base em dados concretos e menos em estimativas e percepções. A obtenção de fatos e informações reais sobre o tempo de execução de uma operação, como o estudo de tempos e métodos, é a melhor maneira de se obter indicadores reais e confiáveis (ANIS, 2010, p.2).

O estudo de tempos, especificamente a cronoanálise, define o tempo padrão da produção, que é utilizado para a criação de parâmetros reais em relação a produtividade e a qualidade da produção. Normalmente, as empresas investem muitos recursos para obtenção de certificações, como as ISOs e outros programas que atestam qualidade e fornecem certificados, mas é difícil encontrar empresas com setores específicos de Engenharia de Métodos ou relacionados ao estudo dos processos e métodos. As técnicas da Engenharia de Métodos e do estudo de tempos, envolvem recursos e métodos relativamente baratos, comparados com os altos investimentos em marketing, vendas e novas tecnologias, como robots e máquinas de última geração, para o aumento da produtividade. o investimento em esforços e recursos, não necessariamente monetários, pode gerar ganhos em produtividade que impactam diretamente no consumidor e atingem os objetivos da empresa (ANIS, 2010, p.3). Entretanto, atualmente, ainda existem empresas que não alocam recursos e atenção necessários para o estudo de tempos e métodos da produção. Com isso, parâmetros da produção são determinados por estimativas, que geram resultados não condizentes com a realidade e afetam os resultados de produtividade.

Segundo Niebel & Freivalds (2003, p.2), a aplicação de métodos, padrões e projetos de trabalho de uma maneira inteligente e integrada é uma ótima solução para o aumento da produtividade e rentabilidade de uma empresa. Mais especificamente, o estudo de tempos permite, a partir do conhecimento e análise das informações do dia-a-dia de produção, identificar as causas limitantes e fornece medidas para ajudá-la a alcançar seus objetivos.

Aplicação deste estudo foi iniciada em 2015 durante o estágio da autora, enquanto a aluna e pesquisadora, na empresa em estudo. A empresa apresentou a necessidade de conhecer os tempos reais de produção, uma vez que estes parâmetros, até então, eram baseados em estimativas. Além do interesse de identificar se as operações/operadores poderiam ser mais produtivas, o interesse em entender quanto tempo cada operação durava surgiu, principalmente, devido ao fato de a avaliação de performance dos funcionários ser totalmente baseada em seus resultados de produtividade. Por isso, a empresa precisava basear-se em parâmetros adequados, condizentes com a realidade e justos para avaliar a produtividade de seus funcionários.

Ao fim do estágio, de duração de três meses, e da aplicação do estudo de tempos nas principais operações da empresa, uma quantidade relevante de dados e informações foi obtida, mas não houve tratamento de dados, análise aprofundada dos resultados ou conclusões concretas geradas. Portanto, este capítulo demonstra a análise dos dados e informações gerados com a etapa de observação dos tempos. Por meio dos dados, obteve-se a análise comparativa entre os tempos reais de produção e os estimados, gerando-se conclusões importantes sobre a utilização da capacidade da empresa e uma série de sugestões para a otimização da mesma.

3. Metodologia

A metodologia utilizada para o desenvolvimento deste estudo foi composta por uma pesquisa bibliográfica e um estudo em um caso. A pesquisa bibliográfica consistiu na revisão sistemática da literatura por meio de artigos, livros e jornais relacionados ao tema proposto. Esta pesquisa teve o objetivo de selecionar autores e teorias relevantes da área para construir uma base teórica consolidada, servindo como suporte para o prosseguimento do projeto.

Segundo Yin (2015, p.17), o estudo de caso é uma investigação empírica de um fenômeno contemporâneo (o "caso") em um contexto da vida real, onde os limites entre o fenômeno e o contexto não são claramente definidos. Para Yin (2015, p.18), a metodologia do estudo de caso é relevante pois beneficia-se do desenvolvimento prévio de proposições teóricas e as utiliza para a condução da coleta e análise de dados.

Para a execução do estudo, foi desenvolvida uma metodologia dividida em quatro fases: planejamento, preparação, execução do estudo de tempos e análises. De maneira detalhada, a descrição de cada uma das cinco fases da metodologia é apresentada a seguir:

3.1 Planejamento

O planejamento foi realizado com o objetivo de obter informações relevantes sobre a empresa, seus processos produtivos e características importantes para a execução do estudo de tempos e posterior auxilio nas análises. Esta fase foi executada com base na metodologia proposta por BARNES (1977, p. 15), cinco passos para implementação de melhorias em um método já estabelecido: definição do problema, análise do problema, pesquisa de soluções possíveis, avaliação das alternativas e recomendações para ação. Ao final desta fase, as necessidades, limitações e objetivos da empresa, quanto ao estudo de tempos, estavam definidos.

3.2 Preparação

A fase de preparação teve como base a sequência de requisitos definidos por Maynard (1970) apud Seleme (2012, p. 84): revisão preliminar, análise das operações, consulta aos supervisores de produção, operador e operação.

Execução do estudo de tempos

A fase de execução foi planejada e executada com base na combinação dos métodos mais relevantes de acordo com o referencial teórico e em função das limitações apresentadas pela empresa. Logo, as etapas executadas são apresentadas resumidamente a seguir:

a) Cronometragem dos ciclos de tempo,

b) Observação dos detalhes de diferentes operações, com foco nas operações das peças definidas pela gerência como as mais relevantes;

c) Determinação do ritmo dos operadores;

d) Cálculo do tempo normal das operações;

e) Determinação da frequência das operações e cálculo do tempo frequenciado;

f) Determinação das tolerâncias para as operações, considerando as características particulares do ambiente produtivo, das operações e das máquinas;

g) Cálculo do tempo-padrão das operações cronometradas e transformação dos tempos-padrão em taxas de produção de peças por hora.

3.3 Análises dos resultados

A fase de análise dos resultados foi definida por dois tipos de análises. A primeira, análise de confiabilidade dos tempos cronometrados, objetivando a determinação da confiança dos valores obtidos durante as cronometragens

A segunda análise foi a análise de comparação entre os tempos-padrão obtidos com o estudo de tempos das operações e as metas estimadas determinadas pela gerência e utilizadas como parâmetro de avaliação da performance da produção e dos funcionários.

4. Aplicação do estudo de tempos e movimento num caso

4.1 A empresa

A empresa em estudo apresentará o nome fictício denominado por "CT Usinagem". Fundada há 70 anos, a CT Usinagem inicialmente fabricava peças usinadas para vagões de carga. Hoje em dia, CT atende a clientes das mais variadas indústrias como: automotiva, marítima, energia fluida, ferroviária, agricultura, óleo e gás, manuseio de materiais, fitness, lazer e de caminhões, fornecendo peças usinadas de diferentes geometrias, materiais, tamanhos e lotes.

Além de investir em processos de usinagem de tecnologia avançada, CT Usinagem presa pelo rigoroso controle de qualidade de produção, entregas rápidas e no prazo e se preocupa em oferecer um excelente serviço de atendimento ao cliente. Para manter este padrão e continuar sendo reconhecida como fornecedor chave de seus clientes, CT Usinagem está sempre em busca de maneiras de aumentar a produtividade e eficiência de sua produção para atingir as metas da empresa, que são: manter 98% das entregas no prazo e ter 98% de satisfação dos clientes.

4.2 Sistema de Gerenciamento de Recursos

O sistema de gerenciamento de recursos da empresa (ERP, do inglês, Enterprise Resource Planning), foi implementado recentemente e trouxe grandes contribuições para todos os departamentos. o sistema integra a maioria das informações da empresa (produção, vendas, clientes, materiais, etc.). o ERP é muito valorizado pelos gerentes pois auxilia na organização e obtenção de dados históricos de eventos importantes da produção. Entretanto, apesar de ter sido implementado há mais de dois anos, as funções e capacidade do sistema ainda não estão em total utilização, por questões de adaptação.

5. Características dos processos de fabricação

Os processos de fabricação diversificados englobam tanto o trabalho manual de seus experientes trabalhadores, quanto a utilização de máquinas de tecnologia avançada em manufatura. Um dos processos de fabricação utilizado pela empresa é a soldagem por fricção, processo relativamente moderno na indústria manufatureira, aplicado, por exemplo, na produção de eixos propulsores para motores de popa. Outros processos de fabricação utilizados são: torneamento, laminação, perfuração, fresamento, polimento, entre outros.

CT Usinagem produz peças sob demanda em volumes de 100 a 100.000 peças, de diferentes tamanhos e designs. o cliente envia o desenho técnico da peça, o desenho é ajustado para a realidade de produção das máquinas e a produção é planejada para entrar em execução. o processo produtivo em geral inicia-se com o recebimento da matéria-prima (longas barras de metal) e é concluído na etapa de entrega das peças, embaladas, ao cliente. Como exemplo de um dos processos produtivos, a Figura 1 abaixo representa as etapas de fabricação da peça 19, de acordo com as informações do sistema ERP.

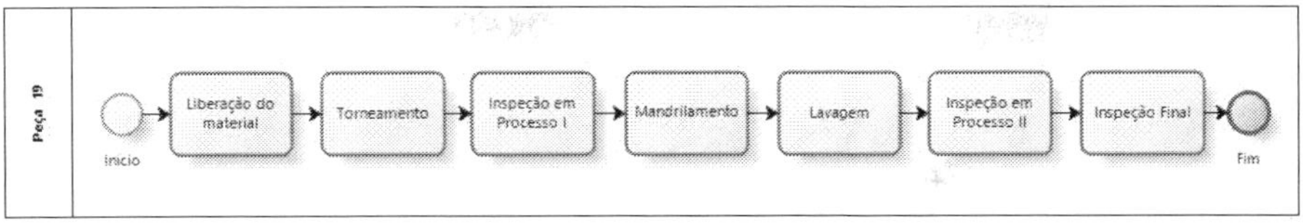

Figura 1 Etapas de produção da peça 19

5.1 Estudo de tempos

Mesmo com mais de 60 anos de existência, a empresa nunca teve um estudo de tempos e/ou métodos. Não há fluxo ou mapeamento dos processos. A principal razão para isto, é o fato dos funcionários possuírem longa experiência na empresa. Muitos estão lá há 10 anos ou mais, por isso, dominam o conhecimento sobre o trabalho executado. Portanto, apesar de as operações apresentarem baixa complexidade e todos os operadores seguirem o mesmo padrão de atividades requeridas para cada operação, não há uma sequência e padronização oficial e nunca houve um estudo de métodos e tempos.

Durante a implementação do sistema ERP na empresa, foi solicitado que o gerente geral informasse os tempos-padrão de cada operação para que o sistema fosse capaz de gerar parâmetros para os relatórios de eficiência de produção. Como a empresa tem uma equipe de gestão enxuta, o gerente geral e nenhum outro gestor seriam capazes de parar suas atividades para medir os tempos e estabelecer padrões para as operações. Como a maioria dos funcionários, o gerente geral trabalha lá por cerca de 10 anos, por isso, ele criou os padrões com base no conhecimento e experiência, dele e de outros funcionários, sobre cada operação. Ou seja, as metas de produção de peças/hora para cada operação, no sistema ERP, são metas estimadas.

5.1.1 Planejamento

O planejamento foi realizado de acordo com os cinco passos para implementação de melhorias em um método já estabelecido, definidos por BARNES (1977, p. 15). Para isso, foi necessário definir o problema, analisá-lo, pesquisar soluções possíveis, avaliar alternativas e recomendar ações de melhoria. Os passos são detalhados a seguir.

Passo 1: Definição do problema: Ao identificar que as metas estimadas não condiziam com a realidade dos resultados apresentados nos relatórios diários de eficiência da produção, o gerente geral percebeu a necessidade da execução de um estudo de tempos nas operações. Portanto, o problema identificado era a falta de tempos-padrão em relação à realidade das operações da empresa.

Passo 2: Análise do problema: A principal restrição para o estudo era o tempo. o estudo de tempos tinha a limitação e necessidade de ser aplicado em 3 meses. Portanto, os critérios e especificações do estudo de tempos deveriam atender a esta limitação de tempo.

Passo 3: Pesquisa de soluções possíveis: A solução encontrada pela gerência para a restrição de tempo foi a restrição do estudo às operações das principais peças da empresa. As principais peças da empresa, determinadas pela gerência, são as 9 peças que têm maior demanda e, portanto, encontram-se, quase sempre, em constante produção. Estas peças envolvem um conjunto de 105 diferentes operações. Para restringir este número e garantir que as principais operações fossem observadas durante o estudo de tempos, foi definido, em consenso com a gerência e supervisores de produção, que as operações que não adicionam valor ao produto, como as operações de inspeção, lavagem das peças, liberação de material, entre outras, não deveriam ser o foco do estudo de tempos. Por fim, sobraram 44 operações a serem observadas durante o estudo.

Passo 4: Avaliação das alternativas: Dentre os mais de três métodos para definição de tempos-padrão existentes, segundo Niebel & Freivalds (2003, p. 373), estimativas, registros históricos e técnicas de medidas de tempo, foi determinado pela gerência que o estudo de tempos envolveria a aplicação de técnicas de medidas de tempo por observações diretas e cronometragem das operações.

Passo 5: Recomendações para ação: Inicialmente, o gerente geral promoveu treinamentos e informações sobre a utilização do sistema ERP, sobre os processos de produção e gestão da empresa e detalhes sobre as operações, máquinas, peças e ciclos de produção. Após isso, o treinamento foi realizado em campo, no chão de fábrica. o gerente geral apresentou a dinâmica das máquinas, das operações e dos operadores e mostrou como as cronometragens dos tempos de ciclo das operações deveriam acontecer. Foi percebida uma certa resistência dos funcionários. Estava claro que esta não seria uma tarefa fácil, a cronometragem e observação da operação de trabalhadores experientes poderia causar desconforto, dúvidas e insegurança. Por isso, tornou-se necessário a elaboração de estratégias de aproximação e abordagens aos trabalhadores, assim, eles entenderiam que objetivo do estudo não era julgá-los e sim, ajuda-los, e para isso, era essencial a cooperação dos mesmos com o estudo.

5.1.2 Preparação

A preparação para o estudo de tempos teve início com os eventos citados anteriormente, que representaram a sequência de requisitos definidos por Maynard (1970) apud Seleme (2012, p. 84): revisão preliminar, análise das operações, consulta aos supervisores de produção, operador e operação. Foram definidas as operações a serem analisadas, houve a observação preliminar de algumas operações e foram definidos os recursos necessários para a realização do estudo de tempos. Além disso, foram definidos o método de observação e cronometragem das operações, o modo de abordagem aos operadores e as delimitações do estudo de tempos.

Recursos utilizados para a realização do estudo de tempos: cronômetro eletrônico com memória de tempo (lap time) e folha de observação de tempos: formulário criado para ser impresso e auxiliar no processo de anotação das informações e detalhes importantes relacionados a operação cronometrada.

Estratégias para abordagem e observações: Segundo Niebel & Freivalds (2003, p. 15), trabalhadores tendem a temer estudos de tempos e métodos, por entenderem que os resultados levarão a um aumento na produtividade. E segundo eles, isso pode representar a diminuição da parcela de trabalho executada por eles e consequentemente, a redução do pagamento. Portanto, juntamente com a definição do passo-a-passo da rotina diária de observações, foram traçadas estratégias para facilitar a abordagem aos operadores:

- Abrir a seção de "ordens de serviços em andamento no dia" no sistema ERP para checar as peças em operação, centro de trabalho e operador.
- Dirigir-se ao centro de trabalho onde a operação de interesse está sendo executa com o cronômetro e a folha de observação impressa.
- Abordar o operador, explicar o objetivo e o procedimento do estudo de tempos.
- Perguntar se existe alguma dúvida sobre o procedimento e solicitar que o operador explique as tarefas e passos necessários para completar um ciclo daquela operação.
- Observar alguns ciclos antes de começar a cronometragem para ter a certeza do entendimento do processo.
- Iniciar a cronometragem quando o operador pressionar o botão de iniciar a máquina.
- Pressionar o botão de memória "lap time" toda vez que o operador pressionar o botão iniciar novamente.
- Registrar todos os tempos e informações no formulário.

5.1.3 Divisão da operação em elementos

De acordo com Seleme (2012, p. 87), a divisão da operação em elementos deve ser definida em conjuntos pelos gerentes e supervisores de produção. A gerência da empresa definiu que não havia necessidade de uma divisão das operações em elementos menores, pelas limitações tempo e por entender que o padrão de atividades necessárias para conclusão das operações era conhecido e executado pelos operadores.

Portanto, o nível de profundidade se limitou ao tamanho dos ciclos. A cronometragem deveria ser dividia apenas entre os ciclos, não em partes menores que isso. No entanto, de uma maneira indireta, a divisão da operação em elementos acontecia no âmbito das observações, ao ponto que durante e depois das cronometragens, o passo a passo executado pelo operador era registrado pela analista de tempos na parte de "observações" da folha de registros. Assim, em caso de divergências em relação ao tempo observado, estas anotações seriam utilizadas para determinar se a execução das atividades foi conforme o padrão conhecido pela empresa.

5.1.4 Determinação do número de ciclos

A determinação preliminar, na fase de preparação, do número de ciclos necessários para a execução do estudo de tempos, não ocorreu devido a um consenso entre a gerência e os supervisores, em função da limitação de tempo. Portanto, houve o consenso de que o número de observações ideal seria o máximo possível para cada operação. Apesar de a determinação do número de ciclos não ter ocorrido preliminarmente, após a execução das observações e cronometragens, houve a verificação do erro e confiabilidade dos tempos obtidos. Esta verificação será detalhada mais a frente.

5.2 Execução do estudo de tempos

5.2.1 Análise de operações em execução

O chão de fábrica possui estações de computadores conectados ao sistema ERP, onde os operadores inserem informações sobre as operações que estão trabalhando. No início de cada turno, os operadores informam os detalhes da operação no sistema (nº da ordem de trabalho, identificação da peça, operação a ser trabalhada e centro de trabalho). Essas informações eram obtidas pelo relatório de operações em execução, que era impresso toda manhã para o início das observações e cronometragem das operações do dia.

Após a obtenção do relatório de operações em execução, o próximo passo da rotina diária era ir até a fábrica e encontrar os centros de trabalho das operações escolhidas para iniciar as observações e cronometragens.

O último passo da rotina diária é, após todas as observações do dia, inserir as informações da versão física da folha de observações para a versão digital. A Tabela 1 abaixo demonstra as informações obtidas com observações da peça 19. o total de operações observadas para a peça 19 foi igual a três, onde, a operação 40, foi observada durante a sua execução em paralelo em duas máquinas, 2318 e 2326.

Tabela 1 Informações sobre operações observadas para a peça 19

					Tempos Cronometrados																			
Data	Hora	Peça	Op.	Centro de Trabalho	1	2	3	4	5	6	7	8	9	10	11	12	13	14	15	16	17	18	19	Média
02/06/2015	11:30	19	80	6503	0,50	0,42	2,67	0,29	0,48	0,69	0,54	0,45	0,71	0,52	0,44	0,43	0,50	0,47	0,57	0,52	0,49	0,53	0,48	0,62
03/06/2015	13:54	19	40	2318	5,90	6,10	5,75	5,58	8,50	5,35														6,20
03/06/2015	13:54	19	40	2326	5,47	5,70	5,43	8,15	6,28															6,21

Como relatado anteriormente, para otimizar a execução e determinar o foco do estudo de tempos, devido a limitação de tempo, a gerência informou as 9 peças mais importantes da empresa. Sendo elas: peça 2, peça 3, peça 10, peça 13, peça 14, peça 15, peça 16, peça 18, peça 19 e peça 20.

As 9 peças selecionadas possuem aproximadamente 105 operações registradas no sistema ERP. Mas, por determinação da gerência, o foco das cronometragens seria em operações que adicionam valor ao produto. Logo, operações como de inspeção, embalagem, liberação de material, entre outras que não adicionam valor direto ao produto final, não representavam necessidade de cronometragem. Portanto, excluindo-se as operações de valor não agregado ao produto, um total de 44 operações deveriam ser observadas.

Dentre estas 44 operações de valor agregado às 9 peças de foco do estudo de tempos, 24 foram cronometradas. o desvio se dá pelo fato de que, mesmo por serem operações de peças que são produzidas com maior frequência na fábrica, algumas operações não entraram em operação durante os três meses de execução do estudo de tempos. Quando nenhuma das operações definidas como o foco do estudo estavam em operação, outras operações de diferentes peças foram cronometradas, resultando em um total geral de 57 observações de diferentes operações durante todo o estudo de tempos.

Por fim, das 57 observações cronometradas, a operação de torneamento teve o maior número de observações, contabilizando 31 observações e a operação de fresamento ficou em segundo lugar com 9 observações.

5.2.2 Avaliação de ritmo dos operadores

De acordo com as quatro categorias de avaliação de ritmo do operador, apresentadas por BARNES (1977, p.298), foi considerado, em consenso com o gerente geral e os supervisores de produção, que o ritmo para o estudo de tempos é de 100%, com a escolha prévia de operadores de máquina com habilidades médias, com experiência e esforço medianos.

Além disso, pelo fato de a empresa não apresentar um departamento de Engenharia de Métodos, vale ressaltar que as condições de trabalho dos operadores nas máquinas foram analisadas e consideradas, também em consenso com a gerência, condições medianas ou boas. Também foi observado e discutido com os supervisores de produção que a consistência de trabalho é média, devido a organização da fábrica e a ampla experiência dos operadores de mais de 10 anos na fábrica. A Tabela 2 abaixo apresenta matriz de cálculo do fator de ritmo durante a avaliação de ritmo dos operadores, realizada na CT Usinagem.

Tabela 2 Avaliação de Ritmo dos Operadores

Habilidade	Médio	D	0,00
Esforço	Médio	D	0,00
Condições	Média	D	0,00
Consistência	Média	D	0,00
Total			0

5.2.3 Determinação do tempo normal das operações

De acordo com Niebel & Freivalds (2003, p. 395), o princípio básico de avaliar o ritmo do operador durante o estudo é determinar o tempo normal. Com o resultado do cálculo do fator de ritmo, demonstrado acima, igual a 0, não há acréscimo e redução no tempo observado. Portanto, temos o tempo normal resultante igual ao tempo observado.

A Tabela 3, a seguir, mostra o cálculo do tempo normal para as operações da peça 19. Como convenção as operações em paralelo executadas pelo mesmo operador, têm suas linhas coloridas com a mesma cor, na tabela geral de tempos.

5.2.4 Determinação da frequência das operações

Além do ritmo, é importante determinar a frequência da operação. A frequência representa a quantidade de peças produzidas durante um ciclo. Na Tabela 4 a seguir, mostra os tempos cronometrados, tempos normais e tempos frequenciados para alguns casos. Por exemplo, como observado abaixo, a operação 60, de fresamento, para a peça 14, opera 3 peças ao mesmo tempo. Portanto, a frequência é representada por 1/3, que significa 1 ciclo para 3 peças. o tempo frequenciado é determinado pela multiplicação do tempo normal (5,2 minutos) pela frequência (1/3), que resulta no tempo de 1,73 minutos para cada peça ser produzida.

Tabela 3 Tempo Normal para peça 19

Data	Hora	Peça	Operador	# Operação	Operação	Centro de Trabalho	Tempo médio de ciclo observado (min.)	Ritmo	Tempo normal	Frequência	Tempo Frequenciado
22/05/2015	01:17	14	A.B.	40	Torneamento	2324	4,07	100%	4,07	1	4,07
22/05/2015	01:38	4	A.B.	20	Torneamento	2310	15,91	100%	15,91	1	15,91
22/05/2015	02:15	16	S.G.	20	Torneamento	2302	3,32	100%	3,32	1	3,32
22/05/2015	02:30	18	S.G.	110	Torneamento	2316	7,67	100%	7,67	1	7,67
27/05/2015	10:50	5	A.	40	Prensamento	8002	0,17	100%	0,17	1	0,17
27/05/2015	11:20	10	D.R.	20	Torneamento	2329	1,98	100%	1,98	1	1,98
27/05/2015	11:45	9	D.R.	20	Torneamento	2329	4,49	100%	4,49	1	4,49
29/05/2015	08:30	14	W.K.	60	Fresamento	3411	5,20	100%	5,20	1/3	1,73
01/06/2015	01:30	13	B.V.	50	Laminação	4001	0,42	100%	0,42	1	0,42
01/06/2015	02:00	2	A.GA.	120	Fresamento (Hobb)	6003	6,66	100%	6,66	1	6,66
01/06/2015	02:00	18	A.GA.	130	Fresamento (Hobb)	6002	6,32	100%	6,32	1	6,32
02/06/2015	02:30	20	J.S.	20	Torneamento	2319	3,71	100%	3,71	1	3,71
02/06/2015	02:30	20	J.S.	30	Fresamento	3405	3,81	100%	3,81	1	3,81
02/06/2015	10:00	10	R.M.	25	Esmerilhamento	5101	0,19	100%	0,19	1	0,19
02/06/2015	10:30	6	I.K.	20	Serramento	1601	1,68	100%	1,68	1/4	0,42
02/06/2015	10:55	6	I.K.	20	Serramento	1604	1,57	100%	1,57	1/4	0,39
02/06/2015	11:30	19	B.V.	80	Mandrilamento	6503	0,62	100%	0,62	1	0,62
03/06/2015	01:54	19	A.R.	40	Torneamento	2318	6,20	100%	6,20	1	6,20
03/06/2015	01:54	19	A.R.	40	Torneamento	2326	6,21	100%	6,21	1	6,21

Tabela 4 Tempos frequenciados

Data	Hora	Peça	Operador	# Operação	Operação	Centro de Trabalho	Tempo médio de ciclo observado (min.)	Ritmo	Tempo normal
03/06/2015	01:54	19	A.R.	40	Torneamento	2318	6,20	100%	6,20
03/06/2015	01:54	19	A.R.	40	Torneamento	2326	6,21	100%	6,21
02/06/2015	**11:30**	**19**	**B.V.**	**80**	**Mandrilamento**	**6503**	0,62	**100%**	**0,62**

5.2.5 Determinação da tolerância geral das operações

Para determinar as tolerâncias das operações, foram analisadas as características de cada operação para determinar em que situações as tolerâncias deveriam ser aplicadas, quais seriam essas tolerâncias e seus valores. Uma análise geral das condições de trabalho foi realizada e, a partir disso, a gerência da empresa, determinou que o fator de tolerância geral deveria ser 15%. Este valor foi definido pela soma dos três tipos de tolerâncias e seus valores determinados pela empresa. Necessidades Pessoais = 3%, Fadiga = 8% e Atrasos = 4%.

Resultando em um total de 15% de tolerância para cada operação. A justificativa da adoção dos valores apresentados acima, pela gerência, se dá ao fato de a empresa permitir 30 minutos de parada na produção para almoço e 15 minutos de descanso no período da manhã. Além disso, para os casos em que os operadores executam duas máquinas ao mesmo tempo, o gerente geral, frisou que há sempre o cuidado de fazer a alocação entre as três combinações: operações de ciclos longos e curtos, operações de ciclos muito longos e curtos e operações de ciclos muitos longes e longos.

5.2.6 Determinação dos tempos-padrão

Tabela 5 Tempos-padrão e taxa de peças/hora das operações

Data	Hora	Peça	Operador	# Operação	Operação	Centro de Trabalho	Tempo médio de ciclo observado (min.)	Ritmo	Tempo normal	Frequência	Tempo Frequenciado	Tolerâncias (Nec. Pessoais = 3%; Fadiga = 8%; atrasos = 4%)	Tempo Padrão	Peças / Hora
22/05/2015	01:17	14	A.B.	40	Torneamento	2324	4,07	100%	4,07	1	4,07	15%	4,67	12,83
22/05/2015	01:38	4	A.B.	20	Torneamento	2310	15,91	100%	15,91	1	15,91	15%	18,29	3,28
22/05/2015	02:15	16	S.G.	20	Torneamento	2302	3,32	100%	3,32	1	3,32	15%	3,82	15,70
22/05/2015	02:30	18	S.G.	110	Torneamento	2316	7,67	100%	7,67	1	7,67	15%	8,82	6,80
27/05/2015	10:50	5	A.	40	Prensamento	8002	0,17	100%	0,17	1	0,17	15%	0,20	306,91
27/05/2015	11:20	10	D.R.	20	Torneamento	2329	1,98	100%	1,98	1	1,98	15%	2,27	26,39
27/05/2015	11:45	9	D.R.	20	Torneamento	2329	4,49	100%	4,49	1	4,49	15%	5,16	11,62
29/05/2015	08:30	14	W.K.	60	Fresamento	3411	5,20	100%	5,20	1/3	1,73	15%	1,99	30,08
01/06/2015	01:30	13	B.V.	50	Laminação	4001	0,42	100%	0,42	1	0,42	15%	0,48	124,22
01/06/2015	02:00	2	A.GA.	120	Fresamento (Hobb)	6003	6,66	100%	6,66	1	6,66	15%	7,66	7,83
01/06/2015	02:00	18	A.GA.	130	Fresamento (Hobb)	6002	6,32	100%	6,32	1	6,32	15%	7,26	8,26
02/06/2015	02:30	20	J.S.	20	Torneamento	2319	3,71	100%	3,71	1	3,71	15%	4,27	14,05
02/06/2015	02:30	20	J.S.	30	Fresamento	3405	3,81	100%	3,81	1	3,81	15%	4,38	13,69
02/06/2015	10:00	10	R.M.	25	Esmerilhamento	5101	0,19	100%	0,2	1	0,19	15%	0,22	278,79
02/06/2015	10:30	6	I.K.	20	Serramento	1601	1,68	100%	1,68	1/4	0,42	15%	0,48	123,92
02/06/2015	10:55	6	I.K.	20	Serramento	1604	1,57	100%	1,57	1/4	0,39	15%	0,45	133,07
02/06/2015	11:30	19	B.V.	80	Mandrilamento	6503	0,62	100%	0,62	1	0,62	15%	0,71	84,15
03/06/2015	01:54	19	A.R.	40	Torneamento	2318	6,20	100%	6,20	1	6,20	15%	7,13	8,42
03/06/2015	01:54	19	A.R.	40	Torneamento	2326	6,21	100%	6,21	1	6,21	15%	7,14	8,41

Com a tolerância geral de 15% definida, podemos finalmente definir os tempos-padrão. A Tabela 5 adiante apresenta os resultados de tempos-padrão e taxas de peças/hora para os mesmos exemplos apresentados anteriormente.

A fórmula utilizada, para obtenção dos tempos-padrão, foi a seguinte:

Tempo Padrão = Tempo Frequenciado + Tempo Frequenciado * Tolerância.

Para o exemplo da operação 60, de fresamento, da peça 14, o tempo-padrão foi obtido pelo seguinte cálculo: 1,73 + 1,73 * 15% = 1,99 minutos por peça.

A taxa de peças/hora foi definida, pois este é o parâmetro utilizado no sistema ERP. Esse valor é obtido pela fórmula: Peças/Hora = 60 / Tempo Padrão. Logo, a taxa de peças/hora para o exemplo anterior é de aproximadamente 30 peças por hora (60 / 1,99 = 30,08).

Obtidos os tempos-padrão das operações de produção e as taxas de peças/hora baseadas nestes tempos-padrão, torna-se relevante a análise dos resultados para verificar se os objetivos do estudo de tempos foram atingidos e a que conclusões estes resultados nos levam.

6. Análise dos resultados

6.1 Análise da confiabilidade dos tempos cronometrados

A primeira análise foi a verificação da consistência dos dados obtidos. Como não houve a determinação prévia do número de ciclos requeridos para o estudo de cada operação, devido ao consenso com a empresa, pela limitação de tempo, esta análise teve o objetivo de verificar a confiabilidade dos dados obtidos com o estudo de tempos.

A equação definida por Martins e Laugeni (2005, p.86), para determinação do número de ciclos a serem cronometrados, foi aplicada para a verificação da consistência dos dados obtidos. Foi considerado um erro relativo variando de 5% a 10% e um coeficiente de distribuição normal para precisão de 95% a 90%.

Limitando a análise às 9 peças selecionadas pela gerência, os valores de amplitude das amostras iniciais, número inicial de cronometragens e número total de cronometragens, para as suas operações observadas, foram listados na Tabela 6, a fim de obter o valor n ideal, que determina se o número de cronometragens do estudo de tempos, foi consistente.

Tabela 6 Consistência das cronometragens para peças selecionadas

Peça	# Operação	Operação	x	Amplitude	d2	Coef. Distribuição Normal	Erro	n	Nº Inicial de Cronometragens	Nº Total de Cronometragens	Consistência
2	120	Fresamento (Hobb)	6,66	0,01	2,53	1,96	0,05	0	6		OK
2	110	Torneamento	15,00	2,48	3,08	1,96	0,05	4	10		OK
2	20	Torneamento	3,81	0,18	2,85	1,96	0,05	0	8		OK
3	60	Soldagem por fricção	1,29	3,15	3,74	1,65	0,10	116	20		
10	20	Torneamento	1,75	0,00	1,13	1,96	0,05	0	2	8	OK
10	25	Esmerilhamento	0,19	0,01	2,70	1,96	0,05	1	7		OK
10	50	Soldagem por fricção	0,87	0,70	3,74	1,65	0,10	13	20		OK
10	65	Polimento	0,68	0,77	3,74	1,65	0,10	25	21		
13	50	Laminação	0,42	2,21	3,74	1,65	0,10	539	21		
13	40	Fresamento	11,86	0,80	2,53	1,96	0,05	1	6		OK
13	30	Torneamento	5,34	0,90	2,53	1,96	0,05	7	6	26	OK
14	30	Soldagem por fricção	0,44	0,02	1,69	1,96	0,05	1	3		OK
14	40	Torneamento	4,07	1,18	2,53	1,65	0,10	4	6		OK
14	60	Fresamento	5,20	0,63	2,70	1,96	0,05	3	7		OK
15	20	Torneamento	3,17	0,00	1,12	1,96	0,05	0	1	6	OK
18	100	Soldagem por fricção	1,09	0,49	1,69	1,65	0,10	19	3		
18	110	Torneamento	7,67	1,20	2,53	1,96	0,05	6	6		OK
18	130	Fresamento (Hobb)	6,32	1,15	2,53	1,65	0,10	1	6		OK
18	80	Torneamento	1,03	0,18	3,59	1,96	0,05	4	17		OK
18	20	Torneamento	6,52	1,03	2,85	1,96	0,05	5	8	16	OK
19	80	Mandrilamento	0,62	2,38	3,69	1,65	0,10	294	19		
19	40	Torneamento	6,21	2,72	2,33	1,65	0,10	10	5	11	
20	20	Torneamento	3,55	0,98	2,53	1,96	0,05	18	6	40	OK
20	30	Fresamento	3,46	0,35	2,53	1,96	0,05	7	6	39	OK
											18,00

De acordo com a Tabela 6, o resultado geral para as 9 peças selecionadas, indica que 75% (18 operações consistentes de um total de 24) das observações resultaram em dados consistentes. Entretanto, para 25% dos dados, um total de 6 operações, será necessário a continuação do estudo de tempos para garantir resultados consistentes para determinação de tempos-padrão de produção. Portanto, dentro do limite de confiança máximo de 90% e com um erro relativo máximo de 10%, tivemos um resultado de 75% de consistência na aplicação do estudo de tempos nas principais operações da empresa, conforme critérios científicos definidos pela metodologia deste estudo.

6.2 Análise comparativa entre tempos-padrão e metas estimadas

Após a análise da consistência dos dados obtidos para as principais peças, torna-se interessante analisar o desvio entre as taxas de peças/hora encontradas com as metas predeterminadas por estimativa no sistema ERP. Para isso, foi necessário verificar as metas lançadas no sistema e relacioná-las com cada tempo padrão para a análise comparativa. (Por uma questão de convenção, as taxas de peças/hora apresentadas serão chamadas de tempos-padrão, para facilitar a compreensão e assimilação das análises que seguem abaixo). Excluindo-se as operações com observações insuficientes, ou seja, dados inconsistentes, temos um total de 18 operações a serem analisadas.

A seguir são apresentados os resultados das análises para os tornos, fresas, soldadoras por fricção e esmerilhadora. Foram elaborados gráficos com diferentes combinações para os percentuais de ritmo e tolerância, uma vez que estes fatores influenciam o resultado do tempo-padrão. Esses gráficos representam a variação entre os tempos-padrão obtidos pelo estudo de tempos e as metas estimadas no sistema ERP. Cada série no gráfico representa a divisão da meta pelo tempo-padrão com diferentes ritmos e tolerâncias.

6.2.1 Tornos

A Figura 2 mostra o resultado da variação do tempo-padrão e metas estimadas (do sistema ERP) para diferentes combinações de ritmo dos funcionários variando de 100% e 90% e tolerâncias variando entre 0%, 15% e 25%, em relação a cada peça/operação de torneamento, dentre as peças selecionadas pela empresa.

As metas estimadas se aproximam da situação onde o ritmo é considerado 100% e tolerância 0%. Isto pode ser observado pelo fato de a série representada pelo ritmo 100% e tolerância 0% variar menos em relação a linha de 100% que corta o eixo vertical, onde a linha de 100% de variação representa nenhum desvio entre o tempo-padrão e a meta estimada.

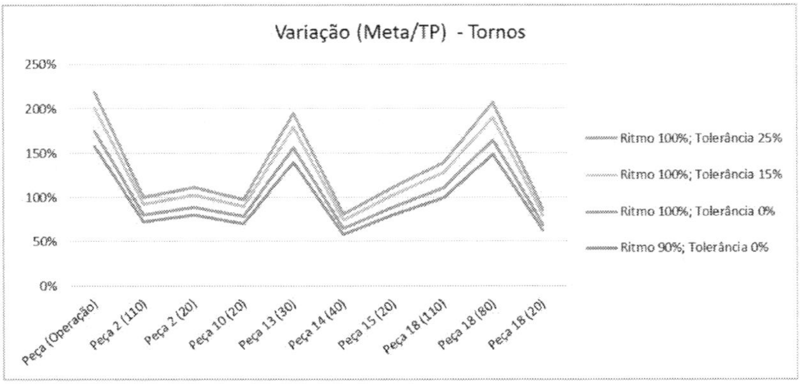

Figura 2 Gráfico de variação dos tempos-padrão de acordo com meta – Tornos

Esta análise nos leva a perceber que as metas estimadas para os tornos, em sua grande maioria, não consideraram tolerâncias. Ou seja, é como se os tempos cronometrados pelas observações diretas durante o estudo de tempos se tornassem as metas de produção, sem qualquer análise, estudo ou consideração de fatores que influenciam a produtividade dos operadores durante o dia de trabalho. Por isso, fica explícita a necessidade da determinação dos tempos-padrão baseada em fatos concretos do dia a dia da produção. E, portanto, a análise para a determinação destes tempos-padrão deve ser cautelosa e realizada caso a caso.

6.2.2 Fresas

As análises para as fresas seguem a mesma linha de análise realizada para os tornos. A Figura 3, a seguir, apresenta os resultados de variação do tempo-padrão e metas estimadas, para os mesmos ritmos e tolerâncias propostos anteriormente.

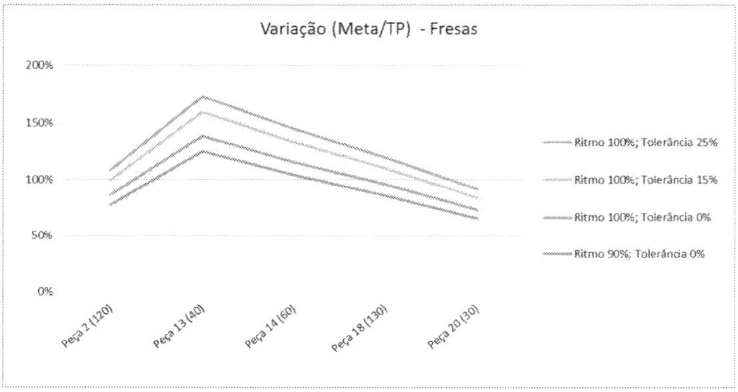

Figura 3 Gráfico de variação dos tempos-padrão de acordo com meta – Fresas

O gráfico acima, auxilia na conclusão de que as metas estimadas se aproximam da situação onde o ritmo é considerado 90% e tolerância 0%. Isto pode ser observado pelo fato de a série representada pelo ritmo 90% e tolerância 0% (linha azul) apresentar menor variação em relação a linha de 100% no eixo vertical, que significa menor desvio entre o tempo-padrão e a meta estimada.

Esta análise nos leva a perceber que grande parte das metas estimadas para as fresas, não consideraram tolerâncias e ainda consideram que os operadores apresentam um ritmo menor que o esperado. Ou seja, é como se os tempos cronometrados pelas observações diretas durante o estudo de tempos se tornassem as metas de produção e, além disso, recebessem um acréscimo para compensar o fator do ritmo, não havendo nenhuma análise, estudo ou consideração de fatores que influenciam a produtividade dos operadores durante a jornada de um dia de trabalho.

6.2.3 Soldadora por Fricção

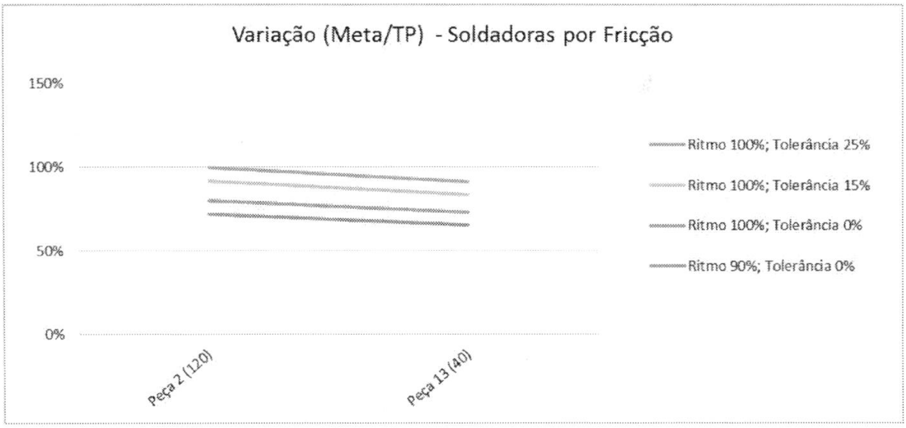

Figura 4 Gráfico de variação dos tempos-padrão de acordo com meta - Soldadoras por Fricção

As análises para as soldadoras por fricção seguem a mesma linha de análise realizada para os tornos e fresas. A Figura 4, a seguir, demonstra os resultados de variação do tempo-padrão e metas estimadas (do sistema ERP), para cada situação proposta anteriormente, em relação às duas peças / operações de soldagem por fricção.

O gráfico corrobora a conclusão de que as metas estimadas se aproximam da situação citada acima, onde o ritmo é considerado 100% e tolerância 25%. Isto pode ser observado pelo fato de a série representada por esta situação (ritmo 100% e tolerância 25%: linha cinza) apresentar maior proximidade com a linha de 100% no eixo vertical, que significa menor desvio entre o tempo-padrão e a meta estimada.

Portanto, esta análise nos leva a perceber que as metas estimadas para as soldadoras por fricção, não condizem com a realidade de produção para estas máquinas. Uma vez que se todos os tempos-padrão para a diferentes situações apresentadas, de ritmo e tolerância, são maiores que as metas estimadas. Isto significa que, muito provavelmente, as metas estimadas e, consequentemente, a gerência da empresa não considera a real capacidade e potencial produtivo destas máquinas/operações.

Além disso, como os operadores da CT Usinagem, trabalham na empresa há muito tempo, grande maioria conhece os valores das metas inseridas no sistema e sabem que é a partir destas metas que suas performances são avaliadas. Por isso, o resultado apresentado acima, para as soldadoras por fricção, nos leva a concluir que as operações de soldagem por fricção podem representar maior produtividade, se seus métodos e padrões forem estudados. Isto atende a um dos interesses apresentados pela gerência, na fase de planejamento do estudo de tempos, eles gostariam de verificar se as operações poderiam ser mais produtivas que na época anterior ao estudo.

6.2.4 Esmerilhadora

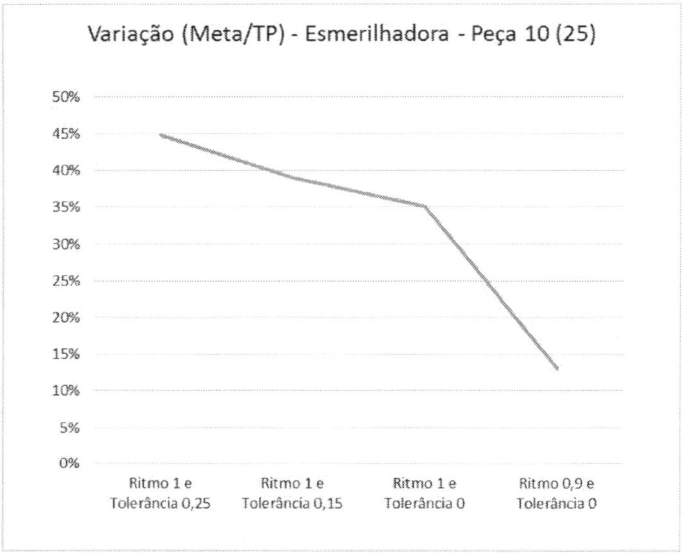

Figura 5 Gráfico de variação dos tempos-padrão de acordo com meta – Esmerilhadora

A análise para a única operação restante, da máquina esmerilhadora, segue a mesma linha de análise realizada para os tornos, fresas e soldadoras por fricção. Nesse caso, como temos apenas uma peça/operação e a Figura 5 a seguir, apresenta os resultados de variação do tempo-padrão e metas estimadas (do sistema ERP), para as quatro situações e combinações de ritmo e tolerância.

A partir do gráfico, podemos observar que as variações dos tempos-padrão para as quatro situações em relação a meta, para esmerilhadora, demonstra que os tempos-padrão são muito maiores que a meta estimada no sistema ERP. Nem mesmo ao adicionarmos uma tolerância de 25%, com ritmo 100%, tivemos uma aproximação da meta. Esta operação/máquina é caracterizada por ritmo constante ditado pela máquina, onde o operador deve apenas checar se a operação está ocorrendo bem, inserir matéria prima e retirar as peças finalizadas, para evitar acúmulo.

Neste caso, a meta, ao ser estimada, provavelmente considerou os possíveis atrasos por paradas. Pois por ser uma máquina automática, com alta taxa de produção e pouco variável, qualquer motivo que faça o operador parar a máquina, impacta fortemente no resultado de performance prevista para aquela operação. Apesar de concluir que a meta estimada pode ter considerado tolerâncias para esta operação, ainda assim, o tempo-padrão considerando tolerância de 25% e ritmo 100%, apresenta taxa de produção duas vezes maior que a meta estimada. Por isso, mais uma vez conclui-se que esta operação deve ser melhor estudada, em termos de métodos e padrões, para determinar e otimizar a capacidade produtiva da máquina e do operador

6.2.5 Análise geral das 18 operações

Para conclusão destas análises de variação entre tempo-padrão e meta estimada, torna-se relevante realizar uma última análise geral em relação a todas 18 peças selecionadas e com dados consistentes em relação a situação de 100% de ritmo e 15% de tolerância, definidos pela empresa como valores a serem adotados nos tempos-padrão, portanto, estes serão os parâmetros de comparação nestas análises. A Tabela 7 e a Figura 6, a seguir, representam os resultados de todas as 18 peças para o ritmo 100% e tolerância 15%.

Tabela 7 Resultados para ritmo 100% e tolerância 15% - Geral

ANÁLISE GERAL				
RITMO 100 %		TOLERÂNCIA 15%		
Peça (Operação)	**Tempo-padrão**	**Meta ERP**	**Variação (Meta/TP)**	**Máquina**
Peça 2 (110)	3,48	7,00	201%	Torno
Peça 18 (20)	8,00	15,20	190%	Torno
Peça 14 (40)	12,83	23,00	179%	Torno
Peça 13 (40)	17,59	28,00	159%	Fresa
Peça 14 (60)	30,08	40,00	133%	Fresa
Peça 18 (80)	50,89	65,00	128%	Torno
Peça 18 (130)	8,26	9,10	110%	Fresa
Peça 10 (20)	27,17	28,00	103%	Torno
Peça 18 (110)	6,80	7,00	103%	Torno
Peça 2 (120)	7,83	7,80	100%	Fresa
Peça 2 (20)	13,70	12,70	93%	Torno
Peça 10 (50)	59,97	55,00	92%	Soldadora
Peça 13 (30)	9,96	9,00	90%	Torno
Peça 20 (30)	12,42	10,50	85%	Fresa
Peça 14 (30)	119,48	100,00	84%	Soldadora
Peça 20 (20)	13,14	10,50	80%	Torno

ANÁLISE GERAL				
RITMO 100 %		TOLERÂNCIA 15%		
Peça (Operação)	Tempo-padrão	Meta ERP	Variação (Meta/TP)	Máquina
Peça 15 (20)	16,67	12,50	75%	Torno
Peça 10 (25)	278,79	125,00	45%	Esmerilhadora

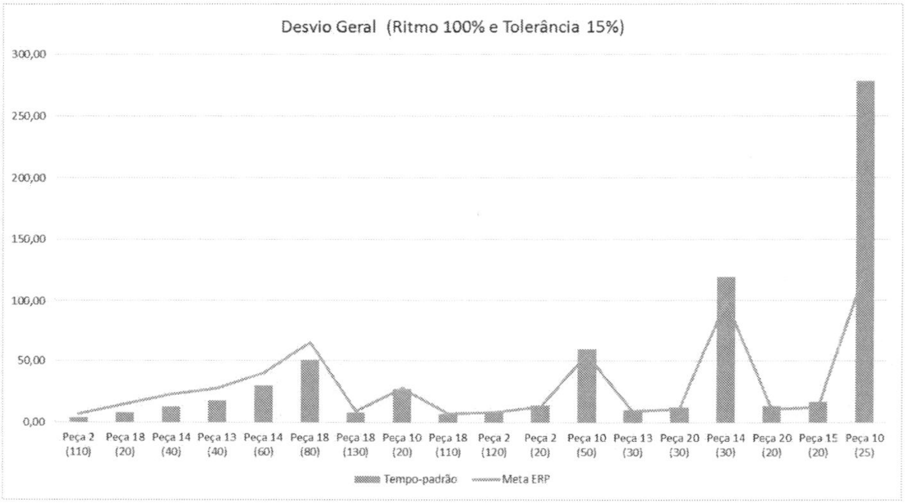

Figura 7 Gráfico de desvio geral para ritmo 100% e tolerância 15%

O resultado geral foi elencado na ordem das operações que apresentaram tempos-padrão (com ritmo 100% e tolerância 15%) menores que a meta estimada até as operações que apresentaram tempos-padrão muito maiores que a meta estimada, dentro do ritmo e tolerância definido pela empresa. Após esta série de análises existem os fatos nos mostram o seguinte:

a) Nos dois primeiros casos, tornos e fresas, as metas estimadas, se aproximam das situações onde tolerâncias não são incluídas. Este fato também é observado no resultado geral, onde as operações com metas maiores que o tempo-padrão (ritmo 100% e tolerância 15%) são na totalidade, fresas e tornos.

b) Nos dois últimos casos, das soldadoras por fricção e esmerilhadora, os tempos-padrão só se aproximaram ou ficaram menos longe da meta, com a adição da tolerância de 25%. Isto também é comprovado pela tabela de análise geral e o gráfico de variação geral, apresentados acima.

c) Dentre as 18 operações apresentadas nesta análise final, apenas em 3 casos, as metas são similares ao tempo-padrão, de ritmo 100% e tolerância 15%, que é um tempo-padrão razoável e considerado como ideal pela empresa.

A partir destes fatos, podemos concluir que fica evidente a necessidade da criação de parâmetros da produção baseados em fatos reais e concretos, não apenas em hipóteses e julgamentos.

Os casos de metas muito acima da realidade das operações, nos mostra que as metas foram baseadas em suposições que não consideraram tolerâncias para atrasos, necessidades pessoais e fadiga. Isso torna o trabalho desgastante e o desmotiva o trabalhador, que mesmo se esforçando, não atenderá o nível de performance requerido.

Nos casos onde a meta está abaixo da realidade da produção, fica evidente que as metas foram criadas por suposições e a capacidade produtiva das máquinas, operadores e operações estão sendo subestimadas. Consequentemente, este fato leva à empresa a não aproveitar a performance e produtividade disponíveis dentro da empresa, uma vez que, assim que o operador percebe que as metas são menores do que sua capacidade produtiva, ele pode trabalhar até atingir a meta e depois permanecer ocioso ou apresentar um ritmo menor que o normal.

7. Considerações finais

O principal objetivo deste estudo era realizar uma análise comparativa dos tempos-padrão de produção, definidos pelo estudo de tempos, com as metas estimadas, para comprovar a importância da definição dos parâmetros de produção com base em fatos reais. Verifica-se que o objetivo foi alcançado, pois os desvios e variações apresentados através de gráficos nas análises, corroboram o que a teoria indica: a determinação de parâmetros de produção com base em hipóteses e estimativas não produz dados confiáveis e, portanto, resulta em impactos e prejuízos na produtividade da empresa.

Estes impactos são comprovados pelas análises, onde parte das metas estimadas e utilizadas como parâmetros de performance e produtividade não considera tolerâncias relacionadas a fadigas, atrasos e necessidades pessoais dos trabalhadores, e outra parte representa metas que não "aproveitam" o potencial produtivo de suas máquinas e operadores, uma vez que estas apresentam valores muito abaixo dos verificados pelo estudo de tempos.

Portanto, mesmo com as limitações de tempo e resistências por parte de alguns operadores, foi possível aplicar conceitos e técnicas de estudo de tempos para obtenção tempos-padrão que transmitem a realidade da dinâmica de produção apresentada pela fábrica da CT Usinagem. Fica evidente os benefícios da aplicação de técnicas de engenharia de métodos, que tem por objetivo estudar os processos produtivos, padronizar ou seus métodos e fornecer soluções para o aumento da capacidade produtiva.

8. Referências

ANIS, G.C. *A importância dos estudos de tempos e métodos para controle da produtividade e qualidade. Artigo de MBA em Qualidade e Produtividade. Universidade Nove de Julho, 2010.*

BARNES, R.M. *Estudo de movimentos e de tempos: Projeto e medida do Trabalho. São Paulo: Edgard Blucher, 1977.*

DELOITTE - Auditoria, Consultoria Empresarial, Consultoria Tributária, Assessoria Financeira, Gestão de Riscos e Outsourcing. *Industry 4.0: challenges and solutions for the digital transformation and use of exponential technologies. Artigo online, 2015. Disponível em: <http://www2.deloitte.com/ch/en/pages/manufacturing/articles/manufacturing-study-industry-4.html> Acesso em 20/02/2016.*

MARTINS, P.G.; LAUGENI, E.P. *Administração da produção. 2ª Edição. São Paulo: Saraiva, 2005.*

NIEBEL, B. W.; FREIVALDS, A. *Methods, Standards, and Work Design. 11th Edition. Mc Graw-Hill, 2003.*

SELEME, R. *Métodos e tempos: racionalizando a produção de bens e serviços. Curitiba: 2012.*

YIN, R. K. *Estudo de caso: planejamento e métodos. 5ª Edição. Porto Alegre: Bookman, 2015.*

13. Gestão de estoque para material wip

Daiane Castelão Galdino
Instituição Professor Miguel Ângelo da Silva Santos (FEMASS)

Objetivo

Atualmente as empresas enfrentam um mercado extremamente concorrido, onde a disputa pelos clientes é acirrada. Para garantir a permanência neste mercado, é necessário buscar constantemente a melhoria de seus processos, aumentando a qualidade e diminuindo custos de produção. Diante deste cenário, o presente trabalho ressalta a importância do controle e organização do *Work In Process* para que seja possível mitigar os desperdícios e aumentar a eficiência da produção. o estudo utiliza conceitos de manufatura enxuta para controlar e reduzir as perdas de inventário de produtos semi acabados, assim como colocar ritmo e fluxo regular na produção de reparo de equipamentos de uma empresa do setor de óleo e gás.

1. Introdução

O surgimento do chão de fábrica se deu a partir da revolução industrial no final do século XVIII, onde a produção artesanal cedeu lugar para regime de produção mecanizada em massa. Essa mudança, associada ao modelo Toyota de produção, permitiu a introdução do sistema Just In Time com a filosofia de produzir somente o necessário, no tempo necessário e na quantidade necessária. Atualmente, a busca pela competitividade vem aumentando ainda mais o ensejo das empresas procurarem formas de reduzir os custos, aumentar a produtividade e melhorar a cadeia de valor na fabricação de seus produtos. Segundo Slack (2007) as empresas, seguindo os passos da manufatura automobilística, estão cada vez mais usando conceitos da produção enxuta. De acordo com Womack e Jones (1998)

"A manufatura enxuta é uma abordagem para organizar e gerenciar os relacionamentos de uma empresa com os clientes, cadeia de fornecedores, desenvolvimento de produtos e operações de produção."

No chão de fábrica frequentemente são identificados problemas no fluxo de materiais e no processo produtivo que impactam diretamente nos ganhos e no volume de inventário da empresa. o WIP (Work in Process) – Godratt (1993) afirma que quanto maior o número de tarefas em andamento em determinado processo, maior será o tempo que a matéria ficará no fluxo. Sendo assim, maiores serão os custos atribuídos a esse material, além de acarretar no prazo final de entrega do produto.

De acordo com International Journal of Production Research (1994), para fins contábeis, o WIP é considerado um ativo circulante que possui maior valor agregado se comparado com a matéria prima, mas significantemente menor se comparado com o produto acabado. Nesse sentindo, as empresas de manufatura se esforçam constantemente para manter a quantidade real de trabalho em processo que garanta preços baixos de modo que reduza a quantidade de capital empatado no processo produtivo.

O controle e adequação do work in process deve ser acompanhado por técnicas do sistema de produção enxuta que garantam a redução de trabalho em processo e configure uma produção contínua do produto. Nesse sentindo, o presente artigo usará a gestão visual e gestão de estoques para gerenciar o inventário de material semi acabado.

2. Manufatura enxuta

Segundo Toledo (2002), o pensamento enxuto pode ser entendido como a forma de produzir cada vez mais com cada vez menos recursos e, ao mesmo tempo, aproximar-se dos clientes e oferecer aquilo que eles realmente almejam, tornando o trabalho mais satisfatório e oferecendo retorno imediato sobre os esforços da transformação do desperdício em valor. Ainda de acordo com Toledo (2002), o japonês utiliza a palavra muda para especificar qualquer tipo de desperdício ou qualquer atividade que o cliente não está disposto a pagar, como por exemplo, o cliente não está disposto a pagar por tempo em espera, correção da peça, excesso em estoque ou qualquer outra forma de "muda" que esteja associado ao desperdício. o desperdício em uma manufatura enxuta é considerado um fator grave que prejudica toda a cadeia de produção, pois se trata de um gasto extra que impacta no aumento dos custos normais do produto ou serviço e que não agrega nenhuma melhoria para o cliente. Campos (1996) afirma que o desperdício é todo e qualquer recurso que se gasta na execução de um produto ou serviço além do estritamente necessário (matéria prima, tempo, energia, por exemplo). A filosofia da manufatura enxuta busca eliminar todo o desperdício, sendo assim, uma análise criteriosa deve ser feita para que seja possível encontrar a causa raiz e eliminá-la.

Um processo sempre estará suscetível a melhorias e isso independe do número de vezes que foi analisado, com base na melhoria contínua, Ohno (1997) lista os principais desperdícios na manufatura enxuta:

- **Superprodução** – Produzir mais ou mais cedo que o necessário;
- **Espera** – Manter a ociosidade de recurso entre as operações;
- **Transporte** – Realizar qualquer movimentação de materiais que não seja requerida;
- **Processamento** – Limitação do equipamento ou método que causem esforço ou resíduos que não agregam valor a peça;
- **Estoque** – Qualquer material em excesso ao fluxo de uma peça;
- **Desperdício de movimento** – Qualquer movimento de pessoas ou operação de máquina que não agregue valor ao produto;
- **Retrabalho** – Atividade de recuperação de produtos defeituosos.

Além da eliminação de todo o desperdício, a manufatura enxuta possui como principal foco a diminuição do *lead time* (tempo que uma determinada peça leva para percorrer todo o caminho do chão de fábrica) sendo necessária a eliminação de todo o desperdício no processo através da maximização da produtividade e na eficácia dos processos existentes. De acordo com Jones e Womack (1998), a manufatura enxuta tem como seu principal objetivo, alinhar a melhor sequência possível de trabalho a fim de agregar valor de forma eficaz aos produtos solicitados pelo cliente, oferecendo exatamente o que ele deseja e transformando, na melhor maneira possível, desperdício em valor.

Para Ohno (1997), o controle de o que, quando e como produzir é determinado pela quantidade de produtos em estoque. Assim, a operação final do processo "percebe" a quantidade de produtos vendidos aos clientes, e que, naturalmente, saíram do estoque, e as produz para repor o consumo gerado. Desta forma, cada processo produtivo "puxa" as peças fabricadas no processo anterior, eliminando, assim, a programação das etapas do processo produtivo através do MRP (Material Requirement Planning), isto é, planejamento das necessidades de materiais que em conjunto com o PCP (Planejamento e Controle da Produção) define a melhor forma de executar os processos, assim como, definição de prazos com o intuito de aumentar a eficiência e a eficácia da produção. Na produção puxada o consumo do cliente é que determina a quantidade produzida, gerando o principal pilar da filosofia enxuta: nível mínimo de inventário.

3. Gestão visual e work in process

A gestão visual é uma ferramenta criada pelo sistema Toyota de produção. Entre 1948 e cerca de 1975, foram criados os 14 princípios na necessidade de implementar o controle visual para os problemas que estavam "escondidos" no chão de fábrica. Hall (1987) define a comunicação visual como uma comunicação "sem palavras, sem voz", que contribui para condições de controle de work in process, sendo um verdadeiro mapa das condições da empresa para todos aqueles que podem ler sinais físicos. Para ele, a proposta da visibilidade que a Gestão Visual oferece é o efetivo e imediato "feedback", cujos objetivos são em oferecer informações acessíveis e simples e capazes de facilitar o trabalho diário, aumentando o desejo de se trabalhar com maior qualidade.

Corrêa (2001) afirma que work in process é todo material que está sendo processado ao longo de diversas fases que compõe o processo produtivo da empresa. Esse tipo de material não se encontra dentro do almoxarifado, pois já não é materia prima, assim como também não é um produto acabado.

Ao constituir um estoque em processo, uma matéria prima é requisitada do estoque, onde é baixada em uma ordem de produção. Enquanto essa ordem de produção não for concluída, este material é considerado WIP (Work in Process).

Considerando um sistema produtivo do tipo jobbing , que de acordo com Slack (2007) é caracterizado por alta variedade e baixo volume, o trabalho em processo precisa ser muito organizado e controlado para que não haja falhas por perda de material e erros no controle de rastreabilidade na fabricação de material para cada produto.

Aumentar o conhecimento de informações no chão de fábrica para o trabalho em processo e reforçar a autonomia dos funcionários, no sentido de enriquecer os relacionamentos e não enfraquecê-los e fazer com que o compartilhamento das informações passe a ser uma questão de cultura da empresa. Davis (1996) salienta que a gestão visual funciona como uma rápida "olhada", possibilitando que você entenda a situação, tornando-a transparente, focalizando no processo e não nas pessoas, priorizando realmente o que é necessário. Slack (2007) diz que a gestão visual funciona como um sistema de planejamento, controle e melhoria contínua. É a colocação das ferramentas, indicadores de desempenho, em local fácil, resultando benefícios a organização, melhorando a compreensão sobre o funcionamento do processo, aumenta a conscientização para eliminação de desperdícios e fornece uma visualização imediata dos procedimentos operacionais padrão utilizados.

Esse processo de exibição de informações serve para observação de qualquer pessoa que entre no local de trabalho, mesmo aqueles que não estejam familiarizados com os detalhes dos processos, pode muito rapidamente ver o que está acontecendo e entende-la. Dessa forma, fica fácil a visualização dos problemas dos problemas relacionados ao WIP (work in process) seja ele por excesso de estoque em processo, por altas perdas ou por falta de controle de rastreabilidade do material.

4. Estudo de caso

O presente estudo foi realizado em uma empresa multinacional do ramo de óleo e gás no business de subsea (negócio relacionado à produção de petróleo) em uma planta instalada na cidade de Macaé/RJ. Por motivos de confidencialidade essa empresa será tratada nesse trabalho pelo nome fictício Petróleo Reparos SA. A empresa possui um processo produtivo caracterizado como jobbing direcionado a reparos de equipamentos e suas respectivas ferramentas de instalação. Contém alta variedade de reparos, baixo volume e não possui dedicação exclusiva a um único projeto. Os equipamentos reparados na Petróleo Reparos SA ficam cerca de trinta anos no fundo do mar realizando a produção de petróleo, retornando a fábrica de reparos em um estado muito deteriorado. Um extenso trabalho de engenharia é feito para garantir a correta funcionalidade desses equipamentos para que os mesmos retornem ao mar em boas condições.

A Petróleo Reparos SA foi construída para atender uma demanda de dez árvores de natal (maior equipamento cujo reparo é feito na Petróleo Reparos SA) por ano, além de outros equipamentos e para ter uma demanda de cem mil horas produtivas ao ano. Seu principal cliente, a estatal Petrobras, fornece seus principais equipamentos e ferramentas de produção de petróleo para que sejam manutenidos pela Petróleo Reparos SA. Por se tratar de serviços, o produto vendido por essa companhia são horas produtivas. As horas apontadas pelos operadores devem ser o suficiente para pagar as despesas, custos diretos / indiretos e gerar lucro. A empresa também trabalha com spare parts, isto é, com venda de peças avulsas, além de equipamentos próprios que são alugados para outras empresas, mas estes não são o seu carro-chefe. A falta de eficiência e o mau planejamento vêm trazendo números totalmente distantes da capacidade planejada. Nos últimos três anos a média de entrega de equipamentos e ferramentas no prazo girou em torno de 3%. o Gráfico 1 ilustra essa porcentagem.

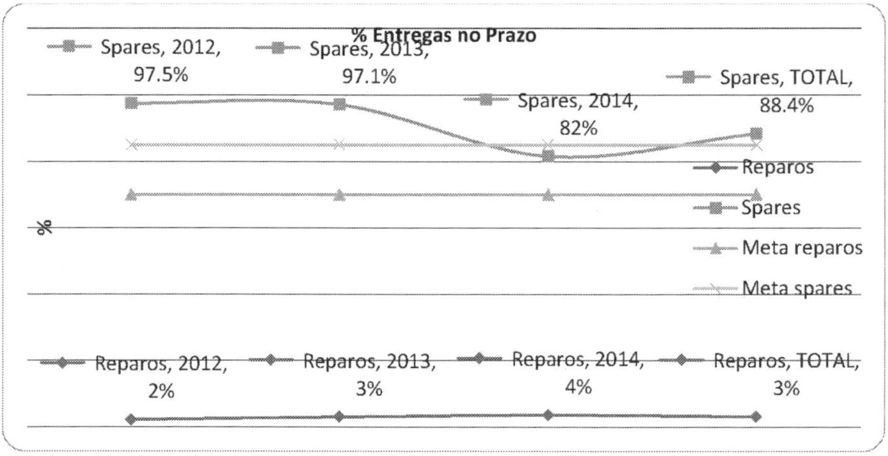

Fonte: Elaborado pelo Autor, 2015.

Gráfico 1 Entregas no Prazo

Dentre inúmeras variantes que tornam o processo burocrático e ineficiente, pode-se destacar a falta de controle do WIP. Atualmente, quando é feita a desmontagem de um equipamento ou ferramenta é muito comum perder a rastreabilidade das peças, pois não há um procedimento informando para onde enviá-las após a desmontagem e para onde enviá-las após terem sido reparadas até que sejam requisitadas para montagem. Além disso, também era muito comum, a empresa autorizar diversas desmontagens apenas para aumentar o faturamento sem ao menos pensar em uma estratégia de produção para entrega do produto, isto é, não se pensava em um planejamento mestre de produção viável para a montagem de todos esses equipamentos. Hoje, existe um passivo muito grande de peças desmontadas e sem rastreabilidade, ou seja, sem saber a qual equipamento pertence. Todo esse descontrole rendeu a Petróleo Reparos SA uma perda de três milhões de dólares no inventário de materiais de WIP no ano 2014 levando todo esse valor a resultado.Os resultados da companhia nos últimos três anos não foram satisfatórios ficando muito aquém ao que foi estabelecido como meta. o Gráfico 2 ilustra os resultados da empresa nos anos de 2012, 2013 e 2014.

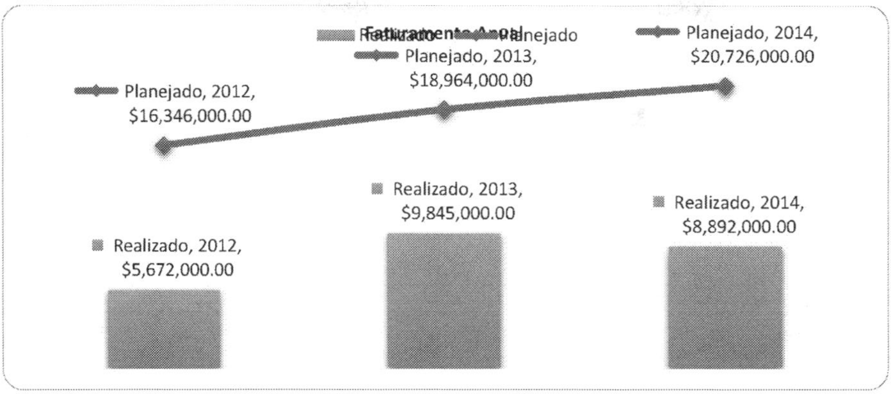

Fonte: Elaborado pelo Autor, 2015.

Gráfico 2 Faturamento da Petroleo Reparos SA

O projeto WIP foi desenvolvido com o intuito de controlar o trabalho em processo, ajudar a aumentar a eficiência da produção e consequentemente contribuir no OTD (On Time Delivery – Entrega no prazo) e nos resultados financeiros.

Primeiramente foi necessário traçar um plano para definir todas as necessidades e regras que precisavam ser atendidas para que o controle de peças pudesse ser feito com sucesso. Também foi imperativo criar um procedimento informando como o processo de WIP deve funcionar na companhia.

Com essas definições ficou decidido que o Work In Process é uma das atividades que deve ser acompanhada e controlada pelo PCP, sendo assim, o setor de Planejamento e Controle da Produção precisou ser reestruturado para atender essa nova demanda. Antes do processo WIP propriamente dito começar a rodar, foi necessário fazer o mapeamento de todas as peças que pertenciam ao WIP, pois as mesmas encontravam-se dispersas dentre equipamentos montados e desmontados, além disso, peças que não deveriam estar expostas a ação do tempo estavam disposta em uma área não coberta e sem nenhum tipo de produto protetivo. Sendo assim, foi criada uma equipe composta por engenheiros e inspetores da qualidade para identificar as peças e segregá-las por projeto, por peças reparáveis e peças que deveriam estar na sucata. Foi desenvolvido um plano para alta gerência sobre a necessidade criar um processo de preservação para as peças pertencentes aos equipamentos desmontados, pois foi evidenciado que em média a empresa perdia cerca de 150 mil dólares ao ano em má qualidade devido à má preservação das peças.Sendo assim, foi analisada as carcteristicas dos materiais e definido processos para preservação de peças reparadas e peças aguardando o reparo.

Para que a identificação das peças fosse eficaz para um controle visual, a empresa utiliza cartões que evidenciam o status ao qual a peça se encontra, isto é, um controle visual que mostra com rapidez se o item está em processo, concluído, sucateado ou com não conformidades. Além das cores, os cartões apresentam informações que contribuem para a rastreabilidade da peça, informações como, part number (código da peça), número de projeto, número do serial e fase indicando o processo ao qual se encontra. A Figura 02 ilustra os cartões utilizados no controle visual.

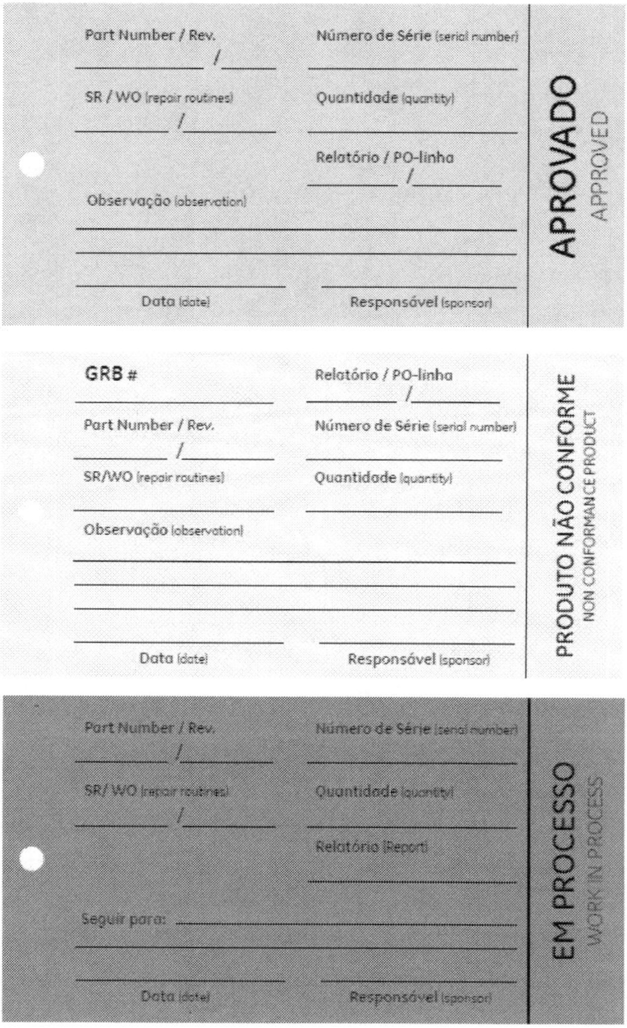

Fonte: elaborado pelo autor, 2015

Figura 01 controle visual

Fonte: elaborado pelo autor, 2015.

Figura 02 etiqueta adesiva de controle do wip

Em conjunto com a equipe de ti, foi criada uma etiqueta adesiva com código de barras que será utilizada logo após a desmontagem do equipamento. Desse modo, a quantidade de peças poderá entrar no sistema automaticamente através da leitura do código de barras. o processo ficará mais rápido e menos passível a erros, pois todo o controle de peças será feito via sistema de estoque. Essa etiqueta pode ser visualizada na figura 03.

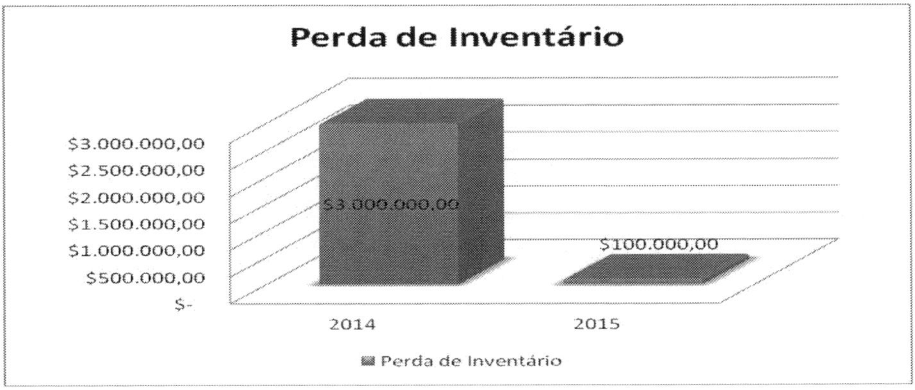

Fonte: Elaborado pelo Autor, 2015.

Gráfico 3 Perda de inventário

Após a segregação e identificação das peças, foi necessário deixar claro e em evidência todas as áreas pertencentes ao controle de peças que estão em processo. Essa atividade foi de extrema importância para caracterizar e demarcar a área de guarda das peças wip, pois não existia uma área delimitada para a segregação das partes do equipamento após a sua desmontagem. Sendo assim, o espaço pertencente ao wip ficou da seguinte forma mapeada:

Fábrica – local onde todo é feita a desmontagem, reparo, montagem e teste dos equipamentos e ferramentas.

Área wip de desmontagem – após a conclusão da desmontagem do equipamento feita na fábrica às peças desmontadas precisam ir para um local até que o laudo da engenharia seja liberado. Esse local é denominado wip de desmontagem;

Wip de drilling – equipamentos de perfuração que estão desmontados aguardando reparo e itens já reparados.

Wip peças reparadas – todo material com o reparo concluído é destinado a essa área. Após emissão da ordem de montagem, o material é enviado a fábrica para que a montagem seja concluída.

Pulmão 1 e pulmão 2 – área destinada a guarda de peças que estão na fila programada para entrar na montagem.

Rua 1 e rua 2 – área destinada a ferramentas e equipamentos desmontados aguardando autorização de reparo

Ferramentas montadas – área destinada a apenas ferramentas reparadas e montadas

Sucata – área destinada a sucata.

Para otimizar o espaço e o controle por endereço da peça no sistema do estoque e no físico, foi elabora uma solução barata e que antede as nossas expectativas: o chão foi pintado sendo dividido em boxes com comprimento e largura possíveis de abrigar palletes e caixas. Foi também inserida uma localização para cada box.

Foi necessário criar uma área destinada apenas a preservação de peças, pois com o novo fluxo, o material só poderá ser enviado a área externa devidamente condicionado e preservado. Produtos com ação anti corrosivas são usados para garantir a alta preservação do material antes de entrar para reparo e antes de seguir para o processo de montagem.

Para que o processo wip passasse a funcionar, foi necessário desenhar um fluxo de processo e definir uma matriz de responsabilidades com o intuito de direcionar o escopo de cada tarefa do work in process aos seus respectivos executantes. o fluxo de processo deve funcionar da seguinte maneira:

Em posse do roteiro de inspeção, a o planejamento/pcp deverá criar a ordem de produção que será utilizada na fábrica para que a desmontagem e inspeções sejam executadas no equipamento;

Após a conclusão da desmontagem e inspeções, as peças deverão sair da fábrica e ser direcionadas ao wip de desmontagem, onde deverão aguardar o laudo da engenharia para dar disposição do tipo de reparo que cada peça deverá sofrer. Todo material transferido para área externa deverá ser devidamente preservado

A engenharia de produtos emite o relatório de avarias informando a disposição de reparo que cada peça deverá sofrer;As peças deverão ser preservadas, inseridas no sistema de estoque com localização e quantidade e posteriormente enviadas à área externa. A ordem de desmontagem deverá ser fechada sem saldo, pois o saldo das partes já foi inserido no sistema.

Após autorização do cliente para iniciar o reparo das peças, a equipe do planejamento deverá emitir as ordens de produção que deverão ser programadas pelo pcp;O pcp deverá enviar as ordens de produção para equipe do wip, conforme prioridade de execução, para que a mesma possa abastecer a fábrica de acordo com a sua capacidade em cada estação de trabalho. o executante da equipe do wip deverá baixar o saldo do estoque na ordem de trabalho permitindo, desse modo, que a ordem seja trabalhada na fábrica;Após cada processo de reparo for concluído, a equipe de wip deverá fechar a ordem e dar saldo da peça reparada no sistema.

Após a ordem de montagem tiver sido programada, as peças já reparadas deverão ser baixadas nessa ordem e disponibilizadas na área de montagem. Após a conclusão da montagem, o equipamento deverá seguir para o estoque de itens montados e a ordem deverá ser fechada com saldo no sistema.

Além da organização e definição do processo de *work in process* foi necessário adequar técnicas da gestão visual para tornar possível o controle contínuo do WIP.

Nele é possível inserir a fila de todas as ordens de trabalho que estão disponíveis para o teste. Após a finalização de cada ordem de trabalho, a garantia da qualidade libera o gate de conformidade da ordem de produção. Após isso, o material é destinado para guarda/estoque.

Ficou definido que, o PCP ao liberar a programação a ser executada na semana seguinte, a equipe de WIP em conjunto com os líderes de fábrica fará o ressuprimento das estações de trabalho e a atualização do quadro que será implementado no chão de fábrica. Os líderes de cada estação de trabalho serão responsáveis por responder por atrasos na execução das atividades e por propor ações de melhorias em conjunto com o PCP e time do WIP para que o número de reprogramações seja reduzido.

A organização, definição de fluxo de processos e definição de uma Matriz de responsabilidades rendeu a Petróleo Reparos SA uma diminuição de 97% de perda de inventário se comparado ao ano de 2014. o Gráfico 3 mostra a redução na perda de inventário após a implementação do processo de controle de *work in process.*

5. Considerações finais

A partir da avaliação dos resultados obtidos, foi possível observar a importância do controle de *work in process* para uma produção enxuta. A organização e a definição de um processo enxuto eficiente são peças fundamentais para o controle do WIP. Também é notório que grande parte dos esforços sobre o alinhamento das estratégias na operação estão voltados aos sistemas de Produção Enxuta, pois são utilizados para gerenciar a produção de forma que a operação trabalhe almejando atingir maiores níveis de eficiência, eliminação de desperdícios, redução de custos, agregação de valor ao produto e atendimento as necessidades dos clientes.

A Petróleo Reparos SA compreendeu que o seu fluxo de processo impactava diretamente em seus resultados e na entrega no prazo de seus equipamentos. A adequação do WIP aos moldes da manufatura enxuta, rendeu a companhia uma redução de 97% da perda do inventário se comparado ao ano de 2014. o controle visual atribuído à identificação das peças contribuiu para aumentar a eficiência na segregação de materiais a serem abastecidos nas devidas estações de trabalho, assim como, no envio de peças para subcontratação, pois tão logo a desmontagem do equipamento era efetuada e as ordens de produção liberadas, todo o material que deveria ser enviado ao serviço externo era segregado e enviado em lote, favorecendo dessa forma o cronograma de entrega do equipamento. Além disso, o processo de preservação foi vital para redução do custo de má qualidade.

A implementação da gestão visual no sistema produtivo da Petróleo Reparos SA contribuiu para modificar a cultura organizacional da empresa a respeito do controle e organização dos processos. Líderes, times e a alta gerência estão empenhados em dar continuidade ao trabalho que foi desenvolvido, pois os resultados obtidos foram satisfatórios.

6. Referências

ADAIR,Charlene B.,MURRAY, Bruce A. **Revolução Total dos Processos**. *São Paulo: Nobel, 1996.*

ANZANELLO, M. J.; FALCÃO, A. S. G. & FOGLIATTO, F. S. **Análise de perdas e proposição de melhorias na linha de produção de uma indústria vinícola In: Encontro Nacional de Engenharia de Produção** – *ENEGEP, 2003, Minas Gerais. Anais do XXIII Encontro Nacional de Engenharia de Produção. Minas Gerais, 2003.*

BALLESTERO-ALVAREZ, María Esmeralda. **Gestão de qualidade, produção e operações**. *São Paulo: Atlas, 2010.*

CAMPOS, V. F. **Gerenciamento da rotina do trabalho do dia-a-dia**. *Belo Horizonte: Editora Fundação Christiano Ottoni, 1996.*

Cavalcante Samuel, **Vai usar Scrum, o que é preciso saber?.** *Disponível em: < http://fabrica.ms.senac.br/2013/06/vai-usar-scrum-o-que-e-preciso-saber/> Acesso em:26.Abr.2015.*

CORRÊA, Henrique L.; GIANESI, Irineu G. N.; CAON, Mauro. **Planejamento,**

programação e controle de produção. *4. ed. São Paulo: Atlas, 2001.*
DAVIS, M. M.; AQUILANO, N.J.; CHASE, R. B. **Fundamentos da Administração da produção.** *3.ed. Porto Alegre: Artmed Editora, 1999.*

DAVIS, Mark M.; AQUILANO, Nicholas J.; CHASE, Richard B. **Fundamentos da**

administração da produção. *3. ed. Porto Alegre: Bookman, 2001.*

GAITHER, Norman; FRAZIER, Greg. **Administração da produção e operações**. *8. ed. São Paulo: Pioneira Thomson Learning, 2002.*

GOLDRATT, Eliyahu; COX, Jeff. **A Meta**. *ed. amp. São Paulo: Educator, 1993.*

HAMMER, M.; CHAMPY, J. Reengenharia: **revolucionando a empresa em função dos clientes, da concorrência e das grandes mudanças da gerência**. *29 ed. Rio de Janeiro: Campus,1994.*

MACHLINE, Claude et al. **Manual de Administração da Produção** . *Rio de Janeiro: Ed. da FGV, 1986, vol. 2. Cap. VI, pp. 247-269.*

MOREIRA, Daniel A. **Administração da Produção e Operações**. *São Paulo. Cengage Learning. 2000.*

Moura,R.A. **Kanban - A simplicidade do controle de Produção**. *5°ed. São Paulo:IMAN,1999*

OHNO, Taiichi, 1997, **o Sistema Toyota de Produção – Além da Produção em Larga Escala**, *Editora Bookman; RITZMAN, L; KRAJEWSKI, L. J.* **Administração da produção e operações**. *São Paulo. Prentice Hall. 2004.*

SLACK,Nigel. **Administração da Produção**. *3 ed. São Paulo: Atlas,2007.*

TOLEDO L., 2002, **Proposta de roteiro de implementação dos conceitos de manufatura enxuta baseado num modelo corporativo**, *Tese de M. Sc, Universidade Federal de Itajubá, Itajubá, Minas Gerais, Brasil.*

UNICRUZ, **Planejamento e Controle da Produção**. *Disponível em: < http://www.unicruz.edu.br/seminario/downloads/anais/ccsa/planejamento%20e%20controle%20da%20producao%20e%20seus%20beneficios.pdf>Acesso em:03.Maio.2015.*

ZACARELLI, Sérgio Baptista. **Programação e Controle da Produção**. *São Paulo: Pioneira, 1987. Cap. 1 e 2, pp. 21-34. WERKEMA, C. Lean* **Seis Sigma: Introdução às ferramentas do** *lean* **manufacturing**. *Série Seis Sigma, V. 4. Belo Horizonte/MG: Werkema Editora, 2006.*

WOMACK, J.P.; JONES, D.T. & ROOS, D. **A Máquina que Mudou o Mundo.** *São Paulo: Editora Campus, ISBN 85-7001-742-1, 1998.*

14. Proposta de planejamento e desdobramento estratégico-hoshin kanri; aplicado ao setor de exploração e produção de petróleo e gás

Fredjoger Barbosa Mendes; Camilla Campos Silva; Iara Tammela
(Departamento de Engenharia, Universidade Federal Fluminense/UFF, Rio das Ostras, Rio de Janeiro, Brasil)

Objetivo

Este trabalho apresenta uma pesquisa bibliográfica e exploratória sobre o modelo japonês de planejamento e desdobramento estratégico denominado *Hoshin Kanri*, sua estrutura, evolução e aplicação. o objetivo foi identificar e avaliar padrões teóricos e aplicados, analisando suas potencialidades e limitações no sentido de encontrar um exemplo que melhor se adaptasse às empresas que constituem o segmento de exploração e produção de petróleo e gás. Nesta direção foi elaborada uma contextualização da atividade de exploração e produção de petróleo no Brasil e no mundo, onde a demanda por energia e produtos petroquímicos é cada vez maior e a contribuição do setor na economia é significativa. Foi feita uma revisão bibliográfica para delimitação e definição conceitual da atividade exploração e produção de petróleo e gás além da origem e evolução do hoshin kanri. Na sequencia foi apresentada uma ferramenta de avaliação dos modelos teóricos e aplicados de hoshin kanri pesquisados e o resultado final da avaliação. Finalizou-se com a descrição e justificativa da proposta do melhor modelo de planejamento e desdobramento estratégico hoshin kanri que pode ser aplicado nas organizações de exploração e produção de petróleo e gás, com o objetivo de alavancar a produtividade e sustentabilidade destas atividades.

1. Introdução

A cadeia de petróleo e gás possui relevância estratégica para a economia mundial. Em um cenário que demanda cada vez mais energia, este segmento responde por 52,8% do suprimento mundial, segundo Bicalho (2014). No

Brasil segundo o mesmo autor, o setor também merece destaque, pois responde por 52,1% do fornecimento de energia que o país demanda. Em termos econômicos o segmento de óleo e gás representa aproximadamente 9% do PIB do Brasil conforme estudo de Aragão (2005) sendo que somente a Petrobras respondeu por algo em torno de 4% do valor do PIB em 2013, conforme Bicalho (2014).

Segundo o IBGE o valor total do PIB em 2015 foi de R$ 5,904 trilhões, daí pode-se inferir que o setor de óleo e gás movimentou cerca de R$ 531,36 bilhões, um valor que expressa a dimensão do segmento.

A cadeia de atividades de exploração e produção se inicia na identificação de novos poços produtores e finaliza na entrega de energia aos consumidores finais sob a forma de derivados de petróleo e gás, que são usados numa infinidade de setores como indústria petroquímica, medicamentos, fertilizantes entre outras como relata Thomas (2004). Toda esta atividade pode ser dividia em upstream – que trata da exploração e produção e dowstream – que vai do escoamento até a revenda, como define Alvarez (2009) e é mostrado na figura 1.

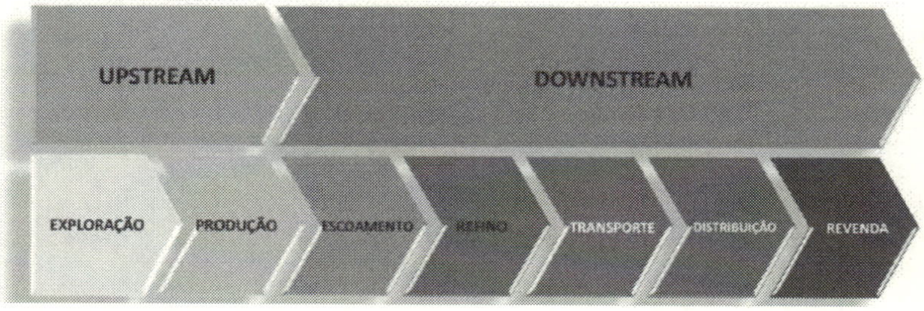

Fonte: Sebrae 2014

Figura 1 Cadeia de produtiva de petróleo e gás

O Zoneamento Nacional de Recursos de Óleo e Gás - Ciclo 2013-2015, publicado pela EPE (empresa de pesquisa energética) e pelo Ministério das Minas e Energia, destaca a importância do setor de exploração e produção (E&P) no desenvolvimento das bacias sedimentares brasileiras, proporcionando a geração de valor através de um recurso que demanda tecnologia para ser disponibilizado.

O Mapa Estratégico do Setor de Óleo e Gás elaborado pelo Sebrae, divulgado em 2014, separa a cadeia do segmento de E&P em empresas de produtos e serviços, enumerando 20 atividades relacionadas ao fornecimento e a manutenção dos equipamentos fabricados para a exploração e produção de petróleo e gás. As atividades citadas anteriormente são desempenhadas por empresas nacionais e estrangeiras de diversos tamanhos e orientações em termos de gestão, que atuam num cenário onde os prazos são justos e as consequências para atrasos resultam em perdas significativas em plataformas que tem diárias de até US$482 mil, segundo o site especializado em óleo e gás Rigzones (2016).

Para garantir sua sustentabilidade no negócio de E&P e suas peculiaridades, as empresas demandam diretrizes eficazes em suas operações e a melhor forma de fazer isto é através do planejamento estratégico, que é definido por Kotler (2004) como sendo um processo de gestão que visa manter um ajuste viável entre objetivos, habilidades e recursos de uma organização e as oportunidades de um mercado em contínua mudança.

A gestão estratégica segundo Lobato et al (2012) abrange a definição de referenciais estratégicos que comunicarão as diretrizes da organização para as suas unidades estratégicas de negócios e para os diversos níveis funcionais, visando que suas ações sejam coerentes e alinhadas com uma orientação geral.

Observa-se nas empresas que trabalham na cadeia de E&P uma desconexão entre as estratégias definidas e adotadas nas matrizes e a prática da média gerência, especialmente nas unidades responsáveis pelos serviços de suporte, que trabalham numa realidade muitas vezes ignorada pelos altos níveis corporativos. o problema da falta de integração estratégica impede a elaboração de metas realistas e a retroalimentação do sistema com informações dos níveis de operação para os níveis estratégicos, retardando o aprendizado organizacional e a adaptação da empresa para se concentrar naquilo que realmente gera valor para os clientes, como afirma Senge (2009).

Neste sentido Witcher (1999) apresenta o Hoshin kanri como uma estrutura de organização para a gestão estratégica. Concebendo desta forma um mecanismo que concentra toda a força intelectual de todos os funcionários, nas metas de sustentabilidade da organização, conforme declara Campos (2013).

O objetivo deste trabalho é pesquisar e avaliar modelos de planejamento e desdobramento estratégico hoshin kanri que possam ser aplicados no segmento de exploração e produção de petróleo e gás e depois propor um padrão que possa suprir a necessidade de integração entre os diversos níveis das empresas no sentido de garantir a disseminação e o cumprimento das metas. Com um procedimento eficaz para elaboração e gestão das diretrizes estratégicas espera-se que as organizações garantam sua sustentabilidade e continuem gerando valor para sociedade através do comprimento de sua função econômica, social e ambiental.

2. Referenciais Teóricos

2.1 Exploração e produção de petróleo e gás

A atividade de exploração e produção de petróleo e gás é definida por Jahn (2012) como o conjunto de atividades de desenvolvimento do campo petrolífero relacionadas com uma demanda específica, em sua maioria com estreita ligação com a geologia. o mesmo autor ainda divide as atividades de E&P em exploração, avaliação, desenvolvimento, produção e desativação; relacionadas com a atividade de construção de poços produtores de óleo e gás.

Ainda considerando Jahn (2012) pode-se definir a etapa de exploração como sendo o conjunto de atividades de pesquisa e avaliação que visam descobrir novos volumes de hidrocarbonetos a um custo competitivo que viabilize a exploração e a lucratividade do empreendimento. Completa ainda afirmando que o sucesso dos esforços de exploração é que determinará suas perspectivas de permanência no negócio em longo prazo.

A atividade de exploração é mais bem detalhada por Thomas (2004) que a divide em: métodos geológicos; disciplina que compreende as etapas de geologia de superfície, aerofotogrametria, fotogeologia e geologia de subsuperfície; há também os chamados métodos potenciais que se divide em gravimetria e magnetometria; finaliza com os métodos sísmicos que compreendem a geração e recepção de sinais sísmicos, geração e processamento de dados, geração e análise de ondas sísmicas, sismografia sintética, interpretação sismológica, sísmica 3D e 4D; sísmica aplicada a perfuração e desenvolvimento de poço e a sísmica de poço.

A atividade de perfuração de poços exploratórios também é considerada por Jahn (2012) como sendo de exploração, pois pode fornecer condições para a coleta de dados às disciplinas citadas por Thomas (2004).

A fase de avaliação de poços é o conjunto de operações necessárias para reduzir as incertezas em relação aos volumes produtíveis contidos na estrutura. Definidos e recolhidos os dados adequados à estimativa inicial de reservas, o passo seguinte será observar as várias opções técnicas para desenvolver o campo e assegurar sua viabilidade econômica, documentando todos os dados de forma organizada e plenamente recuperável, conforme relato de Jahn (2012).

A avaliação de formações é dividida por Thomas (2004) em três fases distintas: a perfilagem de poço aberto que compreende a análise de uma imagem formada a partir de parâmetros de resistividade elétrica, potencial eletroquímico, tempo de deslocamento de ondas mecânicas e radioatividade natural ou induzida; os testes de pressão em poços que podem ser definidos como operações que rompem o equilíbrio natural da formação onde o poço está para verificação de pressão estática, da existência de depleção, indicadores e produtividade, danos à formação e composição de fluídos do poço; e a perfilagem de produção que é feita após a instalação dos revestimentos de produção e da primeira fase da completação e visa determinar e efetividade da completação e as condições de produtividade ou injetividade do poço.

O desenvolvimento segundo Jahn (2012) é a etapa que consiste na elaboração das especificações de projeto das instalações de subsuperfície e de superfície, bem como a filosofia operacional e de manutenção exigida a fim de dar suporte à proposta de investimentos. Segundo Alvarez (2009) a perfuração, instalação de revestimentos e de tubos de produção são etapas que devem ser contempladas na etapa de desenvolvimento.

No desenvolvimento da produção é que são criadas as condições para instalação dos revestimentos que irão evitar o desmoronamento das paredes do poço e também o alojamento dos tubos de produção e dos equipamentos de elevação e produção. Segundo Thomas (2004) esta etapa pode ser dividida em: perfuração, descida de revestimentos, cimentação, completação e instalação de equipamentos de cabeça de poço.

A etapa de produção segundo Alvarez (2009) pode começar com a estimulação dos poços com a utilização de ácidos para a dissolução de calcário, dolomite e cimento de calcite. Segundo Jahn (2012) esta etapa se caracteriza por três fases: o período de construção onde os poços são colocados progressivamente em funcionamento; o período platô onde os equipamentos de produção trabalham em plena capacidade por um período que pode variar entre 2 a 5 anos e o período de declínio onde os poços apresentam uma menor taxa de produção.

A última etapa é o descomissionamento ou desativação dos poços produtores ou injetores, esta fase acontece quando o tempo de vida econômica do projeto termina e o fluxo de caixa líquido se torna permanentemente negativo, daí pode ocorrer a desativação do campo de exploração petrolífera. Casos os ativos físicos do poço ainda possuírem vida útil podem ser utilizadas técnicas de recuperação avançada por processos de inundação química. Mas tudo depende do retorno financeiro que a operação resultará segundo Jahn (2012).

Segundo Silva (2008) 1200 empresas geravam 30 mil empregos na atividade de E&P somente na região de Macaé – RJ, cluster de suporte à exploração e produção de 87% (ANP 2016) do petróleo e gás produzido no Brasil proveniente das bacias de Campos e Santos, veja a figura 2 e a tabela 1.

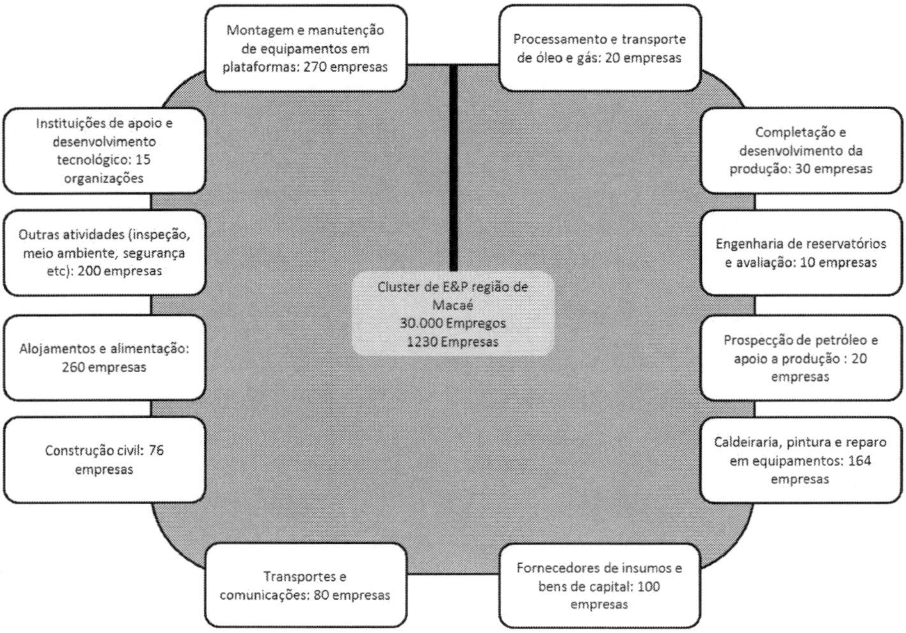

Figura 2 Cluster de empresas do setor de E&P em Macaé – Adaptado de Silva (2008)

Tabela 1 Produção de petróleo e gás equivalente – Fonte: ANP (2016)

Bacia	Petróleo (bbl/d)	Gás Natural (Mm³/d)	Produção Total (boe/d)	Nº campos produtores
Campos	1.507.684	27.290	1.679.338	46
Santos	906.726	45.281	1.191.547	12
Solimões	23.300	14.004	111.386	6
Potiguar	57.684	1.109	64.662	77
Espírito Santo	40.319	3.133	60.023	37
Recôncavo	34.728	2.298	49.183	76
Sergipe	28.865	2.745	46.133	20
Parnaíba	42	6.731	42.383	3
Camamu	419	4.971	31.687	2
Alagoas	3.666	1.061	10.339	12
Ceará	5.307	106	5.973	4
Tucano Sul	2	36	229	4
Total Geral	2.608.742	108.766	3.292.883	299

Uma atividade com tamanha expressão demanda sustentabilidade em seus negócios, isto advém da lucratividade e da saúde financeira que não podem ser obtidas sem uma estratégia bem desenvolvida e fundamentada num sistema que a traduza em ações, alinhando atividades operacionais e estratégias conforme afirmação de Liker (2007). o método de desenvolvimento e desdobramento estratégico hoshin kanri vem preencher esta lacuna como um conjunto de conceitos dão suporte a esta necessidade de alinhamento entre as ações em todos os níveis da organização e a estratégia adotada.

2.2 Fundamentos do planejamento estratégico hoshin kanri

Hoshin kanri é também conhecido como hoshin planning (planejamento hoshin), management by policy (gestão pela política) e ainda como policy deployment (implantação das políticas) e tem suas origens no SQC (statistical quality control) japonês, que foi implantado no Japão após a II Guerra Mundial por Deming e Juran.

Quanto à expressão "Ho" significa método ou forma, "Shin" quer dizer metal brilhante apontando a direção ou compasso. Os caracteres juntos "hoshin" formam a expressão método para a definição de orientação estratégica e "kanri" é o mesmo que planejamento; controlar o sistema ou gerenciar o processo, segundo definição de Watson (2003). Se juntarmos as expressões Hoshin kanri pode-se definir então como: Método para definição, planejamento, controle e gestão do processo de estratégia nas organizações. Traduzindo desta forma o ciclo PDCA (plan, do, check. action) confirmando o paralelo conceitual de Witcher (2002) entre o hoshin kanri e o PDCA.

A primeira vez que o desdobramento da política foi avaliado, foi no Prêmio Deming de 1958, que avaliou a política e seu plano de desdobramento, as relações interdepartamentais, a padronização, a análise, o controle e os efeitos de tudo isto no ambiente organizacional. Akao (1991)

Na transição do SQC para o TQC (total qualiy control) que ocorreu no Japão na primeira metade da década de 60, empresas que tinham ganhado o Prêmio Deming, como por exemplo, a Nissan (1960), a Denso (1961), Sumitomo (1962), Nippon (1963), Komatsu (1964) e Toyota (1965); tiveram um papel fundamental na elaboração e prática do hoshin kanri. Mas foi em 1968 quando a Bridgestone Tire Company ganhou o prêmio citado aplicando os conceitos consolidados do método, adotando uma abordagem participativa no alcance das metas é que podemos considerar que o hoshin kanri foi apresentado ao mundo corporativo, conforme relatado por Kondo (1998).

Nos anos 70 o hoshin kanri já havia sido adotado em todas as grandes empresas japonesas e nos anos 80 este modelo de gestão estratégica chegou ao ocidente por meio de subsidiárias japonesas de companhias americanas. No final dos anos 80 a Flórida Power and Light havia conquistado o Prêmio Deming para companhias estrangeiras demonstrando que o hoshin kanri já estava disseminado nos EUA. Nos anos 90 as companhias europeias que conquistaram o European Quality Award já haviam incorporado a técnica japonesa de gestão estratégia de acordo com Ayala (2010).

No Brasil o termo hoshin kanri foi traduzido e disseminado como "Gerenciamento pelas Diretrizes" por Campos (1996) e fez parte do portfolio de métodos que o TQC (abordagem japonesa) ou TQM (abordagem americana) empregavam nas organizações. o mesmo autor ainda conceituou diretriz como sendo a integração que há entre uma meta e as medidas prioritárias e suficientes para se atingir esta meta.

Após a disseminação da filosofia *Lean* o hoshin kanri foi incorporado por algumas organizações como a melhor forma de direcionar estrategicamente sua capacidade de gerar valor para os clientes, aumentando sua abrangência para além do TQC/TQM. Witcher (2001)

Segundo Cwiklicki (2010) todas as metodologias avançados de gestão podem integrar o hoshin kanri como parte integrante de seu modelo, citando o *Lean* Management, TQM e o Six Sigma. Desta forma pode-se afirmar que o hoshin kanri se adaptou ao longo do tempo e permanece como método eficaz para o planejamento estratégico das organizações e o alcance dos objetivos estratégicos necessários à sustentabilidade das organizações.

A forma básica de organização do hoshin kanri é apresentada por Akao (1991) na figura 3.

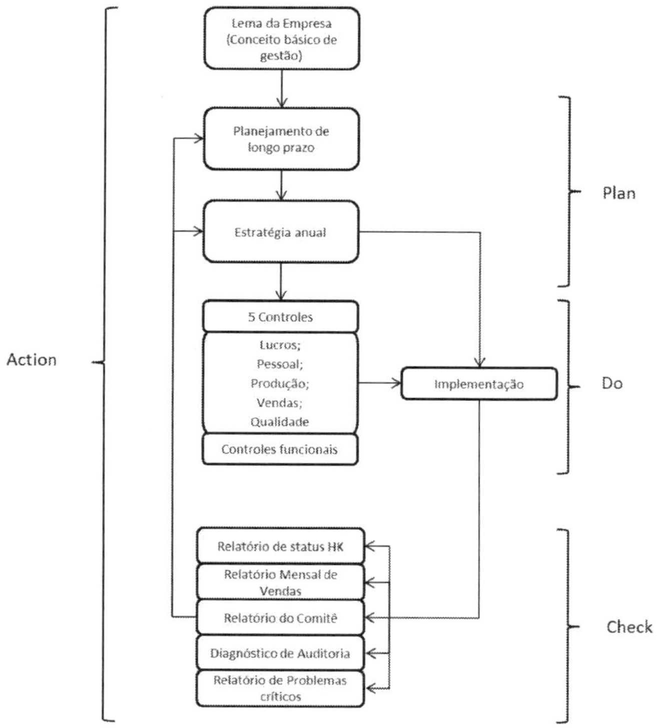

Figura 3 Modelo de hoshin kanri – Adaptado de Akao (1991)

Este foi o modelo chamado de participativo por Kondo (1998) e está baseado no giro do PDCA e participação e esforços de todos os funcionários da organização.

O primeiro estágio é a elaboração do lema da empresa, segundo Umeda (1995) este conceito básico deve refletir o espírito da organização contemplando valores como a qualidade, a sustentabilidade, a harmonia coma comunidade, a segurança, a criatividade obtenção de valor para os acionistas e para a sociedade.

A segunda etapa é a concepção do plano de longo prazo pode ser de uma abrangência de três a cinco anos e nele são definidas as estratégias (meios) para atingir a visão de futuro (fins) da empresa. Estas estratégias devem contemplar medidas de reformulação da estrutura organizacional que irão proporcionar bons níveis de competitividade da organização nos anos seguintes, segundo Campos (2013). Objetivos estratégicos devem ser estabelecidos baseados na análise do ambiente externo, interno e nas mudanças demandadas. Ainda neste contexto deve-se considerar a definição de metas, capacidades e de uma cultura organizacional que suportem a concretização da visão de futuro do negócio, conforme Calado (2014).

O terceiro passo é o desdobramento do plano de longo prazo, então a estratégia anual é elaborada, como forma de atingir os objetivos. Neste ponto devem ser consideradas as projeções financeiras e de mercado que suportem o atingimento das metas. É importante que haja uma análise de fatores externos, como por exemplo, economia, conjuntura política e aspectos sociais que possam influenciar competitividade da organização, de acordo com Calado (2014), Campos (2013) e Witcher (2002). Também é demandado um exame das condições internas da companhia, avaliando macroprocessos, custo da má qualidade, desempenho do produto, *benchmarking*, tempo e condições de entrega, segurança, conformidade ambiental, comunicação, moral, tecnologia, compras entre outros, conforme Calado (2014) e Juran (1992). A partir das análises devem ser priorizados objetivos e elaborados planos de ações para cada departamento com os respectivos orçamentos para que as metas sejam alcançadas, como afirma Campos (2013).

A quarta etapa é o cumprimento dos planos de ações, a execução deve ser acompanhada de forma periódica pelo nível estratégico da organização. Todos os planos e seus cronogramas com indicadores devem estar contidos em cinco classes: produção, lucros, pessoal, vendas e qualidade. É preciso tomar cuidado para não haver somente a cobrança por resultados, mas também uma análise criteriosa e sistêmica da realidade, conforme instrui Umeda (1995). Todas as ações precisam estar alinhadas com o plano de longo prazo e ferramentas do TQM, *Lean* e Six Sigma devem ser utilizadas como meios para o alcance das metas. Cada gestor de nível tático pode ter seu plano mestre alinhado com plano anual, facilitando assim o entendimento da contribuição de cada um e das relações de interdependência. Calado (2014)

A quinta fase é verificação mensal pela gestão estratégica do andamento dos planos de ação e adoção de eventuais correções de rota. A cada três meses podem ser feitas revisões mais detalhadas nas ações de forma a avaliar a adequação e o realinhamento das ações, segundo as definições de Manos (2010). No modelo de Akao (1991) estes relatórios seriam: relatório de status do hoshin kanri, relatório mensal de vendas, relatório do comitê de execução, relatório de diagnóstico da auditoria, relatório de problemas críticos.

O sexto e último estágio deste modelo básico de hoshin kanri é a revisão anual das estratégias. Este momento também deve ser dedicado ao início da preparação do plano para o próximo ano, conforme Manos (2010). Um aspecto importante a ser verificado é o alinhamento das ações adotadas com o plano de longo prazo e a visão de futuro, tudo isto cria oportunidades de aperfeiçoamento do negócio, segundo Calado (2014).

Segundo Ayala (2010) na literatura podem-se encontrar diferentes modelos para a o planejamento e implantação do hoshin kanri. São identificados principalmente cinco modelos: Wood e Munshi (1991) e Campos (1996), que apresentam o hoshin como parte do TQM e os modelos de Dennis (2007) e Jackson (2006), que apresentam o método focado ao contexto da produção enxuta. Wood e Munshi (1991) conseguem expressá-lo de uma maneira mais simples, mostrando também a ligação existente entre o hoshin kanri e o gerenciamento da rotina do dia-a-dia. Por outro lado, o trabalho de Campos (1996) foi pioneiro no Brasil e foi através de quem este método se fez mais conhecido no país. Todos estes trabalhos sofreram grande influência de Akao (1991) que teve seu modelo básico descrito no item 2.2.

A questão agora é responder qual destes modelos é o melhor para ser aplicado no segmento de exploração e produção de petróleo e gás? E como podemos avaliar isto? É isto que será respondido no item 3 deste capítulo.

3. Métodos De Pesquisa Adotados, Objetivo E Limitações Do Trabalho

Para Barros (1990) as pesquisas bibliográfica e documental são eficazes porque permitem ao pesquisador obter conhecimentos já catalogados em bibliotecas, editoras, internet, videotecas etc. Este tipo de pesquisa foi a escolha na fundamentação deste trabalho. Para os critérios propostos por Silva e Menezes (2001), no que tange à natureza da pesquisa, este artigo apresenta-se como uma pesquisa aplicada, já que está orientada à geração de conhecimentos dirigidos à solução de problemas específicos num determinado setor da atividade econômica.

Quanto aos objetivos podemos classificar como exploratórios e propositivos uma vez que irá propor um modelo que poderá vir a ser aplicado no segmento de exploração e produção de petróleo e gás na solução de problemas relacionados à concepção e desdobramento de estratégias dentro das organizações. Não é objetivo deste trabalho o estudo profundo de qualquer modelo de hoshin kanri e sim a avaliação de vários padrões para a proposição de um exemplo ao setor de exploração e produção de petróleo e gás.

As limitações deste trabalho estão relacionadas ao universo e a amostra de modelos estudados, existindo restrições de tempo e lugar, em função da disseminação ainda pequena deste padrão no mercado de uma forma geral e inexistente no setor de exploração e produção de petróleo e gás. É importante destacar ainda que, os modelos aplicados e teóricos estudados foram obtidos por meio de publicações de cunho acadêmico e, portanto, podem ter omitido detalhes de sua execução ou fundamentação.

4. Avaliação Dos Modelos De Hoshin Kanri Aplicados

4.1 Conceitos para avaliação de modelos de planejamento estratégico hoshin kanri

A avaliação de métodos de planejamento estratégico deve levar em conta o cumprimento daquilo que se espera deles, ou seja, prover a sustentabilidade da organização no longo prazo. Nesta etapa serão identificadas metodologias de avaliação estratégica que poderão ser usadas na análise do potencial de eficácia dos modelos de hoshin kanri implantados ou teoricamente propostos. o objetivo é identificar as melhores práticas para depois propor um modelo baseado nestas técnicas para o setor de exploração e produção de petróleo e gás.

Segundo Tilles (1963) uma estratégia eficaz gerará crescimento, lucro ou quaisquer outros objetivos que os gestores tenham estabelecido. Uma estratégia inadequada não só irá deixar de produzir benefícios, mas também pode resultar em desastre. Com o objetivo de avaliar a eficácia de uma estratégia o mesmo autor estabelece seis critérios:

- **Consistência e integração interna.**

  A consistência interna refere-se ao impacto cumulativo de políticas individuais sobre os objetivos corporativos. Em uma estratégia bem elaborada, cada política se encaixa em um padrão integrado. Deve ser julgada não só em termos de si mesma, mas também em termos de como ela se relaciona com outras políticas que a empresa estabeleceu e com os objetivos que persegue.

- **Consistência com o cenário externo.**

  Uma empresa que tem uma determinada política de produtos, política de preços ou política de marketing está declarando que optou por se relacionar com seus "stakeholders" - reais e potenciais - de uma determinada maneira. Da mesma forma, suas políticas com relação aos contratos governamentais, negociação coletiva, investimento estrangeiro, e assim por diante são expressões de relacionamento com outros grupos e forças. Assim, um importante teste de estratégia é se as políticas escolhidas são consistentes com o ambiente - se elas realmente fazem sentido com relação ao que está acontecendo no ambiente externo.

- **Planejamento e disponibilidade de recursos.**

  Recursos são os meios que uma empresa possui e que dão suporte para que a organização possa atingir seus objetivos corporativos. Podem-se incluir nesta categoria os recursos financeiros, as competências e as instalações; mas estes não completam a lista. Nas empresas que vendem bens de consumo, por exemplo, o principal recurso pode ser a marca e seu potencial de alavancar os negócios. Em qualquer caso, a gestão deve decidir em relacionar a estratégia e os recursos para alcançar seus objetivos.

- **Análise do grau de risco.**

  A estratégia e os recursos, em conjunto, determinam o grau de risco que a empresa poderá correr. Esta é uma escolha gerencial crítica. Por exemplo, quando a velha Underwood Corporation (antiga fábrica de máquinas de escrever que depois foi comprada pela Olivetti) decidiu entrar no campo do computador, ela estava fazendo o que poderia ter sido uma escolha estratégica extremamente correta. No entanto, o fato de que ele ficou sem recursos antes que pudesse realizar qualquer coisa nesse campo transformou sua busca da oportunidade no prelúdio de um desastre. Isso não quer dizer que a estratégia foi "ruim". No entanto, o curso de ação prosseguida foi uma estratégia de alto risco. Se a estratégia tivesse sido bem sucedida, a recompensa teria sido muito boa. o fato de que foi um fracasso, mas isto não significa que era sem sentido assumir a aposta.

- **Visão do espaço e tempo.**

  Uma parte significativa de cada estratégia é o horizonte temporal em que se baseia. Uma estratégia viável não só revela quais os objetivos a serem cumpridos; ela determina quando os objetivos devem ser alcançados. Metas, como recursos, têm utilidade baseada no tempo. Um novo produto desenvolvido, uma planta colocada em operação, um grau de penetração no mercado, tornam-se objetivos estratégicos significativos somente se realizados por certo tempo. o atraso pode privá-los de todo significado estratégico. Um exemplo perfeito disso na esfera militar é a campanha do Sinai de 1956. o objetivo estratégico dos israelenses não era apenas conquistar toda a península do Sinai, Era também fazê-lo em sete dias.

- **Funcionalidade**

  À primeira vista, parece que a maneira mais simples de avaliar uma estratégia corporativa é a pragmática de perguntar: Será que funciona? No entanto, uma reflexão mais aprofundada deve revelar que, se tentarmos responder a essa pergunta, somos imediatamente confrontados com uma busca de critérios. Qual é a evidência de uma estratégia está funcionando? Os índices quantitativos de desempenho são um bom começo, mas realmente medem a influência de dois fatores críticos combinados: a estratégia selecionada e a habilidade com a qual ela está sendo executada. Diante de uma eventual incapacidade de alcançar os resultados esperados, essas duas influências devem ser examinadas criticamente.

Sendo mais específico, Akao (1991) propõe oito classes de avaliação de modelos de implantação do hoshin kanri que podem estar em vários estágios de desenvolvimento:

- **Sistema geral de controle**

  Devem existir projetos desafiadores em busca da excelência em todos os departamentos e funções. Deve haver clareza e correlação em todos os indicadores de controle e gestão da qualidade e da administração do negócio. Os problemas devem ser evidenciados e corretamente tratados e eliminados. Os gestores deverão possuir excelência em liderança e toda a gestão deve ser feita girando o PDCA.

- **Administração estratégica e desdobramentos**

  Liderança deverá estar fortemente comprometida com o planejamento estratégico e com a execução do plano. Todos os procedimentos de planejamento devem seguir a lógica do PDCA. Deve haver uma consistência entre os planos, a estratégia e o desdobramento. Deve haver um comprometimento estratégico com o conceito de excelência em qualidade.

- **Planejamento estratégico de autocontrole**

  Procedimentos e sistemas estratégicos devem estar baseados no autocontrole. As metas, análises e planos devem estar relacionados com problemas críticos. o desdobramento dos planos e metas para níveis de supervisão e coordenação devem estar claros e consistentes. Os problemas críticos devem ser evidenciados e estudos por iniciativas de autocontrole.

- **Capacidade de análise e solução de problemas**

  Deve haver uma forte ligação entre os planos de ação de superiores e subordinados. As análises e solução de problemas são eficazes. Os planos estratégicos devem ser praticados. o controle de custos deve estar relacionado com a expectativa de lucros e ambos são monitorados preventivamente. As correções no plano estratégico devem ser feitas de maneira correta e no tempo adequado.

- **Configuração de sistemas de controle**

  Todos os indicadores estratégicos devem ser monitorados diariamente. As revisões e correções de rota devem ser feitas de maneira adequada.

- **Coordenação e implantação - Planejamento estratégico e itens de controle**

  O plano estratégico e os itens de controle devem ser verificados de forma adequada em cada departamento. Deve haver consistência entre o planejamento estratégico e o desdobramento em itens de controle.

- **Verificação de eficácia do planejamento estratégico**

  A verificação da eficácia das ações deve ser feita de baixo para cima. Devem existir procedimentos de verificação das ações do plano estratégico. Deve ser adotado o "feedback" para o próximo ano relativo ao plano estratégico. o diagnóstico anual deve ser executado.

- **Modelo de ações para supervisão e participação - Anual hoshin kanri**

  A alta direção e o setor de vendas devem ser ativos na realização dos planos estratégicos. As práticas de hoshin kanri devem ser disseminadas em outras empresas do grupo. o hoshin kanri deve funcionar na prática. Os procedimentos de supervisão do hoshin kanri devem ser estabelecidos e estar claros. Áreas de produção e engenharia devem ser muito ativas na implantação do hoshin kanri.

Com duas escolas (americana mais ampla e japonesa mais específica) de abordagens distintas, pode-se então juntar os itens de verificação dos dois autores e então ter-se-ão quatorze itens de verificação do planejamento estratégico e do desdobramento suas metas em diretrizes para toda a organização. A proposta agora é quantificar o desempenho dos modelos através de uma escala de atendimento aos requisitos dos autores.

4.2 Método de avaliação de modelos de planejamento estratégico hoshin kanri

Ao primeiro conjunto de itens de avaliação foi composta por quatorze elementos fundamentais num modelo de hoshin kanri, estes devem cobrir todas as demandas de planejamento e desdobramento das diretrizes dentro de uma organização, este itens foram propostos por Akao (1991), veja a tabela 2.

Tabela 2 Itens fundamentais de hoshin kanri – Adaptado de Akao (1991)

		ELEMENTOS BÁSICOS
Elementos básicos Akao (1991)	1	Company motto ou visão
	2	Planejamento de longo prazo - Estudo
	3	Planejamento de longo prazo - Implantação
	4	Planejamento anual - Estudo
	5	Planejamento anual - Implantação
	6	Estratégia anual do presidente
	7	Metas anuais prioritárias
	8	Metas anuais do gerentes
	9	Lista de ações prioritárias em progresso
	10	Lista de itens de controle
	11	Análise de diferença entre a meta e o real
	12	Relatório de progresso
	13	Lista de problemas críticos
	14	Feedback

Para cada item evidenciado no modelo, este ganha um ponto na avaliação geral. A soma dos pontos será adicionada ao valor da outra lista de itens a serem avaliados.

O segundo conjunto de itens a serem avaliados é composto pela fusão de dois conceitos. Uma forma de análise mais ampla proposta por Tilles (1963) que foi denominada visão geral que tem por objetivo testar a consistência estratégica do modelo numa abordagem mais generalista com sete questões e outra de Akao (1991) que foi chamada de visão específica e também conta com sete questões com um enfoque mais amplo, mas ainda dentro dos limites conceituais do hoshin kanri, método que se propõe avaliar, veja a tabela 3.

Tabela 3 Itens de visão geral e específica – Adaptado de Tilles (1963) e Akao (1991)

		DIMENSÃO / ESCALA
Visão geral (Tilles 1963)	1	Consistência e integração interna.
	2	Consistência com o cenário externo
	3	Planejamento e disponibilidade de recursos
	4	Análise do grau de risco
	5	Visão do espaço e tempo
	6	Funcionalidade
	7	Sistema geral de controle
Visão específica Akao (1991)	8	Administração estratégica e desdobramentos
	9	Planejamento estratégico de autocontrole
	10	Capacidade de análise e solução de problemas
	11	Configuração de sistemas de controle
	12	Coordenação e implantação
	13	Verificação do planejamento estratégico
	14	Modelo de ações para supervisão e participação

O diagnóstico quantitativo foi feito conforme a escala proposta por Akao (1991), onde o potencial de eficácia do modelo de hoshin kanri está relacionado à maturidade, clareza e detalhamento, alinhamento, aplicabilidade e das possibilidades de replicação desta técnica em outras unidades de operação, veja a tabela 4.

Tabela 4 Níveis de eficácia do modelo de hoshin kanri – Adaptado de Akao 1991

ESCALA	NÍVEL POTENCIAL DE EFICÁCIA
1	Muito baixo
2	Baixo
3	Médio
4	Alto
5	Muito alto

O estudo dos modelos foi desenvolvido através de artigos, dissertações e livros que apresentaram os exemplos de implantação do hoshin kanri em diversas empresas, de várias épocas e de modelos teóricos de propostos por vários autores.

O potencial de eficácia é um fator que demonstra o grau de atendimento aos requisitos propostos nas tabelas 2 e 3, não tendo relação probabilística que não é foco deste estudo, mas quantifica o atendimento qualitativo para efeito de comparação. A fórmula a seguir faz a síntese do cálculo:

4.3 Limitações do modelo de avaliação e dos resultados

Este é um estudo teórico que se propôs a identificar o melhor padrão de hoshin kanri que pudesse ser aplicado à exploração e produção de petróleo e gás, portanto seus resultados devem ser interpretados como tal. As análises e comparação dos modelos escolhidos e expostos no trabalho se deram em função da disponibilidade de informação sobre os respectivos exemplos e, portanto, deve-se limitar a eles. o diagnóstico quantitativo, apesar de usar a escala proposta por Akao (1991), ainda guarda aspectos de subjetividade e podem ter sido influenciadas pelas percepções e experiências do autor.

4.4 Síntese dos modelos escolhidos para a avaliação

A tabela 5, apresenta uma síntese de todos os modelos que foram avaliados. Desta forma é possível identificar algumas diferenças entre as propostas e a também o alinhamento à proposta inicial de Akao (1991).

4.5 Resultados da avaliação dos modelos de planejamento estratégico hoshin kanri

A avaliação dos modelos, mostrada na tabela 6, evidenciou que pelos critérios já descritos anteriormente e adaptados de Tilles (1968) e Akao (1991) o modelo proposto por Jackson (2006) é o método mais completo de planejamento estratégico hoshin kanri. Em face do resultado da avaliação responde-se a questão levantada ao final do item 2.2, o que se propõe agora é saber por que o método de Jackson (2006) foi mais bem avaliado do que os outros exemplos.

5. Análises de Resultados e Proposta

5.1 Análises de resultados

O formato de Jackson (2006) é o mais atual dos padrões teóricos, a obra que descreve o método, recebeu o prêmio Shingo Research and Professional Publication Award concedido pelo Shingo Institute, que pertence a Universidade de Utah nos EUA. Este reconhecimento pode evidenciar um valor diferenciado para o trabalho e um ótimo potencial de aplicação.

Tabela 5 Resumo dos modelos de hoshin kanri – aplicados e teóricos

	MODELOS DE HOSHIN KANRI AVALIADOS	SÍNTESE DOS MODELOS
MODELOS APLICADOS	Autor: Kondo (1998) Empresa: Bridgestone Ano: 1968 País: Japão Modelo de gestão: TQC	Modelo apresentado por Yoshio Kondo, professor emérito da Universidade de Kyoto no Japão. Este modelo foi aplicado na Bridgestone no Japão no final da década de 60 é importante porque foi a primeira vez que o hoshin kanri foi efetivamente usado como tal. Ele contém a política anual e política de médio a longo prazo, filosofia básica da empresa e política de qualidade, convertendo a política metodológica em política objetiva, a composição da política, dois estilos de de desdobramento - de cima para baixo e de baixo para cima, "catch-ball", e auditoria interna do controle de qualidade da alta gerência.
	Autor: Witcher (1999) Empresa: Xerox Ano: 1997 País: Reino Unido Modelo de gestão: TQM	Modelo apresentado por Barry J. Witcher, da Universidade de East Anglia - UK, este trabalho apresenta um estudo de caso da prática de Hoshin Kanri na Xerox UK. A Xerox é um exemplo de boas práticas de Hoshin Kanri. Os principais recursos incluem o uso de programas vitais da Xerox; O link com avaliações de empregados; Um papel activo para uma rede de gestores de qualidade; Uma forma participativa de implantação; Uma forma madura de gestão da qualidade total; O uso de um modelo de auto-avaliação para gerenciar o negócio; E um sistema estruturado de revisão. Embora a implementação tenha sido difícil, os principais benefícios foram a transparência e a linguagem comum para o envolvimento de todos na gestão da estratégia.
	Autor: Ćwiklicki (2010) Empresa: "A" Eletronics Ano: 2010 País: Polônia Modelo de gestão: Lean	Este modelo foi apresentado por Marek Ćwiklicki, em artigo da Cracow University of Economics., Polônia. O trabalho estudou uma empresa japonesa, que foi instalada na Polônia em 2009, com 150 funcionários e a diretoria composta por japoneses e poloneses. A empresa já era certificada ISO 9000, ISO 14000, OHSAS 18000 e sua atividade era a montagem de equipamentos eletrônicos com peças que vinham do Japão e que depois seriam vendidos no mercado europeu. A estratégia corporativa da Companhia A compreende os objetivos estabelecidos por sua matriz no Japão e os objetivos desenvolvidos pelo pessoal da fábrica. Os objetivos ditados pela matriz no Japão são fixados em um nível muito estratégico, enquanto os elaborados na Polônia são um desdobramento destes.
	Autor: Leppanen (2014) Empresa: Sappi Paper Ano: 2014 País: Finlândia Modelo de gestão: Lean	Este modelo foi extraído de uma dissertação de mestrado de Kalle-Pekka Leppänen, da Tampere University of Applied Sciences, Finlândia e trata do modelo de hoshin implantado na usina de papel de Kirkniemi. O desdobramento da estratégia na usina de Kirkniemi é baseado nas planilhas pessoais do hoshin kanri. A implantação de nível superior de fábrica (alinhamento vertical) inicia a partir da planilha dos gerentes de fábrica e continua até o nível de supervisor. Todos os que têm relatórios diretos na organização da usina têm planilha pessoal. Além disso, alguns especialistas têm as planilhas também. Total 48 pessoas têm planilhas na usina e tem controles de indicadores nos diversos níveis.
MODELOS TEÓRICOS	Autor: Wood (1991) Empresa: NA Ano: 1991 País: EUA Modelo de gestão: TQM	Apresenta um modelo conceitual que dá especial ênfase nos ciclos PDCA que conformam o Hoshin Kanri e a relação existente entre este e o controle diário. Vale ressaltar que diferencia três componentes dentro do TQM: (i) o Hoshin Kanri, que lida com o gerenciamento das políticas no nível da alta administração; (ii) o controle diário, que envolve os gerentes médios e de linha no trabalho de melhoria contínua das funções básicas; e (iii) os times de melhoria da qualidade, que levam a cabo específicas melhorias funcionais ou interfuncionais. Para a execução do Hoshin Kanri, divide a empresa em cinco grupos ou comitês: (i) o comitê executivo de direção, (ii) o comitê de desdobramento das políticas; (iii) os comitês departamentais, ; (iv) os comitês interfuncionais (v) os times de tarefas.
	Autor: Campos (1996) Empresa: NA Ano: 1996 País: Brasil Modelo de gestão: TQC	Campos (1996) proporciona um modelo de implementação do Hoshin Kanri ou gerenciamento pelas diretrizes, que procura manter a simplicidade dividindo o processo de implementação em uma série de passos concisos e de fácil entendimento. Ele faz uma analogia entre o Hoshin Kanri e as artes marciais, apresentando a implementação em três fases principais que ele chama faixas: a fase 1, faixa branca; a fase 2, faixa marrom; a fase 3, faixa preta. Resumindo: Faixa Branca e Marrom: escritório do TQM, Presidente, diretores, gerentes e equipes. Faixa Preta: escritório do TQM, comitê do TQM, comitê interfuncional QCDE, unidades de suporte, grupos de trabalho, além da estrutura funcional.
	Autor: Dennis (2007) Empresa: NA Ano: 2006 País: EUA Modelo de gestão: Lean	Dennis (2007), diz expressar a maneira como a Toyota utiliza o Hoshin Kanri para o desdobramento das estratégias, através do relato de implementação em uma empresa fictícia. Segundo o autor, os componentes do Hoshin Kanri são: (i) o norte verdadeiro estratégico, (ii) o ciclo PDCA, (iii) o processo de gerenciamento composto pelos ciclos PDCA macro, anual e micro, (iv) o conceito de líder de desdobramento, (v) o catchball e (vi) o pensamento A3. Uma vez determinado o norte verdadeiro, as metas anuais e os temas das estratégias mãe, cada departamento desdobra estas em seu próprio norte verdadeiro e metas para cada uma das seções dentro dos departamentos. Dentro de cada departamento se tem estratégias globalmente.
	Autor: Jackson (2006) Empresa: NA Ano: 2006 País: EUA Modelo de gestão: Lean	O time Hoshin é formado por membros da alta gerência e tem toda a responsabilidade pelo desenvolvimento do planejamento estratégico e pela implementação dos primeiros três experimentos: estratégia de longo prazo, estratégia de médio prazo, e o Hoshin anual ou metas anuais. Estes três experimentos são focados na melhoria geral dos negócios da empresa, processo que requer a coordenação multifuncional e entre a companhia e seus clientes e fornecedores. O time tático, designado pelo time Hoshin, desenvolve e guia na execução do quarto experimento do Hoshin Kanri: iniciativas táticas para desenvolver habilidades competitivas.

Tabela 6 Método de avaliação dos modelos de hoshin kanri – adaptado de Akao (1991) e Tilles (1968)

ESCALA	NÍVEL POTENCIAL DE EFICÁCIA	MODELOS APLICADOS				MODELOS TEÓRICOS			
1	Muito baixo	Autor: Witcher (1999)	Autor: Kondo (1996)	Autor: Cwiklicki (2010)	Autor: Leppänen (2014)	Autor: Wood (1991)	Autor: Campos (1996)	Autor: Dennis (2007)	Autor: Jackson (2006)
2	Baixo	Empresa: Xerox	Empresa: Bridgestone	Empresa: "A" Eletronics	Empresa: Sappi Paper	Empresa: NA	Empresa: NA	Empresa: NA	Empresa: NA
3	Médio	Ano: 1997	Ano: 1968	Ano: 2010	Ano: 2014	Ano: 1991	Ano: 1996	Ano: 2006	Ano: 2006
4	Alto	País: Reino Unido	País: Japão	País: Polônia	País: Finlândia	País: EUA	País: Brasil	País: EUA	País: EUA
5	Muito alto	Modelo de gestão: TQM	Modelo de gestão: TQC	Modelo de gestão: Lean	Modelo de gestão: Lean	Modelo de gestão: TQM	Modelo de gestão: TQC	Modelo de gestão: Lean	Modelo de gestão: Lean

		ELEMENTOS BÁSICOS	∑	Witcher Sim	Não	Pt	Kondo Sim	Não	Pt	Cwiklicki Sim	Não	Pt	Leppänen Sim	Não	Pt	Wood Sim	Não	Pt	Campos Sim	Não	Pt	Dennis Sim	Não	Pt	Jackson Sim	Não	Pt
Elementos básicos Akao (1991)	1	Company motto ou visão	6	x		1	x		1		x	0	x		1	x		1	x		1		x	0	x		1
	2	Planejamento de longo prazo - Estudo	2		x	0		x	0		x	0	x		1		x	0		x	0		x	0	x		1
	3	Planejamento de longo prazo - Implantação	7	x		1	x		1	x		1	x		1	x		1	x		1	x		1	x		1
	4	Planejamento anual - Estudo	1		x	0		x	0		x	0		x	0		x	0		x	0		x	0	x		1
	5	Planejamento anual - Implantação	7	x		1	x		1	x		1	x		1	x		1	x		1	x		1	x		1
	6	Estratégia anual do presidente	2		x	0		x	0		x	0		x	0		x	0	x		1		x	0	x		1
	7	Metas anuais prioritárias	7	x		1	x		1	x		1	x		1	x		1	x		1	x		1	x		1
	8	Metas anuais do gerentes	7	x		1	x		1	x		1	x		1	x		1	x		1	x		1	x		1
	9	Lista de ações prioritárias em progresso	7	x		1	x		1	x		1	x		1	x		1	x		1	x		1	x		1
	10	Lista de itens de controle	7	x		1	x		1	x		1	x		1	x		1	x		1		x	0	x		1
	11	Análise de diferença entre a meta e o real	7	x		1	x		1	x		1	x		1	x		1	x		1	x		1	x		1
	12	Relatório de progresso	7	x		1	x		1	x		1	x		1	x		1	x		1	x		1	x		1
	13	Lista de problemas críticos	3		x	0	x		1	x		1		x	0	x		1		x	0		x	0		x	0
	14	Feedback	6		x	0	x		1	x		1	x		1	x		1	x		1	x		1	x		1
		Total				9			11			10			11			11			11			8			13

		DIMENSÃO / ESCALA	∑	Witcher 1	2	3	4	5	Kondo 1	2	3	4	5	Cwiklicki 1	2	3	4	5	Leppänen 1	2	3	4	5
Visão geral (Tilles 1963)	1	Consistência e integração interna.	30			3						4					4				3		
	2	Consistência com o cenário externo	30				4					4				3						4	
	3	Planejamento e disponibilidade de recursos	26				4			2						3					3		
	4	Análise do grau de risco	23			3					3					3					3		
	5	Visão do espaço e tempo	31			3							5			3					3		
	6	Funcionalidade	28			3						4					4				3		
	7	Sistema geral de controle	32				4					4						5				4	
Visão específica Akao (1991)	8	Administração estratégica e desdobramentos	31				4					4					4					4	
	9	Planejamento estratégico de autocontrole	24		2						3						4				3		
	10	Capacidade de análise e solução de problemas	30			3						4					4				3		
	11	Configuração de sistemas de controle	30			3						4					4					4	
	12	Coordenação e implantação	34				4						5					5				4	
	13	Verificação do planejamento estratégico	32			3						4					4					4	
	14	Modelo de ações para supervisão e participação	23		2							4				3				2			
		Pontuação total do modelo		54					65					63					58				
		Potencial de eficácia		64%					77%					75%					69%				

		DIMENSÃO / ESCALA	∑	Wood 1	2	3	4	5	Campos 1	2	3	4	5	Dennis 1	2	3	4	5	Jackson 1	2	3	4	5
Visão geral (Tilles 1963)	1	Consistência e integração interna.	30				4					4				3							5
	2	Consistência com o cenário externo	30			3						4				3							5
	3	Planejamento e disponibilidade de recursos	26			3							5		2							4	
	4	Análise do grau de risco	23			3					3				2						3		
	5	Visão do espaço e tempo	31				4						5			3							5
	6	Funcionalidade	28			3						4				3						4	
	7	Sistema geral de controle	32			3						4				3							5
Visão específica Akao (1991)	8	Administração estratégica e desdobramentos	31			3						4				3							5
	9	Planejamento estratégico de autocontrole	24			3					3				2							4	
	10	Capacidade de análise e solução de problemas	30				4						5			3						4	
	11	Configuração de sistemas de controle	30			3						4				3							5
	12	Coordenação e implantação	34			3							5			3							5
	13	Verificação do planejamento estratégico	32				4					4					4						5
	14	Modelo de ações para supervisão e participação	23		2						3					3						4	
		Pontuação total do modelo		56					68					48					76				
		Potencial de eficácia		67%					81%					57%					90%				

Os setenta e seis pontos obtidos na avaliação, veja figura 4, resultaram num potencial de eficácia de noventa por cento, veja figura 5, que se entende como bastante promissor para um modelo de planejamento estratégico que poderá ser aplicado num segmento tão dinâmico quanto o setor de exploração e produção de petróleo e gás.

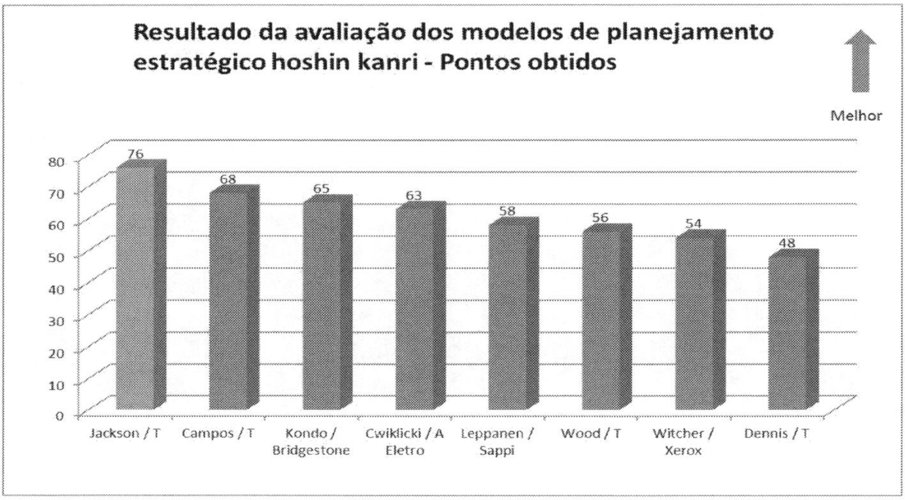

Figura 4 Resultado da avaliação dos modelos de hoshin kanri – Autor

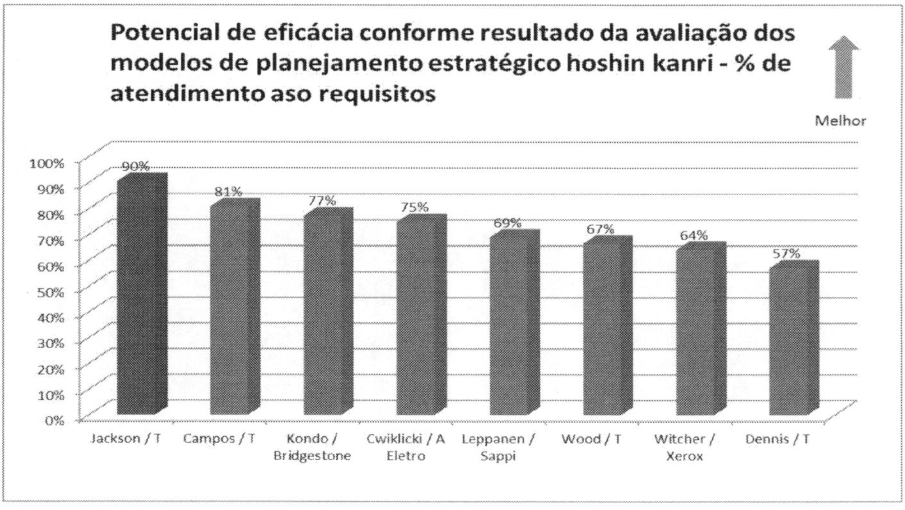

Figura 5 Resultado da avaliação dos modelos de hoshin kanri – Autor

Na avaliação ficou com pontuação abaixo do segundo colocado em apenas dois itens e mesmo assim a diferença foi de apenas um ponto, veja figura 6. Mas o que mais chama atenção neste modelo de hoshin kanri é a aderência quase completa aos requisitos de elementos básicos propostos por Akao (1991), o que demonstra um compromisso em executar os fundamentos para depois considerar aspectos mais amplos.

Outro destaque é que mesmo naquilo que é relativo aos modelos clássicos de estratégia, representados pelos itens de avaliação propostos por Tilles (1968), a técnica de planejamento e desdobramento estratégico de Jackson (2006) se mostra com alto potencial de eficácia.

Os demais itens de diagnóstico mais específico, propostos por Akao (1991) o comportamento do modelo mostrou-se bastante positivo contribuindo para seu potencial de eficácia.

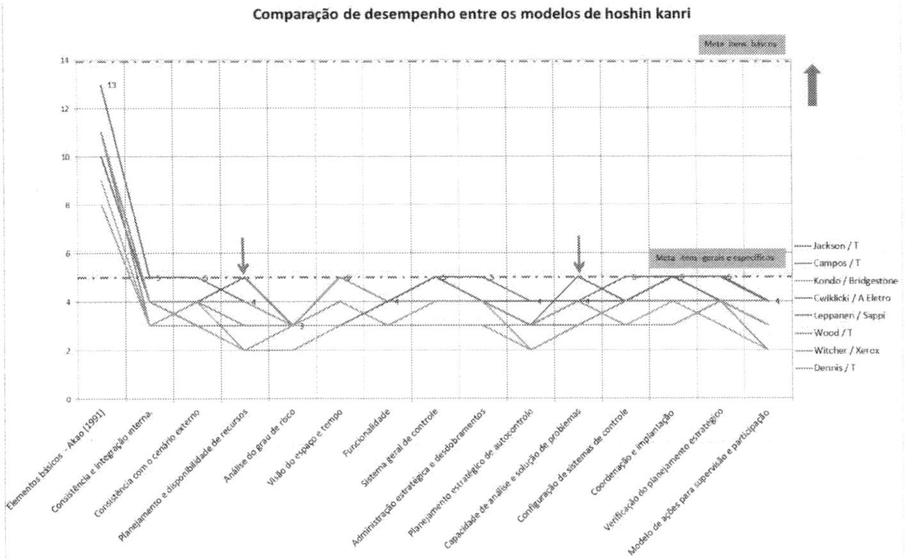

Figura 6 Comparação dos modelos de hoshin kanri – Autor

5.2 Proposta

Com os resultados da avaliação dos métodos de hoshin kanri é possível propor que o modelo de Jackson (2006) seja o padrão a ser adotado pelas empresas no segmento de exploração e produção de petróleo e gás. As principais razões para isto são a consistência de fundamentos, a abrangência estratégica e o alinhamento com aspectos específicos do hoshin kanri.

O planejamento e desdobramento estratégico segundo Jackson (2006) estão baseados em quatro times e sete passos hoshin conformes descreva tabela 7 a seguir:

Tabela 7 Adaptação dos quatro times e sete passos do método de Jackson (2006)

Quatro Times		Sete Passos Hoshin		
1	Time Hoshin	1	Estratégia de longo prazo	Um geral de ação que visa ao periodo de longo prazo, com um planejamento de 5 a 10 anos para fazer grandes mudanças ou adaptações na missão ou visão do negócio.
		2	Estratégia de médio prazo	Um plano de ações parcilamente concluído que inclui metas financeiras e medidas de melhoria de processo que tem como prazo de três a cinco anos para desenvolver as capacidades de alinhar a trajetória das operações com a estratégia de negócios no longo prazo.
		3	Hoshin anual	Um plano de ações muito concreto que tem de seis a dezoito meses para desenvolver capacidades competitivas e alinhar a trajetória das operações comerciais e operacionais com a estratégia de negócios de médio prazo.
2	Time Tático	4	Tática	Iniciativas concretas de seis a dezoito meses, definidas pelo hoshin anual, comprometem-se a desenvolver novas competências e capacidades específicas, aplicando novas tecnologias e métodos de processos para assegurar os resultados dos negócios da organização.
3	Time Operacional	5	Operacional	Projetos concretos que levam de três a seis meses, definidos pelo hoshin anual, comprometem-se em aplicar as novas competências e capacidades específicas aplicando as novas tecnologias e métodos desenvolvidos, integrados às iniciativas do Lean nos processos padronizados e nas funções específicas do negócio.
4	Time de Trabalho	6	Kaikaku	Os projetos concretos levam de uma semana a três meses, geralmente definidos após a implantação dos hoshin anual, comprometendo-se a plicar os métodos e ferramentas Lean.
		7	Kaizen	São iniciatívas de aplicação das ferramentas da qualidade e de solução de problemas em curto prazo para eliminar defeitos, erros e anomalias que possam surgir no decorrer do cotidiano de trabalho padronizado, bem como, melhorias resultantes oriundas das sugestões dos funcionários.

Segundo Ayala (2010) o time hoshin é formado por membros da alta gerência e tem toda a responsabilidade pelo desenvolvimento do planejamento estratégico e pela implantação dos primeiros três passos: estratégia de longo prazo, estratégia de médio prazo, e o hoshin anual ou planejamento anual de metas. Estes três passos são focados na melhoria geral dos negócios da empresa, processo que requer a coordenação sistêmica e integrada e entre a companhia e suas partes interessadas.

O time tático, designado pelo time hoshin, desenvolve e direcional a execução do quarto passo do hoshin kanri: iniciativas táticas para desenvolver habilidades competitivas e assegurar a sustentabilidade. Uma iniciativa tática normalmente tem o foco na melhoria de um processo funcional do negócio, por exemplo, o processo de marketing, engenharia, manufatura, etc., mas sempre tendo presente a coordenação sistêmica e interdependente precisa para realização de sucesso.

O time operacional, designado pelo time tático, desenvolve e guia o quinto passo hoshin: projetos operacionais para a melhoria específica de produtos e processos.

O time de ação, designado pelo time operacional, conduz o sexto e sétimo passos do hoshin. o sexto passo ou kaikaku tem por objetivo a realização periódica de melhorias significativas e, o sétimo passo, nomeado kaizen, procura a realização contínua de pequenas melhorias incrementais e consistentes.

Um aspecto relevante a ser considerado neste modelo é o papel dos gestores das empresas que atuam no segmento de exploração e produção de petróleo e gás, estes profissionais precisam adquirir habilidades gerenciais que possibilitem uma contribuição efetiva no processo de planejamento e desdobramento estratégico hoshin kanri. Num segmento que privilegia a formação técnica de alto nível este será um desafio que deve ser superado.

Segundo o entendimento de Fagundes (2007) a identificação, o desenvolvimento e a avaliação das competências gerenciais são elementos-chave para que a estratégia planejada para a organização seja desdobrada e se realize na prática. Então, sob este ponto de vista a organização que decidir adotar qualquer método de planejamento estratégico precisa cuidar para que seus gestores tenham o domínio da técnica e das ferramentas que serão adotadas.

Nesta mesma direção a autora reforça ainda que as competências gerenciais são identificadas ou "desdobradas" a partir da definição das competências organizacionais isto é, estão atreladas a conhecimentos e habilidades demandados pela estrutura organizacional, seus processos, diretrizes e metas a serem atingidas através da ação gerencial, nos distintos lugares de poder outorgado, definidos na organização. Seguindo este raciocínio as organizações que tomarem o caminho do hoshin kanri devem estar cientes de que haverá uma transformação contínua das competências organizacionais. Esta dinâmica precisa estar apoiada numa estrutura de desenvolvimento de pessoas capaz de suprir as demandas de treinamento, capacitação, acompanhamento e direcionamento dos profissionais que fizerem parte do engajamento dos times de hoshin, táticos e operacionais.

A atividade de exploração e produção de petróleo e gás é intensiva em mão de obra, especialmente no setor de serviços ligado a esta atividade. Não há como alavancar a sustentabilidade dos negócios sem cuidar das pessoas. o modelo de hoshin kanri de Jackson (2006) foi elaborado para ter uma participação e um comprometimento muito forte das equipes das empresas que o adotarem.

Por outro lado, o potencial de eficácia é tão promissor, que a organização poderá obter ganhos explícitos de competitividade e produtividade em seus processos, mas a principal e mais notável mudança que pode acontecer é a transformação da atitude das pessoas.

O modelo de Jackson (2006) é apresentado a seguir sob a forma do PDCA, primeiro é detalhada toda a etapa de planejamento divida entre os níveis hierárquicos da organização, depois se prossegue com as etapas de execução, verificação e consolidação no mesmo padrão de divisões.

Nas figuras 7 e 8 pode-se entender a estrutura básica do modelo de Jackson (2006) e forma como se propõe organizar o processo de planejamento e desdobramento estratégico. Alguns termos forma traduzidos de forma a melhorar sua compreensão no contexto a que propomos que seja adotado.

6. Conclusões

O setor de exploração e produção de petróleo e gás é uma atividade importante para economia do país e do mundo, especialmente por seu papel na provisão de recursos para a geração de energia e indústria petroquímica. É um domínio de alto valor agregado que trabalha desde processos mais simples até tecnologia de ponta. Está inserido num contexto de incertezas mercadológicas e regulamentares que demandam uma organização eficaz de sua estratégia para garantir sua sustentabilidade de longo e médio prazos.

O padrão de planejamento e desdobramento estratégico hoshin kanri pode ser aplicado no setor de exploração e produção de petróleo e gás, uma vez que já foi utilizado em diversas épocas e segmentos da economia demonstrando-se eficaz na formatação do direcionamento estratégico das empresas. o método evoluiu com o tempo e agregou diversas abordagens oriundas de suas aplicações gerando adaptações ao procedimento original. É um processo que dispõe de mecanismos de desdobramento e acompanhamento da realização dos planos de ações desde o nível estratégico até o operacional, dando a todos a oportunidade de contribuir de forma positiva para a organização.

Os critérios de avaliação e quantificação de potencial de eficácia mostraram-se bem sucedidos no exame das diversas abordagens do hoshin kanri, o resultado final mostrou-se coerente ao apontar um enfoque moderno que Jackson (2006) deu à técnica.

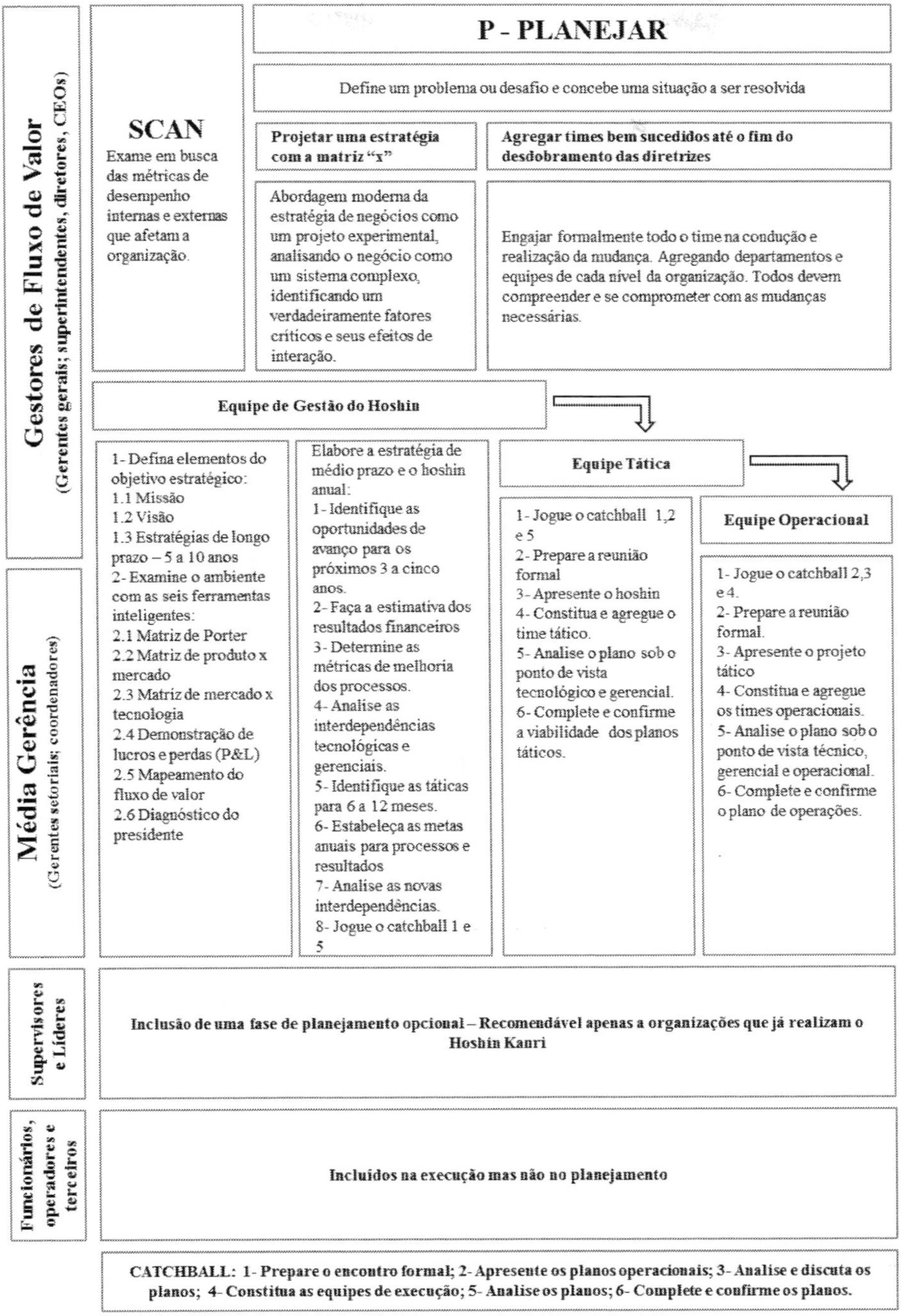

Figura 7 Modelo Hoshin kanri adaptado de Jackson (2006) – Etapa planejar

D - EXECUTAR		C - VERIFICAR	A - CONSOLIDAR
Conduzir as mudanças em condições controladas		Validar a mudança	Disseminar e institucionalizar o pensamento Lean
Transformar a organização através do treinamento e capacitação		Verificação do progresso em tempo real	Promover o trabalho padronizado
O trabalho padronizado fornece condições para a realização das mudanças. De outra forma, promova a aderência através de treinamento intensivo em métodos de produtividade e qualidade antes de iniciar as melhorias contínuas – Kaizen.		Capacitar e dar autonomia para que todos possam verificar os resultados de forma correta e fazer os ajustes necessários em tempo real. Gerenciar as exceções através do sistema de operações do negócio.	Acrescentar os novos conhecimentos como parte do trabalho padronizado, através do PDCA das operações diárias. Treinar e acompanhar o desenvolvimento de líderes em cada nível da organização.
Times de Execução	**Time Hoshin**	**Times de Execução**	
1- Finalizar os projetos de planos. 2- Aplicar os métodos de acordo com o PDCA. 3- Eliminar desperdícios e reduzir a variabilidade. 4- Gerenciar as conexões dos clientes internos e externos de forma visual , clara, objetiva e sem qualquer ambiguidade. 5- Disseminar o uso de métodos e ferramentas científicas de análise, gestão e solução de problemas.	Desenvolver o líderes que podem ensinar : 1- Aprendizagem pessoal e organizacional. 2- Kaizen intensivo através de intervenções rápidas e contundentes. 3- Formação de treinadores que possam multiplicar competências. 4- Aprendizagem intensiva "on the job". 5- Projetos de Six Sigma. Observação: Equipes de todos os níveis da organização podem participar do desenvolvimento de lideranças. Mas cada uma deve ter o foco em suas responsabilidades.	1- Implantar a gestão visual: 1.1 OPC – Plataforma de comunicações aberta. Transparência e clareza nos dados de produção e execução operacional em todos setores. 1.2 Projetos 1.3 Desdobramento das diretrizes 2- Conduzir reuniões de revisão inteligentes: 2.1 Reuniões diárias de cinco minutos. 2.2 Reuniões de acompanhamento e revisão: a) Diárias b) Semanais c) Mensais. d) Trimestrais e) Anuais 3- Realizar o diagnóstico do presidente 3.1 Fazer um auto diagnóstico da organização. 3.2 Preparar a organização para o diagnóstico do presidente. 3.3 Visitar a empresa e as unidades de operação – Fazer o gemba. 3.4 Analisar e quantificar o desenvolvimento. 3.5 Reconhecer as realizações.	1- Promover a aderência ao trabalho padronizado adaptado a todos os níveis da organização. 2- Desenvolver os líderes e elaborar planos de sucessão. 3- Treinar, acompanhar e direcionar os líderes. 4- Repetir o ciclo de hoshin kanri.

Níveis (coluna à esquerda):

Gestores de Fluxo de Valor (Gerentes gerais; superintendentes, diretores, CEOs)
Média Gerência (Gerentes setoriais; coordenadores)
Supervisores e Líderes
Funcionários, operadores e terceiros

Figura 8 Modelo Hoshin kanri adaptado de Jackson (2006) – Etapas executar, verificar e consolidar

O formato que Jackson (2006) deu ao hoshin kanri considera as interdependências entre pessoas, organizações, tempo e cenários, sem deixar de dar a cada nível dentro da empresa sua responsabilidade no cumprimento das metas e o alcance dos objetivos. Há uma coerência com os conceitos clássicos do hoshin kanri, mas demonstra também um alinhamento com as técnicas ocidentais de planejamento estratégicas disseminadas, sobretudo pelas empresas americanas. Em função destas características o potencial de eficácia desta abordagem foi amplificado e vai de encontro com a característica do setor de exploração e produção de petróleo e gás, que prima pela qualidade e valor de seus produtos e serviços.

A sociedade demanda empresas que cumpram com excelência seu papel. Que trabalhem de forma profissional para geração de valor de maneira sustentável em todos os aspectos. Que o caminho até o futuro seja objeto de análises fundamentadas e realizações bem sucedidas, dando oportunidades para todas as pessoas crescerem através da formação e do exercício de suas competências. o planejamento e desdobramento estratégico hoshin kanri é uma das formas mais completas de se fazer isto, basta se comprometer e trabalhar para alcançar um futuro de prosperidade e sustentabilidade para todos.

7. Referências

BICALHO, Ronaldo. *Impactos do Setor de Petróleo na Economia Brasileira: Grandes Números do Setor de Petróleo e Gás. Instituto de Economia. UFRJ. Rio de Janeiro-RJ. 2014*

ARAGÃO, Amanda Pereira. *Estimativa da Contribuição do Setor Petróleo ao Produto Interno Bruto Brasileiro: 1955/2004. COPPE. UFRJ. Rio de Janeiro – RJ. 2005.*

IBGE. *Instituto Brasileiro de Geografia e Estatística. Dados do PIB 2015. ftp://ftp.ibge.gov.br/Contas_Nacionais/Contas_Nacionais_Trimestrais/Comentarios/pib-vol-val_201504comentarios.pdf - Acesso 14/11/2016*

THOMAS, Jose Eduardo. *Fundamentos da Engenharia de Petróleo. 2º Edição. Rio de Janeiro – RJ. Interciência – Petrobras. 2004.*

ALVAREZ, Nuno M. C. M. *Caracterização da Indústria Petrolífera e do Petróleo. Faculdade de Ciências e Tecnologia. Universidade Nova de Lisboa. Lisboa. Portugal. 2009.*

EPE, *Empresa de Pesquisa Energética. Zoneamento Nacional de Recursos de Óleo e Gás. Ciclo 2013-2015 / Ministério de Minas e Energia. Empresa de Pesquisa Energética. Brasília. 2015*

SEBRAE, *Serviço Brasileiro de A. M. e P. E. Petróleo e Gás: Informações para Empresas Fornecedoras de Bens e Serviços. Rio de Janeiro – RJ. 2014.*

RIGZONE – *Dice Holdings Inc. http://www.ww.oilskills.com/data/dayrates/ Acesso em 23/10/2016*

KOTLER, Philip. *Administração de Marketing. A edição do novo milênio. 8º Edição. São Paulo. Pearson – Prentice Hall, 2004.*

LOBATO, David Menezes. *Gestão Estratégica. 1º Edição. Rio de Janeiro. FGV. 2012.*

SENGE, Peter M. *A quinta disciplina: arte e pratica da organização que aprende. 25ª Edição. Rio de Janeiro – RJ. BestSeller, 2009.*

WITCHER, Barry J. Hoshin kanri: *How Xerox Manages. Long Range Planning, 32(3), 323–332. https://doi.org/10.1016/S0024-6301(99)00036-9 – 1999*

CAMPOS, Vicente Falconi. *Gerenciamento pelas Diretrizes – Hoshin kanri. 5ª Edição. Nova Lima. Editora Falconi. 2013.*

BARROS, Aidil de Jesus Paes. *Projeto de pesquisa: propostas metodológicas. Petrópolis – RJ. Vozes. 1990.*

SILVA, E. L., & Menezes, E. M. *(2001). Metodologia da pesquisa e elaboração de dissertação. Portal, 29, 121. https://doi.org/10.1590/S1517-97022003000100005*

JAHN, Frank. *Introdução a Exploração de Hidrocarbonetos. 2º Edição. São Paulo – SP. Editora Campos – Elsevier. 2008.*

SILVA, Roberto C. R. S. da. *o Aglomerado de Empresas Atuantes no Segmento Offshore de Macaé: impactos da política de subcontratação da Petrobras na bacia de Campos. Revista Brasileira de Inovação, Rio de Janeiro (RJ), 8 (1), p.121-166, janeiro/junho 2009*

WITCHER, B. *Hoshin kanri: a study of practice in the UK. Managerial Auditing Journal, 17(7), 390–396. https://doi.org/10.1108/02686900210437499 - 2002*

WATSON, Gregory H. *Strategy Realization through Collaborative Action. Oklahoma State University. EUA. 2003.*

AKAO, Yoji. *Hoshin kanri: Policy Deployment for Successful TQM.* Cambridge, MA: Productivity Press. *1991.*

KONDO, Y. *Hoshin kanri - a participative way of quality management in Japan. The TQM Magazine, 10(6), 425–431.* https://doi.org/10.1108/09544789810239155. *1998*

WOOD, G. R., & Munshi, K. F. *Hoshin kanri: A systematic approach to breakthrough. Total Quality Management, 2(3), 213. https://doi.org/10.1080/09544129100000026 - 1991.*

WITCHER, B. J. B. HOSHIN KANRI: *Journal of Management Studies, (5), 651–674. 2001*

MANOS, A. *Hoshin Promotion. ASQ Six Sigma Forum Magazine, 9(4), 5,7-14. Retrieved. 2010*

CWIKLICKI, M., & Obora, H. *Hoshin kanri: Policy Management in Japanese Subsidiaries Based in Poland. Business, Management and Education, 9(2), 216–235. Retrieved from* http://dx.doi.org/10.3846/bme.2011.15 - *2011.*

UMEDA, Masao. *99 Perguntas e 99 Respostas sobre TQC no estilo Japonês. Belo Horizonte – MG. Escola de Engenharia. UFMG. Fundação Christiano Otoni. 1995.*

CALADO, Robison. *Método de Diagnóstico de Empresa. Melhoria de Desempenho da Organização. Montgomery. MD. USA. Global South Press. 2014*

AYALA, N. F. *A utilização do Hoshin kanri para o desdobramento da estratégia no contexto da produção enxuta. Management, 123. Porto Alegre – RS. Escola de Engenharia. UFRGS. 2010.*

CAMPOS, Vicente Falconi. *Gerenciamento Pelas Diretrizes. Hoshin kanri. 1º Edição. Belo Horizonte. 1996.*

JURAN, J,M. A *Qualidade desde o Projeto. Novos passos para o planejamento da qualidade em produtos e serviços. São Paulo – SP. Pioneira. 1992.*

JACKSON, Thomas L., *Hoshin kanri for the Lean Enterprise. New York. USA. Productivity Press. 2006.*

DENNIS, P. *Fazendo acontecer à coisa certa: um guia de planejamento e execução para líderes. São Paulo: Lean Institute Brasil. 2007.*

TILLES, S. *How to Evaluate Corporate Strategy. Harvard Business Review. 1963*

FAGUNDES, Patrícia Martins. *Desenvolvimento de Competências Coletivas de Liderança e de Gestão. Porto Alegre - RS Faculdade de Psicologia. PUCRS. 2007.*

LIKER, Jefrey K. o *Modelo Toyota: manual de aplicação. Porto Alegre – RS. Bookman. 2007.*

15. Simulação de processo industrial utilizando redes de pert mínimos quadrados e dvs

André da Silva Barcelos, Maurício da Silva Barcelos, Robisom Damasceno Calado

(Departamento de Engenharia, Universidade Federal Fluminense/UFF, Rio das Ostras, Rio de Janeiro, Brasil)

Este trabalho enfoca a utilização da rede PERT, Program Evaluation and Review Technique para estabelecer um caminho ótimo de produção continuada. Devido as dificuldades operacionais e de processo, foi proposto um caminho de PERT balanceado por peso. Com base nesta ideologia, utilizaremos uma notação matricial e uma decomposição em valores singulares para validar o estudo realizado.

1. Introdução

A indústria de petróleo e gás de maneira geral tem proporcionado avanços tecnológicos em diversas áreas da pesquisa operacional assim como desenvolvimento de tecnologias para construção de ferramentas para solução de problemas. Esse mercado em particular, extremamente competitivo permite que as inovações tecnológicas recentemente fundamentadas sejam imediatamente absorvidas pelas empresas e implementadas em um curto espaço de tempo.

Na década de 80 foi marcado por 3 fatos relevantes, a constatação de ocorrências de petróleo em Mossoró RN apontando para o que viria a se constituir na segunda maior área produtora de petróleo do país, as grandes descobertas dos campos gigantes de Marlin e Albacora em águas profundas na bacia de Campos no Rio de Janeiro e as descobertas no rio Urucu no Amazonas. (Tomas 2009)

Na décadas de 90 várias outras descobertas já foram contabilizadas, como os campos gigantes de Roncador e Barracuda na bacia de Campos no Rio de Janeiro.

A produção de petróleo no Brasil cresceu de 750 m^3 por dia na época da criação da Petrobrás para mais de 172 mil m^3 por dia na década de 90 graças a continuos avanços tecnológicos de perfuração e produção na plataforma continental (Tomas 2009)

Técnicas e ferramentas para solução de problemas são constantemente desenvolvidas de acordo com as particularidades e necessidades de cada processo, porém algumas técnicas já validadas e difundidas encontram aplicações para gerenciamento, coordenação e acompanhamento dos processos de produção e operação de plantas industriais.

Algumas metodologias para apresentação de dados como relação homem/máquina e diagramas de fluxo, oferecem uma maneira conveniente de interpretação e aprendizado para conhecimento do processo.

A proposta deste trabalho é apresentar uma metodologia de análise de dados baseado em processos contínuos e que uma vez implementada e analisada permite comparar com os métodos e ferramentas já validados e verificados amplamente pela literatura atual. Especificamente iremos estudar a rede PERT balanceada de um processo industrial e implementar uma avaliação numérica que corrobore os resultados e auxilie as tomadas de decisões.

Em um diagrama de PERT os eventos são posições no tempo que mostram o começo e o fim de uma operação particular ou de um grupo de operação. Cada arco tem um grupo associado que representa o tempo necessário para levar a atividade ao fim. (Niebel 2009)

2. Aspectos do processo

O gás natural proveniente dos poços de petróleo contém os mais diversos contaminantes e poluentes que prejudicam seu processamento nas refinarias. Dois dos principais componentes que provocam acidez em tubulações e poluição ambiental são o dióxido de carbono e o sulfeto de hidrôgenio, CO2 e H2S respectivamente.

A concentração desses componentes na corrente de gás natural variam para cada condição de projeto de poço de petróleo, portanto, projeta-se um subsistema nas refinarias que possam eliminar esses componentes da corrente de gás com uma gama de operações adequadas a flexibilidade operacional.

O petróleo é constituido basicamente por uma mistura de compostos químicos orgânicos (hidrocarbonetos). Quando a mistura contém uma maior porcentagem de moléculas pequenas, seu estado físico é gasoso e quando a mistura contém moléculas maiores, seu estado físico é líquido, nas condições normais de temperatura e pressão (Tomas 2009)

A tabela a seguir mostra a composição mínima encontrada em amostras de poços industrias. Observa-se a presença de água livre e alta concentração de dióxido de carbono.

TABELA 1 Composição do gás natural na entrada da planta de processamento

Componente	Fração Molar
C1	0,86177
C2	0,06205
C3	0,02331
iC4	0,00387
nC4	0,00525
iC5	0,00217
nC5	0,00132
C6	0,00045
C7	0,00069
C8	0,00010
C9	0,00012
CO_2	0,03461
H_20	0,00199
N_2	0,00521
Amina	0,00000

O processo em estudo será uma planta de absorção de gás natural que tem por finalidade diminuir a concentração de monóxido de carbono na corrente de gás. Esta planta utiliza como principal insumo um composto nitrogenado de monoetanolamina que popularmente é conhecido como amina industrial. A remoção de CO2 é determinante para a qualidade do gás natural processado, pois após essa remoção, o gás processado passa a ser insumo de outras plantas de processo dentro da própria refinaria.

A presença de CO2 em outros processos da refinaria aumenta a degradação dos equipamentos e o número de manutenções e intervenções devido a elevação da taxa de corrosão do gás

Basicamente o composto de monoetilenolamina tem a capacidade de absorver CO2 presente na corrente de gás natural quando é permitido o contra fluxo entre o gás natural e a amina em uma torre de processamento propícia para tal finalidade.

De todas as aminas mencionadas, a MEA distingue-se por sua maior reatividade. Contudo, apesar de seu baixo custo, a operação do processo de absorção com este solvente é significantemente mais cara, principalmente devido a: (i) grande quantidade de energia requerida para a regeneração do solvente; (ii) problemas operacionais como corrosão e formação irreversível de produtos de degradação do solvente com CO_2, COS e CS_2 e (iii) maiores perdas do solvente por vaporização, devido a sua alta pressão de vapor (Sheilan et al., 2007).

A amina em estado líquido absorve o CO_2 do gás natural, sendo direcionada para outros setores da planta que providenciarão sua regeneração. o gás natural deve ser encaminhado para o setor de gás enquadrado e posteriormente para plantas de processamento com outras finalidades e produtos.

Podemos ver no quadro abaixo o fluxo de amina em uma planta industrial.

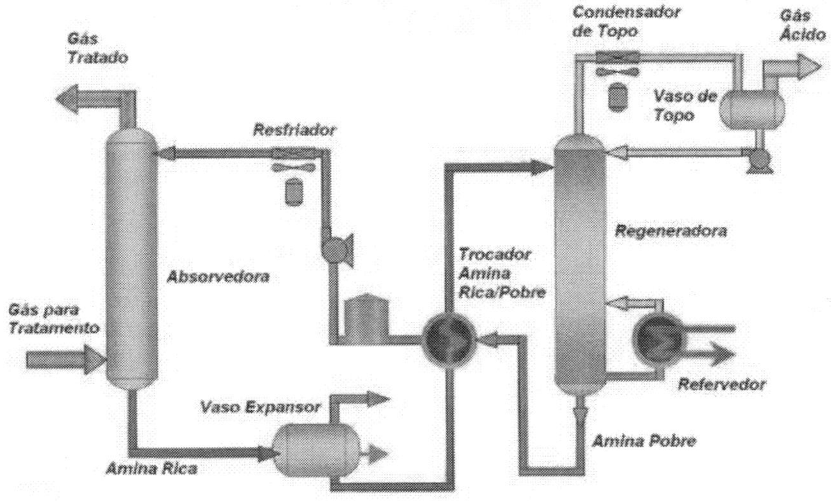

FIGURA 1 Fluxograma simplificado de planta de remoção de gases ácidos comaminas aquosas (Sheilan et al., 2007)

O gás a ser tratado, contendo H_2S e/ou CO_2, passa por um separador para remover líquidos e sólidos arrastados. Na sequência, é admitido no fundo da coluna absorvedora e ao percorrer a coluna em direção ao topo, entra em contato contracorrente com a solução aquosa de amina, responsável por absorver os gases ácidos presentes na corrente gasosa. o gás tratado que deixa o topo da absorvedora passa por um separador final, que tem o objetivo de reter a solução de amina arrastada, e então deixa a unidade de tratamento. o destino do gás tratado depende da aplicação que será dada a ele. (Barbosa 2010)

Em muitas unidades, a solução de amina rica é enviada do fundo da absorvedora para um vaso expansor, trifásico, para recuperar, na forma gasosa ou líquida, hidrocarbonetos que podem ter sido dissolvidos ou condensados na solução de amina na absorvedora. o solvente rico é então pré-aquecido antes de entrar na torre regeneradora, pelo topo. Este aquecimento ocorre em um trocador casco-tubo, onde o calor é 25 fornecido pela solução de amina regenerada, quente, que deixa a torre regeneradora. Este permutador de calor atua como um dispositivo de conservação de energia, reduzindo a demanda total de energia do processo. (Barbosa 2010)

A solução de amina rica, ao entrar na torre regeneradora pelo topo, flui em direção ao fundo, entrando em contato contracorrente com o vapor gerado pelo refervedor da torre. Este vapor promove a remoção dos gases ácidos da solução de amina. Gases ácidos e vapor d'água deixam a torre pelo topo, passando por um condensador, onde a maior parte do vapor condensa. Os gases ácidos são separados do condensado em um vaso separador e encaminhado para tocha ou para processamento, dependendo da natureza do gás e das restrições do órgão ambiental atuante. o condensado retorna à torre como refluxo. (Barbosa 2010)

O processo de absorção do CO2 enquadra o gás natural com a especificação máxima de monóxido de carbono permitido na corrente de gás natural que atualmente encontra-se em 3% de acordo com especificações da ANP, (Agência Nacional do Petróleo).

Uma vez que a amina saturada com CO2 precisa ser regenerada em outra etapa do processo e consequentemente introduzida em fluxo contínuo novamente na planta de absorção para possibilitar a remoção de mais CO2 ininterruptamente, utilizaremos a torre regeneradora para enquadramento da amina de acordo com as especificações de otimização que são a concentração em torno de 42% a 50% e a capacidade de captura do CO2, popularmente conhecida com loading da amina em torno de 0,002 mol/mol.

Desta forma, introduzimos amina líquida em contracorrente ao gás natural, que de acordo com suas especificações consegue capturar o CO2. Uma vez que o gás termine esse processo de fluxo em contracorrente dentro da torre de absorção, este será direcionado a outras plantas da refinaria e a amina será direcionada ao sub-setor de regeneração para remoção de CO2 e especificação de concentração e loading.

3. Parâmetros de controle e qualidade

Os principais parâmetros que vamos basear o controle do processo serão a concentração de CO2 no gás natural após tratamento, que não deverá ultrapassar os 3%, especificados pela ANP e a concentração de amina para garantir a otimização do loading. Por questões técnicas que não serão tratadas neste artigo, foi-se especificado uma concentração de 48% de amina/água como solução otmizada e desta forma, vamos nos ater ao controle da concentração de temperatura na regeneração da amina e na concentração de entrada e saída de CO2.

Outros parâmetros de controle será a vazão mínima de óleo térmico e temperatura mínima de óleo no reboiler da torre de regeneração para garantir a especificação de loading e concentração.

A vazão mínima de projeto foi especificada em 1200 m3/h e a temperatura de projeto em 125ºC. Com essa temperatura, a água da diluição da amina se evapora juntamente com o CO2 e será necessário a reposição da água para manter a especificação de concentração.

Para a amina, com intuito de impedir sua degradação devido ao estabelecimento de parâmetros de processos incompatíveis, foi verificado que para uma degradação mínima com otimização do loading, a vazão ficará em torno de 250m3/h. A tolerância de todos os parâmetros situa-se em 5% para efetividade e redução de perdas de insumos.

O controle da qualidade foi realizado primeiramente pela análise do diagrama PERT, Program Evaluation and Review Technique, onde busca-se o melhor caminho relacionando tempo e custo do processo para otimização.

Em nosso caso particular, o tempo será redefinido como vazão de amina por uma questão de adequação de unidade de engenharia e de acordo com essa terminologia, queremos a especificação do gás com a menor vazão de amina, ou seja, menor transferência de massa de amina por unidade de tempo.

A grande vantagem de conseguirmos uma menor vazão mássica de amina é garantir o menor consumo e degradação de insumos, visto que o processo de regeneração da amina não é completamente eficaz, pois em elevadas vazões mássicas de amina ou temperatura, iniciamos um processo economicamente irreversível de degradação da amina e necessitaremos de reposição do insumo.

Após a operação da planta e utilização de pesquisas e técnicas de obtenção de parâmetros chegou-se ao gráfico PERT otimizado. Neste gráfico podemos permitir o fluxo parcial em cada etapa devido as caractéristicas do processo, possibilitando assim um gráfico ponderado com vazão e custo. Com esses dois parâmetros, otimiza-se o caminho PERT.

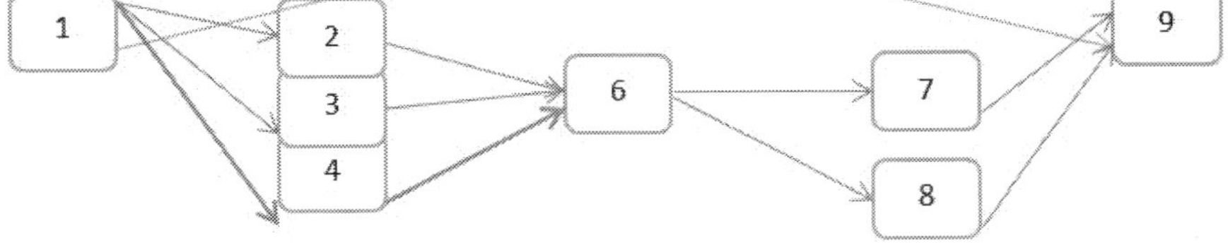

FIGURA 2 Gráfico PERT balanceado

Por se tratar de um processo contínuo, diferente do caminho PERT de otimização de melhor caminho; especificamente neste caso, como temos multicritérios para adotar, o fluxo transcorrerá de maneira que todos as interligações sejam permitidas e ocorram simultaneamente. Teremos um caminho preponderante ao peso, mas todos os caminhos serão percorridos ponderadamente balizadas pela tabela abaixo:

TABELA 2 Rotas de PERT ponderada

Etapa	Caminho	Custo Normalizado	Peso Normalizado	Descrição
1	1-2-6	0,1	0,03	Recirculação
	1-3-6	0,12	0,02	Equilíbrio Térmico
	1-4-6	0.28	0,15	Aquecimento
	1-5-9	0,05	0,43	Caminho Direto
6	6-7-9	0,2	0,16	Concentração de amina
	6-8-9	0,25	0,21	Vazão de amina

O custo normalizado é calculado como o custo da operação horária da planta e o percentual de custo que o caminho representa. Para o peso normalizado, leva-se em conta o impacto efetivo que o caminho causa no processo. Assim o maior impacto é obtido no caminho direto, porém não poderemos percorrer esse caminho somente, devido as condições de carga média em 3,4% de CO2 e saída especificada em 3% de CO2.

O tempo mínimo necessário para levar ao fim todo projeto corresponde a maior tragetória. (Niebel 2009)

Com base nesse conhecimento, vamos aplicar novas metodologias para validar o conhecimento adquirido e propor uma validação da otimização encontrada.

4. Metodologia proposta

Com a aplicação do método dos mínimos quadrados poderemos obter a curva de padronização da planta que foi baseada no diagrama de PERT. Com base nesta curva poderemos realizar as simulações que podem gerar otimização na planta e observar os parâmetros mais relevantes.

Matemática dos mínimos quadrados não se limita a representação de dados por uma reta. A diversos experimentos em que não existe razão para se esperar uma relação linear. (Strang 2009)

Utilizaremos também a decomposição dessa matriz em valores singulares obtendo o número de condição e os vetores de maior e menor ganho associado. A importância desses parâmetros é visualizada em simulações de otimização onde uma vez que seja possível reduzir o número de condição, o diagrama de PERT se aproxima do equilíbrio.

Como é de se esperar, devido a características do processo, o equilíbrio é raramente atingido, restando a obtenção de um ponto otimizado para as variaveis de processo.

Assim, com base no diagrama de PERT e a correspondente análise numérica, iniciaremos um estudo sobre otimização.

5. Cálculos e Simulações

Implementaremos o método de mínimos quadrados para obtermos um poinômio que se adeque ao caminho de PERT e utilizaremos do número de condição para determinar o grau de acoplamento do sistema sob o ponto de vista da decomposição dos valores singulares.

5.1 Método dos mínimos quadrados

Utilizaremos o método de mínimos quadrados de ordem 3 para traçarmos a curva dos mínimos quadrados e obter os parâmetros que possam minimizar o erro e auxiliar as tomadas de decisões futuras.

Para isso usando notação matricial, temos por definição que:

$$A^T A x = A^T b$$

$$A = \begin{bmatrix} 1 & 0.10 & 0.10^2 & 0.10^3 \\ 1 & 0.12 & 0.12^2 & 0.12^3 \\ 1 & 0.28 & 0.28^2 & 0.28^3 \\ 1 & 0.05 & 0.05^2 & 0.05^3 \\ 1 & 0.20 & 0.20^2 & 0.20^3 \\ 1 & 0.25 & 0.25^2 & 0.25^3 \end{bmatrix} \qquad b = \begin{bmatrix} 0.03 \\ 0.02 \\ 0.15 \\ 0.43 \\ 0.16 \\ 0.21 \end{bmatrix}$$

Equacionando os coeficientes do polinômio em ordem 3, teremos o seguinte resultado em notação matricial para b ajustado e para os resíduos:

$$b_{ajustado} = \begin{bmatrix} 0.0466 \\ 0.0070 \\ 0.1445 \\ 0.4266 \\ 0.1541 \\ 0.2211 \end{bmatrix} \qquad res = b - b_{ajustado} = \begin{bmatrix} -0.0166 \\ 0.0130 \\ 0.0055 \\ 0.0034 \\ 0.0059 \\ -0.0111 \end{bmatrix}$$

$$resMMQ = res^T res = 6.4602e^{-4}$$

Com esses resultados obtemos a seguinte curva de ajuste:

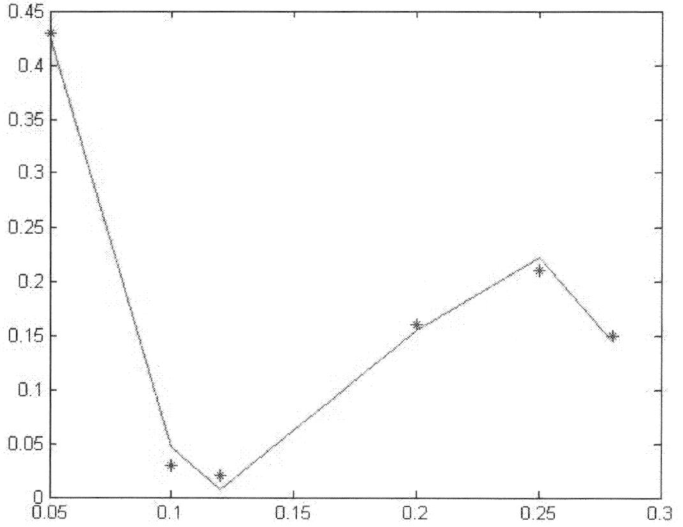

GRÁFICO 1 Curva de grau 3 ajustada aos parâmetros do processo

Observamos que o gráfico aderiu bem aos parâmetros da curva e os erros ficaram bem próximos aos valores encontrados no diagrama PERT. Essa metodologia servirá de base para o comportamento das próximas simulações e podemos agora utilizar uma equação polinominal para interpretar a tabela de PERT. A equação abaixo representa o diagrama de caminho PERT.

$$y = -280.25x^3 + 155.91x^2 - 26.08 + 1.37$$

5.2 Decomposição em Valores Singulares e Número de Condição

Utilizaremos a decomposição de valores singulares para descobrir parâmetros e condições intrínsecas ao processo e que não podemos obter somente com a análise dos minimos quadrados.

Decomposição de valores singulares está intimamente associado com fatoração de autovalores e autovetores de uma matriz positiva definida. A diagonalização que exibe estes autovalores é a escolha natural dos eixos. (Strang 2009)

Na decomposição de valores singulares, a matriz de autovalores é conhecida como matriz de valores singulares e devida a transformação teremos o valor quadrático dos autovalores na diagonal principal.

Podemos mostrar que o maior ganho para qualquer direção de entrada é igual ao máximo valor singular e o menor ganho para qualquer entrada excluindo entradas nulas é igual ao menor valor singular. (Skogestad 2005)

As direções envolvendo os autovetores são algumas vezes referenciadas como "fortes, auto-ganho ou mais importantes" associadas ao maior autovalor singular.

O foco desta decomposição será obter o grau de acoplamento entre os autovalores do sistema e o quanto representa os ajustes de processo no diagrama PERT em termos de otimização e equilíbrio do processo. Por se tratar de um rede dinâmica e multivariável, precisamos observar o quanto cada fluxo influencia no processo independetemente. Por definição a decomposição de valores singulares é expressa na seguinte forma:

$$G = UEV^H$$

$$autovetores(AA^H) = U \qquad autovetores(A^H A) = V$$

$$E = matriz\ diagonal\ de\ autovalores$$

$$H = matriz\ transposta\ conjugada\ ou\ hermitiana$$

Obtemos então os seguintes resultados:

$$G = \begin{bmatrix} 0.10 & 0.03 \\ 0.12 & 0.02 \\ 0.28 & 0.15 \\ 0.05 & 0.43 \\ 0.20 & 0.16 \\ 0.25 & 0.21 \end{bmatrix}$$

$$U = \begin{bmatrix} -0.1355 & -0.2034 & -0.6027 & -0.2422 & -0.4481 & -0.5635 \\ -0.1428 & -0.2782 & -0.2153 & 0.9247 & -0.0275 & -0.0105 \\ -0.4610 & -0.4292 & 0.6901 & -0.0494 & -0.2206 & -0.2756 \\ -0.5808 & 0.7812 & 0.0185 & 0.1450 & -0.0993 & -0.1455 \\ -0.3946 & -0.1941 & -0.2177 & -0.1462 & 0.8346 & -0.2095 \\ -0.5056 & -0.2214 & -0.2628 & -0.2037 & -0.2083 & 0.7358 \end{bmatrix}$$

$$E = \begin{bmatrix} 0.6329 & 0 \\ 0 & 0.2927 \\ 0 & 0 \\ 0 & 0 \\ 0 & 0 \\ 0 & 0 \end{bmatrix} \qquad V^H = \begin{bmatrix} -0.6228 & -0.7824 \\ -0.7824 & 0.6228 \end{bmatrix}$$

Desde que todas as entradas afetam todas as saídas, podemos dizer que o sistema é interativo. Isto segue da relação da diagonal principal dos autovalores singulares mostrando o grau de acoplamento. Algumas combinações das entradas tem forte efeito nas saídas, em outros casos, outras combinações tem fraco efeito nas saídas. Isto é quantificado como número de condição. (Skogestad 2005)

O número de condição é definido como a razão do maior autovalor em módulo pelo menor autovalor em módulo. o resultado obtido foi de 2,1622. Esse valor representa o grau de acoplamento do sistema, sendo que para sistemas completamente desacoplados este número é 1.

Podemos proceder na otimização do sistema alterando pesos e custos com a intenção de aproximar os autovalores, tornando-os mais afastados ou em outras palavras, aumentando seu número de condição. Por se tratar de custo normalizado e peso normalizado, uma redução no custo do aquecimento em apenas 0.01 compensando no aumtendo do custo da recirculação, resultará no afastamento dos módulos do número de condição, sinalizando o acoplamento do sistema.

6. Conclusão

Uma vez que a rede PERT foi balanceada devido as características de continuidade e de restrições do processo, o caminho crítico, o caminho mínimo e o caminho máximo foram rapidamente visualizados e serviram de base para as simulações de obtenção de curva, número de condição e decomposição em valores singulares.

Fica evidente a efetividade da aplicação da rede PERT balanceada assim como a validação dos dados encontrados, possibilitando a simulação com todas as técnicas numéricas apresentadas. A implementação de uma rede PERT eficiente é a base para o entendimento correto do processo e base inicial para tomadas de decisão estratégica.

A Obtenção de uma curva ajustada aos parâmetros PERT possibilita uma visualização imediata para o processo e permite o equacionamento de uma função polinominal implicando em todas as simulações possíveis de se obter caso deseje-se simular o caminho PERT estatisticamente.

Claramente a rede PERT nos estimula a otimizar o custo do aquecimento devido a apresentar o maior valor relativo. Pelas características do processo apontadas pela própria rede, vemos que o peso do caminho direto é o fator preponderante da planta, porém devido a questões operacionais, estamos limitados a este valor. A proposta de número de condição mostrou como podemos otimizar os parâmetros que foram obtidos com a rede.

7. Referências

Barbosa, *Lean***dro Chagas**. *(2010). Captura de Co2 e H2S com soluções aquosas de alcanolaminas via destilação reativa, UFRJ, Rio de Janeiro, Brasil*

Nielbel, W. Benjamin, Freivalds Andris. *(2009). Ingeniería Industrial: Métodos, estándares y diseño del trabajo. McGraw-Hill, Pennsylvania State University, USA.*

Sheilan, M. H., Spooner, B. H., Horn, E. *(2007). Amine Treating and Sour Water Stripping*

Skogestead, Sigurd, Postlethwaite, Ian. *(2005). Multivariable Feedback Control: Analysis and Design. John Wiley & Sons, Ltd, The Atrium, Southern Gate, Chinchester, West Sussex, England.*

Strang, Gilbert. *(2009) Algebra Linear e Suas Aplicações. Cengage Learning, São Paulo, Brasil.*

Tomas, José Eduardo. *(2001). Fundamentos de Engenharia de Petróleo. Interciência LTDA, Rio de Janeiro, Brasil.*

16. Fatores críticos de sucesso para o gerenciamento de projetos: estudo exploratório

Elen Nara Carpim Besteiro,
Faculdade de Economia, Administração e Contabilidade da Universidade de São Paulo, Avenida Professor Luciano Gualberto, 908, São Paulo, SP, Brazil.

Objetivo

Identifica-se as variáveis responsáveis pelo sucesso do gerenciamento de projetos. Como resultado das análises, seis fatores críticos considerados de maior importância para cada grupo direcionador foram selecionados, gerando parâmetros de referência a fim de servir de base para alavancar o sucesso dos projetos. o estudo estabeleceu quatro grupos direcionadores, fundamentados pelas dez áreas de conhecimento do PMI a fim de melhor classificar a importância das variáveis. Os dados foram analisados por gestores de projetos de 28 empresas.

1. Introdução

Para promover mudanças, cada vez mais, as empresas utilizam a metodologia de gerenciamento de projetos como uma ferramenta de gestão. Cada projeto possui tarefas e também restrições. Muitos são vistos como eventos de gestão, em que os métodos por não estarem bem definidos, tornam-se difíceis de serem visualizados em termos de benefícios.

Os projetos envolvem um complexo conjunto de processos e as turbulências do ambiente de negócios podem explicar porque muitos não conseguem atingir os objetivos planejados. Enquanto alguns projetos podem envolver a adoção ou adaptação de tecnologia de informação ou melhoria de processo de negócios, outros podem simplesmente desenvolver uma nova política de planejamento.

Para Andersen (2006), os gerentes de projetos estão na linha de frente e podem contribuir se tiverem um bom conhecimento e entendimento dos fatores de sucesso dos projetos e seus controles. Analisar as práticas de gestão de projetos e entender a importância do adequado uso da metodologia como meio para desenvolver diferencial competitivo são relevantes para o ambiente atual.

Christenson (2008) afirma que, o objetivo do projeto é a primeira direção, responsável por transmitir os interesses e valores propostos para acionistas, executivos e níveis operacionais das empresas. Portanto, identificar os benefícios de acordo com o contexto organizacional proporciona um quadro de tomada de decisão lógico e robusto, além de considerar princípios, estruturas e processos que regulam decisões que levam os projetos ao sucesso, ou o que é conhecido por fatores críticos de sucesso.

O tema fatores críticos de sucesso pressupõe que empresas que adotam e estruturam as metodologias de gestão possuem maior probabilidade de se inserir com sucesso em um novo ambiente de negócios. Acompanhar os trabalhos de normalização, entidades associativas ou técnicas também são ações esperadas para alavancar as chances de sucesso do projeto (Krause e Bastos, 2009).

Na análise da literatura pertinente, verifica-se que, dentro de cada processo de gestão, ocorrem práticas usuais relacionadas a fatores que podem afetar diretamente o sucesso dos projetos e que variam de empresa para empresa. Fatores e processos devem ser analisados e monitorados a fim de amenizar as causas de insucesso, o que pode se configurar como importante contribuição acerca dos fatores que determinam a eficiência dos projetos.

Mesmo com o volume de literatura existente na área, ainda há poucas evidências empíricas que relacionem a identificação dos fatores críticos de sucesso do gerenciamento de projetos ao sucesso do gerenciamento de projetos. Por outro lado, os executivos também buscam evidências de que seus investimentos estão produzindo o valor esperado ao final de cada projeto. Assim, a questão da mensuração do sucesso do gerenciamento de projetos permanece aberta e se encontra satisfatoriamente respondida (Hyvräri, 2006, Patah, 2010).

O objetivo deste trabalho é o de identificar os grupos direcionadores mais importantes para o sucesso do gerenciamento de projetos e determinar e hierarquizar as variáveis mais relevantes para cada grupo direcionador. Para isto, foi realizada uma pesquisa em 28 empresas de diversas áreas. Os resultados foram analisados pelos métodos Análise de correspondência, Análise Hierárquica de Processos - AHP (Analytic Hierarchy Process) e Análise Conjunta.

1.1 Sucesso do Gerenciamento de projetos

A visão tradicional de sucesso em projetos teve como foco inicial melhorias analisadas a partir do triângulo de ferro denominado de tríplice restrição: escopo, prazo e custo. Portanto, definir sucesso não é tarefa fácil e depende da perspectiva da parte interessada (Stakeholders), do tipo de projeto, da perspectiva temporal e da organização.

Os fatores que levam os projetos ao sucesso fazem parte da perspectiva estratégica e muitas influências são derivadas das expectativas dos interessados. A discussão sobre o que realmente corresponde ao sucesso de um projeto e a descoberta dos fatores gerenciais que podem conduzir um projeto ao sucesso influenciaram a busca para se obter uma prescrição de qual caminho seguir para se alcançar o sucesso, embora se reconheça que cada projeto é único e, portanto, depende de suas contingências (Carvalho, 2010).

O sucesso do projeto pode ter perspectiva de impacto a longo prazo, pois o sucesso do gerenciamento dos projetos pode ser determinado no final do projeto, porém o sucesso do projeto poderá ser postergado por meses ou anos depois do fechamento do projeto. As questões investigadas nesta pesquisa também apontaram que os fatores dentro do controle de influência direta da empresa contribuem para o sucesso do gerenciamento do projeto. o foco está nos controles a que o gerente de projeto tem maior acessibilidade. Assim, os benefícios estão no entendimento dos fatores que precisam de acompanhamento.

1.2 Estruturação dos Fatores críticos de sucesso

O levantamento dos fatores críticos de sucesso apontados por Rockart (1979), Slevin e Pinto (1987), Belassi e Tukel (1996), Pinto e Prescott (1998), Fortune e White (2006) foi estudado e analisado. Porém, três pesquisas se destacaram para apontar as variáveis responsáveis pelo sucesso em projetos: Hyvräri (2006), Andersen et al. (2006), Christenson (2008).

Hyvräri (2006), examinou os fatores críticos de sucesso e falhas em gerenciamento de projetos e suas relações com as variáveis do contexto organizacional. Os fatores de sucesso e falhas foram classificados em cinco grupos de fatores:

a) Projeto: objetivos claros, compromisso com o usuário final e recursos adequados.
b) Gerente de projeto: compromisso, habilidade para coordenar e liderança efetiva.
c) Time de projeto: comprometimento, flexibilidade.
d) Organização: apoio da alta gerência, descrição clara do trabalho e estruturação por projetos.
e) Ambiente: cliente, ambiente tecnológico e ambiente econômico.

Como resultado, a pesquisa de Hyvräri (2006), apontou a comunicação como sendo o fator de maior relevância para a implementação do projeto. Os demais fatores críticos de sucesso encontrados foram: comunicação do projeto, consulta a cliente, aceitação do cliente, apoio da alta gerência, cronograma do projeto, missão do projeto, execução do projeto, resolução de problemas, administração de pessoal e monitoramento e controle.

A comunicação nos projetos foi o fator crítico de sucesso mais importante nas grandes companhias, enquanto foi o mais crítico para as pequenas companhias. Todas as evidências dessa pesquisa suportam a ideia de que o sucesso dos projetos são conduzidos por indivíduos que não só possuem técnica, mas também gestão de conhecimento, liderança e habilidade. Os fatores mais críticos foram os gerenciais, contudo, as habilidades e experiências em gerenciamentos ajudam o projeto a ser um sucesso.

A experiência dos gerentes de projetos foi relacionada com os fatores do projeto e do compromisso com o usuário final. Os gerentes experientes têm maior comprometimento com o usuário final, enquanto os sem experiência precisam de maior descrição de trabalho para gerenciar os projetos.

Andersen et al. (2006), examinaram o relacionamento entre os fatores críticos de sucesso de projetos e o sucesso do projeto atual e como esses fatores podem contribuir para o sucesso do projeto a ser executado mesmo em culturas organizacionais diferenciadas.

Essa pesquisa revelou que os fatores dentro do controle ou da influência direta do projeto contribuem para a maior mensuração e sucesso. Os benefícios estão no entendimento da inter-relação dos fatores que precisam de uma particular atenção para atingir os resultados e de um eventual estabelecimento de indicadores de desempenho para os gerentes de projetos.

A pesquisa partiu de uma gama de fatores críticos de sucesso e adotou três escalas de sucesso: habilidade gerencial de entrega, impactos do projeto e experiências capturadas. Decorrentes dessas escalas surgiram nove fatores críticos de sucesso: comunicação, aprovação do planejamento pelos interessados, abordagem formal e bem estruturada, comprometimento com o projeto, influência dos interessados, entendimento e aceitação da proposta, restrições, flexibilidade de execução e influência sobre os processos do projeto.

A comunicação foi vista como significante contribuição para estabelecer uma relação de confiança entre os participantes do projeto, bem como um aspecto essencial para assegurar aos interessados uma visão positiva dos benefícios a longo prazo, bem como os processos e procedimentos são suporte para as atividades.

Captar o aprendizado e compartilhá-lo foi apontado como parte essencial para o processo de gerenciamento do conhecimento. Ausência na explicação de resultados foram aspectos amplos da influência e envolvimento dos interessados. A inter-relação entre uma bem estruturada e formal abordagem do projeto e uma rica comunicação foi considerada de grande significância quanto à experiência capturada, pois explica o grau em que o potencial de aprendizado foi posto em prática nos projetos. o comprometimento com o projeto foi o fator que mais explicou a importância da habilidade gerencial de entrega dos gestores.

Portanto, nesta pesquisa foram explicados os diferentes resultados encontrados entre os diversos fatores de sucesso, em que a comunicação precisa do projeto e o envolvimento inicial dos interessados explicou a necessidade da habilidade gerencial para a entrega do projeto com sucesso.

A pesquisa de Christenson (2008) que investigou como as metas de desempenho e lições aprendidas impactam no resultado do projeto teve como objetivo melhorar o desempenho organizacional e reforçar a importância do envolvimento da equipe do projeto, pois planejar ações em que se desenvolve e se comunica os objetivos (visão) do projeto podem aumentar as chances de sucesso.

Definir o escopo do projeto é relevante porque os projetos precisam ser "vendidos" e as premissas, restrições, técnicas e ferramentas utilizadas conhecidas. Assim, analisar os fatores críticos aumenta as chances de o término do projeto obter sucesso.

A visão do projeto é uma primeira direção responsável por transmitir interesses e valores propostos pelo projeto a acionistas, executivos e níveis operacionais da empresa. Ela deve fazer parte de todas as reuniões, orientações e publicações internas e, se bem conhecida, reflete transparência de objetivo Christenson (2008).

Outro benefício identificado quando se evidencia a "visão" dos projetos é o estabelecimento de uma relação de confiança no ambiente da empresa, o que reduz o nível de resistência ao projeto. Portanto, a comunicação e o entendimento permitem e promovem envolvimento com o usuário final.

A comunicação foi apontada como fator crítico de sucesso, pois sem a difusão da informação, não se consegue direcionar as decisões dos projetos. Portanto, deve haver o posicionamento de que, os projetos de gerenciamento do conhecimento são essenciais para os interessados, mas também críticos para gerenciamento da mudança e para a implementação dos projetos com sucesso.

Os resultados sustentaram que a "visão" dos projetos teve uma significativa importância nos projetos investigados e indicaram uma ligação entre gerenciamento de projetos, da mudança e do conhecimento.

Para fundamentar essa ligação, o autor desenvolveu um modelo de visão baseado em: tomada de decisão, objetivo do projeto, integração, valores, autorizações e direcionador estratégico, em que, o gerenciamento de projetos operacionaliza os processos para detectar a mudança, o gerenciamento da mudança operacionaliza os processos para definir a estratégia de mudança, o gerenciamento do conhecimento operacionaliza os processos e entendimento do que necessita ser mudado e como isso pode ser realizado. Estes estão interligados pelos direcionadores da visão, que objetiva uma visão clara do estado futuro desejado e ligação com a missão do projeto.

Ficou evidente que o conhecimento transferido é crítico para o sucesso dos projetos, pois somente por meio do intercâmbio de conhecimentos as culturas mudam, sem desrespeitar valores e crenças da empresa. Portanto, a definição de metas e lições aprendidas indica a direção operacional do projeto e se alinha com os objetivos estratégicos, o que auxilia os gestores nas futuras decisões a serem tomadas.

O apoio da alta administração está em compreender e demonstrar para toda a organização a importância em gerenciar seus projetos de uma maneira ordenada. o sucesso de um projeto depende de uma série de fatores e os pilares são estrutura organizacional, alinhamento com os negócios, metodologia, informatização e competência (Christenson, 2008).

Portanto fatos como: apresentar tendências mundiais, tomar ações iniciais para que um modelo de gerenciamento seja implantado, deixar claro o interesse de que todos os projetos sejam planejados e acompanhados conforme o modelo escolhido, criar um clima que estimule o cumprimento de metas (satisfação do cliente, prazos, custos, lucros, qualidade) são ações a serem tomadas. o conjunto de atitudes comportamentais frente às necessidades dos negócios é chamado de cultura. Essa cultura não é estática e se modifica com o tempo e com as necessidades dos negócios.

2. Classificação da Pesquisa

Observa-se, pela literatura pesquisada, haver poucos estudos e levantamentos dirigidos e aplicados ao sucesso do gerenciamento de projetos. Assim, ao término de um projeto interessante se faz saber se o projeto foi ou não gerenciado com sucesso. Para isto, há necessidade de conhecer quais os direcionadores e as variáveis que podem ser consideradas importantes para o sucesso do gerenciamento. Neste âmbito que este trabalho pretende dar sua contribuição, ao fazer um levantamento de campo para obter e hierarquizar estas variáveis.

Essa pesquisa foi classificada como exploratória e descritiva, pois apresenta as características de um determinado fenômeno e nela há preocupação com a atuação prática (Gil, 1999; Andrade, 1999). o estudo estabeleceu quatro grupos direcionadores, fundamentado pelas dez áreas de conhecimento do PMI. Após a investigação dos processos, as variáveis foram desdobradas de maneira que pudessem ser alocadas em cada grupo proposto para melhor visualizar o gerenciamento do projeto.

Os dados foram analisados por gestores de projetos de 28 empresas. A pergunta "Quais variáveis podem alavancar as chances de sucesso do gerenciamento de projetos?" norteou essa pesquisa. Para as empresas selecionadas foram realizadas uma coleta de dados primários por meio de um questionário estruturado para os profissionais que gerenciam projetos. Os respondentes da pesquisa exerciam cargos de participantes de projetos, diretores, gerentes de projetos, membros da equipe de projetos.

A primeira parte do questionário contempla sete perguntas relacionadas aos projetos gerenciados pelo respondente e quanto à formação profissional. As perguntas referem-se a tipos e duração dos projetos, participação, cursos e treinamentos, experiência profissional e faturamento da empresa.

Na segunda parte, as perguntas foram baseadas nos processos utilizados no gerenciamento de projetos, segundo a metodologia difundida pelo PMBOK (2013). Esses processos incluem dez áreas de conhecimento e foram desdobrados de maneira que as técnicas e ferramentas específicas de cada grupo pudessem ser alocadas em quatro grupos de direcionadores responsáveis pelo sucesso do gerenciamento. o questionário foi composto por sessenta e oito perguntas, divididas em quatro grupos direcionadores com dezenove questões de habilidades gerenciais, vinte de fatores críticos de sucesso, quatorze de monitoramento e controle e oito de lições aprendidas.

As ferramentas de análise utilizadas foram: Análise Estatística de Correspondência cuja função era a de selecionar as variáveis mais importantes; método Análise Hierárquica de Processos (AHP) que hierarquizou as variáveis em área de importância e aplicação e por fim a Análise Conjunta que, validou a hierarquização das variáveis de forma estatística. Os métodos de correspondência e análise conjunta foram executados pelo software estatístico SAS e o método AHP foi aplicado por meio de planilhas em Excel de acordo com o modelo e Souza (2002).

A análise de correspondência é uma técnica exploratória de análise de dados que trata da distribuição de frequências resultantes de duas ou mais variáveis qualitativas. Ela permite ao pesquisador a visualização de associações por meio de mapas perceptuais que oferecem noção de proximidade ou associação de frequências das categorias das variáveis não métricas (Fávero, 2009).

A análise hierárquica de processos ou Analytic Hierarchy Process - AHP é uma técnica estruturada para tomada de decisão em ambientes complexos. É um método aplicado para a tomada de decisão, em que as percepções humanas, julgamentos e consequências possuem repercussão de longo prazo (Favero, 2009).

A análise conjunta é uma metodologia estatística utilizada em pesquisas de marketing, com diversos propósitos que determina a importância relativa que os consumidores dão a atributos relevantes e a utilidade que eles associam aos níveis de atributos. Os procedimentos conjuntos procuram atribuir valores aos níveis de cada atributo, de maneira que os valores resultantes ou a utilidade associada aos estímulos coincidam com as avaliações de entrada fornecidas para a pesquisa (Malhotra, 2012).

3. Resultados

A amostra fornecida pelos respondentes apontou, que 46% dos projetos executados referiam-se a novos processos administrativos ou gestão de melhoria, 42% dos projetos são de empresas que possuem mais de 5.000 funcionários, 68% das empresas faturam acima de R$ 100 milhões ao ano, 46% dos projetos duram entre 6 a 12 meses, 61% dos executores são gerentes de projetos, 46% possuem curso de curta duração e 50% têm experiência de três a cinco anos.

A partir dessa análise, pôde-se inferir que as empresas investigadas na sua maioria, possuem um elevado número de funcionários e a maior parte dos respondentes exerce a função de gerente de projeto. Isso contribui para fundamentar a qualidade das respostas, assim como a seleção das variáveis da pesquisa.

3.2.1 Seleção das variáveis por grupo direcionador

As variáveis identificadas pela revisão bibliográfica foram agrupadas nos quatro grupos direcionadores: habilidades gerenciais, fatores críticos de sucesso, monitoramento e controle, e lições aprendidas. Para melhor visualizar a estrutura de análise selecionada, demonstraremos apenas as variáveis do grupo direcionador habilidades gerenciais, composto por 18 variáveis conforme apresenta o Quadro 1.

Quadro 1. Variáveis do grupo direcionador – habilidades gerenciais

Número de variáveis	Variáveis identificadas
1	Comunicação do projeto
2	Aceitação da proposta do projeto
3	Comprometimento da direção
4	Recursos humanos suficientes
5	Qualificação da equipe
6	Participação no planejamento
7	Indicação de papéis e responsabilidades
8	Informação da evolução do projeto
9	Determinação dos fatores críticos de sucesso
10	Definição do cronograma
11	Mapeamento dos processos
12	Metas e objetivos realistas
13	Flexibilidade da mudança do projeto
14	Revisão de necessidades dos usuários
15	Determinação de limite financeiro
16	Determinação de data de encerramento do projeto
17	Minimização de riscos
18	Definição de restrições

Em uma segunda etapa, as variáveis identificadas foram transformadas em questionamentos a fim de identificar o quanto é importante e aplicada. Foram aplicados percentuais para alta, média e baixa importância e aplicação. o Quadro 2 apresenta o questionário parcialmente disponibilizado pela pesquisa de campo.

Quadro 2. Identificação do grau de aplicação e importância das variáveis selecionadas

Habilidades Gerenciais da Equipe do Projeto

Avalie cada um dos processos relacionados à HABILIDADES GERENCIAIS, responda quanto ao nível de importância e aplicação.

	Alta aplicação (70 a 100%)	Média aplicação (40 a 69%)	Baixa aplicação (39 a 0 %)	Alta importância (70 a 100%)	Média importância (40 a 69%)	Baixa importância (39 a 0 %)
Houve uma aberta e eficiente comunicação e identificação do escopo do projeto?	O	O	O	O	O	O
A missão ou proposta do projeto foi definida e aceita pelos interessados (objetivos claros)?	O	O	O	O	O	O
O projeto teve comprometimento da alta direção da empresa?	O	O	O	O	O	O
Os recursos humanos foram suficientes?	O	O	O	O	O	O

Existe alguma outra variável que deva ser incluída no grupo de processos HABILIDADES GERENCIAIS?

Recebida a pesquisa de campo, foi aplicado o método de Análise por Correspondência para classificação das variáveis. Assim, por exemplo, para o grupo direcionador habilidades gerenciais, as variáveis próximas à nota (*5), destacadas na cor preta, foram consideradas de alta importância, as próximas a nota (*3) de média importância e as próximas a nota (*1) de baixa importância, conforme demonstra a Figura 1.

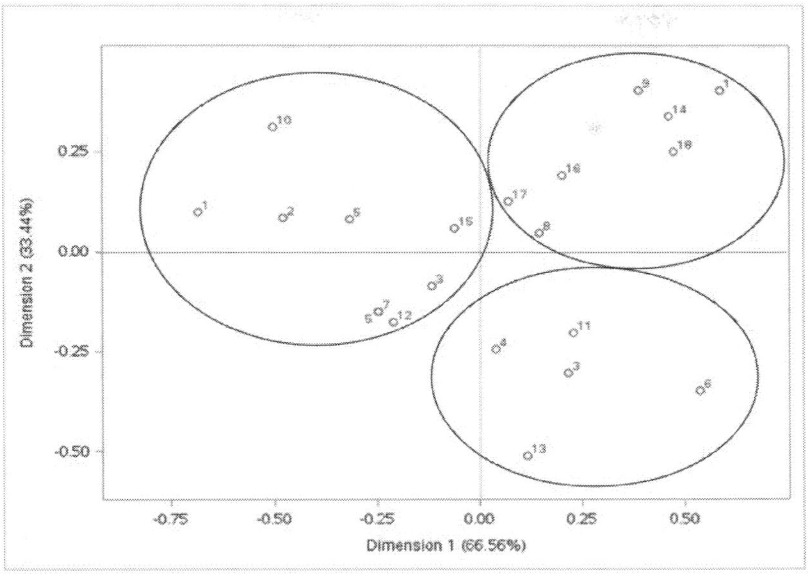

Figura 1. Variáveis do grupo direcionador habilidades gerenciais quanto ao nível de importância

As variáveis comunicação do projeto, definição do cronograma, aceitação da missão do projeto, qualificação da equipe, indicação de papéis e responsabilidades, metas e objetivos realistas, comprometimento da direção e determinação de limite financeiro foram as variáveis identificadas como mais importantes a serem gerenciadas. Os mesmos procedimentos foram aplicados para os demais grupos direcionadores.

O grupo direcionador fatores críticos de sucesso foi composto por 19 variáveis: definição do escopo, planejamento do projeto, influência dos interessados, habilidade de comunicação, comprometimento da equipe, definição de restrições, estabelecimento de metas, determinação dos pontos de controle, definição de um sistema de recompensas, determinação das ações preventivas, reuniões de monitoramento do projeto, apontamento da variação de prazo e orçamento, determinação dos fatores críticos de sucesso, registro das lições aprendidas, cumprimento do orçamento, cumprimento do escopo, cumprimento do prazo, reuniões de encerramento do projeto e documentação do projeto.

O grupo direcionador monitoramento e controle foi composto por 13 variáveis: reuniões de monitoramento do projeto, estabelecimento de metas, análise de ações preventivas, metas realistas, determinação de um sistema de recompensa, determinação de pontos de controle, identificação de desvio de meta, reuniões de retorno (feedback), verificação dos requisitos do cliente, ambiente do projeto, variação do orçamento planejado x real, variação do prazo planejado x real e variação dos benefícios planejado x real.

O grupo direcionador lições aprendidas foi composto por 07 variáveis: conclusão dentro do prazo planejado, conclusão dentro do orçamento planejado, conclusão de acordo com o escopo estabelecido, informação da evolução do projeto, alteração de objetivos e metas, discussão das lições aprendidas e compilação de documentos do projeto.

3.1 Hierarquização das variáveis por grupo direcionador

Identificadas as variáveis mais relevantes para o sucesso do gerenciamento de projetos, apresentou-se a necessidade de saber o grau de importância de cada variável. Os métodos de análise selecionados para hierarquizar esses fatores foram Análise Hierárquica de Processos (AHP) e Análise Conjunta.

Para a aplicação do Método AHP e construção do modelo de estabelecimento de prioridades utilizou-se o modelo de Costa (2002), desenvolvido por planilhas em Excel, versão 2010. o método foi aplicado nos quatro grupos de direcionadores propostos - Habilidades Gerenciais, Fatores Críticos de Sucesso, Monitoramento e Controle e Lições Aprendidas. A demonstração da hierarquização pelo método AHP para o grupo direcionador habilidades gerenciais quanto ao nível de importância esta apresentada no Quadro 3.

Quadro 3. Hierarquização das variáveis pelo método AHP - grupo direcionador habilidades gerenciais - nível de importância

Quadro Normalizado H

Variáveis	1	2	4	5	7	15	16	17	Soma
1	0,215	0,200	0,302	0,205	0,200	0,130	0,239	0,302	1,792
2	0,215	0,200	0,181	0,159	0,200	0,130	0,170	0,181	1,437
3	0,043	0,067	0,060	0,114	0,067	0,043	0,102	0,060	0,556
5	0,024	0,029	0,012	0,023	0,029	0,019	0,011	0,012	0,158
7	0,215	0,200	0,181	0,159	0,200	0,130	0,170	0,181	1,437
10	0,215	0,200	0,181	0,159	0,200	0,130	0,170	0,181	1,437
12	0,031	0,040	0,020	0,068	0,040	0,026	0,034	0,020	0,279
15	0,043	0,067	0,060	0,114	0,067	0,391	0,102	0,060	0,904
Soma	1,000	1,000	1,000	1,000	1,000	1,000	1,000	1,000	8,000

Hierarquização das variáveis

Variáveis	Vetor de Prioridade	Descrição da Variável
1	22,41%	Comunicaçao no projeto
2	17,96%	Aceitaçao da proposta do projeto
3	6,95%	Comprometimento da direção
5	1,97%	Qualificação da equipe
7	17,96%	Indicação de papéis e responsabilidades
10	17,96%	Definição do cronograma
12	3,49%	Metas com objetivos realistas
15	11,30%	Determinação de limite financeiro
Soma	100,00%	

Análise de Consistência

αmax	9,130		
Índice de Inconsistência	16,14%	n =	8
Razão de Inconsistência	11,45%		

O método de Análise Conjunta, nessa pesquisa, determinou, a partir das variáveis selecionadas, a importância relativa de cada variável em relação às demais. o objetivo foi o de hierarquizar as variáveis dentro de cada grupo direcionador. A aplicação do método se deu pelo *software* estatístico SAS versão 9.3. Na aplicação do método, foram hierarquizadas as variáveis selecionadas pelo método de análise de correspondência. A Figura 2 aponta as variáveis selecionadas e hierarquizadas do grupo direcionador habilidades gerenciais quanto ao nível de importância.

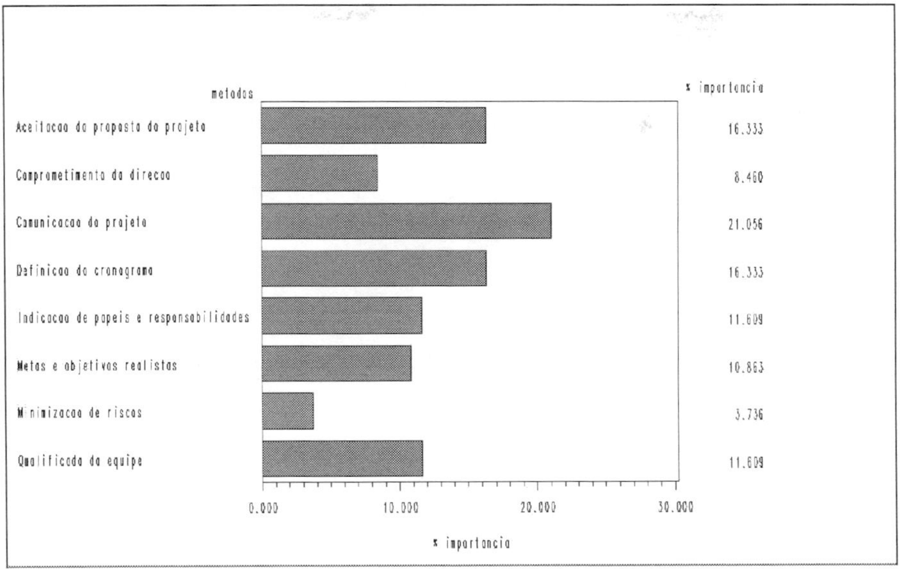

Figura 2. Hierarquização das variáveis do grupo direcionador habilidades gerenciais quanto ao nível de importância pelo método análise conjunta

Todavia, nos grupos monitoramento e controle e lições aprendidas, no nível de importância, e lições aprendidas no nível de aplicação, o método de análise de correspondência apenas selecionou sete variáveis. Assim, no final da análise, das variáveis hierarquizadas (total de oito e sete), optou-se por selecionar as seis variáveis mais relevantes.

3.2 Análises das variáveis selecionadas

Nessa etapa, foram selecionadas as variáveis de cada grupo direcionador por nível de importância e aplicação a fim de selecionar as seis variáveis mais relevantes. Os Quadros 4, 5, 6 e 7 apresentam as variáveis selecionadas e hierarquizadas pelos métodos Análise Hierárquica de Processos e Análise Conjunta quanto ao nível de importância do grupo direcionador habilidades gerenciais, fatores críticos de sucesso, monitoramento e controle e lições aprendidas.

Quadro 4. Hierarquização das das variáveis do grupo direcionador habilidades gerenciais quanto ao nível de importância

Método de Análise AHP			Método de Análise Conjunta		
Número de Variável	Hierarquização	Descrição da variável	Número de Variável	Hierarquização	Descrição da variável
1	22,41%	Comunicação do projeto	1	21,06%	Comunicação do projeto
2	17,96%	Aceitação da proposta do projeto	2	16,33%	Aceitação da proposta do projeto
7	17,96%	Indicação de papéis e responsabilidades	10	16,33%	Definição do cronograma
10	17,96%	Definição do cronograma	7	11,61%	Indicação de papéis e responsabilidades
12	11,30%	Metas com objetivo realista	5	11,61%	Qualificação da equipe
3	6,95%	Comprometimento da direção	12	10,86%	Metas com objetivo realista

Quadro 5. Hierarquização das variáveis do grupo direcionador fatores críticos de sucesso quanto ao nível de importância

Fonte: autor

Método de Análise AHP			Método de Análise Conjunta		
Número de Variável	Hierarquização	Descrição da variável	Número de Variável	Hierarquização	Descrição da variável
1	13,37%	Definição do escopo do projeto	1	14,85%	Definição do escopo do projeto
2	13,37%	Planejamento do projeto	15	14,85%	Cumprimento do escopo
16	13,37%	Cumprimento do escopo	4	13,52%	Comprometimento da equipe
17	13,37%	Reuniões de encerramento do projeto	14	13,26%	Cumprimento do orçamento
5	11,48%	Definição de restrições	2	12,20%	Planejamento do projeto
4	11,32%	Comprometimento da equipe	4	10,87%	Habilidade de comunicação

Quadro 6. Hierarquização das variáveis do grupo direcionador monitoramento e controle quanto ao nível de importância

Fonte: autor

Método de Análise AHP			Método de Análise Conjunta		
Número de Variável	Hierarquização	Descrição da variável	Número de Variável	Hierarquização	Descrição da variável
1	25,08%	Reuniões de monitoramento do projeto	1	20,51%	Reuniões de monitoramento do projeto
8	13,53%	Reuniões de retorno (feedback)	6	17,52%	Determinação dos pontos de controle
11	13,53%	Variação do orçamento planejado x real	13	16,24%	Variação dos benefícios planejado x real
13	13,53%	Variação dos benefícios planejado x real	8	11,96%	Reuniões de retorno (feedback)
10	11.57%	Ambiente do projeto	11	11,96%	Variação do orçamento planejado x real
12	11,57%	Variação do prazo planejado x real	12	11,96%	Variação do prazo planejado x real

Quadro 7. Hierarquização das variáveis do grupo direcionador lições aprendidas quanto ao nível de importância

Fonte: autor

Método de Análise AHP			Método de Análise Conjunta		
Número de Variável	Hierarquização	Descrição da variável	Número de Variável	Hierarquização	Descrição da variável
1	25,61%	Conclusão no prazo planejado	1	28,94%	Conclusão no orçamento planejado
2	25,61%	Conclusão no orçamento planejado	2	23,68%	Informação da evolução do projeto
3	20,93%	Informação da evolução do projeto	3	26,31%	Conclusão no prazo planejado
4	13,36%	Conclusão de acordo com escopo estabelecido	4	18,42%	Conclusão de acordo com escopo estabelecido
5	5.10%	Compilação de documentos do projeto	5	2,63%	Alteração de objetivos e metas
6	4,70%	Alteraçao de objetivos e metas	6	0,00%	Compilação de documentos do projeto

Os Quadros 8, 9, 10 e 11 apresentam as variáveis selecionadas e hierarquizadas pelos métodos Análise Hierárquica de Processos e Análise Conjunta quanto ao nível aplicação do grupo direcionador habilidades gerenciais, fatores críticos de sucesso, monitoramento e controle e lições aprendidas.

Quadro 8. Hierarquização das variáveis do grupo direcionador habilidades gerenciais quanto ao nível de aplicação

Fonte: autor

Método de Análise AHP			Método de Análise Conjunta		
Número de Variável	Hierarquização	Descrição da variável	Número de Variável	Hierarquização	Descrição da variável
10	36,20%	Definição do cronograma	10	20,27%	Definição do cronograma
1	13,80%	Comunicação do projeto	2	14,77%	Aceitação da missão do projeto
2	13,80%	Aceitação da missão do projeto	16	14,45%	Determinação de data de encerramento
16	8,49%	Determinação de data de encerramento	1	13,73%	Comunicação do projeto
8	8,49%	Informação da evolução do projeto	3	9,27%	Comprometimento da direção
7	6,41%	Indicação de papéis e responsabilidades	12	9,27%	Metas com objetivo realista

Quadro 9. Hierarquização das variáveis do grupo direcionador fatores críticos de sucesso quanto ao nível de aplicação

Fonte: autor

Método de Análise AHP			Método de Análise Conjunta		
Número de Variável	Hierarquização	Descrição da variável	Número de Variável	Hierarquização	Descrição da variável
1	25,85%	Definição do escopo do projeto	1	17,76%	Definição do escopo do projeto
2	15,85%	Planejamento do projeto	5	15,35%	Comprometimento da equipe
5	15,85%	Comprometimento da equipe	2	14,15%	Planejamento do projeto
17	13,89%	Cumprimento do prazo	16	12,95%	Cumprimento do escopo
16	13,89%	Cumprimento do escopo	17	12,95%	Cumprimento do prazo
15	4,89%	Cumprimento do orçamento	17	10,54%	Habilidade de comunicação

Quadro 10. Hierarquização das variáveis do grupo direcionador monitoramento e controle quanto ao nível de aplicação

Fonte: autor

Método de Análise AHP			Método de Análise Conjunta		
Número de Variável	Hierarquização	Descrição da variável	Número de Variável	Hierarquização	Descrição da variável
12	22,78%	Variação do prazo planejado x real	12	20,91%	Variação do prazo planejado x real
1	16,85%	Reuniões de monitoramento do projeto	1	18,23%	Reuniões de monitoramento do projeto
11	15,46%	Variação do orçamento planejado x real	8	14,20%	Reuniões de retorno (feedback)
13	13,58%	Variação dos benefícios planejado x real	6	13,36%	Determinação dos pontos de controle
6	11,06%	Determinação dos pontos de controle	11	10,18%	Variação do orçamento planejado x real
7	7,88%	Identificação de desvio de meta	7	7,80%	Identificação de desvio de meta

Quadro 11. Hierarquização das variáveis do grupo direcionador lições aprendidas quanto ao nível de aplicação

Fonte: autor

Método de Análise AHP			Método de Análise Conjunta		
Número de Variável	Hierarquização	Descrição da variável	Número de Variável	Hierarquização	Descrição da variável
1	38,89%	Informação da evolução do projeto	1	24,67%	Informação da evolução do projeto
2	12,78%	Conclusão de acordo com escopo estabelecido	2	20,77%	Conclusão de acordo com escopo estabelecido
3	12,01%	Conclusão no prazo planejado	3	19,48%	Conclusão no orçamento planejado
4	11,51%	Conclusão no orçamento planejado	4	14,28%	Alteração de objetivos e metas
5	10,74%	Alteraçao de objetivos e metas	5	10,39%	Conclusão no prazo planejado
6	8,07%	Compilação de documentos do projeto	6	10,39%	Compilação de documentos do projeto

Apresentadas as variáveis hierarquizadas quanto ao nível de importância e aplicação identificadas pela pesquisa, foi possível observar por meio dos dois métodos realizados que houve convergência de um grande número de variáveis selecionadas.

3.2.1 Fatores Críticos de Sucesso da Pesquisa

Esta pesquisa optou por considerar as variáveis pelo método de análise conjunta quanto ao nível de importância e quanto ao nível de aplicação. A importância representa um consenso, pois existem contextos em que as variáveis são importantes, mas não puderam ser aplicadas. Os Quadros 12, 13, 14 e 15 apresentam as variáveis selecionadas para o sucesso do gerenciamento de projetos, levando em consideração apenas o nível de importância pois muitas variáveis podem ser consideradas importantes, porém pouco aplicável devido ao contexto organizacional.

Quadro 12. Variáveis selecionadas do grupo direcionador habilidades gerenciais

Fonte: autor

Número de Variável	Hierarquização	Descrição da variável
1	21,06%	Comunicação do projeto
2	16,33%	Aceitação da missão do projeto
10	16,33%	Definição do cronograma
7	11,61%	Indicação de papéis e responsabilidades
5	11,61%	Qualificação da equipe
12	10,86%	Metas com objetivo realista

Quadro 13. Variáveis selecionadas do grupo direcionador fatores críticos de sucesso

Fonte: autor

Número de Variável	Hierarquização	Descrição da variável
1	14,85%	Definição do escopo do projeto
15	14,85%	Cumprimento do escopo
4	13,52%	Comprometimento da equipe
14	13,26%	Cumprimento do orçamento
2	12,20%	Planejamento do projeto
4	10,87%	Habilidade de comunicação

Quadro 14. Variáveis selecionadas do grupo direcionador monitoramento e controle

Fonte: autor

Número de Variável	Hierarquização	Descrição da variável
1	20,51%	Reuniões de monitoramento do projeto
6	17,52%	Determinação dos pontos de controle
13	16,24%	Variação dos benefícios planejado x real
8	11,96%	Reuniões de retorno *(feedback)*
11	11,96%	Variação do orçamento planejado x real
12	11,96%	Variação do prazo planejado x real

Quadro 15. Variáveis selecionadas do grupo direcionador lições aprendidas

Fonte: autor

Número de Variável	Hierarquização	Descrição da variável
1	28,94%	Conclusão no orçamento planejado
2	23,68%	Informação da evolução do projeto
3	26,31%	Conclusão no prazo planejado
4	18,42%	Conclusão de acordo com escopo estabelecido
5	2,63%	Alterações de objetivos e metas
6	0,00%	Compilação de documentos do projeto

4. Conclusões

A pesquisa foi realizada com 28 gerentes de projetos em empresas de diferentes ramos de atividades. Foram propostos grupos direcionadores para identificar competências organizacionais, apontar processos ou grupo de processos que levam ao sucesso dos projetos e revelar fatores críticos de sucesso. Informações gerais e variáveis gerenciadas dos projetos executados quanto ao nível de importância e aplicação foram apontadas pelos respondentes.

Em resposta à questão-chave, que guiou esta pesquisa, pode-se afirmar que muitos são os fatores que influenciam o desempenho de um projeto. Entretanto, poucos respondem pela possibilidade de sucesso. Fatores críticos revelados nesta pesquisa foram convergentes com a teoria investigada ao apontar fatores básicos e vitais para o sucesso do gerenciamento de projetos. A pesquisa apresentou as seguintes conclusões:

A partir do referencial teórico, foram identificadas as variáveis a serem gerenciadas para o sucesso do gerenciamento de projetos. Utilizando-se a metodologia de gerenciamento de projetos, que inclui as dez áreas de conhecimento, foram identificadas as seguintes variáveis para cada grupo direcionador:

- dezoito no grupo de habilidades gerenciais;
- dezenove no de fatores críticos de sucesso;
- treze no de monitoramento e controle;
- sete no de lições aprendidas.

Após identificar essas variáveis, três tipos de análise se mostraram-se adequadas:

a) Análise de Correspondência – identificou as variáveis apontadas como relevantes dentre os fatores críticos de sucesso. As selecionadas foram reagrupadas dentro de cada grupo direcionador;

b) Método Análise Hierárquica de Processos – AHP – criou uma hierarquia das variáveis para os níveis de aplicação e importância. A aplicação do método AHP foi fundamentada no modelo de Costa (2002) e utilizou-se planilhas em Excel;

c) Análise Conjunta – determinou a partir das variáveis, selecionadas pelo método de correspondência, a importância relativa de cada variável e hierarquizou dentro de cada grupo direcionador. Essa análise foi realizada pelo software estatístico SAS.

Verificou-se que a hierarquização das variáveis realizada pelos métodos análise conjunta e AHP foi convergente em um grande número de variáveis, para os níveis de importância e de aplicação. Esta pesquisa optou por considerar as variáveis hierarquizadas pelo método de análise conjunta quanto ao nível de importância considerado mais preciso. Por esse método, foram selecionadas, para cada grupo direcionador seis variáveis apontadas por esta pesquisa como relevantes.

Os seis fatores críticos de sucesso (variáveis) identificados pelos quatro grupos direcionadores, por ordem de importância foram:

1) Grupo habilidades gerenciais - habilidade de comunicação, definição do cronograma, aceitação da proposta do projeto, indicação de papéis e responsabilidades, definição de metas e objetivos realistas e qualificação da equipe;

2) Grupo fatores críticos de sucesso - definição do escopo do projeto, prazo do projeto, comprometimento, planejamento, habilidade de comunicação e cumprimento do orçamento;

3) Grupo monitoramento e controle - reuniões de monitoramento, variação de prazo, variação de benefícios, ponto de controle, variação de orçamento e identificação de desvio de metas;

4) Grupo lições aprendidas - prazo, orçamento, comunicação, proposta do projeto, metas e documentação do projeto.

A variável comunicação foi considerada relevante em todas as etapas do gerenciamento de projetos. No grupo direcionador lições aprendidas, as variáveis consideradas importantes para o sucesso do gerenciamento foram: conclusão dentro do prazo e orçamento planejado, informação da evolução do projeto e conclusão de acordo com o escopo estabelecido.

Os resultados obtidos nesta pesquisa vão ao encontro da teoria de gerenciamento ágil de projetos (Agile Project Management - APM) orientada para a busca de resultados. Essa metodologia busca adaptar os processos para absorver mudanças de escopo e de funcionalidade dos projetos.

5. Referencias bibliográficas

AGOSTINHO. O. L., BATOCHIO, A.; IRIS, B. *Design of technological infrastructure for competitiveness as function of time. CAV – International Conference on Changeable, Agile, Reconfigurable and Virtual Production, 2009.*

ANDERSEN, E.S. *Project evaluation scheme.Project Management. Vol. 6.Nr. 1, pp. 61-69, 2000.*

ANDERSEN, E.S. *et al. Exploring project success.Baltic Journal of Management. Vol. 1, Nr. 2, pp. 127-147, 2006.*

ATKINSON, R. *Project management: cost, time and quality, two best guesses and a phenomenon, it´s time to accept other success criteria. International Journal of Project Management, Vol. x, Nr. x, pp. x-x, 1999.*

BELASSI, W.; TUKEL, O. I. *A new framework for determining critical success/failure factors in projects. International Journal of Project Management, Nr. 14, pp. 141-151, 1996.*

BRANSFIELD S.;BHAT S.; CHOMA A. *A. Sucesso vs. fracasso. o que faz a diferença entre os melhores e os piores projetos? Mundo Project Management.Nr. 36, 2010.*

BREDILLET, N. C. *Exploring research in Project Management: Nine Schools of Project Management Research. Project Management Journal. Vol. 39.Nr. 3, 2008.*

BRYDE, D. J.; BROWN, D. *The influence of a project performance measurements system on the success of a contract for maintaining motorways and trunk roads. Project Management Journal, Vol. 35, Nr. 4, pp. 57-65, 2004.*

CARVALHO, M. M.; RABECHINI RJ, R. *Construindo competências para gerenciar projetos: teoria e casos. São Paulo: Atlas, 2008.*

CARVALHO, M. M.; RABECHINI RJ, R. *Gestão contingencial de projetos: usando road mapas gerenciais para estabelecer vinculo flexível entre metodologias e tipos de projetos. Mundo Project Management, Rio de Janeiro, Vol. 6, Nr. 32, pp. 66-73, 2010.*

COITINHO, M. *Influência da incerteza no processo de decisão: priorização de projetos de melhoria – Dissertação de Mestrado Universidade Politécnica de São Paulo, 2006.*

CHAZZAW, I. *A.Motivação por meio de metas. Lições aprendidas numa empresa de tecnologia. Mundo Project Management.Nr. 34, 2010.*

CHRISTENSON, D. *Vision as a critical success factor to project outcomes.Congress on project management.Moscow, 2003.*

CHRISTENSON, D. *Understanding the role of vision in project success. Project management Journal.Nr.3, pp. 39-52, 2003.*

CHRISTENSON, D. *Using vision as a critical success element in Project management. InternationalJournalofManagingProjects in Business. Nr.4, pp. 611-622, 2008.*

CRUZ, C; RIBEIRO, U. *Metodologia Científica: teoria e prática. 2. ed. Rio de Janeiro: Axcel Books, 2004.*

COSTA, H. G., *Introdução ao método de análise hierárquica: análise multicritério no auxílio à decisão. Niterói, Rio de Janeiro, 2002.*

DINSMORE, P. C. *Ama manual de gerenciamento de projetos. Rio de Janeiro: Brasporte, 2009.*

FAVERO, L. P. *Análise de dados: modelagem multivariada para tomada de decisões. Rio de Janeiro: Elsevier, 2009.*

FORTUNE, J.; WHITE, D. *Framing of project critical success factors by a systems model. International Journal of Project Management, Vol. 24, pp. 53-65, 2006.*

FRAME, J. D. *The new Project management – Tools for age of rapid change, corporate reengineering, and other business realities. São Francisco: Jossey-BassPublishers, 1999.*

FURTADO E. M. PSI – *Programa Sistemas de Informação. Mundo Project Management. Nr. 37, 2011.*

FLEURY, A. C. C.; FLEURY, M. T. L. *Estratégias empresariais e formação de competências: um quebra-cabeça caleidoscópio da indústria brasileira. São Paulo: Atlas, 2001.*

GALLO. M. *Projeto central de logística reversa. Mundo Project Management. Nr. 37, 2011.*

GIL, A.C. *Métodos e técnicas de pesquisa social. 5 ed. São Paulo: Atlas, 1999.*

GODOY, A.S. *Introdução à pesquisa qualitativa e suas possibilidades. ERA – Revista de Administração de Empresas, São Paulo, Vol. 35, Nr. 2, pp. 57-63, 1995.*

GRIFFIN, A.; PAGE, A. L. PDMA *success measurement project: recommended measures for development success and failure. Journal Production Innovation Management, Vol. 13, pp. 478-496, 1996.*

HYVÄRI. I. *Success of projects in different organizational conditions. Project Management Journal, 2006.*

INTERNATIONAL *project management standard IS021500. Australian Committee MB12..Disponível em: http://www.mb12.org.au/. Acesso em: 14 agosto de 2011.*

KERZNER, H. *Gestão de projetos: as melhores práticas. Porto Alegre, Bookman, 2006.*

KERZNER, H. *Project Management: best practices: achieving global excellence. 2nd Ed. 2010.*

KRAUSE, B.; BASTOS, A. *As Normas Técnicas em Benefício das Melhores Práticas. Mundo Project Management. N. 31, 2010.*

MALHOTRA, N. K. *Pesquisa de marketing: uma orientação aplicada. 6 Ed. Porto Alegre: Bookman, 2012.*

MARCONI, M.M.; LAKATOS, M.A.M. *Técnicas de pesquisa: planejamento e execução de pesquisas, amostragens e técnicas de pesquisa, elaboração, análise e interpretação de dados. São Paulo: Atlas, 2011.*

MOSCOVICI, F. *Desenvolvimento interpessoal: treinamento em grupo. 15 ª ed. – Rio de janeiro, 2005.*

NGUYEN, L.D.; OGUNLANA, S. O.; LAN, T. X. *A study on project success factors in large construction projects in Vietnam. Engineering, Construction and Architectural Management. Vol.11, Nr. 6, 2004. Disponivelem: www.emeraldinsight.com/researchregister.*

PATAH, L. *Alinhamento estratégico de estrutura organizacional de projetos: uma análise de múltiplos casos. 2004. Dissertação (Mestrado) – Escola Politécnica da USP, São Paulo.*

PATAH, L. A. *Avaliação da relação do uso de métodos e treinamentos em gerenciamento de projetos no sucesso dos projetos através de uma perspectiva contingencial: uma análise quantitativa. Tese de Doutorado – Escola Politécnica da Universidade de São Paulo,2010.*

PINTO, J. K.; PRESCOTT, J. E. *Variations in critical success factors over the stages in the Project Life Cycle.Journal of Management, Nr. 14, pp. 5-18, 1998.*

PINTO, J. K.; SLEVIN, D.P.. *Critical success factors in effective Project implementation. Project Management Handbook (pp. 479-512). New York: Van Nostrand Reinhold, 1987.*

PINTO, J. K.; SLEVIN, D.P.. *Critical success factors in successful project implementation. IEEE TransactionsonEngeneeringManagement , pp.22-27, 1987.*

PMI – *Project Management Institute. Um gruía do conjunto de conhecimentos do gerenciamento de projetos – Tradução oficial para o português do PMBOK (Project Management BodyofKnowledge)Guide – PMI, 2013.*

ROESCH, S.M.A. *Projetos de estágio e pesquisa em administração. São Paulo: Atlas, 2006.*

SAATY, T. L. *Relative measurement and its generalization in decision making: why pairwise comparisons are central in mathematics for the measurement of intangible factors – the analytic hierachy/network process. Review of the Royal Spanish Academy of Sciences.Madri, 2008.Disponívelem: http://rac.es/ficheros/doc/00576.PDF.*

SAATY, T. L. *Métodos de análise hierárquica. São Paulo: Mc Graw-hill, Makron, 1991.*

SCHINDLER, P.; COOPER, D. R. *Métodos de pesquisa em administração. Editora Bookman, 2003.*

SHENHAR, A. J. *One size does not fit all projects: exploring classical contingency domains. Management Science, Vol.47, Nr. 3, pp.394-414, 2001.*

SHENHAR, A. J.; DVIR, D.; LEVY, O.; MALTZ, A. C. *Project success: a multidimensional strategic concept. Long Range Planning, Nr. 6, pp. 699-725, 2001.*

SHENHAR, A. J.; WIDEMAN, R. M. *Toward a fundamental differentiation between project pypes.Disponível em: www.maxwideman.com/papers.pdf. Acesso em: 12 de fevereiro de 2010.*

SHENHAR, A. J.; DVIR, D. *Reinventando gerenciamento de projetos: a abordagem diamante ao crescimento e inovação bem-sucedidos. Editora M. Books, 2007.*

SILVA, C. H. O. *Introdução à ConjointAnalysis. In: Ix Encontro Mineiro de Estatística, 2010. Viçosa – MG.*

STANDISH GROUP. *Disponível em: <http://www.standishgroup.com. Acesso em: novembro, 2009.*

TERRIBILI F. A. *Indicadores de Gerenciamento de projetos. Monitoração contínua. São Paulo – M. Books do brasilLtda, 2010.*

VASCONCELOS, A.A, *Percepção de resultados em projetos sob as perspectivas dos fatores críticos de sucesso. Dissertação de mestrado – Escola da Universidade de São Paulo, Departamentode Telecomunicações e Controle. São Paulo, SP, 2010.*

VARGAS, R. *Utilizando a programação multicritério (AnalyticHierarchyProcess – AHP) para selecionar e priorizar projetos na gestão de portifólico. PMI Global Congress – Nort América, Washington – EUA, 2010.*

WHITE, D.; FORTUNE, J. *Current Practice in Project management.Journal of Project Management.Nr. 20, pp. 1-1, 2002.*

17. Práticas de Suprimento Sustentável: Estudo de Caso em uma Empresa do Setor de Óleo e Gás

Iara Tammela; Péricles Nunes da silva; Edwin Benito Mitacc Meza; Dalessandro Soares Vianna; Ramon Baptista Narcizo
(Departamento de Engenharia, Universidade Federal Fluminense/UFF, Rio das Ostras, Rio de Janeiro, Brasil)

Objetivo

O tema principal desta pesquisa é o suprimento sustentável que pode ser entendido como uma estratégia pela qual empresas que desejam obter sustentabilidade econômica, social e ambiental em seus negócios se relacionam com o mercado fornecedor de bens e serviços. Neste sentido, este capítulo tem como objetivo apresentar, identificar e avaliar ações que possam indicar a prática do suprimento sustentável numa empresa de economia mista do setor de óleo e gás.

1. Introdução

Assim como muitas das tendências de negócio nas organizações, a preocupação com a sustentabilidade não surgiu espontaneamente. Primeiro, foi uma reação ao aumento dos riscos e incertezas face a problemas como a escassez de recursos naturais, o aumento do preço da energia, aumento das legislações ambientais, assim como pressão dos consumidores e investidores (BERNS et al., 2009).

As pressões externas para que as empresas se tornem mais sustentáveis têm aumentado nos últimos anos e as políticas públicas têm tido grande efeito, com os governos de diversos países trabalhando para redução de emissão de gases do efeito estufa e outras metas. Desta forma, está cada vez mais evidente a importância do que Porter e Kramer (2011) chamam de "criação de valor compartilhado", ou seja, a geração de lucros que envolve um propósito social, representando uma forma avançada do capitalismo na qual se cria um ciclo positivo de prosperidade tanto para a companhia quanto para a sociedade.

Neste sentido, Silva et al. (2015) acrescentam que a atuação do setor de compras/suprimentos é bastante relevante para demonstrar a real preocupação das empresas com a sustentabilidade, uma vez que grande parte do custo de produção está relacionado com a aquisição de bens e serviços e, por conseguinte, do relacionamento com a cadeia de suprimentos.

Segundo pesquisa realizada por Hartmann et al. (2012) com 306 empresas de 8 setores, o desempenho das atividades de compras e gerenciamento de suprimento tem impacto direto no sucesso financeiro das empresas, sendo que essa influência está ligada ao desempenho operacional em custos, qualidade e inovação nas atividades de suprimento.

Uma das formas de incorporar a sustentabilidade nos processos produtivos das empresas é por meio da aquisição de insumos (bens e serviços) que tenham sido produzidos de maneira sustentável. Para isso, as organizações precisam desenvolver uma cadeia de suprimentos sustentável e essa atividade é operacionalizada pelos setores de compras/suprimentos, utilizando-se estratégias de suprimento sustentável.

Dentro deste contexto, este estudo objetivou avaliar, por meio de um estudo de caso, as atividades e práticas de suprimento sustentável adotadas em uma empresa brasileira do setor de óleo e gás. A pesquisa envolveu a identificação de práticas de suprimento sustentável elencadas na literatura, diagnóstico da situação atual da organização com relação ao suprimento sustentável, incluindo a caracterização da mesma segundo os estereótipos propostos por Schneider e Wallenburg (2012), e proposição de ações que permitam que a empresa atinja a excelência em relação ao suprimento sustentável.

2. Referencial teórico

2.1 Gerenciamento da cadeia de suprimentos sustentável

No contexto de competição, não mais entre empresas, mas sim entre cadeias de suprimento, o desafio de incorporar objetivos sustentáveis abrangentes no comportamento corporativo, devido à crescente preocupação ambiental e ética, leva à necessidade das cadeias de suprimento atuarem quase como meta-organizações, coordenando informações, materiais e fluxos financeiros desde o fornecimento das matérias primas até o consumidor final (GOLD et al., 2010).

As discussões sobre sustentabilidade são direcionadas pela noção básica de que o desempenho deve ser medido não apenas pelos lucros, mas também pelo impacto da cadeia de suprimentos nos sistemas ecológicos e sociais. Para ser realmente sustentável, uma cadeia de suprimentos não deve provocar danos ambientais e sociais enquanto se mantém próspera ao longo de muitos anos. Nesta cadeia de suprimentos ideal, os consumidores estariam satisfeitos em permanecerem como clientes para sempre (PAGELL; WU, 2009).

Para Carter e Rogers (2008), os profissionais da cadeia de suprimentos estão em uma ótima posição para desenvolverem as práticas de sustentabilidade. Atividades como a redução de embalagens, melhoria das condições de trabalho nos armazéns, utilização de transportes mais eficientes e exigência que os fornecedores desenvolvam programas ambientais e sociais são alguns exemplos de como é possível reduzir custos e, ao mesmo tempo, melhorar a reputação da empresa.

Neste sentido, o conceito de cadeia de suprimentos sustentável pode ser definido como o gerenciamento dos fluxos de material, informação e capital; assim como a cooperação das organizações da cadeia para atingir metas nas dimensões econômica, ambiental e social, que são derivadas dos requisitos dos clientes e partes interessadas (SEURING; MÜLLER, 2008).

Mais recentemente, Ahi e Searcy (2013) definiram o gerenciamento da cadeia de suprimentos sustentável como a criação de cadeias de suprimento coordenadas por meio da integração voluntária de aspectos econômicos, ambientais e sociais para gerenciar de maneira eficiente e eficaz os fluxos de materiais, informações e capital associados às atividades de compras, produção e distribuição de produtos e serviços, de forma a atender os requisitos das partes interessadas e melhorar a lucratividade, a competitividade e a resiliência da organização no curto e longo prazos.

Pagell e WU (2009) propõem um caminho de três etapas para que uma organização se torne sustentável. o primeiro passo é reconfigurar a cadeia de suprimentos, identificando quem faz parte da cadeia e qual o objetivo dela. Depois é preciso assegurar que a cadeia resultante seja eficiente e eficaz. Por último, é importante que o assunto da sustentabilidade esteja permeado em toda organização, especialmente na forma como ela alcança seus lucros.

Neste sentido, Carter e Rogers (2008) sugerem que as ações em prol das cadeias de suprimento sustentáveis serão cada vez mais viáveis, devido à perspectiva de aumento nos custos de energia, pressões dos consumidores por mais transparência e pelo fato das empresas estarem criando uma visão holística dos custos e benefícios associados aos projetos sociais e ambientais.

Outro aspecto interessante encontrado na literatura é que um bom desempenho nas métricas operacionais tradicionais é o fundamento para uma cadeia de suprimentos sustentável. Uma cadeia de suprimentos que possui mau desempenho operacional inibe os esforços em direção à sustentabilidade (PAGELL; WU, 2009).

Uma das formas das organizações repassarem parte da pressão recebida dos diversos públicos de interesse para que se torne mais sustentável é por meio da cobrança para que os fornecedores se adequem a princípios listados em padrões sociais e ambientais, que podem ser documentados pela implementação de normas de gestão da qualidade para questões ambientais (ISO 14001) e sociais (SA 8000) (COURVILLE, 2003; CHEN, 2005).

O estudo realizado por Gold et al. (2010) advoga que competências organizacionais únicas emergem quando as empresas proativamente incorporam aspectos sociais e ambientais ao seu comportamento corporativo. Essas competências são fontes de vantagem competitiva, devido à dificuldade de imitação pelos competidores. Contudo, o amplo conceito da sustentabilidade e as interfaces-chave que a sustentabilidade possui com o gerenciamento da cadeia de suprimentos sugerem que a sustentabilidade pode ser considerada uma licença para se fazer negócios no século 21 e o gerenciamento da cadeia de suprimentos sustentável é um componente integral desta licença (CARTER; EASTON, 2011).

2.2 Suprimento sustentável

O grande desafio da inclusão da sustentabilidade como prioridade competitiva das empresas, assim como o são o custo e a qualidade, reside no fato da dificuldade de se identificar e/ou garantir os componentes sustentáveis dos produtos que a empresa adquire de seus fornecedores (KRAUSE et al., 2009). Enquanto os departamentos de compras possuem à sua disposição diversos critérios tradicionais de seleção de fornecedores, como custo, qualidade e prazo de entrega; orientados para a sustentabilidade econômica da empresa, existe pouco consenso sobre quais atributos são críticos para assegurar sustentabilidade ambiental e social na seleção de fornecedores (GOEBEL et al., 2012).

Dessa forma, Meehan e Bryde (2011) sustentam que a atividade de compras possui papel essencial na sustentabilidade, pois as políticas e práticas devem se estender além das fronteiras das organizações, incorporando toda a cadeia de suprimentos. A atividade de compras necessita de diretrizes sustentáveis para que possa tomar decisões que levem em conta as dimensões ambientais, econômicas e sociais.

Nesse sentido, Schneider e Wallenburg (2012) destacam que o suprimento sustentável deve garantir a seleção de fornecedores que ofereçam insumos de qualidade a preços competitivos, possuam boas práticas de preservação ambiental e reforcem os valores e padrões sociais da empresa. Já Walker et al. (2012) definem o suprimento sustentável como a busca dos objetivos de desenvolvimento sustentável através da atividade de compras e do processo de suprimento. o suprimento sustentável deve ser consistente com os princípios do desenvolvimento sustentável, promovendo uma sociedade forte, saudável e justa, que conviva em harmonia com o meio-ambiente, promovendo uma boa governança (WALKER; BRAMMER, 2009).

Uma das formas de promover a mudança de comportamento dos responsáveis pela execução da política de compras nas organizações, aumentando a preocupação com a sustentabilidade, é por meio da adoção de padrões de sustentabilidade ou códigos de conduta. o Pacto Global das Nações Unidas é um desses guias, sendo a maior iniciativa de responsabilidade corporativa do mundo, com a adesão de centenas de empresas (GILBERT; RASCHE, 2008).

Da literatura coletada e analisada, destacaram-se 4 artigos em que os autores se propuseram a listar práticas de suprimento sustentável. Enumerando as práticas de suprimento sustentável listadas por Preuss (2009), Meehan e Bryde (2011), Tate et al. (2012) e Goebel et al. (2012), chegou-se ao total de 97 práticas. Notou-se que esses quatro autores definiram algumas práticas com um mesmo sentido/objetivo, mas com sentenças diferentes. De modo a obter uma lista de práticas sustentáveis sem duplicidades utilizou-se princípios da análise de conteúdo para analisar o conjunto das práticas.

A síntese das práticas foi feita utilizando os princípios de unificação de sentenças semelhantes e definição de categorias, preconizados pela análise de conteúdo (HOLDFORD, 2008). Neste exercício, as práticas foram condensadas de 97 para 43, sendo propostas 6 grandes categorias para organização das mesmas, a saber: Atividades de Suprimento Sustentável; Critérios de Seleção de Fornecedores; Parceria com Fornecedores; Código de Ética; Sustentabilidade Social e Sustentabilidade Ambiental. Essas categorias foram inspiradas naquelas definidas no trabalho de Tate et al. (2012).

O Quadro 1 resume a análise das práticas de suprimento sustentável identificadas na literatura. Nos casos de ambiguidade, em que algumas das práticas relacionadas no quadro poderiam estar enquadradas em mais de uma das categorias propostas, optou-se pelo enquadramento naquelas categorias consideradas mais pertinentes, buscando simplificar o quadro, evitando duplicidades.

Quadro 1 Práticas de Suprimento Sustentável.

CLASSIFICAÇÃO						REFERÊNCIAS BIBLIOGRÁFICAS
Atividades de Suprimento Sustentável	Critérios de Seleção de Fornecedores	Parceria com Fornecedores	Código de Ética	Sustentabilidade Social	Sustentabilidade Ambiental	
Comprometimento dos fornecedores com um alto nível de desempenho ambiental	Dar preferência à aquisição de produtos sustentáveis	Envolvimento dos fornecedores na redução de riscos e impactos de SMS	-	Questões de condição de trabalho - Redução de Acidentes, Programas de Direitos do Trabalho, etc.	-	(TATE et al., 2012)
Consideração do Impacto Ambiental além dos fornecedores diretos	Atendimento à Conformidade regulatória e legal é levado em conta no momento da contratação	Envolvimento dos fornecedores nas atividades de reciclagem	-	-	-	(TATE et al., 2012)
Sistema para monitorar e medir o desempenho ambiental	Programa de descarte adequado de Embalagens	Envolvimento dos fornecedores no desenvolvimento de processos e produtos sustentáveis	-	-	-	(TATE et al., 2012)
Sistema para consulta de informações ambientais pelos fornecedores e clientes	Redução ou Eliminação da utilização de materiais perigosos e restritos	Auditoria periódica das instalações dos fornecedores para verificar o tratamento de resíduos, armazenagem e disposição final	-	-	-	(TATE et al., 2012)
Enxergar as práticas ambientais como vantagem competitiva	-	Compartilhamento de Tecnologias com os fornecedores para auxiliar a melhoria dos resultados ambientais	-	-	-	(TATE et al., 2012)
-	-	Disponibilização de relatórios de desempenho ambiental pelos fornecedores	-	-	-	(TATE et al., 2012)
Existe treinamento de suprimento sustentável para os profissionais de compras	Certificações ISO 14001 e OSHAS 18001 são utilizadas como critérios de seleção de fornecedores	-	-	-	-	(PREUSS, 2009), (MEEHAN; BRYDE, 2011), (TATE et al., 2012)

Fonte: Os Autores.

Quadro 1 Práticas de Suprimento Sustentável (*continuação*).

CLASSIFICAÇÃO						REFERÊNCIAS BIBLIOGRÁFICAS
Atividades de Suprimento Sustentável	**Critérios de Seleção de Fornecedores**	**Parceria com Fornecedores**	**Código de Ética**	**Sustentabilidade Social**	**Sustentabilidade Ambiental**	
Há disseminação de informações sobre o suprimentos sustentável na organização	-	-	-	-	-	(PREUSS, 2009), (MEEHAN; BRYDE, 2011), (TATE et al., 2012)
Os fornecedores conhecem a política e as práticas de compras sustentáveis da empresa	-	-	-	-	-	(MEEHAN; BRYDE, 2011), (TATE et al., 2012)
A organização ajuda o desenvolvimento de práticas sustentáveis pelos fornecedores	-	-	-	-	-	(MEEHAN; BRYDE, 2011), (TATE et al., 2012)
A organização favorece fornecedores que possuam uma boa avaliação em critérios de sustentabilidade	Preferir fornecedores que tenham iniciativas para promoção da responsabilidade ambiental	-	-	-	-	(PREUSS, 2009), (MEEHAN; BRYDE, 2011), (GOEBEL et al., 2012), (TATE et al., 2012)
Os fornecedores são indagados sobre suas práticas em relação à sustentabilidade	-	-	-	-	As instalações físicas da empresa são projetadas para minimizar o consumo de energia e água	(PREUSS, 2009), (TATE et al., 2012)
-	-	-	-	-	Eficiência na utilização de Recursos e eco-eficiência energética	(PREUSS, 2009), (TATE et al., 2012)
A organização é certificada com a ISO 14001 /OSHAS 18001	-	-	-	-	-	(PREUSS, 2009), (MEEHAN; BRYDE, 2011), (TATE et al., 2012)
A organização adotou uma política de suprimento sustentável	-	-	-	-	-	(PREUSS, 2009), (MEEHAN; BRYDE, 2011)
-	-	-		Assegurar que os fornecedores permitam a livre associação e o reconhecimento ao direito de negociações coletivas	-	(GOEBEL et al., 2012)

Fonte: Os Autores.

Quadro 1 Práticas de Suprimento Sustentável (*continuação*).

CLASSIFICAÇÃO						REFERÊNCIAS BIBLIOGRÁFICAS
Atividades de Suprimento Sustentável	**Critérios de Seleção de Fornecedores**	**Parceria com Fornecedores**	**Código de Ética**	**Sustentabilidade Social**	**Sustentabilidade Ambiental**	
A organização desenvolveu metas para o suprimento sustentável	-	-	-	-	-	(PREUSS, 2009), (MEEHAN; BRYDE, 2011)
Existe uma política explicita para favorecer a aquisição de bens e serviços sustentáveis	-	-	-	-	-	(MEEHAN; BRYDE, 2011)
A organização especifica critérios sustentáveis em suas minutas contratuais	-	-	-	-	-	(MEEHAN; BRYDE, 2011)
Os riscos de sustentabilidade são avaliados para contratos importantes	É favorecida a contratação de fornecedores locais e regionais	-	-	Existem cláusulas contratuais estimulando os fornecedores a criarem oportunidades para estagiários	-	(PREUSS, 2009)
-	Os fornecedores diretos são estimulados a escolherem empresas locais em suas sub-contratações	-	-	-	-	(PREUSS, 2009)
-	Existe apoio para que as empresas locais tenham condições de participarem do processo de compras	-	-	-	-	(PREUSS, 2009)
-	-	-	Código de Ética é divulgado aos Fornecedores	Assegurar que os fornecedores não utilizem nenhuma forma de trabalho forçado	-	(TATE et al., 2012), (GOEBEL et al., 2012)
-	-	-	Requerer que os profissionais de compras leiam e entendam o código de ética	Assegurar que os fornecedores atendam as leis sobre trabalho infantil	-	(TATE et al., 2012), (GOEBEL et al., 2012)
-	-	-	É verificada a aderencia das práticas dos profissionais de compras ao código de ética	-	-	(TATE et al., 2012), (GOEBEL et al., 2012)
-	-	-	O código de ética está formalizado na organização	-	-	(TATE et al., 2012), (GOEBEL et al., 2012)

Fonte: Os Autores.

3. Metodologia

Esta pesquisa é caracterizada como qualitativa, tendo o caráter descritivo e exploratório, utilizando para tanto a pesquisa bibliográfica e estudo de caso.

Conforme apontado por Yin (2001), é importante que o estudo de caso possua várias fontes de evidências que convirjam em relação ao mesmo conjunto de fatos ou descobertas. Ao se utilizar diversas fontes de evidências é possível estabelecer a triangulação dos dados, o que permite o desenvolvimento de linhas convergentes de investigação, fazendo com que as descobertas ou conclusões do estudo de caso sejam mais convincentes. Neste sentido, este estudo de caso utilizará as seguintes fontes de evidência:

- **Observação participante:** um dos pesquisadores trabalha na organização em estudo e fez parte da área de contratação por 3 anos, o que propiciou o conhecimento de todo o processo de contratação da empresa;
- **Documentos:** procurou-se analisar os documentos internos pertinentes ao processo de suprimento da empresa, dentre eles minutas contratuais, padrões de contratação e código de ética. Para verificar a aderência do discurso da empresa sobre suas práticas de sustentabilidade e as ações efetivamente efetuadas nas áreas de suprimento, foi analisado também o relatório anual de sustentabilidade da empresa divulgado ao mercado;
- **Questionário:** a atitude dos profissionais de compras é importante para o estabelecimento da cultura do suprimento sustentável nas organizações; afinal de contas, é por meio dos profissionais envolvidos na contratação que se concretizam as políticas de compras adotadas pela empresa. Desta forma, uma das fontes de dados analisada foi a percepção de empregados da área da contratação acerca das ações de suprimento sustentável praticadas pela organização estudada.

A elaboração das perguntas do questionário foi baseada nos principais conceitos de suprimento sustentável abordados na revisão de literatura. Para o instrumento de coleta de dados, optou-se pela utilização de questões fechadas, com o objetivo facilitar e estimular a resposta do maior número possível de participantes.

O instrumento de pesquisa foi composto de 17 perguntas e pode ser dividido em três partes. A primeira, com seis questões, buscou qualificar os respondentes. A segunda parte procurou descobrir se os respondentes conheciam o suprimento sustentável e o Pacto Global da ONU, enquanto a última parte do questionário versou especificamente sobre as práticas do suprimento sustentável.

O instrumento de pesquisa foi disponibilizado na internet, na plataforma Google Forms para ser respondido pelos participantes. o grupo selecionado para responder o questionário foi formado pelos empregados da gerência responsável pela aquisição de bens e serviços para as atividades de serviços especializados de exploração e produção de petróleo da organização.

3.1 Critérios para análise dos resultados

A identificação das práticas de suprimento sustentável nas fontes de dados documentais foi feita utilizando-se princípios da análise de conteúdo, de modo semelhante ao realizado na síntese das práticas de suprimento sustentável (Quadro 1). As 43 práticas sintetizadas na revisão da literatura serviram como as categorias da análise de conteúdo e, a partir da leitura dos documentos selecionados, foram buscadas sentenças e afirmativas que se enquadrassem nas categorias predefinidas.

A análise dos resultados oriundos da aplicação do questionário, foi feita por meio de estatísticas descritivas, quantificando o percentual de empregados que afirma ver determinada prática de suprimento sustentável sendo conduzida pela empresa. Para assumir que a empresa conduz uma prática de suprimento sustentável, foi adotado o critério de maioria simples, ou seja, se metade mais um dos respondentes afirmasse que a empresa praticava determinada atividade de suprimento sustentável, esta seria considerada para fins de análise dos resultados.

3.2 Métrica para determinação do perfil de suprimento sustentável da organização

Para determinar o perfil da empresa estudada em relação às práticas de suprimento sustentável segundo os estereótipos propostos por Schneider e Wallenburg (2012), foi necessário relacionar as práticas de suprimento sustentável identificadas na literatura com as dimensões econômica, social e ambiental da sustentabilidade.

Como diferentes graus de ênfase são possíveis para as três dimensões da sustentabilidade, Schneider e Wallenburg (2012) propuseram uma análise de perfis de suprimento sustentável caracterizados por um sistema de coordenadas tridimensionais, conforme Figura 1.

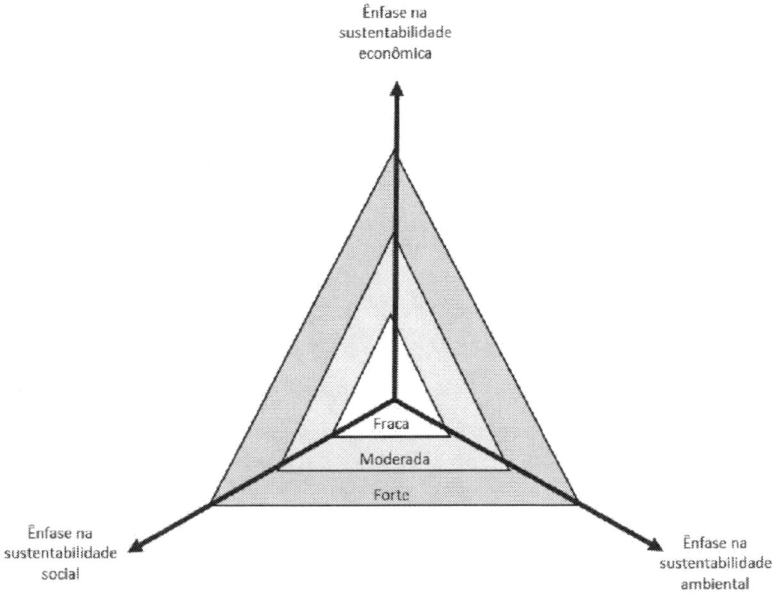

Fonte: Schneider e Wallenburg (2012).

Figura 1 Graus de ênfase nas três dimensões da sustentabilidade.

Os diferentes perfis/estereótipos de suprimento sustentável identificados por Schneider e Wallenburg (2012) podem ser representados de maneira tridimensional, conforme a Figura 2. Cabe ressaltar que, de acordo com a ênfase dada em cada dimensão da sustentabilidade, os referidos autores nomearam perfis para a postura das áreas de suprimento. Os perfis vão desde o minimalista, quando a organização faz apenas o mínimo requerido pela legislação até o perfeccionista, quando a empresa busca a excelência em todos os aspectos do suprimento sustentável.

Para avaliar o perfil do suprimento sustentável da organização de acordo com os estereótipos propostos por Schneider e Wallenburg (2012), foi necessário relacionar as práticas de suprimento sustentável identificadas na literatura com as dimensões econômica, social e ambiental da sustentabilidade. Ao final da classificação, 18 práticas foram associadas à dimensão econômica, 16 práticas à dimensão ambiental e 9 à dimensão social da sustentabilidade.

Dessa forma, o presente estudo considerou o número de práticas de suprimento sustentável identificadas na organização para avaliar a ênfase dada em cada dimensão da sustentabilidade (econômica, social e ambiental). A Figura 3 resume a forma proposta para avaliar a organização objeto do estudo de caso.

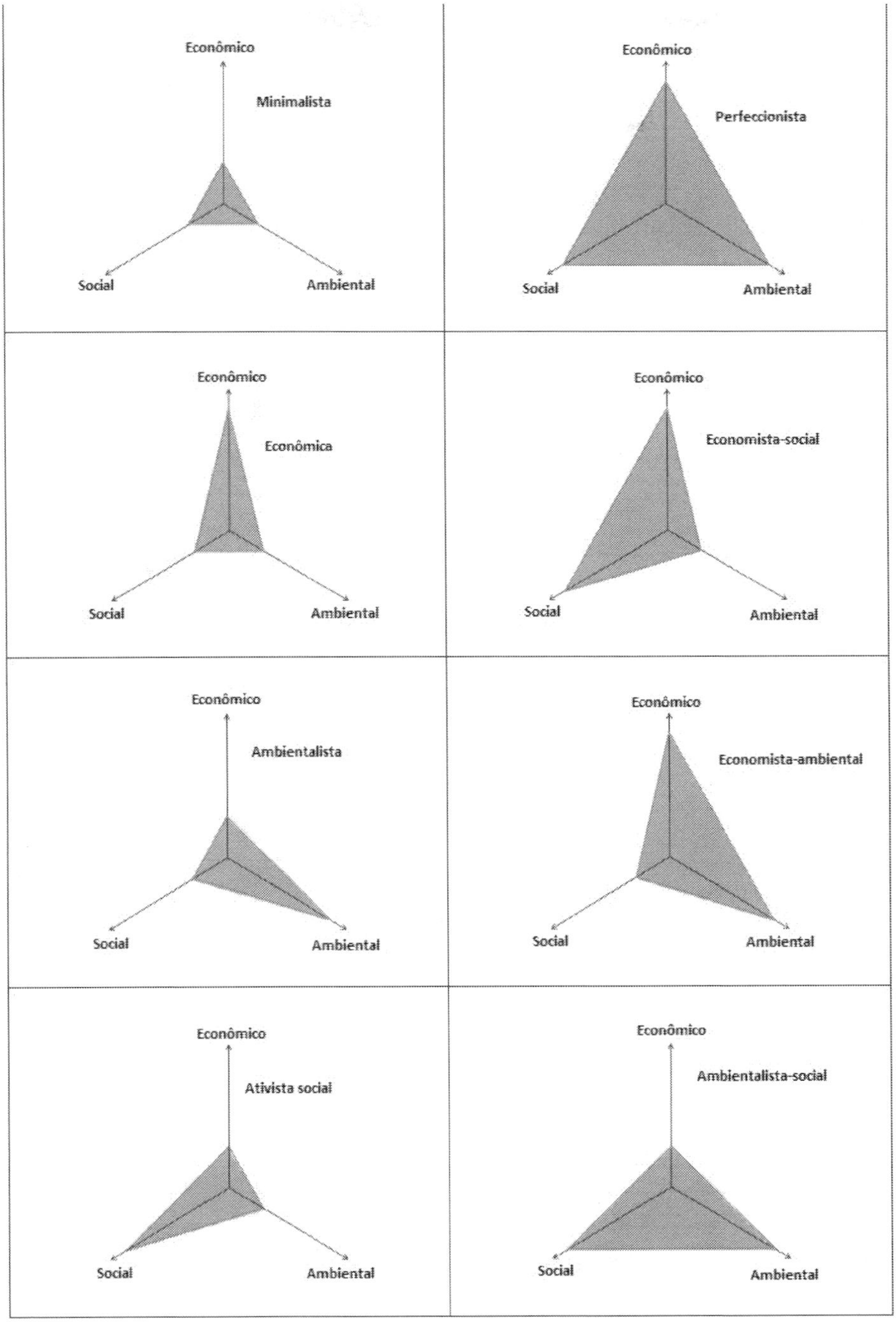

Fonte: Schneider e Wallenburg (2012).

Figura 2 Perfis de suprimento sustentável.

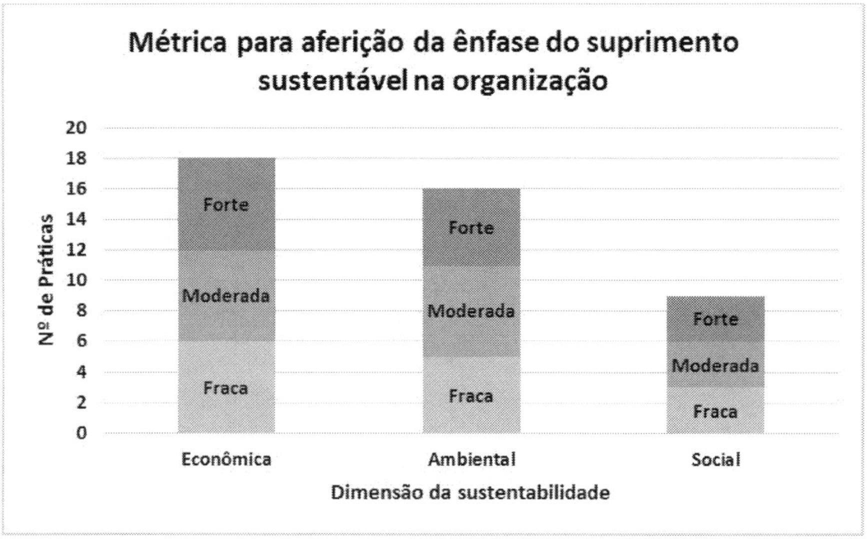

Fonte: Os Autores.

Figura 3 Métrica utilizada para aferir a ênfase em cada dimensão da sustentabilidade.

Conforme apresentado no Quadro 1, ao todo foram sintetizadas 43 práticas de suprimento sustentável (18 econômicas, 16 ambientais e 9 sociais). Na ausência de recomendação de um método explícito de análise de dados na literatura consultada, para definir a ênfase dada em cada dimensão da sustentabilidade, foi escolhida a seguinte métrica: o total de práticas de cada critério foi dividido por três, de acordo com o número de níveis de intensidade (fraca, moderada e forte). Apenas no caso da dimensão ambiental, o nível moderado ficou com seis práticas, devido o número de 16 práticas ambientais identificadas não ter divisão exata por três.

4. Estudo de caso

A organização estudada é uma sociedade anônima de capital aberto. Atua nos seguintes setores: exploração e produção, refino, comercialização e transporte de óleo e gás natural, petroquímica, distribuição de derivados, energia elétrica, biocombustíveis e outras fontes renováveis de energia. o processo de contratação de bens e serviços é operacionalizado de maneira descentralizada pelas diversas unidades da empresa, no entanto a normatização das aquisições é realizada por uma unidade em sua sede que tem como competência estudar, planejar, coordenar e fiscalizar o exercício das atividades de material, a cargo dos vários órgãos de execução da empresa.

4.1 Análise do relatório de sustentabilidade 2013

Anualmente a organização publica um relatório divulgando suas práticas com relação à sustentabilidade. Para verificar se o discurso da empresa expresso no relatório faz referência às práticas de suprimento sustentáveis detalhadas no Quadro 1, o documento foi analisado buscando evidências que pudessem ser enquadradas como práticas de suprimento sustentável. o resultado, expresso na Figura 4, mostra que um total de 19 práticas foram identificadas, sendo 7 na dimensão econômica, 5 na ambiental e 7 na social.

O documento avaliado evidenciou ainda algumas ações efetuadas pela empresa que poderiam ser vinculadas ao suprimento sustentável e que não haviam sido identificadas na literatura. A primeira delas vai de encontro ao proposto por Hoejmose e Adrien-Kirby (2012), e diz respeito à implementação de penalidades como forma de estímulo à execução das práticas sustentáveis.

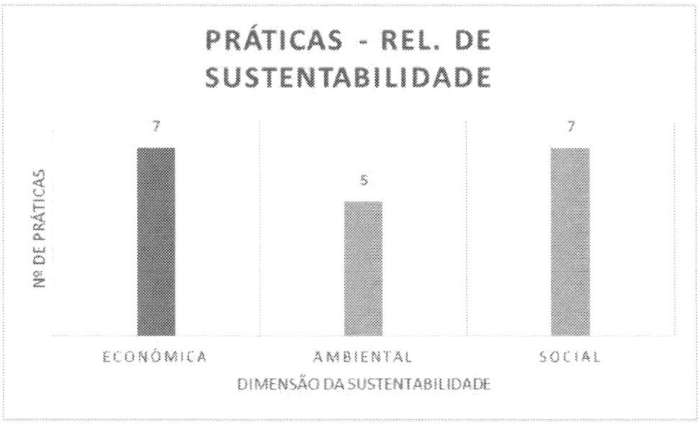

Fonte: Os Autores.

Figura 4 Práticas de Suprimento Sustentável - Relatório de Sustentabilidade 2013.

A segunda, emerge do fato das referências consultadas destacarem a importância de treinamentos na área ambiental ou específicos para o suprimento sustentável (PREUSS, 2009; MEEHAN; BRYDE, 2011; TATE et al., 2012), porém não mencionarem treinamentos relacionados à responsabilidade social. Por essa razão, o fato da organização em estudo afirmar oferecer este tipo de treinamento aos empregados interessados é uma contribuição ao conjunto de práticas relativas à sustentabilidade social.

O Quadro 2 sintetiza as novas práticas de suprimento sustentável identificadas na análise do relatório de sustentabilidade da organização, e que não foram identificadas na literatura, mas praticadas pela empresa estudada.

Classificação	Nova Prática	Evidências no Relatório de Sustentabilidade
Atividades de Suprimento Sustentável	Aplicação de sanções/penalidades aos fornecedores pelo descumprimento de exigências relativas ao suprimento sustentável.	Podem ser emitidos **Comunicados de Ocorrência de Divergência** (COD) técnicos ou comerciais, que **geram a elaboração e implementação de plano de ação para solucionar o problema** e evitar sua reincidência. **Se necessário, a empresa aplica penalidades** por descumprimento de exigências, **que variam entre a aplicação de multa, rescisão contratual e o impedimento de fornecer por tempo determinado.**
Sustentabilidade Social	Disponibilização de treinamentos em Responsabilidade Social para os funcionários	A empresa cita que **disponibiliza treinamentos** para seus empregados em políticas e cursos **na área de conhecimento de Responsabilidade Social.**

Fonte: Os Autores.

Quadro 2 Práticas Adicionais de Suprimento Sustentável - Relatório de Sustentabilidade 2013.

4.2 Análise do Código de Ética

Conforme destacado por Goebel et al. (2012), o código de conduta/ética é um dos componentes que ajudam a explicar os comportamentos da política de compras de uma organização. Assim sendo, buscou-se identificar no código de ética da empresa estudada aqueles comportamentos gerais que ela incentiva e requer que seus colaboradores pratiquem e que tenham relação com o suprimento sustentável.

A Figura 5 resume as práticas encontradas no relatório separadas em cada dimensão da sustentabilidade. Vale notar que o documento analisado continha práticas de suprimento sustentável relacionadas às três dimensões da sustentabilidade, sendo que a dimensão ambiental se sobressaiu, com quatro práticas ao todo.

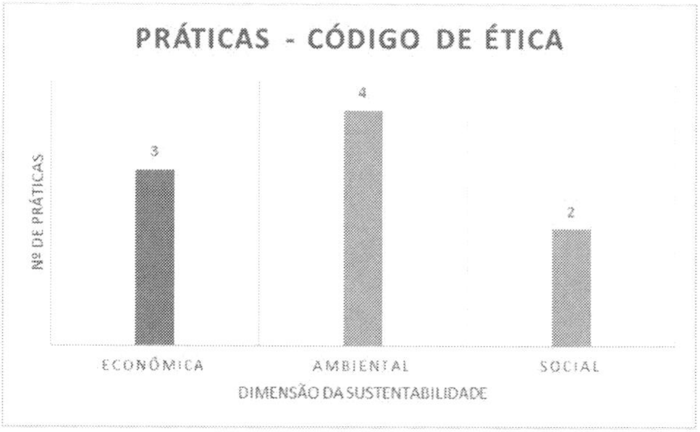

Fonte: Os autores

Figura 5 Práticas de Suprimento Sustentável - Código de Ética

4.3 Análise do sistema de cadastro de fornecedores

Para facilitar o relacionamento com o mercado fornecedor de bens e serviços, tanto para fornecedores nacionais como para fornecedores estrangeiros, a empresa criou um sistema para cadastro disponível na internet. As empresas interessadas em fornecer bens ou prestar serviços para a organização estudada devem estar cadastradas neste sistema. Todas as etapas são feitas "on-line", até mesmo a entrega dos documentos a serem analisados pelo setor de cadastro. Mediamente a aprovação, o fornecedor fica disponível a participar dos processos de aquisição da organização.

Inicialmente, o fornecedor é convidado a preencher dados básicos sobre a empresa (localização, CNPJ, telefone, etc.) e sobre os responsáveis pelo cadastramento. Em seguida, a empresa deve selecionar dentre um conjunto de famílias de itens de fornecimento de bens e serviços, aqueles que ela possui interesse em negociar. De acordo com a complexidade da família, existe um conjunto de requisitos a serem comprovados para que a empresa seja considerada apta. Por fim, a empresa responde questões sobre até sete critérios: técnico, econômico, legal, SMS, gerencial, credenciamento e conteúdo local, considerando as famílias de itens escolhidas para fornecimento.

Após criteriosa análise do sistema verificou-se que as evidências de práticas de suprimento sustentável se concentravam nos critérios legal e de SMS. A Figura 6 mostra o resultado da avaliação. Assim como no código de ética, as práticas relacionadas à dimensão ambiental da sustentabilidade se destacaram. No entanto é importante ressaltar que também foram identificadas práticas que denotam o compromisso da empresa com os requisitos sociais e econômicos.

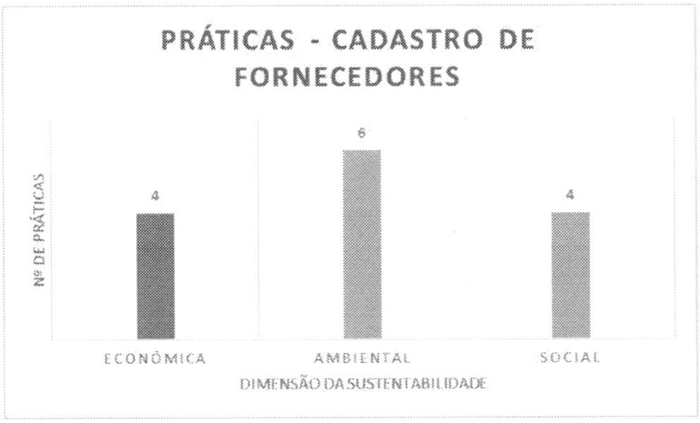

Fonte: Os Autores.

Figura 6 Práticas de Suprimento Sustentável - Cadastro de Fornecedores.

4.4 Análise das minutas contratuais

Uma das formas de garantir o compromisso dos fornecedores com as diretrizes de suprimento sustentável da organização é por meio da fixação de cláusulas nos instrumentos contratuais que regem o fornecimento de bens e serviços.

A organização em estudo utiliza, majoritariamente, dois modelos de minutas contratuais para elaboração de seus contratos com o mercado fornecedor. Uma das minutas é utilizada para contratação de serviços e a outra para a contratação de bens. Para contratações mistas (materiais com serviços associados, por exemplo), é analisado qual é o objeto preponderante (material ou serviço) e utilizada a minuta correspondente.

O resultado da análise das minutas é expresso na Figura 7. Foram encontradas evidências de práticas de suprimento sustentável relacionadas a todas as três dimensões da sustentabilidade, com destaque para as práticas ambientais e sociais.

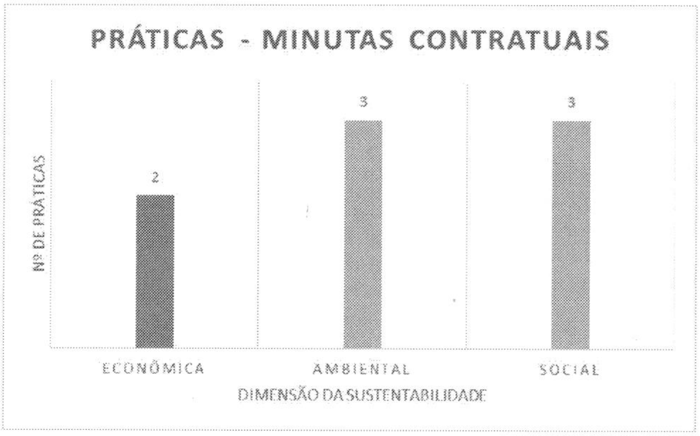

Fonte: Os Autores.

Figura 7 Práticas de Suprimento Sustentável – Minutas Contratuais.

4.5 Questionário sobre Suprimento Sustentável aplicado aos Empregados da Empresa

Seguindo a metodologia de trabalho proposta para a pesquisa, foi aplicado um questionário para entender melhor a percepção dos empregados da organização sobre as práticas de suprimento sustentável conduzidas pela empresa. o questionário foi aplicado nos meses de novembro e dezembro de 2014. Ao todo, 230 empregados da área de suprimentos da organização foram convidados a responder a pesquisa, sendo que 50 (21,7%) aceitaram respondê-la.

Dentre os principais resultados obtidos, cabe destacar:

- Alta qualificação dos respondentes, tendo 94% o ensino superior completo;
- Reconhecida experiência dos respondentes na atividade de suprimentos, com 56% dos empregados com pelo menos 6 anos na atividade;
- Reconhecimento pelos participantes da prática dos 10 princípios do Pacto Global da ONU pela organização.

Com relação às práticas de suprimento sustentável, de acordo com o critério de avaliação adotado (maioria simples), foram identificadas 11 práticas. A Figura 8 detalha o resultado do questionário, onde se destacam as práticas econômicas e ambientais.

Fonte: Os Autores.

Figura 8 Práticas de Suprimento Sustentável – Questionário.

5. Resultados e discussão

A análise das fontes de dados utilizadas neste estudo de caso, quais sejam: relatório anual de sustentabilidade da empresa, código de ética, sistema de cadastro de fornecedores, minutas contratuais e questionário aplicado aos empregados envolvidos com a atividade de suprimentos permitiu a identificação de 27 práticas de suprimento sustentável que são conduzidas pela empresa. Adicionalmente, durante a análise do relatório de sustentabilidade, foram identificadas duas práticas de suprimento sustentável que ainda não haviam sido citadas pela literatura (Quadro 2), sendo uma relacionada à dimensão econômica e outra à social.

Das práticas identificadas, nove são relacionadas à sustentabilidade econômica, onze ligadas à sustentabilidade ambiental e sete à dimensão social da sustentabilidade. Cerca de 60% das práticas elencadas estão embasadas em duas ou mais evidências.

De posse das práticas de suprimento sustentável conduzidas pela organização foi possível estabelecer seu atual perfil/estereótipo de suprimento sustentável, conforme sistemática definida na metodologia do trabalho. As nove práticas alinhadas à dimensão econômica da sustentabilidade colocam a organização em nível moderado em relação a esta dimensão.

O nível moderado também é atribuído às práticas de suprimento sustentável da organização com relação à dimensão ambiental da sustentabilidade, sendo identificadas 11 práticas. Por fim, pode se considerar que a empresa coloca forte ênfase na dimensão social da sustentabilidade ao praticar sete das nove práticas ligadas a essa dimensão sugeridas pela literatura.

As práticas adicionais àquelas listadas na literatura e que foram identificadas no relatório de sustentabilidade da empresa não alterariam a classificação nas dimensões econômica e social sendo, portanto, incluídas apenas como complemento na definição do estereótipo. A Figura 9 resume a pontuação da empresa de acordo com os critérios adotados. As colunas representam as práticas elencadas pela literatura e os círculos azuis as novas práticas identificadas no relatório de sustentabilidade.

A partir da aferição da ênfase da política de suprimento sustentável conduzida pela empresa em cada dimensão da sustentabilidade - moderada nas dimensões econômica e ambiental e forte na dimensão social - foi possível traçar o estereótipo de suprimento sustentável da empresa conforme sugerido por Schneider e Wallenburg (2012).

O trabalho dos referidos autores não detalha qual seria o estereótipo para o caso em que duas dimensões da sustentabilidade estejam em nível moderado e uma em nível forte. A princípio, a empresa poderia ser enquadrada no perfil de "ativista social", uma vez que dá forte ênfase à dimensão social.

No entanto, a empresa não esquece das dimensões econômica e ambiental. Ao contrário, caso tivesse sido identificada apenas mais uma prática de suprimento sustentável relacionada à dimensão ambiental, seria considerado que a empresa dá forte ênfase a esta dimensão.

Já para a dimensão econômica, se fosse considerada a prática adicional identificada pela empresa na aferição do resultado, ainda seriam necessárias outras três práticas para que a ênfase de suprimento sustentável da organização nesta dimensão pudesse ser avaliada como forte.

Fonte: Os Autores.

Figura 9 Resumo das práticas sustentáveis da empresa em cada dimensão da sustentabilidade.

Dessa forma, verificou-se que o perfil/estereótipo de suprimento sustentável mais adequado para a organização seria o de "ambientalista-social", uma vez que a dimensão social foi considerada forte na avaliação e a dimensão ambiental, que é a dimensão na qual a empresa possui o maior número de práticas (11 no total), está no limite entre os níveis moderado e forte; sendo necessária apenas uma prática adicional para que o nível forte seja alcançado. A Figura 10 destaca o perfil atual da empresa em relação ao suprimento sustentável.

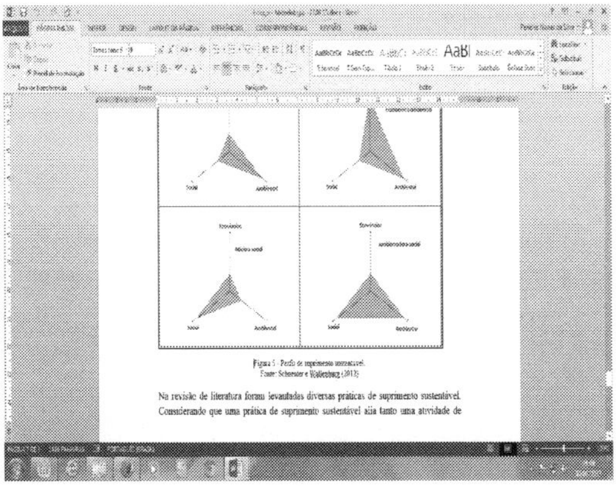

Fonte: Baseado em Schneider e Wallenburg (2012).

Figura 10 Perfil de suprimento sustentável da organização.

5.1 Ações para que a organização alcance a excelência no suprimento sustentável

O perfil de suprimento sustentável "perfeccionista", conforme descrito por Schneider e Wallenburg (2012), caracteriza empresas que desejam ser reconhecidas pelas suas melhores práticas em relação à sustentabilidade na indústria onde atuam. Este perfil é alcançado, quando as práticas de suprimento sustentável da organização são consideradas "fortes" nas três dimensões da sustentabilidade (econômica, ambiental e social).

A análise das práticas de suprimento sustentável da organização em estudo, resumidas na Figura 9, mostra que a empresa está bem próxima do grau de excelência em suas atividades de suprimento, uma vez que com relação às práticas ligadas à dimensão social da sustentabilidade ela já atingiu este patamar.

De acordo com a sistemática de medição definida na metodologia, é necessário que a organização em estudo aprimore o desempenho de sua área de suprimentos quanto às dimensões ambiental (pelo menos mais uma prática) e econômica (ao menos três práticas adicionais) da sustentabilidade.

Para traçar o caminho da organização de seu perfil de suprimento atual "ambientalista-social" para o "perfeccionista" é necessário selecionar, dentre aquelas práticas ainda não conduzidas pela empresa nas dimensões social e ambiental, aquelas que trarão melhores resultados para a organização e de mais simples adoção, ou seja, aquelas que têm maior probabilidade de se adequarem à cultura da empresa.

O Quadro 11 resume as práticas adicionais de suprimento sustentável propostas para que a organização em estudo possa atingir o perfil "perfeccionista" com relação à sustentabilidade em suas aquisições/contratações.

Dimensão da Sustentabilidade	**Práticas / Referências**	**Justificativa**
Ambiental	Comprometimento dos fornecedores com um alto nível de desempenho ambiental **(TATE *et al.*, 2012)**	- 50% dos respondentes já reconhecem que a empresa conduz esta prática.
Econômica	Existe treinamento de suprimento sustentável para os profissionais de compras **(PREUSS, 2009), (MEEHAN; BRYDE, 2011), (TATE *et al.*, 2012)**	- 88% dos participantes afirmaram que a empresa não lhes forneceu treinamento sobre suprimento sustentável; - 58% dos respondentes afirmaram que nunca haviam ouvido falar em suprimento sustentável.
	A organização adotou uma política de suprimento sustentável **(PREUSS, 2009), (MEEHAN; BRYDE, 2011)**	- Ausência de política explicita para direcionar os profissionais de compras/contratação em suas rotinas de trabalho.
	É verificada a aderencia das práticas dos profissionais de compras ao código de ética **(TATE *et al.*, 2012), (GOEBEL *et al.*, 2012)**	- Ausência de medidas claras de reconhecimento, recompensa e punição para garantir e estimular as práticas de suprimento sustentável.

Fonte: Os Autores.

Quadro 3 Práticas a serem adotadas para aperfeiçoamento do perfil de suprimento sustentável da empresa.

6. Conclusão

A presente pesquisa abordou o tema do suprimento sustentável, como uma estratégia de promover a sustentabilidade em toda a cadeia de suprimentos da organização. A revisão de literatura mostrou que o suprimento sustentável é parte integrante da estratégia de gerenciamento da cadeia de suprimentos sustentável, uma vez que é por meio do setor de compras/suprimentos das organizações que se dá a maior parte da interação com a rede de fornecedores.

A investigação efetuada permitiu a identificação de 97 práticas de suprimento sustentável, posteriormente sintetizadas para 43 práticas, sendo essa uma das bases para a realização do estudo de caso. Outro importante subsídio para a pesquisa foi o trabalho de Schneider e Wallenburg (2012), que inspirou ideia de caracterizar o status quo da organização estudada em relação à prática do suprimento sustentável.

A abordagem do estudo de caso procurou utilizar mais de uma fonte de dados de maneira a embasar melhor os resultados. o resultado dessa estratégia foi que 60% das práticas de suprimento sustentável identificadas na organização foram respaldadas em mais de uma fonte de evidência. Isso trouxe mais respaldo à pesquisa, pois quando a condução de determinada prática pode ser confirmada por mais de uma fonte de dados (relatório de sustentabilidade e questionário, por exemplo) é possível obter maior convencimento de que aquela prática é efetivamente conduzida pela empresa, conforme preconiza o princípio da triangulação de dados explicado por Yin (2001).

A consolidação dos resultados mostrou que a organização estudada, apesar de não possuir uma política formal de suprimento sustentável, está num nível maduro do mesmo. Em nenhuma das dimensões da sustentabilidade, pela metodologia adotada no trabalho, a atuação da empresa foi considerada fraca.

O ramo de atuação da empresa, cuja atividade principal é a extração de recursos naturais, demanda um alto comprometimento com padrões de excelência na segurança de suas operações, tanto na prevenção de acidentes, quanto na mitigação dos riscos de impactos ambientais. Isso justifica o maior número de práticas de suprimento sustentável (11) na empresa estarem ligadas à dimensão ambiental da sustentabilidade.

Este modelo de atuação, focado nos aspectos de responsabilidade social e ambiental, está alinhado às recomendações do índice de sustentabilidade da bolsa de valores de Nova Iorque para as empresas do setor de óleo e gás (ROBECOSAM, 2015).

A diversidade das fontes de dados analisadas também subsidiou a indicação de novas práticas a serem adotadas pela organização estudada para que ela possa ser considerada, de acordo com as métricas propostas na presente pesquisa, "perfeccionista" em relação ao suprimento sustentável, sendo que duas recomendações foram respaldadas nos resultados do questionário e duas na análise documental.

Como destaque das práticas recomendadas podem ser citadas as ações para reforçar a educação ambiental e social na empresa, por meio da oferta de treinamento sobre suprimento sustentável aos empregados do setor de contratação e o estabelecimento da política formal de suprimento sustentável da organização, instrumento que possa vir a subsidiar a decisão dos gestores quando a escolha do fornecedor/produto que atenda aos critérios do suprimento sustentável contraste com o fornecedor/produto que possui o menor preço ofertado.

A pesquisa pode ser considerada exitosa, uma vez que todos os objetivos propostos foram alcançados. No entanto, por se tratar de um estudo de caso, os resultados não podem ser extrapolados para outras empresas, mesmo que do mesmo setor. Apesar de ter sido aplicado um questionário com os empregados da empresa, a amostra não foi aleatória, o que inviabiliza análises estatísticas mais apuradas capazes de permitir previsões além das percepções já evidenciadas nos resultados da presente pesquisa.

7. Referências

AHI, P.; SEARCY, C. *A comparative literature analysis of definitions for green and sustainable supply chain management. Journal of Cleaner Production, v. 52, p. 329–341, 2013.*

BERNS, M.; TOWNED, A.; KHAYAT, Z. *Sustainability and Competitive Advantage. MIT Sloan Management Review, p. 19–26, 2009.*

CARTER, C. R.; EASTON, P. L. *Sustainable supply chain management: evolution and future directions. International Journal of Physical Distribution & Logistics Management, v. 41, n. 1, p. 46–62, 2011.*

CARTER, C. R.; ROGERS, D. S. *A framework of sustainable supply chain management: moving toward new theory. International Journal of Physical Distribution & Logistics Management, v. 38, n. 5, p. 360–387, 2008.*

CHEN, C. C. *Incorporating green purchasing into the frame of ISO 14000. Journal of Cleaner Production, v. 13, p. 927–933, 2005.*

COURVILLE, S. *Use of indicators to compare supply chains in the coffee industry. Greener Management International, , n. 43, p. 93–105, 2003.*

GILBERT, D. U.; RASCHE, A. *Opportunities and problems of standardized ethics initiatives - A stakeholder theory perspective. Journal of Business Ethics, v. 82, p. 755–773, 2008.*

GOEBEL, P.; REUTER, C.; PIBERNIK, R.; SICHTMANN, C. *The influence of ethical culture on supplier selection in the context of sustainable sourcing. International Journal of Production Economics, v. 140, n. 1, p. 7–17, 2012. Elsevier.*

GOLD, S.; SEURING, S.; BESKE, P. *Sustainable Supply Chain Management and Inter-Organizational Resources: A Literature Review. Corporate Social Responsibility and Environmental Managemen, v. 245, n. July 2009, p. 230–245, 2010.*

HARTMANN, E.; KERKFELD, D.; HENKE, M. *Top and bottom line relevance of purchasing and supply management. Journal of Purchasing and Supply Management, v. 18, n. 1, p. 22–34, 2012. Elsevier.*

HOEJMOSE, S. U.; ADRIEN-KIRBY, A. J. *Socially and environmentally responsible procurement: A literature review and future research agenda of a managerial issue in the 21st century. Journal of Purchasing and Supply Management, v. 18, n. 4, p. 232–242, 2012. Elsevier.*

HOLDFORD, D. *Content analysis methods for conducting research in social and administrative pharmacy. Research in social & administrative pharmacy: RSAP, v. 4, n. 2, p. 173–181, 2008.*

KRAUSE, D. R.; VACHON, S.; KLASSEN, R. D. *Special topic forum on sustainable supply chain management : introduction and reflections on the role of purchasing management. Journal of Supply Chain Management, v. 45, n. 4, p. 18–25, 2009.*

MEEHAN, J.; BRYDE, D. *Sustainable Procurement Practice. Business Strategy and the Environment, v. 106, n. Maio 2010, p. 94–106, 2011.*

PAGELL, M.; WU, Z. H. *Building a More Complete Theory of Sustainable Supply Chain Management Using Case Studies of 10 Exemplars. Journal of Supply Chain Management, v. 45, n. April, p. 37–56, 2009.*

PORTER, M. E.; KRAMER, M. R. *Creating Shared Value: How to reinvent capitalism — and unleash a wave of innovation and growth. Harvard Business Review, , n. Fevereiro, p. 63–77, 2011. Boston.*

PREUSS, L. *Addressing sustainable development through public procurement: the case of local government. Supply Chain Management: An International Journal, v. 14, n. 3, p. 213–223, 2009.*

ROBECOSAM. *The Sustainability Yearbook 2015. Zurich, 2015. Disponível em: <http://yearbook.robecosam.com/industry-leaders.html>. Acesso em: 19/03/2015.*

SCHNEIDER, L.; WALLENBURG, C. M. *Implementing sustainable sourcing – Does purchasing need to change? Journal of Purchasing and Supply Management, v. 18, n. 4, p. 243–257, 2012. Elsevier.*

SEURING, S.; MÜLLER, M. *From a literature review to a conceptual framework for sustainable supply chain management. Journal of Cleaner Production, v. 16, n. 15, p. 1699–1710, 2008.*

SILVA, P. N.; TAMMELA, I.; MEZA, E. B. M. *Síntese de práticas de suprimento sustentável. 1o EINEPRO - Encontro Interestadual de Engenharia de Produção. Anais... . p.1–11, 2015.*

TATE, W. L.; ELLRAM, L. M.; DOOLEY, K. J. *Environmental purchasing and supplier management (EPSM): Theory and practice. Journal of Purchasing and Supply Management, v. 18, n. 3, p. 173–188, 2012.*

WALKER, H.; BRAMMER, S. *Sustainable procurement in the United Kingdom public sector. Supply Chain Management: An International Journal, v. 14, n. 2, p. 128–137, 2009.*

WALKER, H.; MIEMCZYK, J.; JOHNSEN, T.; SPENCER, R. *Sustainable procurement: Past, present and future. Journal of Purchasing and Supply Management, v. 18, n. 4, p. 201–206, 2012.*

YIN, R. K. *Estudo de Caso: Planejamento e Métodos. 2a ed. São Paulo: Bookman, 2001.*

18. Sistemas de Diagnóstico de Automação: Uma Aplicação em Plataformas Marítimas de Produção de Petróleo

Iara Tammela; Luiz Antônio de Oliveria Chaves; Édio Pereira Neto; Rodolfo Cardoso
(Departamento de Engenharia, Universidade Federal Fluminense/UFF, Rio das Ostras, Rio de Janeiro, Brasil)

Objetivo

O objetivo deste capítulo é mostrar a avaliação do alinhamento com a literatura de parte de um Sistema de Diagnóstico de Automação implementado, delimitando desde a monitoração de sensores de fogo e gás (F&G) de uma área de bombas de exportação de petróleo de uma plataforma até a chegada destas informações no nível gerencial da empresa.

1. Introdução

A redução de perda de produtividade e a mitigação de condições inseguras de processos industriais são orientações mandatórias para qualquer empresa em um mercado competitivo. A segurança e a produtividade podem ser maximizadas quando se melhoram a capacidade humana (experiênca e treinamento), a confiabilidade operacional (maturidade dos processos) e a confiabilidade da manutenção (equipamentos disponíveis e confiáveis), de acordo com Dutta (2015).

Analisando a confiabilidade da manutenção em um contexto mundial, Hollywood (2012) estima que a indústria de processo perca anualmente U$20 bilhões de produção por paradas não programadas, sendo a falha de equipamentos responsável por 1/3 das ocorrências. E ainda aponta que 80% das ocorrências poderiam ser evitadas de alguma forma através do diagnóstico preventivo de potenciais desvios operacionais.

O histórico de acidentes em diversos sistemas de engenharia demonstra, conforme Pellicione et al. (2014), que os casos de falhas e acidentes estão associados a diversos fatores e assim existe um número de imponderabilidades associadas ao tipo de projeto, desempenho e a longevidade do tipo de operação.

O segmento de Exploração e Produção de Petróleo (E&P) offshore é constituído de uma rede de plataformas interligadas milhares de quilômetros de oleodutos, para o transporte do óleo e gás até as refinarias terrestres, conforme afirmam Silva e Mainier (2009). Estão presentes nesse tipo de projeto diversos instrumentos e equipamentos, que são continuamente monitorados, requerendo um padrão de automação e comunicação para diagnóstico e antecipação de potenciais falhas para possível intervenção.

Os Sistemas de Diagnóstico são utilizados para auferir garantia das operações e qualidade de produto, monitorando diversos tipos de processos e equipamentos industriais. Freire (2007) observa que nas plataformas marítimas são utilizados Controladores Lógico Programáveis (CLP), um computador industrial com banco de dados diferente do Sistema Supervisório, onde a interoperabilidade entre equipamentos de fabricantes diferentes pode ser uma barreira no diagnóstico operacional dos equipamentos, além da variedade de gerações de dispositivos.

No passado, sistemas de monitoração eram aplicados somente às máquinas críticas, pois o custo da filosofia e arquitetura dos sistemas era alto. Com o passar dos anos, foram reduzidos os custos de transdutores, permitida a utilização de um só cabo para várias máquinas, com leituras periódicas, simplificação da arquitetura do sistema, permitindo ligar vários pontos de medição e cartões, e a utilização de computadores ligados ao CLP, ao invés de painéis próprios de monitoração (KARDEC e NASCIF, 2010).

A primeira etapa para o gerenciamento de desvios das condições normais de projetos de processos, conforme Venkatasubramanian et al. (2003), é a implantação da automação de detecção de falhas com o respectivo diagnóstico devido à variedade de alternativas e demandas para intervenções de soluções em tempo real. Em processos que requerem maior confiabilidade de operação, a automação previne danos com eficiência e fornece significativo valor aos ativos.

Este artigo contempla a avaliação do alinhamento com a literatura de parte de um Sistema de Diagnóstico de Automação implementado, delimitando desde a monitoração de sensores de fogo e gás (F&G) de uma área de bombas de exportação de petróleo de uma plataforma até a chegada destas informações no nível gerencial da empresa. Da literatura foram levantados os requisitos apontados por Venkatasubramanian et al. (2003).

O objetivo do estudo é utilizar os conceitos da literatura aplicados a Sistemas de Diagnóstico com a integração das ferramentas das técnicas de Análise de Risco (FMECA, FTA e LOPA) para demonstrar a maior confiabilidade do sistema de processo. Justifica-se por apresentar os resultados obtidos, como aumento de disponibilidade dos equipamentos e da proteção dos processos, para defender seu investimento.

2. Sistemas de Diagnóstico

Kardec e Nascif (2010) informam que os sistemas de monitoração apresentaram desenvolvimentos nos anos 80 e na década de 90 ganharam funções de vigilância (proteção de pessoal e equipamento, via alarme ou parada do equipamento), monitoração preditiva e de desempenho, tornando-se sistemas de monitoração integrada. Estes sistemas passam a fazer parte dos CLPs com aplicação no controle de processo, análises estatísticas, relatórios customizados, entre outros. Além disso, é possível utilizar modems de alta velocidade ou satélites para monitorar variáveis importantes a partir de locais remotos.

Usando técnicas de Engenharia de Confiabilidade e manutenção preditiva, é possível maximizar a disponibilidade dos sistemas de automação, identificar ou corrigir as causas das falhas ocorridas, determinar maneiras de lidar com as que ocorrem, se não forem corrigidas, e estimar a confiabilidade provável de novos projetos (BOYES, 2010).

Komulainen et al. (2004) apontam que a detecção precoce de perturbações e predição de falhas nos equipamentos de processo pode melhorar a segurança, minimizar o tempo e os recursos necessários para a manutenção, e aumentar a qualidade dos produtos. o objetivo da monitoração online é traçar o estado do processo e das condições de seus equipamentos em tempo real, visando detectar defeitos tão cedo quanto possível.

Segundo Venkatasubramanian et al. (2003), ao ocorrer uma anomalia no processo, o Sistema de Diagnóstico deve levantar um conjunto de hipóteses ou falhas que a expliquem, podendo trabalhar com um conjunto de falhas ou individualmente. Existe também uma relação custo-benefício entre exaustividade na busca e resolução dos resultados. Os autores enumeram 10 critérios de eficiência para os Sistemas de Diagnóstico, apresentados no Quadro 01.

Quadro 01 Critérios de eficiência para Sistemas de Diagnósticos

Critério	Descrição
Rápida detecção e diagnóstico	Resposta rápida para falhas do processo.
Isolabilidade	Capacidade de distinguir diferentes falhas.
Robustez	Robustez para ruídos e incertezas. Degradação normal do desempenho, ao invés de falha total e abrupta.
Identificação de sinais espúrios	Definição de funcionamento do processo: normal ou anormal (causada por uma avaria conhecida, desconhecida, ou um mau funcionamento).
Classificação da estimativa de erro	Confiança do usuário na sua confiabilidade, fornecendo uma estimativa a priori na classificação do erro que pode ocorrer.
Adaptabilidade	Capacidade de deenvolver gradualmente o escopo do sistema no surgimento de novos problemas/informações (alteração de insumos, perturbações, mudanças estruturais, condições ambientais ou quantidade de produção)
Habilidade de explicação	Capacidade de fornecer explicações sobre a origem da falha e propagação para a atual situação, "raciocinando" sobre causa e efeito, explicando suas hipóteses, e o porquê de não ter proposto outras hipóteses, e apoiando à decisão.
Requisitos de modelagem	Mínimo esforço possível na modelagem para o desenvolvimento do sistema.
Requisitos de armazenamento e computacionais	Deve-se atingir o equilíbrio entre armazenamento e processamento de algoritmos de busca (exigências concorrentes).
Identificação de falhas múltiplas	Capacidade de distinguir falhas simultâneas.

Fonte: Adaptado de Venkatasubramanian et al. (2003)

A metodologia apresentada no artigo "A review of process fault detection and diagnosis part I: Quantitative model-based methods", dos autores Venkatasubramanian, Rengaswamy, Yin e Kavuri, foi escolhida como base a ser seguida para avaliação do Sistema de Diagnóstico deste Estudo de Caso. As 3 partes do artigo possuem grande relevância no meio acadêmico, pois são citados em outros 1080 (parte 1), 494 (parte 2 – estratégias de buscas e modelos qualitativos) e 726 (parte 3 – métodos baseados em histórico de processo) trabalhos acadêmicos, de acordo com o Repositório da Scopus. Além disso, pelo menos até o momento, nenhum outro trabalho de pesquisa mais recente se mostrou aderente à proposta de pesquisa deste artigo, a metodologia de Venkatasubramanian foi adotada.

3. Metodologia do Sistema de Diagnóstico

No projeto, a instalação do Sistema de Diagnóstico foi prevista para abranger diversos equipamentos das redes de automação de um grupo de plataformas marítimas de uma Unidade Operacional Offshore de produção de óleo e gás, de uma empresa do setor petrolífero, e integrá-lo com células de análise na base terrestre. Trata-se de um projeto abrangente, em que caberiam diversas análises e estudos, não sendo do escopo desta pesquisa a avaliação da integração entre toda a vigilância possível com a implantação; o estudo de outros métodos de análise e ferramentas; ou realizar abordagens quanto ao plano e gestão da manutenção dos equipamentos envolvidos.

A análise é restrita ao sistema de automação que compõem o diagnóstico desde a monitoração de sensores de F&G de uma área de bombas de exportação da plataforma. Esse sistema foi definido por corresponder à função de proteção das instalações físicas, pessoas e meio ambiente, até a chegada destas informações no nível gerencial da empresa.

A proposta é avaliar o Sistema de Diagnóstico para prevenção de perdas, e seu atendimento aos 10 critérios de eficiência de malhas de automação apontados por Venkatasubramanian et al. (2003). Além disso, o gerenciamento de risco trata do estudo de análise da frequência e das possíveis magnitudes de danos de forma sistemática do processo onde é preconizado o uso de ferramentas como a Análise do Modo e Efeitos de Falha Críticas do sistema (FMECA), a Análise das Camadas de Proteção (LOPA), e Análise de Árvore de Falhas (FTA).

As etapas da metodologia são apresentadas na Figura 01, abordando desde a definição do objeto de estudo, sua análise e caracterização, e a escolha das ferramentas e métodos aplicados, finalizando com a emissão do relatório.

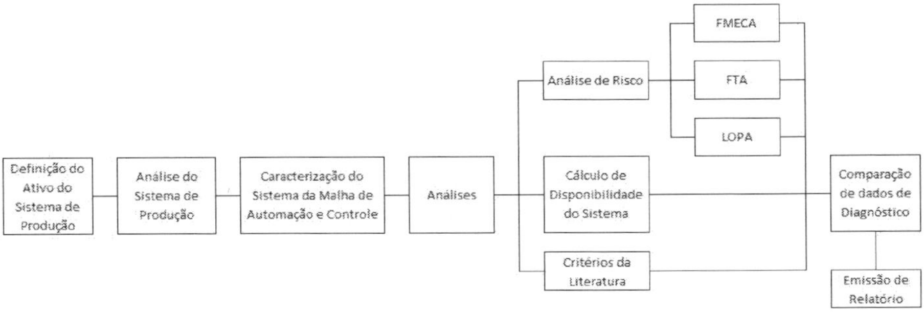

Figura 01 Metodologia aplicada no projeto

4. Estudo de caso: Sistema de Diagnóstico de Automação

Na análise de uma Unidade Operacional, composta por cerca de 30 plataformas de petróleo, foi identificado que as informações de falhas de equipamentos eram isoladas e incompletas, no padrão de cada fabricante, e com poucas telas de diagnósticos. A parada de algum equipamento só era percebida com a interrupção do sistema de produção ou com a indicação no led do mesmo no campo. Para falha de sensores de F&G, existia ainda o risco de áreas classificadas ficarem descobertas de monitoração por períodos prolongados.

Baseado em Sistemas de Gestão de Ativos, um Sistema de Diagnóstico integrando informações de todas as plataformas na base terrestre favorece uma visão macro da confiabilidade e disponibilidade e se mostra de grande importância para garantir o mínimo de paradas de produção e condições de segurança. Utilizou-se a padronização de tags de diagnóstico, a construção e implantação de agentes nos sistemas e sua integração com os bancos de dados em terra e suas equipes. No Quadro 02 é apresentado cada passo do desenvolvimento do Sistema e as principais tarefas dentro destas fases.

Quadro 02 Desenvolvimento do Sistema de Diagnóstico nos 5 níveis de automação

Desenvolvimento da lógica no CLP (por plataforma)	* Identificação do diagnóstico disponibilizado por cada fabricante de CLP, para padronização. * Levantamento prévio da arquitetura de automação (remotas, redes de I/O e CLPs principais). * Desenvolvimento de um bloco de lógica padrão configurável, com os diagnósticos definidos. * Verificação de registros de memórias disponíveis para cada controlador, para aplicar no bloco padrão.
Desenvolvimento das telas do Sistema Supervisório (por plataforma)	* Planilha Excel: alimentar planilha com informações da arquitetura de automação e Banco de Dados do CLP. * Algoritmo em Basic: rodar para criar automaticamente pointnames, alarmes/eventos e objetos no Sistema Supervisório, via rede. ** Obs.1: padronização dos tags para todas unidades.* ** Obs.2: economia de tempo por não realizar manualmente a configuração de cerca de 3.000 pontos para cada uma.* * Telas padronizadas de diagnóstico: copiadas para pasta de imagens da aplicação do Sistema Supervisório, com configuração para animação pelos pointnames, alarmes/eventos e objetos configurados na Planilha *Excel* / Algoritmo em *Basic*. * Compilação da nova aplicação: integração entre todas as configurações.
Entrega de Dados na Rede Corporativa (base terrestre)	* Base de Dados na base terrestre: aquisitam dados da plataforma, armazenam e disponibilizam para consultas posteriores na Rede Corporativa. Estes não são exclusivos para registros de alarmes e eventos de diagnóstico, mas permitem o cadastro também destas ocorrências. * Diagnóstico Unificado de Automação (DUDA): banco de dados relacional de arquitetura aberta LAMP (Linux, Apache, MySQL e PHP), de desenvolvimento próprio da empresa, para registro e consulta de alarmes e eventos de automação de todas as unidades. * *Plant Information* (PI): historiador da OSISoft, que armazena e disponibiliza na Rede Corporativa valores das variáveis configuradas. * *PI Analyis Framework* (PI AF): ferramenta complementar do PI, que permite o desenvolvimento de telas para representar equipamentos e processos na Rede Corporativa. * *Zabbix* : *software* de monitoramento em tempo real de métricas de servidores, serviços e dispositivos de rede, tais quais as estações de supervisão, CLPs e outros equipamentos associados. Monitora a disponibilidade, a experiência do usuário e a qualidade dos serviços.
Transformar Dados em Informação (base terrestre)	* *Tivoli Netcool* : transformam grande massa de dados isoladas das Bases de Dados citadas no item anterior e a apresenta em uma interface padrão, fornecendo visualizações históricas, atuais e preditivas das operações para relatórios, processamento analítico online, análises, data mining, processamento de eventos complexos, gestão de desempenho dos negócios e benchmarking.

Como o Sistema está presente em todas as arquiteturas de automação da UO, a presente análise é realizada no Sistema Diagnóstico aplicado aos sensores de F&G do módulo de bombeio de uma plataforma. Estas bombas recebem o óleo surgente do poço, tratado no separado trifásico, e o transfere para outra plataforma, que possui tanques de armazenamento. São quatro bombas dimensionadas para cada uma operar a vazão de 250 m3/h e pressões entre 40 e 55 kgf/cm^2.

Devido às características do processo este é um dos sistemas mais críticos da unidade, exposto a vazamentos do produto e consequentemente à possibilidade de incêndios e explosões. Por isso, são instalados sensores de nível baixo, pressão baixa e alta, e principalmente cinco detectores de gás e cinco de fogo. Os sensores são interligados a remotas, que se comunicam com o CLP de F&G, e quando acionados enviam sinais para fechar dampers próximos, desligar equipamentos elétricos e executar a parada de emergência de todo processo da plataforma. A Figura 02 contempla a arquitetura de automação para os sensores de F&G de monitoramento do sistema com os 2 tipos de sensores na planta, unidades remotas e CLP.

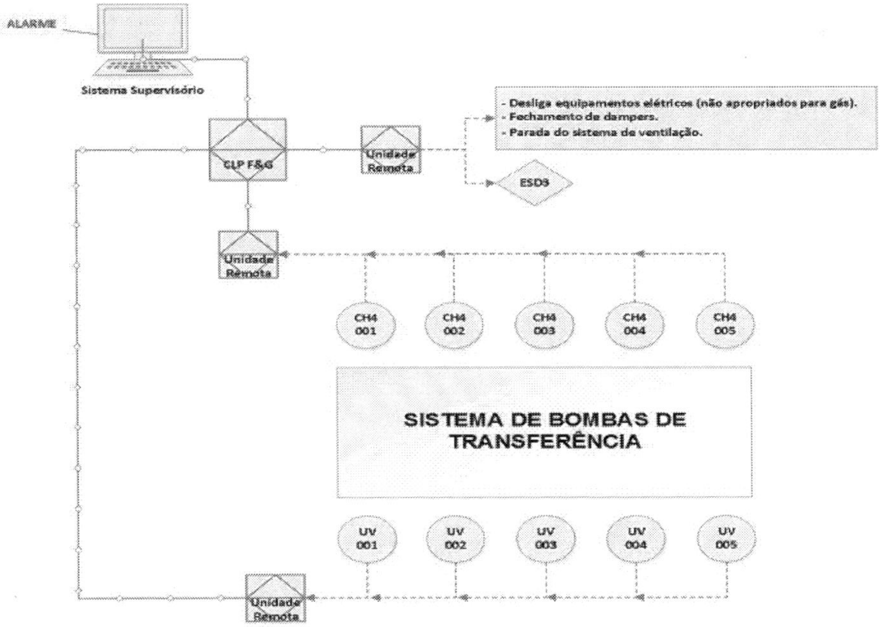

Figura 02 Arquitetura de Automação para o Sistema de Bombas de Transferência da plataforma analisada

4.1 Resultados da aplicação das ferramentas

4.1.1 Criticidade de ativos (FMECA)

A técnica de Análise de Modos de Falhas, Efeitos e Criticidade (FMECA) foi aplicada para os 4 níveis de automação (instrumentação, controle, supervisório e rede corporativa), antes e depois da implementação do Sistema de Diagnóstico, direcionado para a monitoração de falha de sensores de F&G. Os modos de falha, seu significado e o impacto dos mesmos sobre o sistema de automação são apresentados no Quadro 03.

Quadro 03 Modos de Falha dos 5 níveis de automação

Camadas	Significado do evento	Impacto para o sistema de automação
	Nível (5) Corporativo	
Perda de comunicação com a Plataforma	Não existe troca de dados entre a plataforma e a base terrestre.	Os profissionais que utilizam os dados da plataforma nos escritórios terrestres para diversos fins não podem mais monitorar as mesmas.
	Nível (4) de Fábrica (Plataforma)	
	Nível (3) do Sistema Supervisório	
Inicialização do software do supervisório	Partida do VXL	
	Nível (2) do Controle Regulatório - Controlador	
Modificação no ladder	O ladder foi modificado.	Toda modificação no ladder exige análises da mudança e atualização do backup. Caso isso não tenha sido feito existe a possibilidade de modificações indevidas.
Bateria descarregada	Bateria da CPU do CLP está descarregada.	Quando o CLP fica sem a bateria interna da CPU pode perder o programa aplicativo caso falte alimentação de 24V na fonte. Se isso acontecer a CPU entrará em STOP.
Force na CPU	Existe force na CPU do CLP.	Todo force deve ser controlado, pois representa uma desabilitação da lógica deste ponto.
Force no bloco genius	Existe force em algum bloco da Rede Genius.	Um force no Bloco Genius indica alguma IO forçada. Todo force deve ser controlado conforme padrão da plataforma.
Tabela de falhas de I/O cheia	A tabela de falhas de I/O do CLP está cheia.	Quando uma nova falha ocorrer alguma anterior será deletada. Como a tabela de falhas de I/O pode fornecer dados valiosos acerca do sistema de automação, essa perda pode acarretar perda de informações utilizadas pela equipe de manutenção. Além disso a tabela cheia indica que falhas estão ocorrendo com frequência - e não estão sendo tratadas.
Tabela de falhas da CPU cheia	A tabela de falhas da CPU do CLP está cheia.	Mesma condição da falha anterior, porém para CPU, ao invés do I/O.
Temperatura alta na CPU do Controlador	A temperatura da CPU do CLP está alta.	A CPU pode entrar em STOP por sobretemperatura.
Logica diferente CPU A/B	Existe lógica diferente entre os CLPs Primário e Secundário.	Indica que um dos dois CLPs está com a lógica diferente. Isso pode gerar um problema caso haja uma comutação dos CLPs.
CLP A/B Parado	O CLP secundário entrou em STOP. Perda da redundância do CLP.	Com um CLP em STOP perde-se a redundância, podendo acarretar em um shutdown caso o CLP que está RUN ter alguma falha.
Falha de comunicação do Supervisório com CLP	Não existe troca de dados entre o CLP e o Sistema Supervisório.	Os operadores da Sala de Controle não terão acesso à informações da planta de processo.
Falha Globais	Falha da comunicação Global entre as CPUs dos CLPs.	A perda da comunicação Global por uma das redes indica perda de redundância. Caso isso ocorra e a rede ativa também entre em falha poderá gerar descontrole operacional e shutdown.
Cartão de I/O fora da rede	Falha de comunicação do Controlador do CLP com o cartão de I/O.	Os dispositivos de campo (sensores e atuadores) que estão conectados a este cartão não trocarão informações com o CLP.
Falha no teste de comutação da Rede de I/O	A tentativa de comutar o segmento de Rede de I/O (redundante) falhou. A Rede permaneceu no estado em que estava.	A falha na tentativa de comutar indica que a rede que se pretendia utilizar está indisponível. Perda de redundância de rede.
Comutação Espúria da Rede de I/O	Aconteceu uma comutação não solicitada do segmento de rede no BSM 01 da Rede Genius 1.	Acontece uma comutação automática da rede quando a que está sendo utilizada tem alguma falha. Caso isso aconteça repetidamente pode indicar uma potencial perda de redundância de rede.
Unidade Remota sem comunicação	A unidade remota não está comunicando nem pela Rede A nem pela Rede B.	A perda de uma unidade remota significa que dispositivos do campo não atualizam informações para o CLP, podendo gerar descontrole operacional e shutdown.
Pressurização de painéis	Há uma queda na pressão dos paineis de CLPs instalados no campo.	Os controladores instalados no campo, em áreas classificadas, são instalados dentro de paineis do tipo Ex p (pressurizados), para evitar atmosfera explosiva dentro do mesmo. Com a queda de pressão, existe a possibilidade de entrar gás no painel.
	Nível (1) do Controle Regulatório - Dispositivo	
Falha dos Sensores de Fogo e Gás	Sensores de Fogo e Gás estão em falha.	Sensores não estão aptos a detectarem sinistros de fogo ou vazamento de gases tóxicos e/ou inflamáveis.

As causas básicas de cada modo de falha foram levantadas, além da identificação dos efeitos, meios de detecção e análise de criticidade, que segundo Lafraia (2014) é a multiplicação da probabilidade de ocorrência pela severidade dos efeitos e pela probabilidade de detecção, gerando como produto o RPN (Risk Priority Number). Este índice de hierarquização de falhas aponta as de maior criticidade frente aos resultados da FMECA.

Seguindo este modelo, foram elaborados quatro gráficos de RPN antes (Série 1) e depois (Série 2) da implantação do Sistema de Diagnóstico de Automação.

Nas Figuras 03 a 06 são apresentados os valores RPN´s antes e depois dos modos de falha dos sensores de fogo e gás do campo para uma avaliação comparativa de resultados com relação a importância do Sistema de Diagnóstico de Automação.

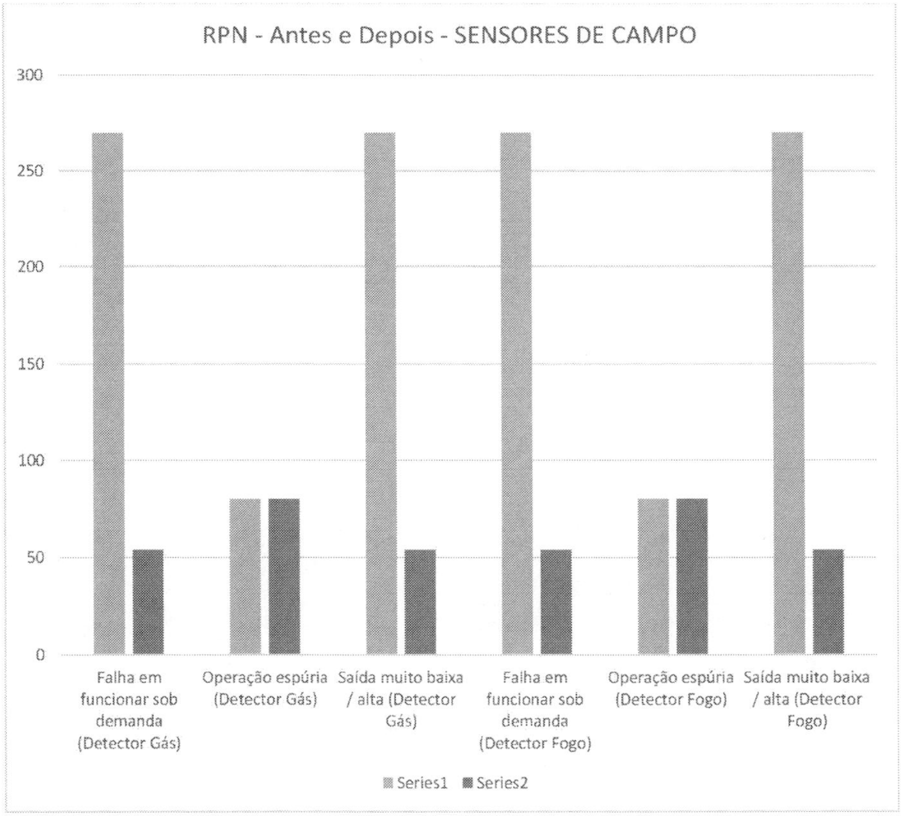

Figura 03 Análise FMECA - Risk Priority Number antes e depois da implantação do Sistema de Diagnóstico de Automação para os sensores de fogo e gás.

Na Figura 04 são indicados os RPNs dos forces de sinais dos instrumentos, no cartão de entrada, na lógica e no Sistema Supervisório.

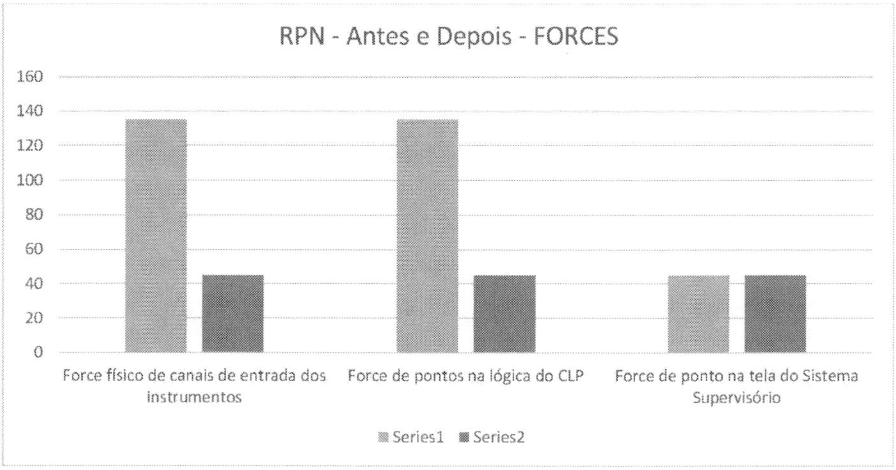

Figura 04 Análise FMECA - Risk Priority Number antes e depois da implantação do Sistema de Diagnóstico de Automação para os forces dos pontos de variáveis.

Na Figura 05 são demonstrados os RPNs relacionados à falha de comunicação entre os dispositivos da rede de automação.

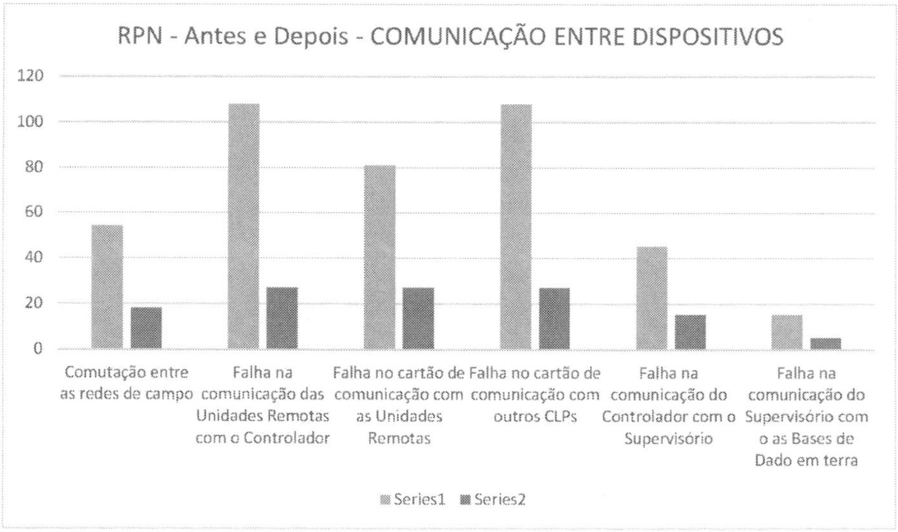

Figura 05 Análise FMECA - Risk Priority Number antes e depois da implantação do Sistema de Diagnóstico de Automação para as falhas de comunicação entre os dispositivos.

As falhas de CPU do CLP com os respectivos RPNs associados são demonstrados na Figura 06 para avaliação comparativa.

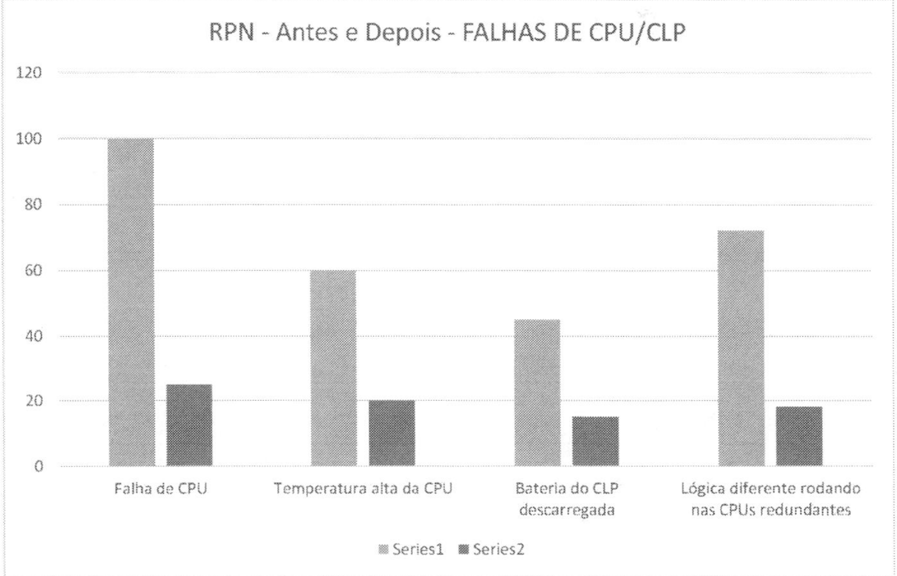

Figura 06 Análise FMECA - Risk Priority Number antes e depois da implantação do Sistema de Diagnóstico de Automação para as falhas de CPU do CLP.

A análise dos gráficos representados nas Figuras 03, 04, 05 e 06 demonstra que após o desenvolvimento do projeto do Sistema de Diagnóstico, 16 Modos de Falha do total de 19 tiveram seu RPN reduzido, sendo que o sistema influenciou exclusivamente no modo de detecção de forma específica.

A detecção da falha era realizada de forma prioritária por inspeção visual nos equipamentos e no campo, testes periódicos, percepção da ausência de sinal no Supervisório por falta de algum componente ou análise da lógica. Esse procedimento demandava dias para serem percebidas todas as falhas. o Sistema de Diagnóstico trouxe a indicação da falha quase que instantaneamente para o Sistema Supervisório, para as bases de dados em terra, e pelos meios de mensagens do TivoliNetcool.

4.1.2 Análise da Árvore de Falhas (FTA)

A hierarquia de falhas é apresentada baseada no modo de falhas do Quadro 03 e na arquitetura do sistema automação por meio da Análise da

Árvore de Falhas que foi levantada para a detecção de fogo pelo sensor, descrito na Figura 07 e no sensor de gás na Figura 8. A estrutura de falhas é principalmente caracterizada pelas falhas de comunicação e sinal do sistema entre os dispositivos remotos e o CLP, além do supervisório.

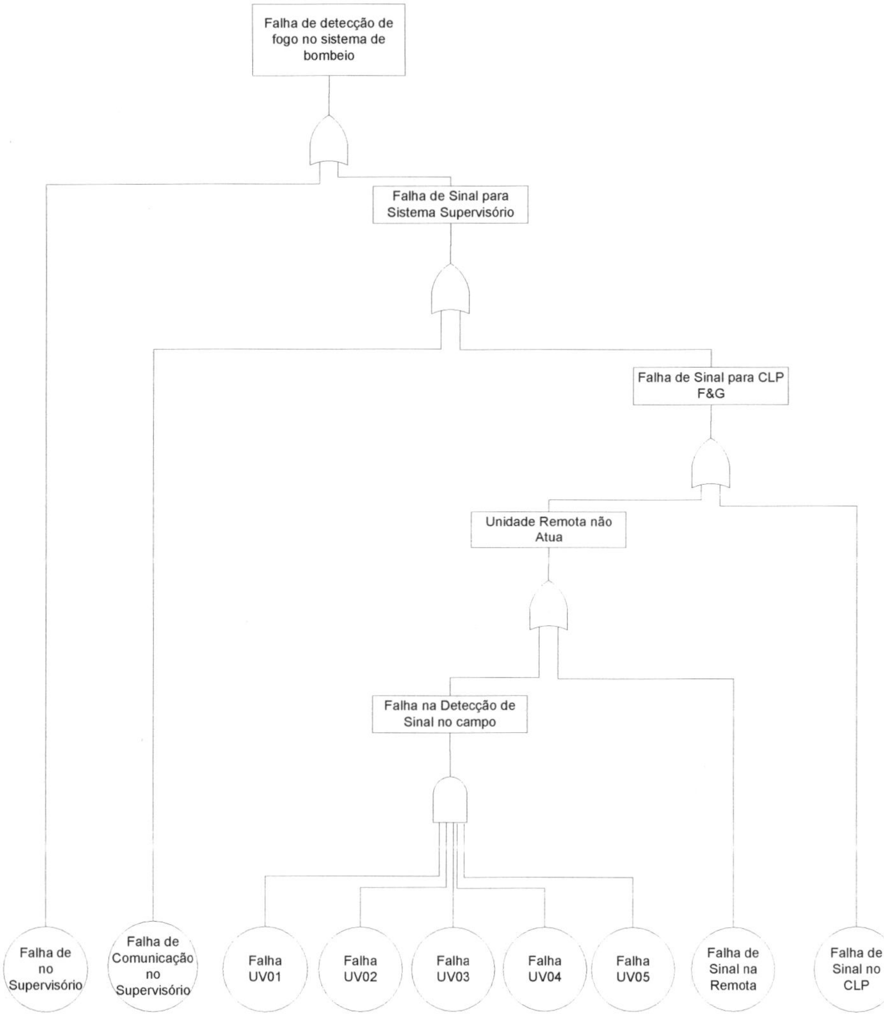

Figura 07 Estrutura da Árvore de Falhas para detecção de fogo no sensor.

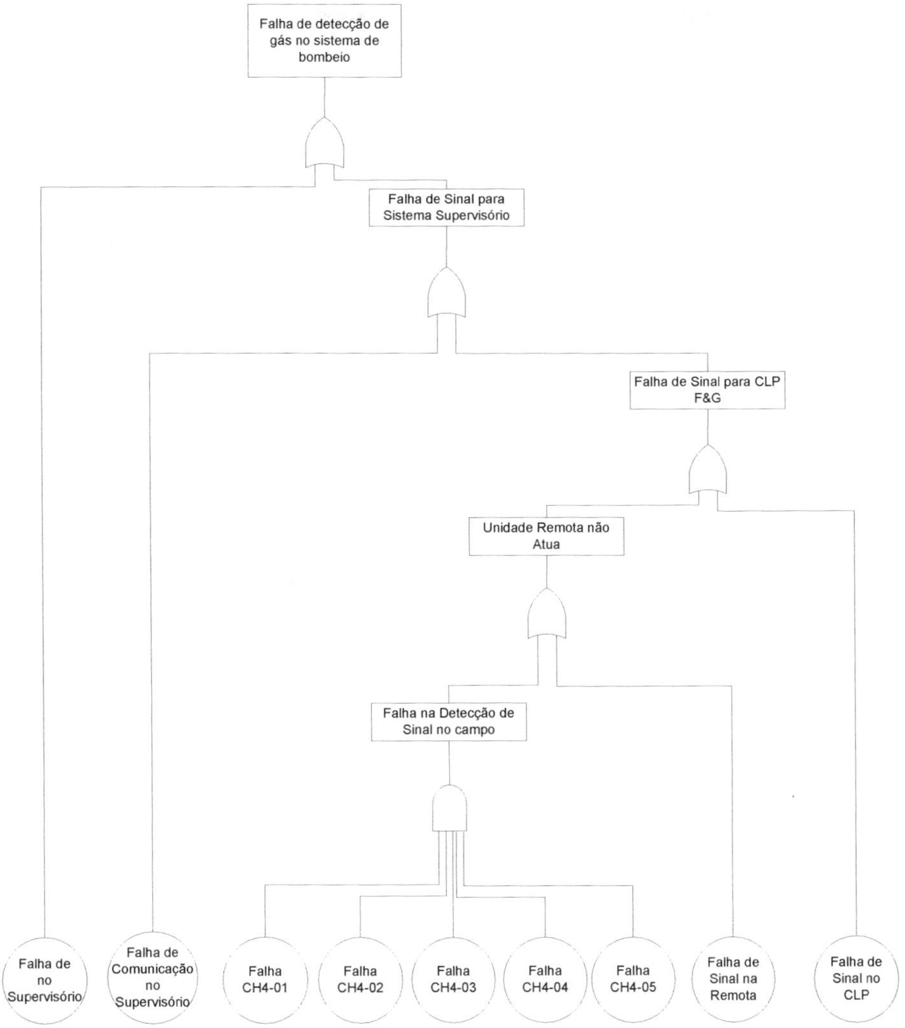

Figura 08 Estrutura da Árvore de Falhas da detecção gás no sensor.

4.1.3 Análise de Camadas de Proteção (LOPA)

Abrangendo ainda o Gerenciamento de Risco, foi aplicada a Análise das Camadas de Proteção (LOPA – Layer of Protection Analyses) para os sensores de F&G do sistema de bombas de transferência da plataforma. Conforme definido por Alves (2007), foram consideradas duas consequências para montagem de cenários acidentais, com os seguintes termos: "incêndio na zona do sistema, devido ao vazamento nas tubulações e selos das bombas"; e "explosão decorrente da presença indevida de hidrocarbonetos".

A Análise das Camadas de Proteção apresentadas na ferramenta LOPA é apresentada na Figura 09. Simulando uma falha não monitorada no Sistema de Automação provavelmente levaria à perda de contingência nas camadas de Alarmes Críticos e Intervenção Humana (camada 2), para o Sistema Supervisório; e na de Funções Instrumentadas de Segurança (camada 3), para falha de sensores de F&G, remotas de campo e controladores.

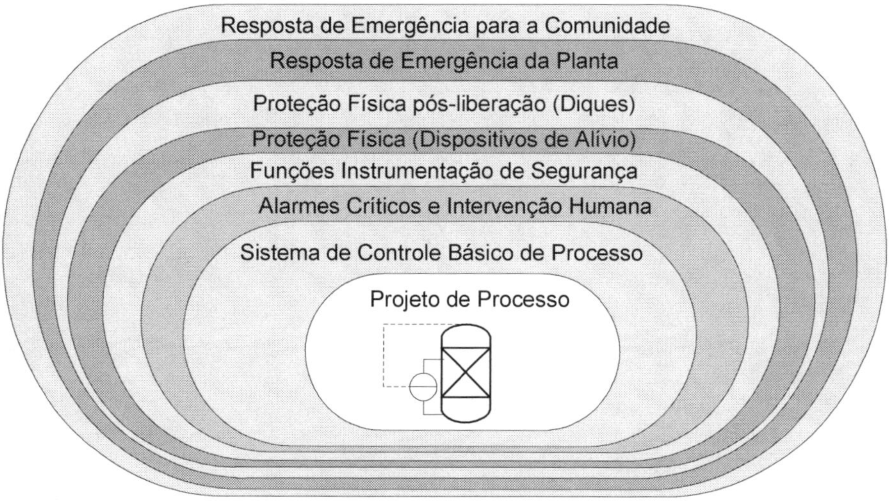

Fonte: ALVES (2007)

Figura 09 Camadas de Proteção da Técnica LOPA, sendo as camadas 2 e 3 afetadas nos cenários hipotéticos levantados

Os sensores de F&G pertencentes à camada 3, que enviam sinais para controladores para que ações corretivas sejam tomadas a fim de garantir o funcionamento do processo em seu estado de confiança, caso falhem, esta camada estaria nula para desempenhar sua função. Da mesma forma, mesmo que funcionassem os sensores, na falta de algum intertravamento, associado à perda de comunicação dos controladores com o Sistema Supervisório, a intervenção humana estaria impossibilitada pela ausência de alarmes críticos (camada 2).

O Sistema de Diagnóstico demonstra a garantia da indicação da perda da contingência nestas barreiras, quando da ocorrência de uma falha em algum componente de monitoração, o que torna estas camadas mais resistentes. o resultado demonstra maior confiabilidade na segurança do processo e redução de potencial de impacto nas pessoas e no ativo.

4.1.4 Análise Estatística de Falhas (métricas de disponibilidade)

Com a implantação da lógica no CLP, responsável pelo sinal de falha dos sensores de F&G, e também de outras camadas da arquitetura, tornou-se possível medir a disponibilidade dos dispositivos, no tempo que se desejar. No historiador PI, deve ser feito o registro das indicações de falha dos sensores. Nestes dispositivos são armazenadas todas as condições (alarmado falha "1" ou não alarmado "0") ao longo do tempo. Na ferramenta PI AF (Plant Information - Analysis Framework) pode-se calcular o período em falha, para análise que irá definir o indicador de disponibilidade, baseado na seguinte expressão, de acordo com Lafraia (2014):

$$Disponibilidade = \left(1 - \frac{tempo\ em\ falha}{tempo\ total}\right)$$

Como exemplo para sensores de F&G, as expressões modelo utilizadas no PI AF são:

a) Expressão do tempo em falha do total de 6 meses de análise do sensor CH460100X:

$$\boldsymbol{A = TimeEq('Falha\ Sensor\ CH460100X','-6mo','t',1)}$$

A função TimeEq é composta por TimeEq ('atributo', 'tempoinício', 'tempofim', valor), onde o "atributo" é a falha; o "tempoinício" é igual a 6 meses, por exemplo; "t" é o tempo atual e "1" é o valor de comparação. Ela retorna o número de segundos que a condição de falha é verdadeira durante o período de tempo determinado. Esta equação corresponde ao "tempo em falha" da expressão 1, quando a área do processo ficou descoberta de proteção.

b) Equação de indicação de disponibilidade (D) do sensor de gás, em 6 meses:

$$\boldsymbol{D = \left[1 - \frac{A}{60 \times 60 \times 4320}\right] \times 100}$$

O parâmetro "A" representa a entrada do período em segundos que o sensor ficou em modo de falha nos 6 meses de operação, sobre o total de tempo (6 meses). Considerando 1 como o tempo total, diminui-se o período de indisponibilidade do equipamento em determinado tempo (no caso a quantidade de segundos contidos em 6 meses, sendo 60s x 60min x 24h x 180 dias), para determinar o período disponível neste tempo. Ao final, multiplica-se por 100, para apresentar em porcentagem.

Na Figura 10 é apresentada como modelo a programação das expressões na ferramenta, para os 5 sensores de gás que também são replicados com o mesmo conceito para o sensores de identificação de fogo na área de bombas.

Name	Expression	Value	Output Attribute	
A	TimeEq('Falha Sensor CH$4601001','-6mo','t',1)		Click to map	X
B	TimeEq('Falha Sensor CH$4601002',' -6mo','t',1)		Click to map	X
C	TimeEq('Falha Sensor CH$4601003',' -6mo','t',1)		Click to map	X
D	TimeEq('Falha Sensor CH$4601004',' -6mo','t',1)		Click to map	X
E1	TimeEq('Falha Sensor CH$4601005',' -6mo','t',1)		Click to map	X
A1	(1-(A1/(60*60*4320)))*100		Disponibilidade CH4601001	X
B1	(1-(B1/(60*60*4320)))*100		Disponibilidade CH4601002	X
C1	(1-(C1/(60*60*4320)))*100		Disponibilidade CH4601003	X
D1	(1-(D1/(60*60*4320)))*100		Disponibilidade CH4601004	X
E11	(1-(E11/(60*60*4320)))*100		Disponibilidade CH4601005	X

Figura 10 Expressões de cálculo da disponibilidade dos sensores de gás, no PI AF

Desta forma, a ferramenta PI AF traz uma solução de cálculo automático e apresentação para célula de monitoração da análise estatística dos 5 níveis de automação, sendo possível definir as métricas de disponibilidade de um equipamento em separado, na análise dos sensores de gás, ou do sistema como um todo.

O cálculo de disponibilidade de todo o sistema de manutenção é uma métrica de interesse dos níveis gerenciais, ou de tomada de decisão, onde deve chegar uma visão do todo, sendo capaz de expandir para uma visão micro dentro dos subsistemas, indicando também seus índices.

4.1.5 Critérios de eficiência baseados na literatura

Os resultados do alinhamento do Sistema de Diagnóstico avaliado com os critérios levantados por Venkatasubramanian et al. (2003) são apresentados no Quadro 04 com 10 critérios específicos.

Quadro 04 Avaliação do Sistema de Diagnóstico, baseado nos critérios da literatura

Critério	Análise
Rápida detecção e diagnóstico	* *Scan* do CLP --> média de 20 ms. * Atualização no Sistema Supervisório (alarme e indicação da falha) --> cerca de 1s. * Taxa de atualização no PI --> 1 minuto. * Taxa de atualização no DUDA --> 2 minutos (para evitar grandes picos de tráfego de rede no caso de muitas mensagens).
Isolabilidade	* Indicação do componente afetado, local de instalação e tipo de falha; e não um resumo de falhas. * Lógica indepedente para cada tipo de falha. * Indicação independente no Sistema Supervisório e no PI AF. * Resultado de busca independente nos PI e no DUDA.
Robustez	* Utilização de redundância de rede de campo, de controladores e estações do Sistema Supervisório. * Avaliação de confiabilidade de automação (componentes não-reparáveis) é feito para o sistema como um todo. * No caso de falhas, ocorre a degradação do sistema, sem falha total, mantendo a operação. * Problema será indicado pelo Sistema de Diagnóstico, permitindo atuação da manutenção antes da parada total. * Lógica de votação dos sensores de F&G: aumento da robustez do sistema. * Detecção de F&G: confirmação de uma fração dos sensores que monitoram o ambiente, para desencadear o intertravamento e alarme geral.
Identificação de sinais espúrios	* Exemplo: no reínicio do Sistema Supervisório, ocorre uma "avalanche" de alarmes com o *reset* deles. Caracterizando um alarme espúrio ao relacionar a ocorrência dos alarmes com o reinício do Supervisório.
Classificação da estimativa de erro	* Proposta: rotina de manutenção preventiva, com simulação de falhas e verificação da indicação para os interessados. * Objetivo: aumentar a confiança do usuário na confiabilidade do sistema. * Usuários devem avaliar a implementação do diagnóstico para cada Modo de Falha. * Exemplo: para aumentar a confiança do analista no sistema, foi retirada indicação de diagnóstico de lógica diferente entre o controlador e seu redundante, pois o próprio fabricante não garante a eficiência do *bit* interno que faz esta análise.
Adaptabilidade	* Perturbações e condições ambientais: sensores de gás na presença de chuva alarmam um sinal falso. * Capa de proteção de intempéries: acerta a deficiência, porém não foi aplicada ainda. * Novo projeto (mudança estrutural) com mais sensores remotas e controladores: seria necessário avaliar a composição das informações destes dispositivos e adequá-las para o Sistema de Diagnóstico atual. * A adaptabilidade para estas condições é um ponto frágil do sistema.
Habilidade de explicação	* Sistema Supervisório: com a padronização dos alarmes de falha no projeto, é possível a identificação do modo de falha, do componente, do subsistema a que pertence, e do nível de automação em que aconteceu. * DUDA e Tivoli Netcool (ainda não implementado): com a chegada de diversos alarmes, é possível relacionar alarmes e/ou desabilitar alguns deles, caso o sistema esteja em determinada condição. * Exemplo: se ocorrer uma falha de CPU, poderá haver algum problema na rede por consequência disso, devendo ser desconsiderada.
Requisitos de modelagem	* Padronização do Sistema de Diagnóstico: independente do tipo de CLP ou do supervisório utilizado. * Ladder de diagnóstico da rede: desenvolvido um bloco de lógica padrão configurável, com a intenção de minimizar as alterações para implementação nas plataformas, sendo necessário apenas verificar os registros disponíveis na memória de cada controlador para utilizar no bloco. * Padronização do Sistema Supervisório: uma planilha Excel e telas/alarmes de diagnóstico padronizadas. * Planilha: alimentam-se os pontos do CLP a ser configurado e automaticamente são gerados os pontos correspondentes no supervisório (pointnames), alarmes e eventos. * Telas: basta copiá-las para aplicação atual do Sistema Supervisório e compilar novamente a aplicação, para o *link* com os pontos da planilha.
Requisitos de armazenamento e computacionais	* Plant Information (PI): possui estratégias de compressão e exceção dos dados levantados, excluindo dados que não variem dentro de uma amplitude ou tempo configuráveis. * O *software* atende de forma eficiente a função de historiar, permitir o acompanhamento em tempo real e disponibilizar os dados do chão-de-fábrica no ambiente corporativo. * DUDA: aquisição automática de alarmes a cada 2 minutos no Sistema Supervisório, com uma base de dados por plataforma, desenvolvidas para evitar duplicidade de mensagens. Um servidor na base terrestre armazena estas informações, e na rede corporativa são disponibilizadas as buscas para os interessados, com armazenamento de dados por 2 anos, no mínimo.
Identificação de falhas múltiplas	* CLPs fazem a varredura de leitura de todas variáveis de entrada e no caso de ocorrência de alguma falha, essa informação será repassada ao Sistema Supervisório. * Ocorrência de falhas simultâneas: mesmo que no mesmo segundo, ambas serão processadas, repassadas ao Sistema Supervisório, disponibilizadas para o DUDA e PI, indicadas no PI AF e repassadas aos usuários pelo Tivoli Netcool, de forma independente.

5. Conclusão

Com a aplicação das ferramentas análise de risco ficaram evidenciados as vantagens da implantação do Sistema de Diagnóstico que corresponde ao atendimento aos critérios da literatura apontados por Venkatasubramanian et al. (2003). Os resultados demonstraram a redução de 16 RPNs dos 19 Modos de Falhas (FMECA); mitigação da possibilidade do perigo ultrapassar duas das sete camadas de proteção de processos definidas na técnica LOPA.

A aplicação da FTA identificou a hierarquia dos tipos de falhas demonstrando as alterativas da perda de sinal de comunicação para detecção de fogo e vazamento de gás por meio dos sensores instalados na unidade de bombeio. A possibilidade de apresentar a disponibilidade dos equipamentos/níveis de automação no PI AF (Análise Estatística de Falhas) também foi importante no estudo.

Além disto, as seguintes vantagens são potencialmente identificadas na prática: redução de paradas de produção pela detecção e tratamento prévio de falhas de equipamentos dentro dos níveis de automação, aumentando a produtividade e ganhos econômicos; aumento da confiabilidade operacional, segurança das pessoas e do meio ambiente, pela melhoria do acompanhamento da qualidade dos sistemas de automação; utilização do sistema aberto LAMP, com custo baixo do projeto; e facilidade de implementação devido à padronização da lógica e telas.

As pesquisas demonstram que o trabalho apresenta uma proposta de adequação de um Sistema de Diagnóstico de Automação, não encontrado até então na literatura; e ainda uma metodologia para avaliação e prevenção de perdas de ativos na indústria de petróleo, baseado em outras existentes. Os resultados podem ser replicados em outras unidades de produção de petróleo para gerenciamento de processos de produção com a instalação de sistemas de monitoramento e controle de processo.

Em relação ao ponto de vista da Gestão de Ativos houve significativa diminuição das paradas de produção pela detecção e tratamento prévio de falhas de equipamentos e assim o aumento da produtividade.

6. Referências

ALVES, C. L. **Uma aplicação da técnica de análise de camadas de proteção (LOPA) na avaliação de riscos de incêndios nas rotas de cabos de desligamentos de um reator nuclear**. *COPPE, Universidade Federal do Rio de Janeiro. Rio de Janeiro, 2007.*

BOYES, W. **Instrumentation Reference Book**. *Elsevier. Estados Unidos, 2010.*

DUTTA, H. **Without Reliability, there can be no safety. Hydrocarbon Processing.** *Janeiro de 2015. Disponível em:* <http://pt.scribd.com/doc/252319227/Hydrocarbon-Processing-January-2015#>. Acesso em: 10 julho. 2015.

FREIRE, T.C. **Gerenciamento de ativos: mais que monitoramento.** *Artigo Técnico. Revista Controle & Instrumentação. Nº 127, p. 46. 2007.*

HOLLYWOOD, P. **Making the business case for reliability. Hydrocarbon Processing.** *2012. Disponível em:* <http://www.hydrocarbonprocessing.com/Article/3034931/Making-the-business-case-for-reliability.html?Print=true>. Acesso em: 10 jul. 2015

KOMULAINEN, T.; SOURANDER, M.; JÄMSA-JOUNELA, S. **An online application of dynamic PLS to a dearomatization process.** Computers & Chemical Engineering, p. 2611-2619. Finlândia, 2004.

INTERNATIONAL STANDARDS ORGANIZATION – ISO. **ISO 55000:2014. Asset management — Overview, principles and terminology.** 1ª Ed. Suíça, 2014.

INTERNATIONAL STANDARDS ORGANIZATION – ISO. ISO 14224:2006. **Petroleum, petrochemical and natural gas industries – Collection and Exchange of reliability and maintenance data for equipment.** 2ª Ed. Suíça, 2006.

LAFRAIA, J.R.B. **Gestão de Ativos: Benefícios de Desafios. 1º Encontro de Gestão de Ativos para Empresas do Setor Elétrico. Barueri/***SP, 2014.*

MINNAAR, J.R.; BASSON, W.; VLOK, P.J. **Quantitative methods required for implementing PAS55 or the ISO55000 Series for Asset Management. Department of Industrial Engineering. South Africa Journal of Industrial Engineering.** V. 24, P. 98-111. Stellenbosch, África do Sul, 2013.

PELLICCIONE, A. S.; MORAES, M. F.; GALVÃO, J. L. R.; MELLO, L. A.; DA SILVA, E. S. **Análise de falhas em equipamentos de processo – Mecanismos de Danos e Casos Práticos.** Editora. Interciência. Rio de Janeiro, 2014.

SILVA, R.S.L.; MAINIER, F.B. **Descomissionamento de sistemas de produção offshore de petróleo.** *EPC Journal, Ano 1, N.3, P. 55-69, Niterói, 2009. Disponível em: <http://www.excelenciaemgestao.org/Portals/2/documents/cneg4/anais/T7_0018_0384.pdf> Acesso em: 12 jul. 2015.*

VENKATASUBRAMANIAN, V.; RENGASWAMY, R.; YIN, K.; KAVURI, S. N. **A review of process fault detection and diagnosis Part I: Quantitative model-based methods. Computers & Chemical Engineering.** *p. 293-311. Elsevier. Estados Unidos. 2003.*

WILLIAMS, T.J. **A reference Model for Computer Integrated** *Manufacturing* **(CIM).** *Artigo ISA. 1989.*

19. Estruturação de mecanismos de coordenação para melhoria da gestão da confiabilidade: o caso de uma planta da indústria petroquímica

Leonardo Luiz Lima Navarro; Guido Vaz Silva; Heitor Mansur Caulliraux; Renato Flórido Cameira
(Departamento de Engenharia, Universidade Federal Fluminense/UFF, Rio das Ostras, Rio de Janeiro, Brasil)

Objetivo

O propósito deste capítulo é apresentar um caso de estruturação de mecanismos de coordenação para melhoria da gestão da confiabilidade em uma planta da indústria petroquímica brasileira. Esta planta implementou um conjunto de reuniões periódicas, temporal e hierarquicamente encadeadas, nas quais métricas relacionadas à confiabilidade são discutidas e decisões para melhoria dos resultados são tomadas.

1. Introdução

A cadeia produtiva da indústria petroquímica, desde a exploração/ extração até a distribuição e comercialização, é notoriamente considerada uma cadeia com diversos riscos latentes associados. Acidentes históricos e recentes, tais como o vazamento do poço de petróleo da empresa americana *Chevron* em Campo do Frade na Bacia de Campos (RJ) em 2011 e o desastre ocorrido no Golfo do México com a plataforma da empresa *British Petroleum* em 2010, demostraram que os riscos dessas operações, quando tornados realidade, são destrutivos às pessoas, recursos organizacionais e/ou ambiente.

Dessa forma, os subsistemas da indústria petroquímica se inserem em um conjunto de organizações consideradas de alto risco por possuírem características de interatividade complexa entre suas atividades produtivas e que necessitam de acoplamento justo (PERROW, 1999). Autores como Roberts e Rosseau (1989), Weick e Sutcliffe (2015) e Navarro (2011) colocam que tal condição faz surgir a necessidade dessas organizações elevarem seus níveis de confiabilidade, ou seja, se mostrarem capazes de realizar suas operações de maneira segura por longos períodos de tempo, convivendo nos ambientes de alto risco. Sendo assim, torna-se urgente que o conceito confiabilidade seja alvo da gestão do dia a dia nesse tipo de organização.

Este capítulo, então, tem por objetivo apresentar um caso[1] de estruturação de mecanismos de coordenação para melhoria da gestão da confiabilidade em uma planta de processamento contínuo brasileira. Nesta planta, foi implementado um conjunto de reuniões periódicas, temporal e hierarquicamente encadeadas, nas quais métricas relacionadas à confiabilidade são discutidas e decisões para melhoria dos resultados são tomadas. Para alcançar o objetivo deste capítulo, inicialmente são apresentados os principais conceitos que nortearam toda a iniciativa. Em seguida, a abordagem metodológica é exposta em detalhes encaminhando a descrição do caso e as considerações finais sobre os resultados.

2. Referencial teórico

O termo confiabilidade possui uma ampla variedade de definições e interpretações. Na literatura, encontra-se o termo reliable como sinônimo de dependable (fidedigno, digno de confiança) e associado a termos como reprodutibilidade / duplicabilidade (qualidades de ser reproduzível), infalibilidade (qualidade de não falhar ou cometer erros), solidez (qualidede de ser consistente) e segurança (qualidade de ser seguro, a salvo, livre de perigo). De maneira geral, a literatura apresenta duas perspectivas de estudos sobre confiabilidade: 1) a perspectiva técnica e probabilística de confiabilidade; e 2) a perspectiva de confiabilidade organizacional, explorada em um conjunto de estudos orientados a compreender os mecanismos pelos quais a confiabilidade de uma organização é comprometida.

A confiabilidade, sob uma perspectiva técnica, pode ser definida como a capacidade de um item desempenhar uma função requerida sob condições especificadas durante um determinado intervalo de tempo. Confiabilidade é frequentemente associada a mantenabilidade – capacidade de um item, sob determinadas condições de uso, de ser mantido ou restaurado para um estado em que possa desempenhar uma função requerida – e disponibilidade – capacidade de um item de estar em estado de desempenhar uma função requerida, sob

1 Projeto de extensão realizado pela equipe do Grupo de Produção Integrada (GPI) do Programa de Engenharia de Produção da COPPE e do Departamento de Engenharia Industrial da Escola Politécnica da Universidade Federal do Rio de Janeiro;

determinadas condições, em um dado instante de tempo (ABNT, 2011). As análises da confiabilidade, mantenabilidade e disponibilidade de um item são fundamentadas em sistemática de coleta e análise de dados de falha, que retroalimentam a operação, a manutenção e até mesmo o projeto e fabricação do item.

A coleta estruturada de dados é um importante desafio para ações de confiabilidade. Normas como a ISO 142224 (ABNT, 2011) buscam recomendar um conjunto mínimo e um formato-padrão de dados de equipamentos (exemplo: taxonomia e atributos), falhas (exemplos: causas e consequências) e manutenção (exemplo: ações de manutenção, recursos usados, tempos de downtime). A padronização tem por objetivo facilitar o intercâmbio de informações entre plantas, fabricantes, empreiteiras e outras partes interessadas.

Além disso, a coleta estruturada de dados alimenta análises de confiabilidade. A literatura apresenta uma variedade de métodos analíticos, tais como Árvore de Falhas, HAZOP e FMEA. Em essência, tais métodos auxiliam a identificar e priorizar falhas potenciais ou desvios das condições normais de operação, e estabelecer propostas de ações corretivas que reduzam a incidência, a severidade e / ou a detectabilidade desses eventos.

Embora a perspectiva técnica e probabilística de confiabilidade seja de grande importância para a indústria petroquímica, o estudo de caso apresentado neste capítulo se fundamentou principalmente na acepção organizacional da confiabilidade. Em 1984, Charles Perrow, professor de sociologia da Yale University, lançou a primeira edição de sua obra "Normal Accidents: Living with High-Risk Technologies" (PERROW, 1999), importante marco na literatura sobre confiabilidade organizacional. Na obra, o autor aborda organizações de alto-risco, que são aquelas que operam tecnologias com o potencial de causar acidentes organizacionais (falhas de alta criticidade que podem causar disrupção nos resultados atuais e futuros da organização e/ ou ter consequências de catástrofe).

Perrow (1999) coloca que organizações que operam tecnologias de alto -risco possuem duas características marcantes: 1) inúmeras interações complexas entre os diversos componentes do sistema produtivo; e 2) acoplamento justo no processo produtivo, característica que remete às operações contínuas, onde não há grandes possibilidades de folgas/ retardos no processo produtivo. o argumento central defendido pelo autor consiste em tratar acidentes organizacionais como uma consequência normal e, portanto, inevitável em organizações que apresentam interatividade complexa e acoplamento justo. o autor sugere, inclusive, que determinadas tecnologias deveriam ser abandonadas, nos casos em que os riscos de catástrofe são maiores que os benefícios trazidos pela tecnologia (para Perrow (1999), usinas nucleares se enquadram nesta categoria). Evidentemente polêmica e 'pessimista', a obra de Perrow (1999) ganhou grande destaque dois anos após o lançamento de sua primeira edição, na ocasião do acidente da usina nuclear de Chernobyl.

Em contraposição à literatura sobre acidentes normais, em 1987, um grupo de pesquisadores da University of California, liderados por Karlene Roberts, estudou o funcionamento de três diferentes organizações – uma no setor de geração e distribuição de energia, uma central de controle de tráfego aéreo e um porta-aviões da marinha americana – que compartilhavam entre si a responsabilidade de operar com taxas de erro próximas de zero. o artigo produzido pelos pesquisadores da Califórnia introduz a expressão "Organizações de Alta-Confiabilidade" (OACs, do inglês High-Reliability Organization), importante referência, até os dias atuais, na literatura sobre confiabilidade organizacional (ROBERTS e ROSSEAU, 1989).

No caso das OACs, entende-se por confiabilidade uma característica de organizações que, mesmo inseridas em ambientes repletos de riscos, onde falhas podem ter consequências catastróficas, conseguem passar longos períodos operando sem o registro de erros de grandes consequências, tomando consistentemente boas decisões para alcançar seus resultados com segurança e qualidade (BOURRIER, 2005). De 1987 até hoje, foram publicados inúmeros artigos e livros que têm por objetivo explorar os mecanismos que levam à confiabilidade organizacional. Dentre eles, destaca-se a obra de Weick e Sutcliffe (2015), que sintetiza cinco princípios das OACs, a saber:

1. Preocupação com a falha: OACs encorajam o relato de erros cometidos e identificados, a elaboração de relatórios sobre lições aprendidas a partir de experiências de erros ou quase erros, e a posterior divulgação e treinamento aos envolvidos

2. Relutância contra simplificações: OACs caminham na direção de criar modelos e entendimentos cada vez mais completos e detalhados das tecnologias de alto-risco que operam. Weick e Sutcliffe (2015) afirmam que o comportamento cético é valorizado em OACs e as pessoas são encorajadas a expressar formas diferentes de entendimento do sistema operado, questionando um entendimento comum.

3. Sensibilidade às operações: os tomadores de decisão, em OACs, estão atentos ao que acontece na linha de frente operacional. Este princípio é materializado através de livre acesso dos operadores aos tomadores de decisão (supervisores, gerentes, diretores); do constante monitoramento da carga de trabalho delegada aos operadores; e da capacitação de todos a respeito das responsabilidade e direitos de decisão de seus respectivos cargos.

4. Deferência às expertises: em complemento ao princípio anterior, Weick e Sutcliffe (2015) propõem que a autoridade para tomar decisões, em OACs, é delegada àqueles que possuem expertise para solucionar os problemas detectados, independentemente da posição hierárquica ocupada.
5. Compromisso com a resiliência: este princípio se materializa não somente através da criação de barreiras para conter eventos indesejados, mas também através da busca por antecipação e evitação do acontecimento desses eventos. OACs investem recursos, por exemplo, no desenvolvimento e aplicação das mencionadas técnicas probabilísticas de análise de acidentes e gestão de riscos, e na atualização de procedimentos de operação e manutenção em função de lições aprendidas com falhas.

Sobre este último princípio, convém mencionar que a Engenharia de Resiliência é uma abordagem que vem ganhando crescente notoriedade nos estudos de confiabilidade organizacional. Em obras recentes, Hollnagel et al (2006) e Hollnagel et al (2013) definem resiliência como a capacidade de uma organização de manter ou recuperar rapidamente um estado estável, permitindo que a mesma continue suas operações durante e depois de um grande infortúnio ou na presença contínua de uma significativa pressão negativa. Autores sintetizam quatro habilidades de organizações resilientes, em relação a um evento indesejado: 1) antecipação; 2) evitação; 3) contenção; e 4) recuperação/ aprendizado. A exemplo do que fizeram Weick e Sutcliffe (2015) para as OAC's, as pesquisas recentes sobre Engenharia de Resiliência buscam explorar os princípios/ mecanismos organizacionais que viabilizam cada uma dessas habilidades.

Em suma, o estudo de caso apresentado neste capítulo se fundamentou principalmente nesta acepção organizacional da confiabilidade, de forma que a planta em questão pudesse estruturar um conjunto de mecanismos de coordenação para melhoria da gestão de sua confiabilidade organizacional.

3. Método

Segundo Tranfield e Van Aken (2006) a ciência do design (Design Science) tem interesse pelo "o que pode ser" (what can be) para resolver um problema ou incrementar o desempenho de certa situação. Essa perspectiva epistemológica tem sido considerada por certos autores (MARCH & SMITH, 1995; VAN AKEN, 2004; VAN AKEN, 2005; TRANFIELD & VAN AKEN, 2006; DENYER et al., 2008; SAURIN et al., 2014), desde o seminal trabalho de Herbert Simon em seu livro The Sciences of the Artificial em 1969, como mais aderente e útil para as ações projetuais próprias da engenharia e de outras áreas de conhecimento, a saber, ciências médicas, arquitetura, dentre outras.

Dentro dessa perspectiva, considera-se que a design science research é uma abordagem metodológica que busca produzir conhecimento instrumental, ou seja, multidisciplinar e orientado para resolver problemas relevantes (VAN AKEN, 2005). Tal conhecimento instrumental é denominado por essa abordagem de artefatos (ou objetos artificiais). Trata-se, então, dos principais produtos gerados pela aplicação da conduta metodológica da design science research.

Saurin et al. (2014), em um estudo para projetar equipes de manutenção de emergência dentro da orientação da engenharia da resiliência, defendem que a design science research contém as seguintes fases: (i) Consciência, entendimento do comportamento de um dado problema; (ii) Sugestão, ou seja, o passo criativo envolvendo a utilização de conhecimento existente relacionado ao problema; (iii) Desenvolvimento, momento de projeto (design) e implementação de um artefato tentativa, (iv) Avaliação, onde o artefato projetado é avaliado de acordo com critérios explicitados, frequentemente, na fase de conscientização; e, por fim (v) Conclusão, o momento onde tenta-se medir os resultados de satisfação com a solução, isto é, embora ainda possam haver desvios no comportamento do artefato a partir das expectativas, os resultados já são considerados como suficientemente bons.

Nesse sentido, o método de trabalho adotado pela presente iniciativa projetual seguiu a abordagem da design science research. A fase de consciência do problema no caso foi circunstanciada por meio de: (i) análises documentais, principalmente buscando compreender as práticas de gestão operacional (PGO's), o plano de confiabilidade, práticas de gestão em diversos níveis relacionadas à confiabilidade e os mecanismos decisórios formais vigentes na planta objeto do estudo; (ii) entrevistas com os principais atores afetos ao tema (Coordenador de Confiabilidade, Gerente de Operação, Gerente de Otimização, Gerente de Engenharia, Gerente de Manutenção, dentre outros); e, (iii) observação direta de reuniões das instâncias decisórias já existentes na planta para compreensão de causas da ineficácia do sistema de gestão da confiabilidade, até então, em funcionamento.

Em seguida, na fase sugestão, foram utilizados os conceitos da perspectiva de confiabilidade organizacional conjuntamente com arranjos de coordenação do trabalho oriundos da literatura para embasar a concepção do artefato. Na fase desenvolvimento, o artefato proposto foi detalhado, conforme descrito na próxima seção, e a implementação dos mecanismos de coordenação foi assistida pela equipe do projeto visando possibilitar ajustes à solução.

As fases de avaliação e conclusão foram realizadas por meio da análise da existência, ou não, de inflexões em certos indicadores controlados na estrutura de reuniões proposta, bem como por meio de observações diretas do funcionamento dessas reuniões articuladas e de ações encaminhadas pelo processo decisório contido nelas.

4. Estudo de caso

O estudo é contextualizado em uma importante organização do setor petroquímico brasileiro, contando com mais de uma dezena de plantas industriais no país. o caso se deu em uma dessas plantas, que é responsável pelo processamento e transformação das matérias primas em seus diversos derivados. Em linhas gerais, é possível entender o processo produtivo de tal planta como uma contínua transferência de matérias primas, produtos intermediários e produtos finais entre tanques (onde as matérias primas, produtos intermediários e produtos finais são estocados) e unidades de processamento. Pode-se dizer, também, que tal planta enfrenta um cenário de elevado risco de acidentes, dado que as matérias primas e produtos processados por essa planta são altamente inflamáveis e bastante poluentes. A confiabilidade, como conceito geral, está associada à manutenção do funcionamento de um sistema, seja em condições normais, seja em condições adversas.

A planta estudada possui uma Coordenação de Confiabilidade que, além de seu coordenador, conta com especialistas em disciplinas de projeto, operação, manutenção e inspeção, que realizam estudos técnicos relacionados à confiabilidade dos ativos físicos da planta. É atribuição principal desta unidade coordenar o processo de gestão de confiabilidade da planta, mantendo relacionamento harmonioso com diversas outras áreas, tais como a Engenharia, Operação, Manutenção, Otimização, entre outras, bem como com a Área Normativa da empresa.

É importante mencionar que, desde 2012, intensificou-se o relacionamento entre as plantas e a Área Normativa da empresa no tocante ao processo de gestão da confiabilidade. A partir desta data, a Área Normativa assumiu o objetivo de padronizar os conceitos e processos de gestão de confiabilidade e eficiência operacional em todas as plantas da empresa. Gradativamente, então, foram estabelecidos diretrizes, indicadores e metas e publicado um padrão do processo de gestão da confiabilidade, contemplando um conjunto de boas Práticas de Gestão Operacional a serem seguidas pelas plantas. o cumprimento das boas Práticas de Gestão Operacional pelas plantas é, periodicamente, objeto de auditorias realizadas por equipes da Área Normativa.

4.1 A estutruta de reuniões para coordenação do processo de gestão da confiabilidade

Frente aos anseios internos de melhoria de resultados e às novas demandas colocadas pela Área Normativa, a planta em questão, capitaneada por sua Coordenação de Confiabilidade e com apoio da equipe do projeto de extensão citada na introdução do capítulo, implementou um conjunto temporal e hierarquicamente encadeado de reuniões de células, subcomissões e comissão para coordenar seu processo de gestão da confiabilidade. Estas células, subcomissões e comissão se dividem entre a Confiabilidade da Operação (que envolve a área de Produção e Unidades de Processamento), Integridade (que envolve áreas de Manutenção e Inspeção) e Eficiência (que envolve a área de Otimização). Esta divisão é, em boa medida, espelhada na estrutura organizacional da planta, e foi feita de forma a abranger os diversos assuntos de gestão de confiabilidade que devem ser tratados e devidamente encaminhados entre as diversas áreas. A estrutura resumida de reuniões está apresentada na Figura 1.

Buscar-se-à, doravante, apresentar de forma resumida e compreensiva a lógica de reuniões e o processo decisório de confiabilidade na planta estudada.

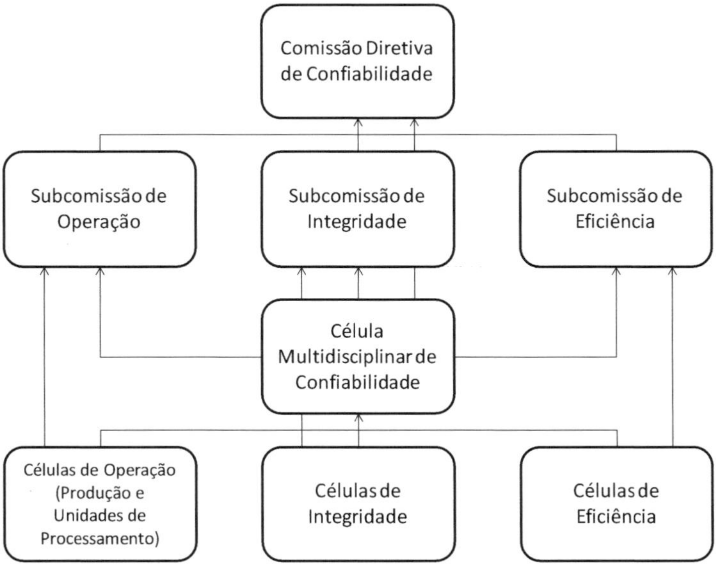

Figura 1 Estrutura resumida de reuniões de células, subcomissões e comissão de confiabilidade

A periodicidade das reuniões varia de acordo com a quantidade e a criticidade dos assuntos a serem tratados em cada reunião. Dois importantes vetores guiam os assuntos pautados nestas reuniões periódicas: 1) o acompanhamento do Plano de Confiabilidade da Planta (realizado anualmente) e 2) o acompanhamento das boas Práticas de Gestão Operacional padronizadas pela Área Normativa, objeto principal de análise deste capítulo.

As células são instâncias decisórias de primeiro nível, pois nelas participam atores das áreas setoriais mais próximos do trabalho operacional da planta, bem como um representante da Coordenação de Confiabilidade. Tais reuniões ocorrem semanalmente, no caso das células de Operação, ou mensalmente, no caso das Células de Integridade e Eficiência. Os objetivos gerais destas células são acompanhar o andamento de ações propostas em reunião anterior; garantir o cumprimento das Práticas de Gestão Operacional, monitorando indicadores pertinentes; monitorar o andamento das ações do Plano de Confiabilidade pertinentes; e realizar e monitorar a disseminação de ocorrências relevantes (relatórios de tratamento de anomalias, ações de abrangência, diálogos de segurança, entre outros).

Há uma célula multidisciplinar de confiabilidade, que ocorre a cada seis semanas, reunindo o Coordenador de Confiabilidade, gerentes setoriais e coordenadores das áreas de operação, integridade e eficiência, bem como outros especialistas sob demanda. Esta reunião não possui pauta fixa de assuntos a serem tratados, tampouco de indicadores a serem analisados. Cabe ao Coordenador de Confiabilidade verificar com as gerências envolvidas em cada uma das células de confiabilidade os problemas multidisciplinares (aqueles cuja resolução não será possível sem colaboração entre atores de diferentes áreas setoriais), consolidando a pauta e divulgando entre os colaboradores convocados para a reunião.

As reuniões de subcomissão são convocadas mensalmente pelos gerentes das áreas envolvidas, tendo participação de todos os gerentes/coordenadores setoriais de sua equipe, Coordenador de Confiabilidade e outros colaboradores que se fizerem necessários para tratar algum item da pauta da reunião. Os objetivos gerais dessas subcomissões são acompanhar o andamento das ações propostas nas reuniões anteriores; discutir problemas encaminhados e assegurar a eficácia dos planos de ação desenvolvidos ao nível de Célula; assegurar a implantação das ações do Plano de Confiabilidade; e assegurar o conhecimento das ocorrências relevantes pelas equipes, nos prazos determinados pela Coordenação de Confiabilidade.

Por fim, a comissão diretiva de confiabilidade, última instância decisória, é um fórum quinzenal convocado pela Gerência Geral da planta, com participação do Coordenador de Confiabilidade, Gerente de Operação, Gerente de Otimização, Gerente de Engenharia, Gerente de Manutenção outros colaboradores que se fizerem necessários para tratar algum item da pauta da reunião. Os objetivos dessa reunião são acompanhar o andamento das ações propostas nas reuniões anteriores; consolidar, revisar e assegurar a realização do Plano de Confiabilidade; assegurar o cumprimento das Práticas de Gestão Operacional; analisar problemas multidisciplinares trazidos e proposições feitas pelas subcomissões.

4.2 Encadeamento entre as reuniões

Um relevante desafio para implementação da estrutura de reuniões para gestão da confiabilidade consistiu em definir um fluxo de encaminhamento de decisões entre as instâncias decisórias. Este desafio se deve à grande quantidade de indicadores de confiabilidade – associados às já mencionadas Práticas de Gestão Operacional - que são acompanhados em cada uma das reuniões.

A título de exemplificação, há cinco Células de Operação (uma para cada unidade de produção / processamento), e em cada uma delas é feito acompanhamento da evolução de cerca de 30 indicadores associados às Práticas de Gestão Operacional. No total, então, são acompanhados cerca de 150 indicadores nas Células de Operação, semanalmente. A Figura 2 exemplifica um painel de indicadores acompanhado em uma reunião. Considerando essa vasta gama de indicadores, foi necessário estabelecer formas de triar informações que apontem problemas de confiabilidade para levá-las como ponto de pauta de instâncias decisórias superiores (no exemplo, a Subcomissão de Confiabilidade).

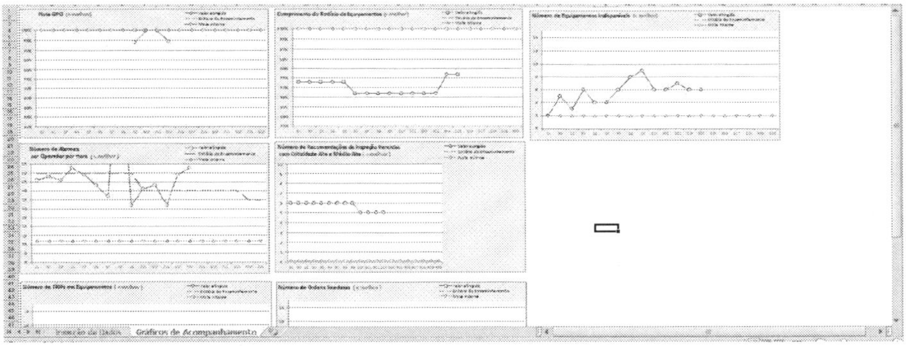

Figura 2 Exemplo de painel de acompanhamento de indicadores

O artefato elaborado tratou desse desafio estabelecendo metas e critérios de encaminhamento dos indicadores para priorizar discussões que devem migrar entre instâncias decisórias. As metas de cada indicador são referências de valores para que cada área possa melhorar continuamente (ou manter) os resultados em níveis satisfatórios para os objetivos de confiabilidade da planta. Os critérios de encaminhamento – menos rígidos que as metas - têm por objetivo principal garantir o fluxo de informações do processo decisório, encadeando as instâncias das células, das células multidisciplinares e subcomissões. o critério de encaminhamento é usado para determinar quais indicadores acompanhados periodicamente na Célula devem entrar na pauta das instâncias decisórias superiores (toda vez que um critério de encaminhamento for "quebrado" por semanas consecutivas, a avaliação do indicador deve entrar na pauta de instâncias decisórias superiores). Em suma, o critério de encaminhamento permite aos Gestores Setoriais triar, a partir de um amplo espectro de informações, aquelas situações problemáticas críticas, que merecem atenção de instâncias decisórias superiores. o critério de encaminhamento permite, consequentemente, a melhor definição das pautas de discussão nas Subcomissões e Célula Multidisciplinar, garantindo o encadeamento do fluxo decisório entre as reuniões de diferentes níveis.

A Figura 3 exemplifica este mecanismo para o indicador "Número de Alarmes por Operador por Hora", avaliado em uma das Células de Operação durante 24 semanas. Entre as semanas 13 e 15 (S13 e S15), houve uma piora significativa dos resultados deste indicador, que ultrapassou seguidamente o valor estabelecido como critério de encaminhamento. Por este motivo, na semana 15 tal assunto foi levado à instância superior de decisão, a Subcomissão de Operação, que concentrou esforços para 1) identificar e tratar causas dos alarmes e 2) identificar os *bad actors* ('alarmes que mais alarmam') e tratar os que eram falsos (neste caso, foram abertas ordens de serviço para revisão dos set points dos indicadores). Esta decisão tomada na Subcomissão de Operação foi responsável pelo retorno do nível do indicador abaixo do critério de encaminhamento a partir da semana 18, com pequenas transposições nas semanas 19 e 21, conforme pode ser observado na Figura 3, mas que não foram consideradas relevantes para serem levadas à Subcomissão. É relevante ressaltar, também, que metas e critérios de encaminhamento evoluem no decorrer do tempo, de forma a desafiar os participantes das reuniões a melhorar continuamente.

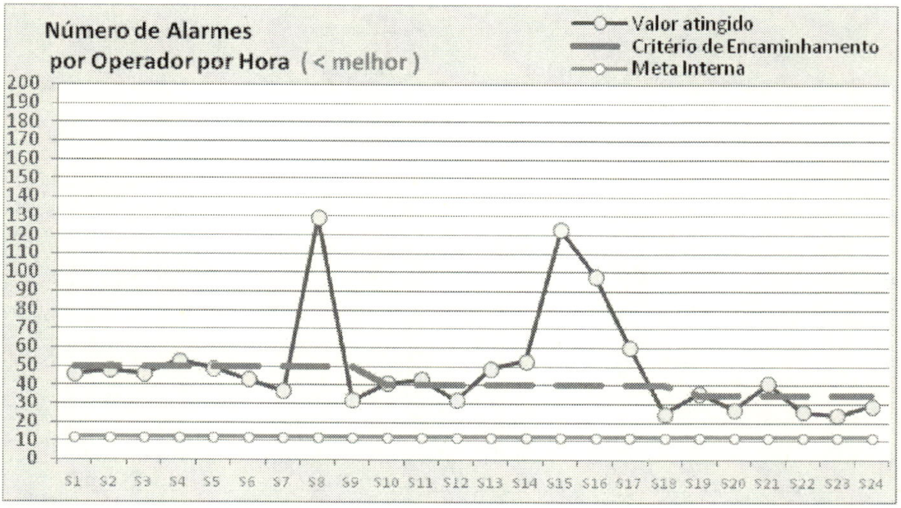

Figura 3 Exemplo de indicador acompanhado em uma célula de operação

4.3 Síntese e resultados avaliados

Em síntese, portanto, os mecanismos de coordenação implementados para melhoria da gestão da confiabilidade funcionam da seguinte forma:

1. Há um conjunto de reuniões semanais/ mensais de Células de Operação, Integridade e Eficiência, nas quais, dentre outros assuntos em pauta, os Gerentes Setoriais de cada área acompanham junto às suas equipes os indicadores de confiabilidade associados às Práticas de Gestão Operacionais;
2. A reunião das Subcomissões de Operação, Integridade e Eficiência ocorrem mensalmente. Na semana anterior à reunião da Subcomissão, o Gerente Setorial de cada Célula fica responsável por analisar o histórico de cada indicador nas últimas 4 semanas (desde a última reunião com a Subcomissão).
3. Critérios foram estabelecidos para definir as decisões de encaminhamento que devem ser tomadas pelos Gerentes Setoriais, em função do acompanhamento periódico dos indicadores. Uma vez que um determinado indicador "quebrou" um critério de encaminhamento nas últimas 4 semanas, a discussão de seu resultado deverá ser encaminhada à instância decisória superior (Subcomissão ou Célula Multidisciplinar, dependendo dos motivos da quebra);
4. Questões relevantes não resolvidas no âmbito das Células ou Subcomissões são levadas à Comissão Diretiva de Confiabilidade, que conta com a participação do Gerente Geral da planta.

Um estudo piloto de avaliação da estrutura implementada constatou que, de sete indicadores acompanhados durante o período do piloto (24 semanas), cinco apresentaram tendência de melhoria, um se manteve estável e um apresentou tendência de piora – embora este tenha se mantido dentro do critério de encaminhamento proposto. Avaliou-se, portanto, que de forma geral a estrutura implementada trouxe resultados positivos, por estabelecer valores de referência para avaliação dos indicadores ("metas" e "critérios de encaminhamento") que, disciplinadamente acompanhados durante as semanas, embasaram as decisões tomadas por diversos atores da planta. As decisões tomadas gradualmente, por sua vez, causaram as melhorias de resultados dos indicadores acompanhados.

5. Considerações Finais

Este capítulo apresentou, portanto, de que forma uma planta de processo contínuo brasileira estruturou sua gestão da confiabilidade através de uma lógica de reuniões periódicas e encadeadas. A avaliação realizada constatou que o conjunto de reuniões periódicas e encadeadas tornou sistemática a avaliação de métricas de confiabilidade, levando as decisões a serem tomadas aos tomadores de decisão corretos e em tempos oportunos, contribuindo para a melhoria da gestão da confiabilidade na planta. Este caso pode servir de referência para outras aplicações no setor petroquímico. Ademais, este capítulo apresentou uma sucinta revisão da literatura sobre confiabilidade e confiabilidade organizacional.

6. Referências

ABNT. **Indústrias de Petróleo e Gás Natural – Coleta e intercâmbio de dados de confiabilidade e manutenção para equipamentos.** *Rio de Janeiro: Associação Brasileira de Normas Técnicas, 2011.*

BOURRIER, M. **An interview with Karlene Roberts.** *European Management Journal, Vol. 23, n. 1, p. 93-97, 2005.*

DENYER, D.; TRANFIELD, D. & VAN AKEN, J. E. Developing Design Propositions through Research Synthesis". **Organization Studies**, *v 29, n 3, pp. 393-413, 2008.*

HOLLNAGEL, E. Resilience: the challenge of the unstable. In: HOLLNAGEL, E. et al. **Resilience engineering: concepts and precepts.** *Hampshire: Ashgate Publishing Limited, 2006.*

HOLLNAGEL, E. Making health care resilient: from Safety-I to Safety-II. In: HOLLNAGEL, E. et al. **Resilient Health Care.** *Hampshire: Ashgate Publishing Limited, 2013.*

MARCH, S. & SMITH, G. "Design and natural science research on information technology". **Decision Support Systems**, *v 15, n 4, pp. 251-266, 1995.*

NAVARRO, L. L. L. **Organizações de Alta Confiabilidade: um estudo sobre suas características e princípios.** *Dissertação (Mestrado em Engenharia de Produção) – Programa de Engenharia de Produção – COPPE, Universidade Federal do Rio de Janeiro, Rio de Janeiro, 2011.*

PERROW, C. **Normal accidents: living with high-risk technologies.** *2. ed. New Jersey: Princeton University Press, 1999.*

ROBERTS, K. H.; ROUSSEAU, D. M. **Research in nearly failure-free, high-reliability organizations: having the bubble.** *IEEE Transactions on Engineering Management, v. 36, n. 2, p. 132-139, mar. 1989.*

SAURIN, T. A., WACHS, P.; RIGHI, A. W. & HENRIQSON, E. The design of scenario -based training from the resilience engineering perspective: A study with grid electricians. **Accident analysis and prevention.** *(68), pp:30 -41, 2014.*

TRANFIELD, D. & VAN AKEN, J. E. Management as a Design Science Mindful of Art and Surprise: A Conversation Between Anne Huff, David Tranfield, and Joan Ernst van Aken. **Journal of Management Inquiry**, *v 15, n 4, pp. 413-424, 2006.*

VAN AKEN, J. E. Management Research Based on the Paradigm of the Design Sciences: The Quest for Field-Tested and Grounded Technological Rules. **Journal of Management Studies**, *v. 41, n. 2, pp. 219-246, 2004.*

VAN AKEN, J. E. Management Research as a Design Science: Articulating the Research Products of Mode 2 Knowledge Production in Management. **British Journal of Management**, *v 16, n 1, pp. 19-36., 2005.*

WEICK, K. E. & SUTCLIFFE, K. M. **Managing the unexpected: sustained performance in a complex world.** *3. ed. Hobokey: John Wiley & Sons, Inc., 2015.*

20. A utilização do Benchmarking com uma ferramenta de gestão organizacional e competitiva nas empresas fornecedoras da indústria de E&P de óleo e gás

Camilla Campos Martins da Silva; Fredjoger Barbosa Mendes; Rodolfo Cardoso
(Departamento de Engenharia, Universidade Federal Fluminense/UFF, Rio das Ostras, Rio de Janeiro, Brasil)

Objetivo

A turbulência do cenário econômico exige mudança de paradigmas e reestruturação de estratégias para que as empresas atuantes no setor de óleo e gás enfrentem o desafio de ajustar seus negócios e reduzir significativamente seus custos. Diante desse cenário, alimentado por uma elevada competitividade, o *benchmarking* surge como uma técnica relevante para ajudar as organizações na obtenção de informações necessárias para promover a inovação, implementar o Kaizen e, consequentemente, obter uma vantagem competitiva na concorrência global. o presente capítulo apresenta os benefícios da utilização dessa ferramenta como um instrumento de gestão organizacional no setor de óleo e gás e sua importância na obtenção de uma margem competitiva, conceito chave para o sucesso de uma organização. Além disso, analisa a troca de experiências e aprendizado entre diferentes empresas podem gerar uma percepção de melhorias e oportunidades que ainda podem ser exploradas, a fim de estimular um ambiente colaborativo entre as mesmas, através da apresentação de um estudo referente ao workshop de boas práticas regido pela maior empresa petrolífera do Brasil.

1. Introdução

Diante de um cenário mundial onde a globalização e o contexto do ambiente de negócios são alimentados por uma elevada competitividade, práticas como a busca pela excelência e a melhoria contínua nos modelos de gestão são cada vez mais necessárias e mandatórias. A palavra de comando nas operações industriais, em termos globais, sempre foi competitividade, a grande diferença é que antes, "ser competitivo" era um fator de diferenciação, e hoje, é um fator de sobrevivência (PORTER, 1990, CALMANOVICI, 2011).

A indústria de óleo e gás possui uma grande importância no cenário econômico mundial, já que o petróleo, seu principal recurso, possui ampla influência nas relações geopolíticas contemporâneas, sendo a matriz energética base da sociedade industrial. o alto grau de competitividade da indústria petrolífera é acompanhado pela predominância da internacionalização de suas atividades, estando fortemente associada a fatores como grau de verticalização organizacional, altos investimentos em tecnologia, grandes economias de escala e significativos investimentos em logística (BARROS, 2007; ACCENTURE, 2016).

Entretanto, o excesso de oferta de petróleo nos últimos anos implicou numa redução drástica dos preços, afetando, diretamente, as estratégias dos principais agentes do mercado internacional, e conseqüentemente, a viabilidade econômica e a continuidade da expansão da produção nas áreas de custo mais elevado na indústria, como a exploração do Pré-sal. Essa realidade materializou-se como o grande paradoxo atual vivido pela indústria de petróleo brasileira: Possuir poços com alta capacidade produtiva, porém com custos extremamente elevados e com uma maior complexidade para exploração (IBP, 2016; PARRY, 2015).

A turbulência do cenário econômico exige mudança de paradigmas e reestruturação de estratégias para que as empresas atuantes nesse setor enfrentem o desafio de ajustar seus negócios e reduza significativamente seus custos. Dentro desse contexto, a necessidade de inovação, aumento da eficiência, melhoria na qualidade, dentre outros resultados que influenciam diretamente os lucros obtidos, se tornam ainda mais relevante para a sobrevivência da empresa (ACCENTURE, 2016; KEUER et al., 2016).

Para que as empresas do setor de óleo e gás alcance esses resultados, é necessário encontrar ferramentas estratégicas que permitam aproveitar o conhecimento, resolver problemas e facilitar aprendizagem organizacional. Assim, o *benchmarking* é apresentado como uma das técnicas-chave para ajudar as organizações a se tornarem mais "orientadas para a aprendizagem" e responsivas às mudanças, incentivando a busca e implementação das melhores práticas, a fim de melhorar sua performance e estimular a inovação. o *benchmarking* vai além do nível operacional, envolvendo uma ampla gama de níveis de cadeia de valor, estratégicos, operacionais e de projetos, o que intensifica a necessidade de sua aplicação em tempos turbulentos, para a obtenção de uma vantagem competitiva na concorrência global. Afirmar que as empresas petrolíferas podem valer-se do *benchmarking* como ferramenta de melhoria de performance pode fundamentar-se em Leibfried e Mcnair (1994):

"A pergunta a ser formulada não é "por que deveríamos praticar o benchmarking?", mas "Como conseguimos não fazê-lo?" Em uma era de mudanças aceleradas, competição global crescente e tolerância reduzida para a ineficiência e falta de eficácia, o benchmarking não é uma atividade opcional; ele é necessário em todos os níveis da organização, todos os dias".

Por conseguinte, o presente artigo pretende analisar e explicitar as vantagens da utilização do *benchmarking* como uma ferramenta de gestão organizacional e competitiva no setor de óleo e gás. Como metodologia realizou-se uma pesquisa exploratória, a partir de um levantamento bibliográfico e uma análise de caso, através da apresentação de um estudo referente ao workshop de boas práticas regido pela maior empresa petrolífera do Brasil. Tal evento tem como finalidade promover o *benchmarking* e a divulgação de lições aprendidas, através de uma rede colaborativa na cadeia de fornecedores, que entre si, são empresas concorrentes. Além disso, serão explicitadas as principais boas práticas realizadas no setor de óleo e gás nos últimos tempos, considerando as inovações apresentadas no programa.

2. Referencial Teórico

2.1 Indústria de Petróleo e Gás e o segmento de Exploração e Produção

A indústria de petróleo e gás do Brasil engloba uma grande quantidade de empresas que se diferenciam pela diversidade de operações existentes nesse setor, representando grande parte do PIB brasileiro, com uma participação de 13% nos dias atuais (PETROBRAS, 2016). Além disso, o setor de Petróleo e Gás tem importância ímpar na economia mundial, suprindo a demanda energética global em 51% (MME, 2016).

De acordo com a ANP (2016), o consumo mundial de petróleo foi de 95,008 milhões de barris/dia em 2015, com uma participação de países distribuída como indica a figura 1.

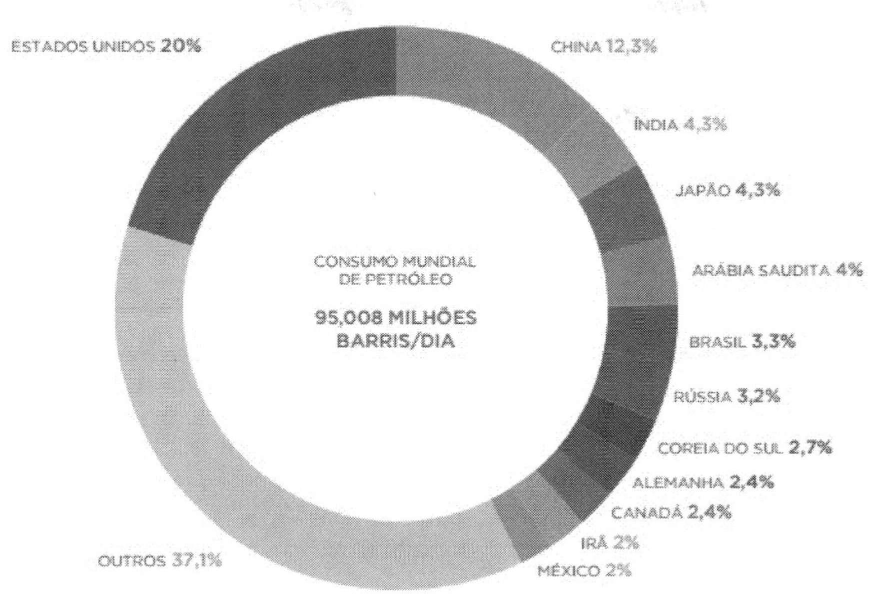

Fonte: ANP, (2016)

Figura 1 Participação de países selecionados no consumo mundial de petróleo – 2015

Essa indústria é considerada a atividade produtiva mais influente organizada em toda a história, sendo de grande importância para a sociedade. A mesma lida com uma tecnologia de alto valor agregado, devido a sua operação em ambientes extremamente complexos e agressivos e pode ser dividida em três principais segmentos: upstream, midstream e dowstream (IBP, 2016).

2.1.1 Exploração e produção de petróleo e gás

O segmento de upstream, também conhecido com setor de exploração e produção de petróleo e gás, constitui a base da indústria do petróleo, atraindo o maior número de investimentos para sua execução (ANP, 2016). De acordo com a IBP (2016), atualmente, as companhias têm investido de forma intensa nesse segmento no Brasil, com valores que ultrapassam o patamar de 77 bilhões por ano, tendo em vista a crescente demanda por energia. Como consequência, o país se beneficia por meio da geração de empregos, da criação de novas tecnologias e da demanda de bens e serviços da longa e diversificada cadeia de fornecedores nacional.

A atividade de exploração e produção de petróleo e gás é definida por Jahn (2008) como o conjunto de atividades de desenvolvimento do campo petrolífero relacionadas com uma demanda específica, em sua maioria com estreita ligação com a geologia. A cadeia de valor de E&P engloba três atividades principais: exploração, desenvolvimento e produção, as quais possuem fornecedores específicos de equipamentos e serviços para atender suas diferentes demandas.

2.1.2 Fornecedores da Indústria de E&P e a Competitividade do Setor

O setor de equipamentos e serviços de exploração e produção de petróleo e gás também conhecidos como "fornecedores da indústria de E&P", pode ser segmentado em oito áreas diferentes, as quais foram descritas na figura 2:

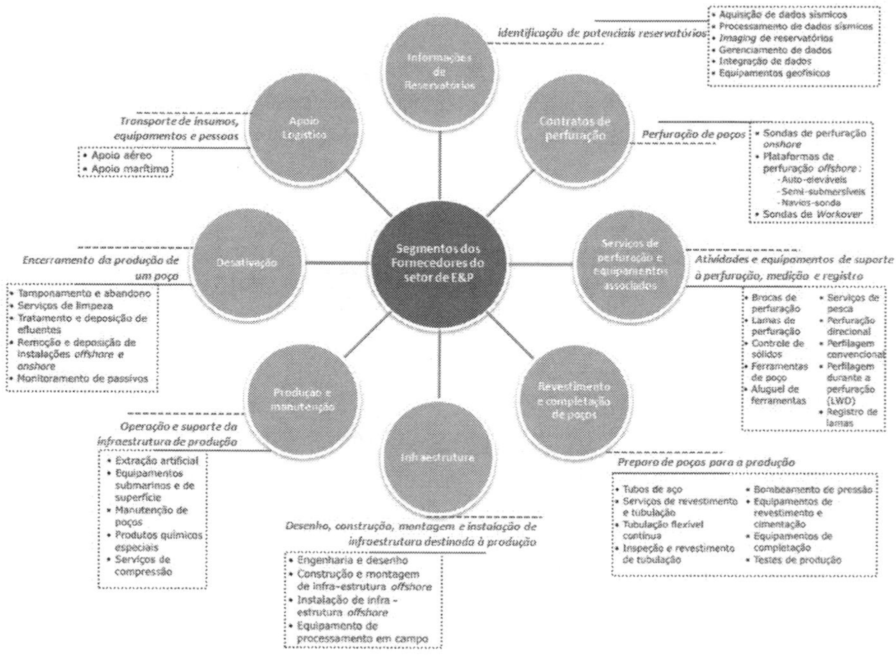

Fonte: Elaborado pelo autor com base no Bain & Company (2009)

Figura 2 Cadeia de produtiva de petróleo e gás

A cadeia de fornecedores voltada para a indústria de óleo e gás é basicamente uma cadeia que envolve empresas com inúmeros ativos e competências, os quais foram obtidos com estratégias e esforços distintos. Esses esforços sempre estão diretamente correlacionados com a forma com que a empresa capta as oportunidades externas, levando em consideração os riscos existentes. Todavia, a organização não está isolada no mercado, assim, para adquirir competências, é necessário firmar parcerias e relacionamentos de cooperação com outras empresas do ramo. Isso acontece, pois a indústria de petróleo envolve setores de alta intensidade de conhecimento, o que gera a necessidade de maior interação entre as firmas e regimes setoriais de acumulação de conhecimento da indústria (BAIN&COMPANY, 2009; IPEA, 2010).

Dentro do segmento de bens de capital é válido ressaltar a importância da demanda de equipamentos e serviços associados aos setores de subsea no Brasil. Este segmento, levando em consideração a exploração e produção de petróleo, e com maior capacidade de gerar benefícios externos para a economia brasileira (PETROBRAS, 2016, BNDES, 2014).

Entretanto, os investimentos na indústria de petróleo e gás tendem a alternar picos e vales ao longo do tempo, o que provoca fortes variações na demanda por estes equipamentos e serviços. Esse comportamento impacta, diretamente, os fornecedores muito dependentes da demanda do setor, os quais, se dimensionados para atender o pico de demanda, devem operar com capacidade ociosa elevada ao longo do ciclo, e, se dimensionados para a demanda média, perdem mercado e abrem espaço para a entrada de concorrentes, sobretudo do exterior, nos momentos de demanda mais elevada (BNDES, 2014; CNI, 2012).

2.2 *O Benchmarking*

O *benchmarking* é considerado uma das ferramentas de gestão mais eficazes para transferência de conhecimento e inovação entre as organizações e por esse motivo vem sendo amplamente difundido (CAMP, 2004). Em 2014, foi considerada a segunda ferramenta mais utilizada no mundo, e desde o ano 2000, se mantém entre as quatro primeiras, como pode ser visto na figura 3:

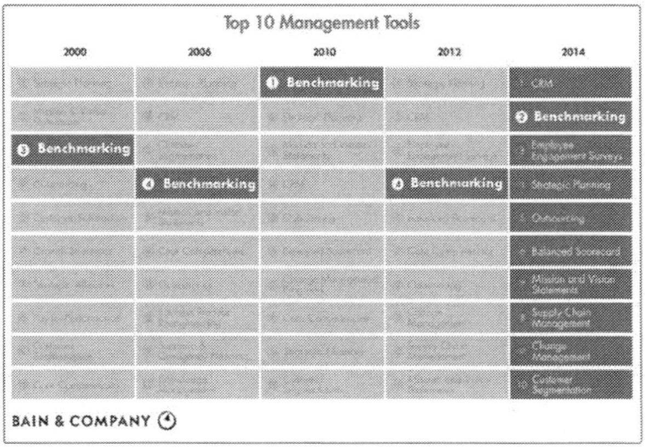

Fonte: Bain & Company, 2015.

Figura 3 Ferramentas de Gestão mais utilizadas do mundo.

Essa ferramenta surgiu no início de 1979, quando as operações de manufatura da Xerox adotaram um novo processo para examinar seus custos unitários de fabricação e compará-lo com o de copiadoras concorrentes em termos de suas capacidades operacionais, características e peças mecânicas. Desde então, a aplicação bem sucedida dessa ferramenta gradualmente se espalhou para outras operações (CAMP, 1989 apud LEIBFRIED E MCNAIR, 1994; PANWAR et al., 2013). De acordo com David T. Kearns, presidente da xerox corporation, o Benchmarking é um "Processo continuo de medir produtos, serviços e práticas em relação aos mais acirrados concorrentes, ou aquelas empresas reconhecidas como líderes do ramo" (LEIBFRIED; MCNAIR, 1994).

Diversos autores, dentre eles, Ribeiro e Cabral (2006), Anand e Kodali (2008), Moriarty e Smallman (2009), Asrofah, Zailane e Fernando (2010), Panwar et al. (2013) e Taschner (2016), citam a definição de *benchmarking* elaborada por Camp (1989), que explica, de forma bem simples, que o *benchmarking* é um ferramenta de gestão que busca as melhores práticas da indústria, as quais, após serem implementadas, levarão a empresa a um desempenho excepcional. Porém o mesmo autor enfatiza, posteriormente, que essa definição pode ser leiga, caso a implementação não seja realizada de forma inovadora, pois é exatamente esse fator que representa o "algo a mais" do *benchmarking* (LEIBFRIED; MCNAIR, 1994).

Essa ferramenta provoca um ciclo de mudança reforçador, que elimina as práticas ineficientes criando uma forma objetiva de avaliá-las. Através de sua aplicação e da identificação de oportunidades de melhoria para seus processos e produtos, a empresa é capaz de ganhar vantagens competitivas necessárias para sua permanência no mercado (ANAND; KODALI, 2008; HINTON et al., 2000).

É importante lembrar que, frequentemente, práticas e desempenho sofrem mudanças devido a diversos fatores internos e externos à organização. Portanto, as organizações devem adotar o *benchmarking* como um processo sistemático e contínuo de aprendizagem, adaptação e implementação das melhores práticas para alcançar um desempenho superior, considerando as características específicas da empresa. o *benchmarking* encoraja uma empresa a abrir-se a novos métodos, ideias e práticas para melhoria dos seus processos (MORIARTY; SMALLMAN, 2009; ASROFAH, ZAILANE e FERNANDO, 2010, PANWAR et al., 2013).

Desta forma, ao refletir sobre o *benchmarking*, deve-se reconhecer que sempre há lugar para melhoria. É necessário que todos os envolvidos estejam propensos a aprender com os outros, lembrando que as mudanças precisam levar em conta os interesses de todos os investidores (LEIBFRIED; MCNAIR, 1994; MORIARTY; SMALLMAN, 2009, ASROFAH, ZAILANE e FERNANDO, 2010).

2.2.1 Tipos de *Benchmarking*

Há enumeras abordagem a respeito dos tipos de *benchmarking* existentes e suas classificações. De uma forma global, existem duas vertentes principais de *benchmarking*: Interno e Externo. (JOINT COMMISSION, 2012 apud VEEN-BERKX et al., 2016).

O *benchmarking* externo, possui uma visão para fora da organização, de forma a identificar quais empresas realizam a mesma atividade, a qual se deseja melhorar internamente. Essa empresa pode ser concorrentes diretos, líderes da indústria, ou até mesmo uma companhia que trabalha em um negócio completamente diferente, porém que conduz uma função específica excepcionalmente bem. Enquanto o *benchmarking* interno está voltado para dentro da companhia, centrado na medição de desempenho e na disseminação de boas práticas entre as unidades de uma mesma empresa (VEEN-BERKX et al., 2016; PANWAR et al., 2013).

Para a seleção do tipo de *benchmarking* mais apropriado para aplicação em uma determinada organização, alguns fatores e condições importantes devem ser considerados, como: a interdependência e o grau de colaboração existente entre as empresas envolvidas, o número de parceiros de *benchmarking* e o estágio de desenvolvimento destas empresas, o grau de confiança mútua e, principalmente, os objetivos e planos estratégicos da empresa (FONG et al., 1998 apud ANAND; KODALI 2008).

A principal ideia é que a empresa com quem as análises de *benchmarking* serão realizadas, sendo esta parte ou não da companhia, seja a melhor no processo estudado e possua boas práticas que poderão ser compartilhadas. No geral, todos os tipos de *benchmarking* visam examinar e identificar lacunas existentes nos processos, a partir da perspectiva de melhorar o desempenho dos mesmos (VEEN-BERKX et al., 2016; TASCHNER, 2016).

2.2.2 Benchmarking Externo

A aplicação de uma ideia que já existe sob uma realidade diferente, com premissas distintas, resulta em um novo conjunto de práticas e conhecimento. A essência do *benchmarking* externo não está focada na exortação "conheça o teu inimigo". Na verdade, o seu foco está nos processos adotados pelos concorrentes, além das tendências do setor, para identificar, constantemente, oportunidades de melhoria que podem ser aplicadas na empresa (LEIBFRIED e MCNAIR, 1994).

É importante salientar, que o *benchmarking* é gerador de ação e não uma simples comparação da posição da sua empresa com os seus concorrentes, fornecendo as informações necessárias para o alcance, e depois ultrapassagem, das empresas que estão competindo pelos seus clientes (WIREMAN, 2012, LEIBFRIED e MCNAIR, 1994).

Como estudado, o *benchmarking* externo pode ser dividido em quatro categorias diferentes, as quais serão explicitadas a seguir:

- Benchmarking Competitivo: centra-se na comparação com empresas que têm produtos e processos similares e que estão em concorrência direta. Se um determinado concorrente consegue entregar um produto com um *lead time* inferior ao nosso, ele detém vantagem competitiva. Conhecer esse fato não é confortador, mas sem dúvida, gerador de ação (ASROFAH, ZAILANE e FERNANDO, 2010; LEIBFRIED e MCNAIR, 1994).
- Benchmarking funcional: É usado quando os parceiros de *benchmarking* são empresas que não atuam no mesmo segmento industrial, porém são reconhecidas como as melhores em uma determinada função, a qual possui certa similaridade com alguma das atividades ou processos internos, sendo possível a adaptação da boa prática. (Hollings, 1992 apud PANWAR et al., 2013).
- Benchmarking genérico: o *benchmarking* genérico consiste em ter parceiros de *benchmarking* de indústrias não relacionadas em países iguais ou diferentes (Jain et al., 2008 apud PANWAR et al., 2013). A principal vantagem do *benchmarking* genérico é que ele fornece acesso às melhores práticas empregadas em qualquer indústria, independentemente de produtos ou serviços.
- Benchmarking colaborativo: Esse tipo de *benchmarking* envolve mais do que apenas comparar o desempenho: as organizações compartilham suas ideias, lições aprendidas, projetos de processo e intervenções, dentre outros. Esta abordagem implica a formação de uma rede voluntária que cooperem na realização do estudo de *benchmarking* e se comprometam para que o compartilhamento de boas práticas seja realizado, normalmente iniciada por um respeitado terceiro agente. (ASROFAH, ZAILANE e FERNANDO, 2010).

2.2.3 Benchmarking e a vantagem competitiva

O *benchmarking* é fortemente utilizado nas empresas como uma ferramenta para a obtenção das informações necessárias para apoiar a melhoria contínua e obter a vantagem competitiva. Isso porque, essa ferramenta incorpora a busca pela excelência e o derradeiro objetivo de ser o melhor de todos (RIBEIRO e CABRAL, 2006; ASROFAH, ZAILANE e FERNANDO, 2010; WIREMAN, 2012).

A vantagem competitiva é obtida quando uma organização desenvolve ou adquire um conjunto de atributos que influenciam na escolha do cliente pelo produto ou serviço oferecido pela empresa, em detrimento dos fornecidos pelos seus concorrentes. Utilizando o conceito de Porter (2004) pode-se indicar dois tipos básicos de vantagem competitiva, a liderança no custo e a diferenciação, os quais possuem quatro elementos fundamentais: inovação, eficiência, qualidade e resposta ao clinte do cliente, como pode ser visto na figura 4 (CARPENTER ET AL., 2011).

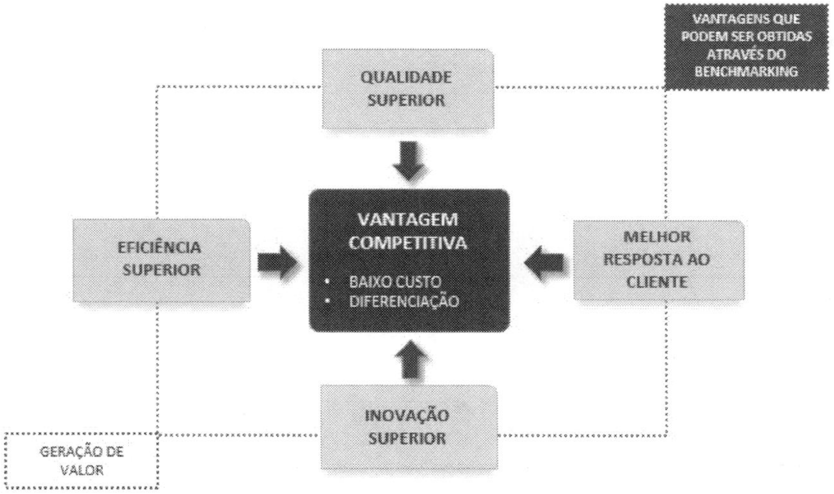

Fonte: Elaborado pelo autor com base no Carpenter et al. (2011)

Figura 4 Elementos fundamentais da vantagem competitiva

Dentro desse contexto, o *benchmarking* é um dos mais eficiente meios para alcançar esses elementos fundamentais para obtenção de uma vantagem competitiva. Isso porque essa ferramenta proporciona uma visão das coordenadas e os detalhes imprescindíveis para a implementação de boas práticas, capacitando a empresa para atingir um salto no desempenho dos processos e gerar maior valor para seus clientes (ASROFAH, ZAILANE e FERNANDO, 2010, LEIBFRIED e MCNAIR, 1994).

Tendo em vista a necessidade de superação do desempenho dos competidores, a análises de lacunas, é considerado essencial para a atingir as estratégias competitivas estipuladas para se obter um margem competitiva, já que esta permite visualizar a posição atual da empresa e estabelecer metas futuras, para ultrapassar seus concorrentes. (WIREMAN, 2012), como apresentado na figura 5:

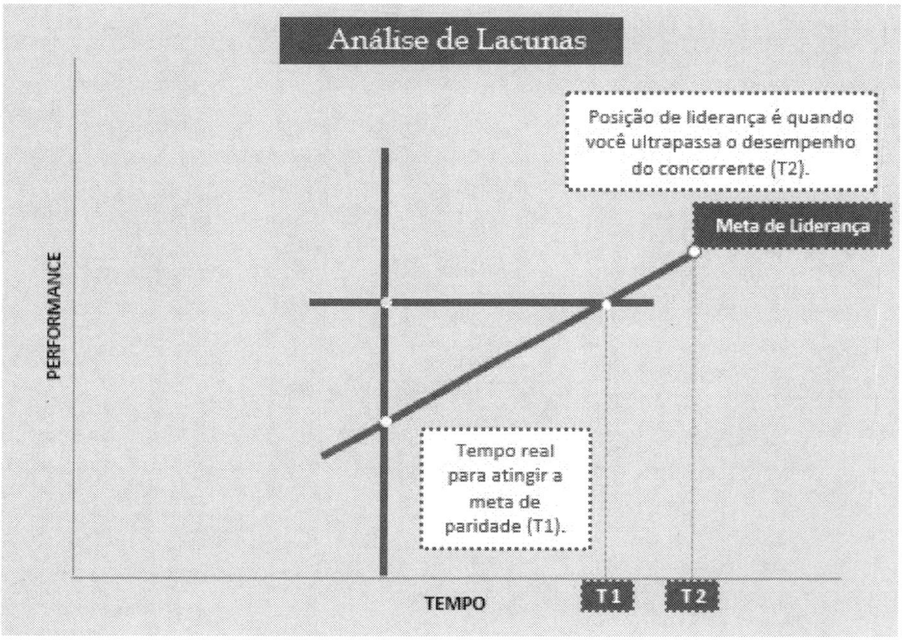

Fonte: Elaborado pelo autor com base no Wireman (2012)

Figura 5 Análise de lacunas

O objetivo final, não é apenas atingir o nível do atual líder, mas sim, superá-lo, obtendo a posição de liderança, como propõe a ferramenta de *benchmarking*. Para isso é necessário que a empresa invista em melhoria contínua, de forma a não apenas implementar as boas práticas, mas inová-las. Isso irá fazer com que, o desempenho da empresa exceda o desempenho do seu concorrente. Neste momento, representado na figura 5, como T2, a empresa se torna a empresa de melhores práticas no segmento proposto, conquistando a tão desejada margem competitiva.

2.2.4 Principais benefícios do Benchmarking para as empresas fornecedoras de bens e serviços no setor de exploração e produção

Considerando a ótica da competitividade, a cadeia de fornecedores de bens e serviços apresenta características específicas que necessitam de tratativas efetivas para garantir que as empresas que fazem parte desse segmento da indústria de exploração e produção de óleo e gás, alcancem uma vantagem competitiva sustentável e garantam sua sobrevivência em um panorama tão dinâmico e instável.

De acordo com Porter, os principais fatores competitivos para o setor energético são descritos na figura 6:

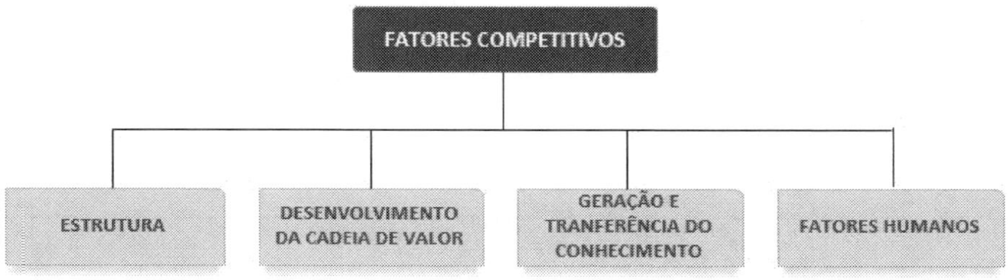

Fonte: Elaborado pelo autor com base no Bain & Company (2009)

Figura 6 Fatores competitivos do setor energético

Analisando a figura 6, temos que a geração e transferência de conhecimento, fator diretamente ligado à capacidade de inovação da empresa, influencia diretamente competitividade do setor energético. Esse fator também acaba sendo uma das maiores fraquezas dos fornecedores de bens e serviços, já que estes possuem uma limitada capacitação para geração de inovação e disseminação de conhecimento ao longo da cadeia, o que reflete em escassez de mão-de-obra qualificada, desperdício de tempo e dinheiro reinventando o que já existe, e incapacidade de mudança. De modo geral, as empresas desse setor atribuem pouca importância às atividades relacionadas à propagação do conhecimento (CNI, 2012).

De uma forma geral, a transferência de conhecimento e o compartilhamento de boas práticas, característico do *benchmarking*, geram múltiplos benefícios que poderão trazer melhorias significativas nos processos de uma empresa em âmbito global (CAMP, 2004). Porém, ao focalizar empresas fornecedoras de bens e serviços no setor de exploração e produção, existem benefícios que merecem destaque, devido às particularidades do setor. São eles:

Tabela 1 Benefícios do Benchmarking para empresas fornecedoras no setor de óleo e gás

Benefícios do Benchmarking	Influência nas Empresas
Aumento da produtividade e qualidades dos processos e produtos	Influência direta na obtenção de vantagem competitiva para a empresa. Nesse ambiente, devido à alta competitividade, a eficiência nos processos e a qualidade dos produtos são essenciais para a sua sobrevivência. o Benchmarking permite a implementação de boas práticas que irão melhorar os processos, podendo gerar melhoria na produtividade e na qualidade dos mesmos.
Melhoria da aprendizagem, estimulo à criatividade e inovação	Esse item está diretamente ligado ao estimulo à inovação, sendo este um dos principais fatores competitivos, listado por Porter. Através do conhecimento dos processos externos, os funcionários conseguem visualizar e aprender maneiras de melhorar seus próprios processos. Além disso, uma boa prática externa pode ser aperfeiçoada e adaptada à realidade da empresa, incentivando assim, a criatividade, e gerando inovação, item essencial para as empresas do setor de óleo e gás.
Melhoria da satisfação do cliente	A melhoria dos métodos e da eficiência da operação da empresa pode influenciar diretamente a satisfação do cliente, sendo esta uma medida primordial no setor e que deve ser usada como um "benchmark". Além disso, conhecer as melhores práticas do mercado, permite à empresa obter informações sobre o que mais agrada seus clientes, para, posteriormente, implementar tais práticas nos seus serviços.
Redução dos custos e desperdícios através da experiência dos outros	Esse item é um dos principais benefícios para as empresas desse segmento. Através da comparação das melhores práticas da indústria, e das experiências dos outros é possível identificar melhorias, das quais alguém já fez a parte do trabalho "burro" necessário. o grande negócio é "aprender com os erros dos outros", unido ao "não reinventar uma solução que já existe". Através do *benchmarking*, não é necessário começar do zero para identificar métodos mais eficientes de trabalho e procedimentos, o que reduz tempo e dinheiro.
Ferramenta estratégica e Potencial de crescimento	Através do *benchmarking*, é possível obter um salto sobre os concorrentes usando novas estratégias encontradas, já que a busca e implementação de boas práticas estimulam a empresa a sempre olhar para o melhor da indústria, a fim de pensar "fora da caixa". A prática de olhar fora de suas paredes para potenciais áreas de crescimento estimuladas pelo *benchmarking* permite que a organização seja uma empresa orientada para o futuro, perfil exigido para a sobrevivência das empresas fornecedoras no setor de óleo e gás.

Benefícios do Benchmarking	Influência nas Empresas
Cultura de Melhoria Contínua	A identificação e implementação de melhores práticas, continuamente, cria um estado de melhoria contínua de forma automática. o *benchmarking* busca constantemente o aperfeiçoamento gradual, evitando a extinção ou a revolta radical. Além disso, essa ferramenta é um processo de avaliação de desempenho corrente, de fixação de objetivos futuros e de identificação de áreas de aperfeiçoamento e mudança, o que estimula a cultura Kaizen.
Aumento da performance e metas realistas	O *benchmarking* identifica lacunas no desempenho e oportunidades de aperfeiçoamento, a fim de lançar uma nova luz sobre os métodos antigos. Muitas vezes, as organizações estabelecem metas baseadas em tendências passadas e padrões internos estabelecidos. o *benchmarking* força a organização a tomar uma nova abordagem para a definição de metas com base em uma perspectiva mais ampla, incluindo a perspectiva externa, o fator mais crítico que impulsiona as expectativas dos clientes.
Entendimento dos pontos fortes e fracos em relação aos concorrentes	É fundamental que as empresas fornecedoras de produtos e serviços, para adquirir uma vantagem competitiva sustentável, conheçam a si mesmo, seus concorrentes e as empresas líderes. As organizações precisam saber onde elas devem melhorar em relação aos seus concorrentes e buscar essa melhoria através do estudo de práticas realizadas pelas empresas líderes em determinado assunto, de forma a estuda-las e adapta-las, gerando assim valor aos seus processos.
Superação da cegueira do paradigma e minimização a resistência à mudança	O *benchmarking* trata-se de um instrumento gerencial de mudança, eliminando a "cegueira do paradigma" existente nas empresas desse setor. Cegueira do paradigma pode ser resumida como a incapacidade de mudar a maneira de pensar e fazer as coisas, considerando algumas maneiras como as melhores maneiras, apenas pelo fato de que as coisas sempre foram feitas dessa forma. Além disso, o *benchmarking* também abre um leque para novos métodos, ideias e ferramentas, possibilitando a melhoria dos processos através das mudanças realizadas.

Fonte: Elaborado pelo autor com base no Camp (2004), Bain&Company (2009), CNI (2012), Adebanjo (2010), Asrofah, Zailane e Fernando (2010)

Através da análise da tabela 1, é possível perceber que muitos são os benefícios que podem ser gerados através da implementação de um programa de *benchmarking* em uma empresa de exploração e produção de petróleo, principalmente diante do panorama vivido nos dias atuais, onde sobreviver se tornou a meta para muitas organizações. Devemos entender que a pergunta a ser formulada não é "por que deveríamos praticar o *benchmarking* nas empresas fornecedoras do setor de óleo e gás?", mas "Como conseguimos não fazê-lo?".

3. Estudo de caso: Workshop de boas práticas na cadeia de fornecedores da maior empresa petrolífera do Brasil

3.1 *Introdução*

A maior empresa petrolífera do Brasil, possui uma série de fornecedores que dependem fortemente da sua demanda gerada pelos serviços e produtos. Devido a isso, o impacto dessa organização sobre seus fornecedores é especialmente relevante para o desenvolvimento do país, já que este possui um mercado interno relativamente grande, quando comparado com a média dos países em desenvolvimento. Por sua vez, deve ser recordado que a sustentabilidade do seu crescimento no médio e longo prazo depende da geração de conhecimento e da capacidade de transformar este conhecimento em novos produtos e processos, ou seja, da capacidade de gerar inovações tecnológicas (IPEA, 2010).

Dentro desse contexto, a parceria e colaboração entre as empresas de petróleo são cada vez mais importantes para a evolução da área de Exploração e Produção (E&P), em particular em meio ao cenário atual de crise econômica e de baixos preços do petróleo. Esse estudo de caso visa apresentar um workshop de *benchmarking* colaborativo organizado pela maior empresa petrolífera do Brasil, voltado para propagação de boas práticas entre seus fornecedores de produtos e serviços de revestimento e completação no setor de E&P.

Esse workshop é um exemplo de construção de uma rede colaborativa, que permite o compartilhamento de conhecimento, experiências e boas práticas entre fornecedores, concorrentes diretos ou não. Este ambiente colaborativo pode ser de grande valia para geração de novas ideias e adoção de melhores práticas nos processos. Essa estratégia possibilitou uma intensa troca de experiências e transferência de tecnologia, incrementando a competitividade da Empresa em nível global e gerando inovação para o setor.

3.2 *Objetivo*

O objetivo do workshop foi promover o compartilhamento das melhores práticas realizadas no setor de completação da exploração e produção de petróleo, a fim de estimular a troca de conhecimento, e consequentemente a inovação e a competitividade entre as maiores empresas fornecedoras de produtos e serviços do setor.

3.3 Perfil das empresas envolvidas

As empresas envolvidas no workshop dividem-se em 2 tipos principais: o cliente e os fornecedores. o cliente foi o responsável pela organização e execução do evento, estimulando seus fornecedores a participarem de forma ativa do mesmo. o forte impacto desse cliente em específico para a demanda de seus fornecedores acaba por itensificar o comprometimento deste no compartilhamento de conhecimento com as demais empresas envolvidas, as quais podem ser concorrentes diretos ou indiretos. Os nomes das empresas envolvidas serão preservados, sendo representados por siglas.

3.3.1 Cliente

O cliente estudado é a maior empresas petrolífera do Brasil. É uma empresa de sociedade anônima de capital aberto, cujo acionista majoritário é o governo brasileiro, atua como uma empresa integrada de energia nos seguintes setores: exploração e produção, refino, comercialização, transporte, petroquímica, distribuição de derivados, gás natural, energia elétrica, gás-química e biocombustíveis.

3.3.2 Fornecedores

Os fornecedores participantes fornecem serviços e equipamentos de revestimento e cimentação para o setor de exploração e produção na indústria de óleo e gás. São empresas de grande porte, com filiais espalhadas pelo mundo e com grande tempo de mercado. Essas empresas também possui uma significativo grau de dependência do seu cliente principal no mercado brasileiro, sendo o contrato existente pelas partes um dos pontos essencias para a sobrevivência da atividade das mesmas no país. Ao todo foram 7 empresas selecionadas.

3.4 Metodologia

A metodologia para a realização do workshop de boas práticas foi dividida em três etapas principais, como propõe a figura 7:

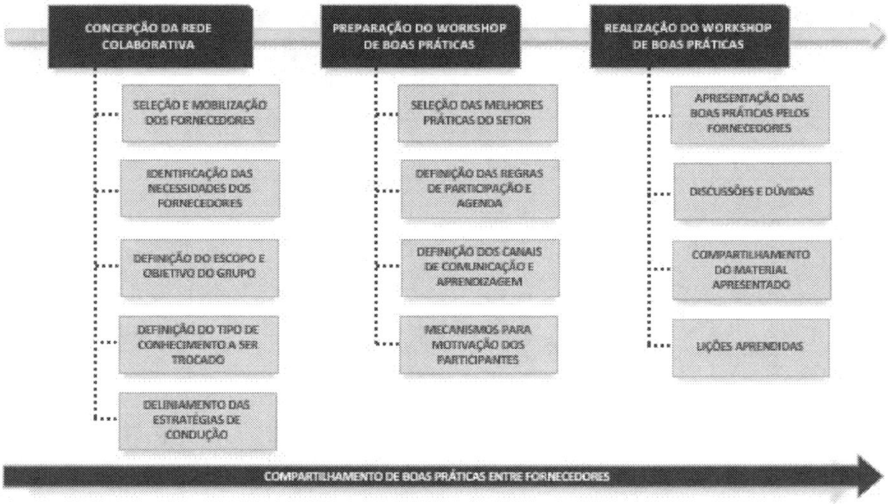

Fonte: Elaborado pelo autor com base nos passos do evento

Figura 7 Metodologia proposta

A concepção da rede colaborativa, primeira fase da metodologia, envolve principalmente a decisão do setor de atuação e das empresas que serão selecionadas para participação do evento e da rede de colaboração. Busca-se saber quais são as principais necessidades dos fornecedores em termos de conhecimento e levantar ideias e boas práticas geradas nas empresas. Além disso, nessa etapa, todo o escopo e estratégias de condução do grupo será delimitado.

A preparação do workshop de boas práticas engloba a seleção das melhores boas práticas das empresas fornecedoras, já conhecidas na primeira etapa. Além disso, os pré-requisitos para a participação das empresas é apresentado, juntamente com a agenda do evento. Cada empresa fornecedora será responsável por produzir seu próprio material, levando em consideração as regras pré-estabelecidas pelo cliente.

A terceira e última etapa é a realização do workshop de boas práticas, no qual as boas práticas selecionadas são apresentadas para todo grupo colaborativo, e sugestões e dúvidas são levantadas pelos participantes durante o evento. Todo material apresentado é compartilhado entre as empresas, abrindo espaço para possíveis dúvidas e trocas de informação a respeito das boas práticas. Além disso, lições aprendidas são apresentadas, a fim de evitar que as demais empresas cometam o mesmo erro já cometido anteriormente.

3.5 Aplicação

Foram selecionados ao todo 7 fornecedores de produtos e serviços de completação no setor de óleo e gás. Dentre eles estão as empresas mais influentes no setor. A escolha levou em consideração obter um mix dos diferentes produtos oferecidos e serviços prestrados, o grau de experiência e inovação das empresas e o nível das melhorias e boas práticas realizadas nos últimos tempos.

Foram selecionados 28 boas práticas para serem apresentadas, referentes à quatro sessões de discussão: Tubulares, cimentação, colunas de assentamento e ferramentas de manuseio, apresentada na figura 8. A seleção levou em consideram os resultados e melhorias obtidos através da implementação destas.

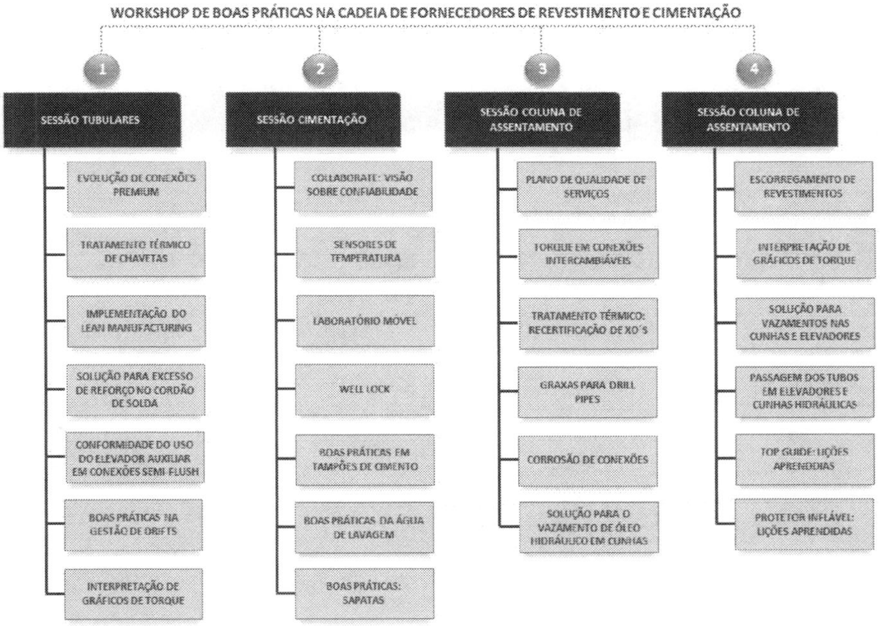

Fonte: Elaborado pelo autor

Figura 8 – Boas práticas do Workshop

O workshop foi aberto para a participação de todos os funcionários da empresa cliente e para todos os funcionários inscritos pelas fornecedoras. A decisão destes, ficou por conta da própria empresa. o evento teve duração de dois dias, e cada apresentação teve a duração média de 15 minutos com mais 10 minutos para dúvidas. No final de cada dia, as discussões sobre os principais pontos eram realizadas.

O evento ocorreu no auditorio do cliente. o compartilhamentos das ideias e boas práticas se deu através de apresentações realizadas pelos fornecedores, seguidas de discussões e debates. Todo material apresentado foi compartilhado entre as empresa da rede colaborativa

4. Análise do estudo de caso: Conclusão do artigo

De acordo com a teoria estudada, o *benchmarking* encoraja uma empresa a abrir-se a novos métodos, ideias e práticas para possível adaptação e melhoria dos seus processos. Nessa vertente, o workshop trouxe a possibilidade e o estímulo para que esse compartilhamento de conhecimento, de fato, acontecesse. Toda a metodologia proposta e os passos de execução tiveram como foco fazer com que os fornecedores envolvidos pensassem "fora da caixa", de forma a observar que existem boas práticas no mercado, antes não conhecidas, que podem trazer benefícios e mudanças positivas nos seus processos.

Uma das principais dificuldades da execução do Benchmarking, também foi muito bem trabalhada no workshop: A resistência que as empresas possuem para compartilhar as próprias boas práticas com seus competidores diretos. Um dos principais pontos para que essa resistência fosse eliminada foi a importância e influência do cliente e o intenso comprometimento deste com o projeto. Como explícito na teoria, para que uma rede colaborativa realmente traga os resultados esperados, ela normalmente é iniciada por um respeitado terceiro agente, que no caso do Workshop, foi o cliente P, que executou suas funções e responsabilidades de forma exemplar.

Também nessa linha, o andamento do workshop demonstrou a necessidade de se atentar para o atendimento das expectativas do cliente como preza o Benchmarking. o evento também foi uma oportunidade para as empresas estreitarem seu relacionamento com o cliente e expor que aprenderam com os seus erros, através da apresentação de lições aprendidas, e que ao invés de estagnarem em um problema, solucionaram o mesmo, gerando inovação para o cliente.

Outro ponto que merece destaque foi a preocupação com a organização e seleção dos assuntos que atendessem as necessidades dos envolvidos do workshop, o que alinhou-se ao fato da necessidade de ter um objetivo claramente definido e uma aplicabilidade desejada dos envolvidos, para a realização do *benchmarking*.

No geral, como principais resultados, o workshop permitiu a abertura para a realização de um *benchmarking* entre as empresas, estimulando a inovação através da implementação e aprimoramento das práticas apresentadas. Esse fluxo de informação e conhecimento é de extrema importância para o cliente, pois além de estreitar a distância com seus fornecedores, melhorando a comunicação, estabelece um competitividade entre os mesmos. Todo esse fluxo gera aprendizado, o que por sua vez, tras melhorias nos serviços oferecidos para o cliente, gerando valor para o mesmo.

Através do workshop de boas práticas foi possível estabelecer um troca de informação em relação às principais boas práticas do setor entre os fornecedores de produtos e serviços de revestimento e cimentação. Isso refletiu na propagação do conhecimento para todos os envolvidos na rede colaborativa, como propõe a figura 9:

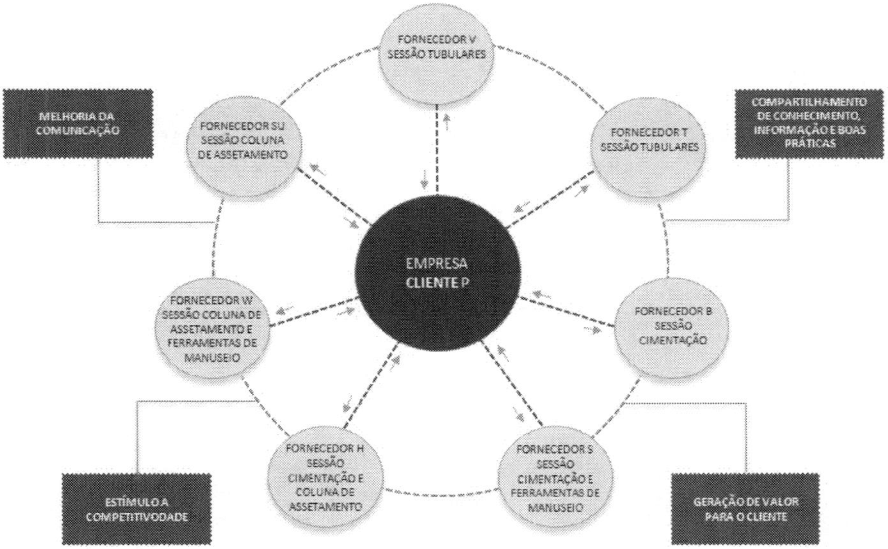

Fonte: Elaborado pelo autor

Figura 9 Rede colaborativa

A figura 9, explicita o cliente como o centro da rede colaborativa, sendo o ponto de encontro e o principal responsável para que os resultados esperados pela realização do workshop fossem alcançados.

5. Conclusão

O estudo permitiu explicitar a importância e os benefícios da utilização da ferramenta de *benchmarking* como um instrumento estratégico que pode promover a melhoria contínua nos processos das organizações do setor de óleo e gás. Essa ferramenta, ainda não muito explorada nas empresas petrolíferas atuantes no Brasil, pode ser o fator chave para a obtenção de uma vantagem competitiva nesse setor.

Tanto o ambiente em que as empresas de óleo e gás estão imersas, quanto o seu perfil, em específico das empresas fornecedoras de equipamentos e serviços de exploração e produção, foram explorados. A alta variabilidade e instabilidade das demandas, o alto grau de dependência em relação ao cliente Petrobras, a queda dos preços de Petróleo, dentre outras características existentes, intensificam a necessidade da utilização de ferramentas que tragam saltos de performance para as companhias.

É importante salientar que, para que o Benchmarking seja implementado de forma efetiva, é necessário que os envolvidos estejam sempre propensos a apreder com os outros, de forma a enxergar continuamente oportunidades de melhoria em seus processos, já que sempre haverá espaço para inovação. A grande ideia é "pensar fora da caixa", "ultrapassando as paredes da organização" e não se prender a pensamentos e métodos internos.

Todo esse fluxo de informação gera aprendizado, o qual pode ser aplicado diretamente nos processos da empresa, para intencionalmente, melhorar os serviços oferecidos ao cliente, protagonista principal de qualquer negócio. o *benchmarking* está em busca de "ser o melhor dos melhores" e "alcançar a excelência competitiva", e isso só é possível quando as ações estão conectadas ao atendimento às expectativas do cliente.

Além disso, o artigo também abordou sobre a necessidade e vantagens de firmar parcerias de *benchmarking* e relacionamentos de cooperação nesse mercado, o qual envolve setores de alta intensidade de conhecimento, através da apresentação de um estudo de caso sobre um workshop de boas práticas regido pela maior empresa petrolífera do Brasil. Esse estudo demonstrou ótimos resultados quanto à eficiência da propagação do conhecimento e ideias entre as empresas fornecedoras estudadas. Além disso, evidenciou o quanto essa geração de inovação nos fornecedores, agrega valor ao cliente, através do estímulo à competitividade.

6. Bibliografia

ACCENTURE. **Energy Perspectives™ Special edition - Issue 8 Rougher Seas Ahead,** *Accenture Strategy Energy, 2016.*

ADEBANJO, D.; ABBAS, A.; MANN, R. **An investigation of the adoption and implementation of** *benchmarking. International Journal of Operations & Production Management, Vol. 30 Iss: 11, pp.1140 – 1169, 2010.*

ANAND, G.; KODALI, R. **Benchmarking the** ***benchmarking*** **model.** *Benchmarking: An International Journal, Vol. 15 Iss: 3, pp.257 – 291, 2008.*

ANP. **Anuário estatístico brasileiro do petróleo, gás natural e biocombustíveis : 2016. Agência Nacional do Petróleo, Gás Natural e Biocombustíveis.** *Rio de Janeiro, 2016.*

ASROFAH, T.; ZAILANI, S.; FERNANDO, Y. , **Best practices for the effectiveness of** ***benchmarking*** **in the Indonesian manufacturing companies.** *Benchmarking: An International Journal, Vol. 17 Iss: 1, pp.115 – 143, 2010.*

BAIN & COMPANY. **Relatório III - desenvolvimento da cadeia produtiva de petróleo e gás e investimentos em E&P.** *São Paulo, BNDES, 2009.*

BAIN & COMPANY. **Global Digital Insurance Benchmarking Report 2015.** *2015. Disponível em: www.bain.com. Acesso em: 20 de dezembro de 2016.*

BARROS, E. V. **matriz energética mundial e a Competitividade das nações: bases de uma nova geopolítica.** *ENGEVISTA, v. 9, n. 1, p. 47-56, 2007.*

BNDES. **Perspectivas do investimento 2015-2018 e panoramas setoriais: petróleo e gás**, *2014.*

CALMANOVICI, C. E. **A inovação, a competitividade e a projeção mundial das empresas brasileiras.** *n.89, São Paulo: Revista USP, março/maio 2011.*

CAMP, R. C. **The global** ***benchmarking*** **network, best practice institute.** *New York, USA: 2004.*

CARPENTER, M. A.; SANDERS, W. G.; HARLING, K. F. **Strategic Management: A Dynamic Perspective.** *Pearson Education Canada, 2011.*

CNI. **Política de conteúdo local na cadeia do petróleo e gás: uma visão sobre a evolução do instrumento e a percepção das empresas investidoras e produtoras de bens / Confederação Nacional da Indústria.** *Brasília: Confederação Nacional da Indústria , 2012.*

HINTON, M.; FRANCIS, G.; HOLLOWAY, J. **Best practice** ***benchmarking*** **in the UK.** *Benchmarking: An International Journal, Vol. 7 Iss: 1, pp.52 – 61, 2000.*

IBP. **Agenda prioritária da indústria de petróleo, gás e biocombustíveis 2014-2015.** *Instituto Brasileiro do Petróleo, Gás e Biocombustíveis, 2016.*

IPEA. **Poder de Compra da PETROBRAS: Impactos Econômicos nos seus Fornecedores.** *Brasília, 2010.*

KEUER, W.; MCCREERY, J.; NORTON, J. **How Shale Companies Can Transform to Survive**, *Bain & Company, 2016.*

JAHN, F. **Introdução a Exploração de Hidrocarbonetos. 2º Edição. São Paulo – SP. Editora Campos – Elsevier. 2008.**

LEIBFRIED K. H. J; MCNAIR, C. J. *Benchmarking uma Ferramenta para a Melhoria Contínua.* **Rio de Janeiro: Campus,1994.**

MME. **Resenha Energética Brasileira - Ministério de Minas e Energia Exercício de 2015.** *N3E: 2016.*

MORIARTY, J.; SMALLMAN, C. **En route to a theory of** *benchmarking. Benchmarking: An International Journal, Vol. 16 Iss: 4, pp.484 – 503, 2009.*

PANWAR, A.; NEPAL, B.; JAIN, R; YADAV, O. P. **Implementation of** *benchmarking* **concepts in Indian automobile industry – an empirical study**. *Benchmarking: An International Journal, Vol. 20 Iss: 6, pp.777 – 804, 2013.*

PARRY, P. J. **Planning criteria: Five fundamentals Rising costs and lower oil prices have ushered in a period of increased pressure. It's time to focus planning on the fundamentals.** *Bain & Company: 2015.*

PETROBRAS. *Exploração e Produção de Petróleo e Gás.* **2016. Disponível em: <http://www.petrobras.com.br/pt/nossas-atividades/areas-de-atuacao/exploracao-e-producao-de-petroleo-e-gas/>. Acesso em 22/12/2016.**

PORTER, M. E. **Estratégia Competitiva – Técnicas para a Análise da Indústria e da. Concorrência**. *Rio de Janeiro: Campus, 2004.*

PORTER, M. E. **The competitive advantage of nations**. *Havard Business Review, 1990.*

RIBEIRO, M.; CABRAL, J. benchmarking **methodology for metalcasting industry**. *Benchmarking: An International Journal, Vol. 13 Iss: 1/2, pp.23 – 35, 2006.*

TASCHNER, A. **Improving SME logistics performance through** *benchmarking. Benchmarking: An International Journal, Vol. 23 Iss: 7, pp.1780 – 1797, 2016.*

VEEN-BERKX, E. ; KORNE, D. F.; OLIVIER, O. S. , BAL, R. A. , KAZEMIER, G. **Benchmarking operating room departments in the Netherlands: Evaluation of a** *benchmarking* **collaborative between eight university medical centres**. *Benchmarking: An International Journal, Vol. 23 Iss: 5, pp.1171 – 1192, 2016.*

WIREMAN, B. T. **Benchmarking The Key to Continuous Improvement**. *USA: Vesta Global, 2012.*

21. Aplicação da análise quantitativa de risco para planejamento urbano: um caso da instalação de terminal de derivados de pétroleo

Luis Gustavo Zelaya Cruz; Elie Chahdan Mounzer; Luiz Antônio de Oliveira Chaves
(Departamento de Engenharia, Universidade Federal Fluminense/UFF, Rio das Ostras, Rio de Janeiro, Brasil)
Maria Fernanda Zelaya Correia
(Universidade Federal do Rio de Janeiro/COPPE/UFRJ, Rio de Janeiro, Brasil)

Objetivo

Neste capítulo é desenvolvido o estudo preliminar de análise da vulnerabilidade conforme a estrutura de Análise Quantitativa de Risco (AQR) para um terminal de armazenamento de derivados e petróleo operando em uma área urbana que demanda ampliação de projeto ao Estado. o objetivo é avaliar os principais riscos do empreendimento original e calcular a magnitude de impacto dos principais cenários para alteração do projeto e demonstrar a importância do planejamento urbano baseado no cálculo do risco para áreas de significativa sensibilidade devido à dinâmica social para gerar qualidade de vida.

1. Introdução

A instalação de unidades industriais que manipulam produtos derivados de petróleo em áreas próximas a comunidades e residências requer severa avaliação pelo poder público em razão das possíveis interferências ambientais provocadas por falhas operacionais que geram acidentes.

Acidentes de grande porte como discutido por Horng et al., (2005) ocorrem muitas vezes sem aviso, principalmente em razão da complexidade dos sistemas de produção atuais e a maior probabilidade de conduzir perdas de maior extensão, além dos limites da empresa.

Uma das principais questões é a localização de unidades e sistemas produtivos que fabricam, processam e transportam materiais e substâncias classificadas como perigosas, que têm características de processo de projeto a capacidade de formar eventos acidentais com consequências de significativa magnitude em ambientes de maior sensibilidade ambiental.

Na avaliação de acidentes cabe se apropriar da definição de Sadler (1996) apud Guimarães et al., (2012) que faz a análise dos impactos ambientais e a aplicação do princípio da prevenção para identificar, prever, avaliar e mitigar os efeitos relevantes nos planos biofísico, sociais e econômicos, decorrentes de obras e projetos, que estão associados a potenciais perturbações no ambiente. Os desvios operacionais ocorrem e demandam ações específicas de resposta.

Nesse processo de avaliação das ações antrópicas é empregada a Análise Quantitativa de Risco (AQR) que tem a finalidade de apresentar os riscos para serem utilizadas medidas de gerenciamento para prevenção de perdas e a tomada de ações efetivas.

Bernechea et al., (2013) discute que o estudo de AQR é amplamente utilizado no planejamento e na avaliação de riscos como um dos critérios com especial impacto e aplicação no planejamento do uso do solo em diversos países.

O objetivo deste capítulo é apresentar os riscos do empreendimento de armazenamento de combustíveis derivados de petróleo e demonstrar os efeitos da modificação de projeto considerando as características locacionais da dinâmica social da área de influência no cálculo da tolerabilidade dos riscos.

A demonstração da metodologia AQR como um dos critérios de suporte no planejamento urbano é apresentada por meio da simulação de um conjunto de cenários de acidentes com a integração das formas de apresentação dos riscos tecnológicos e ambientais.

2. Acidentes industriais e prevenção

A finalidade dos estudos AQR é determinar a frequência de ocorrência de todos os eventos acidentais postulados e a respectiva magnitude de consequência nas áreas vulneráveis. Empreendimentos em sites que apresentam significativa densidade populacional, por análise dedutiva linear, apresentam assim maior risco em razão da maior sensibilidade ambiental e social, e deste modo maior rigor deve ser conduzido na análise.

As questões levantadas sobre os estudos de análise de risco e as normas de segurança é que as regulamentações ainda não conseguem evitar acidentes e as respectivas perdas como discutido por Horng, et al. (2005).

A resposta para essa questão pode estar associada à afirmação Jelemensky et al., (2004), que a principal desvantagem da identificação do perigo para proceder estudos de riscos é que estão baseadas principalmente em informações de classe qualitativa, e não contém a robustez necessária para representar a complexidade dos processos químicos em um sistema industrial de produção.

Os registros de históricos de acidentes com a formação de significativos efeitos que resultam em consequências com danos que ocasionam perdas na sociedade são demonstrados de várias formas. Vazamento em sistemas de armazenagem de produtos com dispersão de nuvem tóxica ou irritante, formação de incêndio e explosão são os eventos primários conhecidos que liberam massa e energia no ambiente.

O acidente ocorrido em Buncefield no ano de 2008 no terminal de armazenagem de derivados de petróleo é um clássico registro do histórico que endossa a importância de estudos com maior rigor para validar a implantação de indústrias classificadas como alto potencial de risco próximo às áreas residenciais ou em parque industriais.

Hebert (2010) ressalta que mesmo a após a promulgação em 1999 das regulações de prevenção de acidentes a COMAH – Control Major Accidents Hazardous, implantada no Reino Unido e após a diretiva Seveso II, aprovada na Europa, o acidente provocou dezenas de mortes e severas perdas econômicas.

A diretiva Seveso II estabelece que seja apresentado um plano para a instalação industrial de modo a assegurar que os objetivos dos programas de prevenção de acidentes e as respostas às consequências sejam implantados e devidamente gerenciados (DELVOSALLE et al., 2011).

Em Sengupta (2014) também é demonstrado que os acidentes ampliados trouxeram um consenso da necessidade de princípios do planejamento para incorporar estratégias de redução do risco e ações de mitigação com consistência metodológica e científica. Principalmente para obter melhores resultados na prevenção de perdas e no planejamento operacional da unidade de processo em áreas geográficas específicas com proximidade às comunidades.

As normas para aprovação de empreendimentos no Brasil são definidas pelos órgãos de licenciamento ambiental que estabelecem os critérios para avaliação de estudos de projetos apresentados ao empreendedor por meio do documento TR (termos de referência) (CESTESB, 2011). Cada estado brasileiro possui critérios próprios de análise de projeto para desenvolver o estudo de risco e apresenta os parâmetros com foco no risco humano para uso no planejamento.

3. Estrutura do método AQR

O estudo de AQR é desenvolvido com a identificação de falhas do sistema e a estimativa das consequências de forma sistemática na planta industrial.

A delimitação dos sistemas e a caracterização de processo com o diagnóstico das operações é a fase inicial do método e tem a finalidade de reconhecer o ambiente e obter as informações de processo. Delvosalle et al., (2011) discute que nessa fase a função é obter dados de equipamentos, substâncias envolvidas e dados de processos que possam contribuir para a formação do risco.

Na fase de identificação do perigo são avaliadas as tipologias de falhas onde são utilizadas a experiência dos especialistas, banco de dados de falhas de projetos e sistemas semelhantes, além de fichas de informação de segurança de produtos químicos (FISPQ´s) das substâncias manipuladas. o resultado é um conjunto de cenários com as classes de risco obtidas pela matriz de risco F x S (frequência x severidade) que compõe o estudo qualitativo de Análise Preliminar de Risco (APR).

A avaliação quantitativa é desenvolvida para um grupo de n cenários específicos, hipóteses acidentais, definidos como eventos críticos no estudo.

Nesta etapa são utilizadas a técnica de árvore de eventos para determinar a probabilidade de ocorrência dos cenários de acidente e a árvore de falhas para a análise do desdobramento dos eventos básicos de falha como proposto em CETESB (2011). Os resultados obtidos para a totalidade dos eventos, associados aos produtos de modelagem e simulação de cenários de acidentes no estudo de consequência e análise de vulnerabilidade, resultam no cálculo do risco individual e social do projeto para verificação da tolerabilidade dos riscos (Figura 1).

A apresentação dos riscos é definida pelo cálculo do Risco Social através da curva de distribuição acumulativa F-N e do Risco Individual por meio da curva de iso-risco que são classicamente apresentadas na forma gráficos como discutido em Kosmowski (2006), Ronza et al. (2006), CETESB (2011), Jelemensky et al. (2004), Lees (2005), AIChE (2000) e Bernechea (2013). As alterações do projeto de processo são efetuadas até atingir o padrão de tolerabilidade com posterior manutenção do nível de risco com o programa de gerenciamento de risco (PGR).

O Risco Social (RS) é o somatório dos efeitos de cada enésimo acidente e a respectiva probabilidade de morte da população exposta na área vulnerável como descrito em AIChE, (2000) e em Jelemensky et al., (2004) de acordo com a equação:

$$R = \sum_{k=1.\,n}^{n} F_k \cdot N_k$$

As variáveis são descritas na seguinte forma:

a. n = número total de acidentes críticos postulados na análise de risco;
b. Fk = frequência de ocorrência do k enésimo cenário de acidente;
c. Nk = Número de fatalidade resultante devido a ocorrência do cenário k que afeta a população.

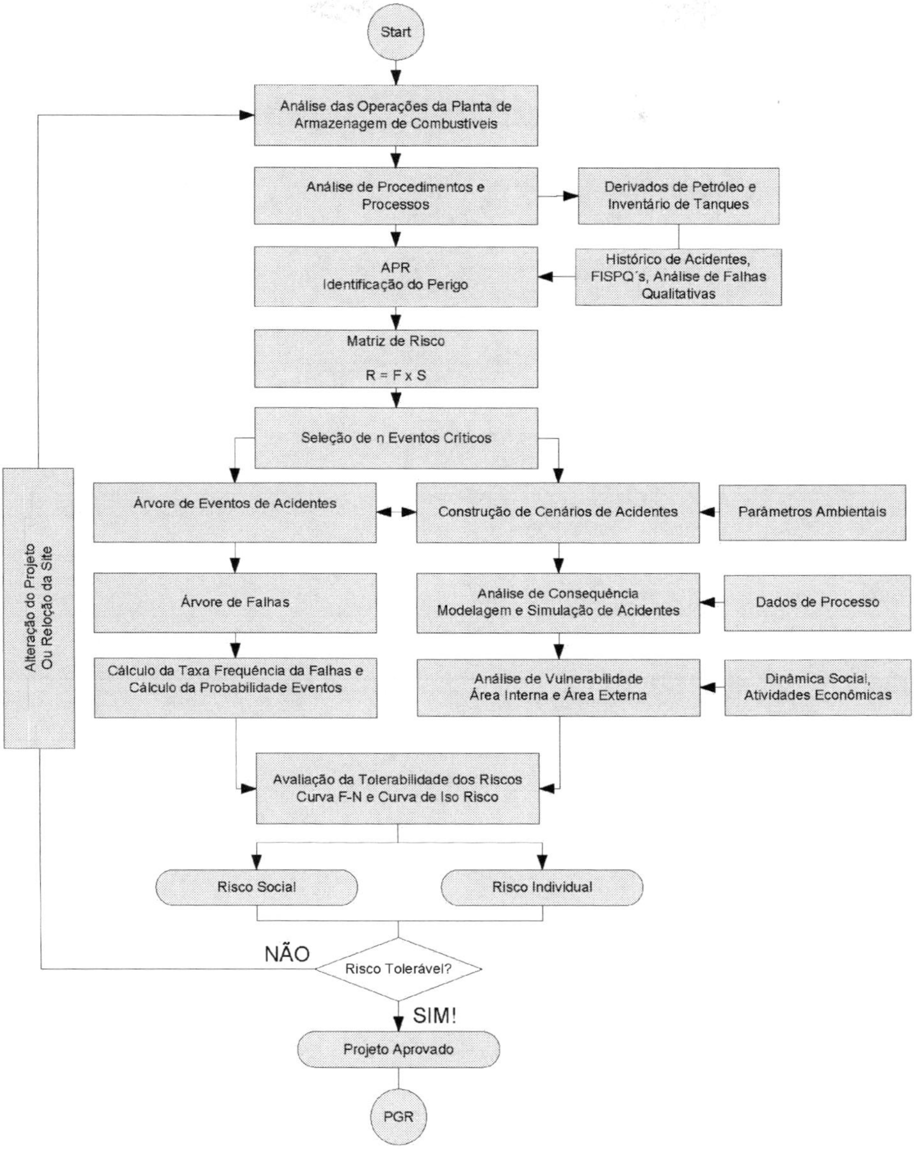

Figura 1 Metodologia de Análise de Risco

A exposição do indivíduo presente em uma área específica afetada pelo acidente é definida pelo Risco Individual (RI) e representa a probabilidade de fatalidade no espaço geográfico, coordenada (x,y) no entorno do projeto conforme demonstrado por Jelemensky et al., (2004):

$$\boldsymbol{R}_{(x,y)} = \sum_{i=1.n}^{n} P(x,y)_i \cdot f_i$$

Onde:

a. P(x,y)i = probabilidade condicional de fatalidade para um indivíduo presente no local (x,y), região geográfica da área vulnerável para o cenário acidental i;

b. n = Número total de cenários acidentais considerada na análise de risco;

c. fi = frequência de ocorrência do cenário acidental que provocou a fatalidade no indivíduo.

A frequência de ocorrência (fi) de cada cenário acidental é obtida por meio da análise de frequência da potencial falha e tipo de cenário demostrada na equação:

$$f_i = \sum_{m=1.M}^{M} F_m \cdot P_{i,m}$$

As variáveis da equação são explicitadas da seguinte forma:

a. Pi,m = Probabilidade condicional de que caso ocorra falha na planta, a condição m acarretará um acidente i;

b. M = Número total de cenários acidentais na planta;

c. Fm = frequência de acidente m com dano na planta, onde Fm é definido:

$$F_m = \sum_{k=1.\bar{E}}^{\bar{E}} f_k \cdot P_{k,m}$$

As variáveis da nova equação no modelo são:

a. Ev = Número total de evento iniciadores de acidentes que originam as falhas;

b. Pk,m = Probabilidade condicional no caso de ocorrer evento iniciador k que gera dano na planta industrial;

c. fk = frequência de ocorrência do evento iniciador que representa a frequência de falhas de equipamentos, sistemas, erros operacionais e outros desvios de projeto.

4. Avaliação dos riscos do terminal de armazenagem de combustíveis

4.1 Dados gerais do empreendimento

O estudo de risco tem o escopo de avaliar os riscos do terminal de armazenagem de combustíveis e tem a concepção de projeto para operar 5 tipos diferentes de substâncias inflamáveis em 10 tanques e dois tipos de caminhões container de transporte que apresentam diferentes capacidades armazenagem. Os limites do sistema estão restritos a área de tancagem e aos caminhões tanques e o duto de 8" de diâmetro que conecta a bomba do cais de atracação aos tanques no parque de armazenagem. Na Tabela 1 são apresentadas as informações principais de projeto utilizadas no estudo.

Tabela 1 Tipo e inventário de produtos por containers

Tanque	Insumo	Inventário (m3)
TQ-01	Diesel	2500
TQ-02	Diesel	2500
TQ-03	Biodiesel	2500
TQ-04	Diesel	2500
TQ-05	Etanol	2500
TQ-06	Etanol	2500
TQ-07	Gasolina	2500
TQ-08	Gasolina	2500
TQ-09	Diesel	5000
TQ-10	Diesel	5000
Monotrem	Todos insumos	25
Bitrem	Todos insumos	45

4.2 Dados ambientais – área de influência indireta

A instalação da unidade industrial é proposta em uma região litorânea que apresenta uma população na área de influência indireta do projeto. A distribuição populacional foi estimada por meio da identificação de 6 setores específicos conforme o zoneamento demonstrado na Figura 2 com o detalhamento do parque de tanques.

A dinâmica populacional na região foi estabelecida por meio do modelo apresentado em Green Book – TNO (1989), Population Data, Presence indoors/ outdoors, day/night, que utiliza os fatores de exposição da população em relação às áreas externas das residências (outdoor) presentes no local. As áreas pesquisadas e classificadas em 6 setores (Figura 2) são utilizadas para estimar o quantitativo populacional e os tipos de atividades no entorno para subsidiar o cálculo da população exposta (outdoor) que corresponde ao fator de exposição de 39% para o período diurno e 5% no período noturno (Tabela 2). Os dados apresentados na tabela têm fundamental peso para subsidiar o cálculo do risco para aplicação no planejamento.

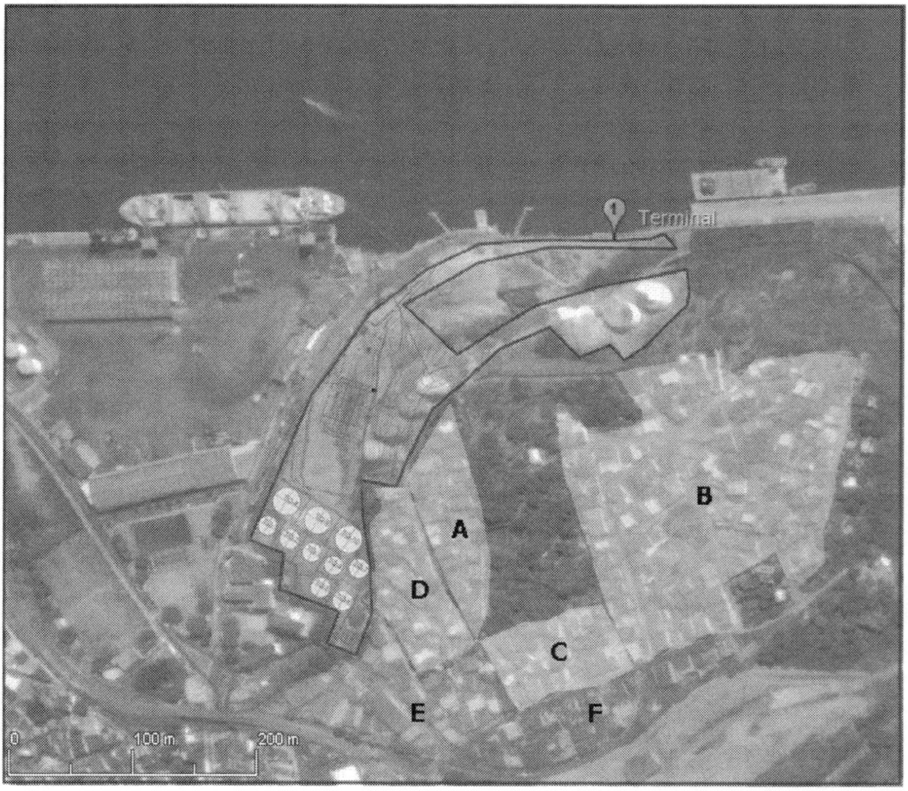

Figura 2 Área de influência direta do projeto com área do terminal de tancagem em destaque e a área externa com distribuição setorial de ocupações residenciais e estabelecimento comerciais

Tabela 2 Pesquisa da dinâmica social da área de influência indireta das vizinhanças do projeto

Área de Pesquisa	Número de residências / estabelecimentos Comerciais	Estimativa do total da população		Exposição Indoor da população		Exposição Outdoor da população	
		Diurno	Noturno	Diurno	Noturno	Diurno	Noturno
Setor A	27	108	195	75	185	33	10
Setor B	86	387	697	267	662	120	35
Setor C	24	96	44	66	42	30	2
Setor D	15	60	70	41	67	19	4
Setor E	24	120	216	83	205	37	11
Setor F	22	88	158	61	150	27	8

4.3 Dados meteorológicos

Os dados meteorológicos utilizados na construção de cenários e pesquisa de áreas vulneráveis são descritos na Tabela 3. As informações foram referendadas pelo manual de CETESB (2011) que estabelece as condições críticas para simulação na ausência de dados meteorológicos locais.

Foram definidas duas classes de estabilidade atmosférica C (Ligeiramente instável) e E (Estável) para dois períodos de dia que são as condições críticas para parâmetros de dispersão.

Tabela 3 Dados meteorológicos para simulação de cenários de acidentes

Parâmetro meteorológico	Diurno	Noturno
Velocidade de vento (m/s)	3	3
UR (%)	80	80
Temperatura (°C)	25	20
Classe atmosférica de Pasquill - Guifford	C	E
Distribuição da Direção do Vento (%), 8 direções	12,5	12,5

Fonte: CETESB (2011)

4.4 Identificação dos perigos e seleção de cenários para modelagem e simulação

A metodologia aplicada de APR para identificação de perigos e especificação dos cenários de acidentes caracterizou 41 hipóteses acidentais gerando um total de 30 Riscos Menores e 11 Riscos Moderados. Na Tabela 4 são descritos os 6 eventos iniciadores considerado críticos obtidos das planilhas de APR par pesquisa dos efeitos físicos de acidentes.

Tabela 4 Lista de cenários para avaliação quantitativa de riscos

Número da Hipótese acidental	Cenário de Acidente
1	Vazamento de combustível no tanque de armazeno devido a furo
2	Vazamento de combustível no tanque de armazeno devido a transbordo ou ruptura de tanque
3	Vazamento de combustível no duto de 8" devido a furo/trinca/fissura equivalente a 2"
4	Vazamento de combustível no duto de 8" devido a ruptura de linha
5	Vazamento de combustível na linha de combustível com conexão no caminhão devido a ruptura do braço de carga de 6" de diâmetro
6	Vazamento de combustível no caminhão tanque devido ruptura do container ou transbordo

4.5 Construção da árvore de evento e árvores de falhas

A pesquisa da magnitude das consequências dos acidentes no terminal de combustíveis é determinada por meio das equações probit que representa a probabilidade de impacto apresentadas em AIChE (2000) e Jelemensky et al. (2004).

Os parâmetros de consequência adotados na análise são fluxo térmico relativo ao incêndio em poça líquida (Pool Fire) com 50% de fatalidade, onda de sobrepressão devido à explosão (UVCE – Unconfined Vapour Cloud Explosion) com 50% de fatalidade e a concentração de substância na atmosfera de acordo com o Limite Inferior Inflamabilidade (LII) da substância para incêndio em nuvem (Flash Fire) que representa 100% de fatalidade.

Não foram postulados a formação acidentes com formação de Bleve/Fire ball no projeto, pois os tanques não operam pressurizados de forma a gerar o tipo de evento.

A árvore de eventos de acidentes para o vazamento é apresentada na Figura 3 para demonstração da cadeia de possíveis cenários e posterior cálculo da probabilidade.

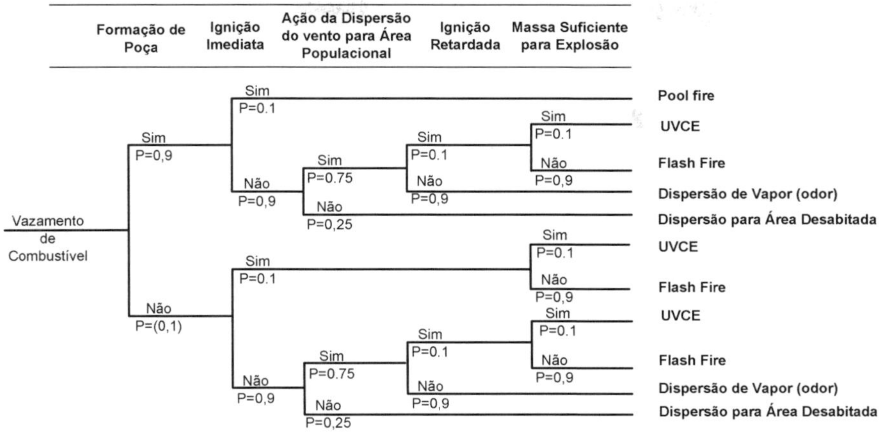

Figura 3 Árvore de eventos

A árvore de falhas é utilizada no cálculo do evento de topo, vazamento de combustível, foi obtida por meio dos dados do HSE (2012), Failure rate and event data for use within land use planning risk assessments, para o desenvolvimento do evento e do relatório ENED (2009), Background Information Appendix to Handbook Failure Frequencies 2009.

A estrutura da árvore de falha para o evento de vazamento relativa a hipótese (2) é representada na Figuras 4 como o modelo adotado na análise.

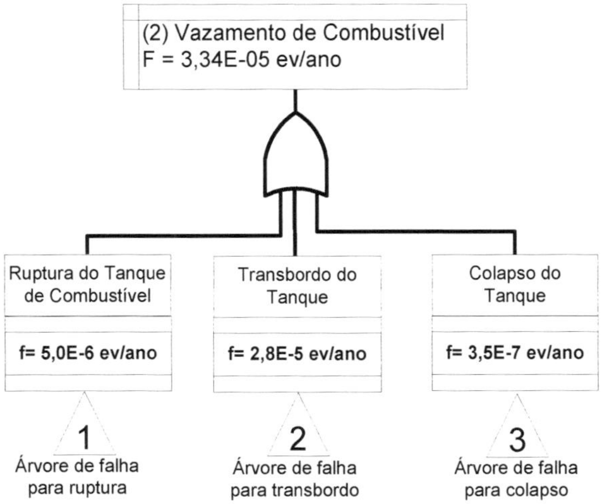

Figura 4 Árvore de falha (tanque)

4.6 Modelagem e simulação de cenários de acidentes

Os resultados da simulação de 72 cenários são apresentados na Tabela 5 com os valores do raio de impacto de acidente, condições atmosféricas e frequência de ocorrência de cenário.

5. Discussão de resultados

A aplicação da técnica APR na unidade de armazenagem identificou 6 eventos iniciadores para determinar o nível de exposição da população local no entorno do empreendimento.

Foram gerados 72 cenários para simulação tendo como base o tanque de diesel de maior capacidade, duto de transferência de produto e o caminhão tanque para o cálculo do risco e a vulnerabilidade da área de influência indireta do projeto.

Os riscos individuais apresentados no gráfico da Figura 5 demonstram que não existem diferenças significativas nas condições de simulação no período noturno e diurno em relação às classes de estabilidade atmosférica e velocidade de vento: 3,0 / C e 2,0 /E.

Os resultados demonstram que dos 72 cenários simulados, apenas 7 apresentam raio de impacto menor que 50 m de distância do termo fonte (tanque de óleo diesel TQ-09), ou seja, os cerca de 90% dos cenários de consequência de acidentes são além dos limites da empresa afetando várias áreas sensíveis para esse tanque.

Desenvolvendo as simulações para as duas condições de classes atmosféricas no período diurno e noturno o empreendimento não atende ao critério de segurança, pois o valor do risco de 1E-4 evento/ano está no raio de ação da ordem de 50 m de distância da empresa e afeta uma área sensível com um grupo de residência fora dos limites a unidade de tancagem.

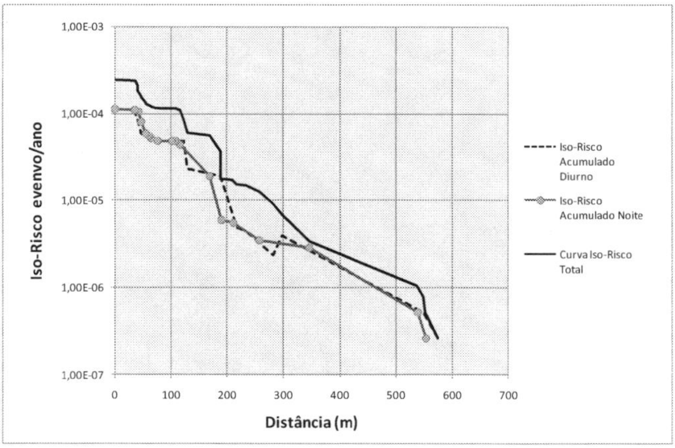

Figura 5 Curva de iso-risco – Risco Individual

Tabela 5 Resultados da extensão de impacto na área de influência indireta do projeto

#	Tipo de Cenário	% de Fatalidade	Frequência de Cenário (Evento/Ano)	Classe de Estabilidade Meteorológica	Velocidade de vento (m/s)	Maior Distância de Raio de Impacto do Tanque TQ-09 (m)
1	UVCE	50%	2,33E-06	C	3	-
				E	2	-
	Flash Fire	100%	2,09E-05	C	3	37
				E	2	47
	Pool Fire	50%	2,70E-05	C	3	41
				E	2	41
2	UVCE	50%	2,59E-07	C	3	575
				E	2	538
	Flash Fire	100%	2,33E-06	C	3	282
				E	2	346
	Pool Fire	50%	2,59E-07	C	3	550
				E	2	553
3	UVCE	50%	2,12E-06	C	3	233
				E	2	210
	Flash Fire	100%	1,91E-05	C	3	188
				E	2	169
	Pool Fire	50%	2,47E-05	C	3	122
				E	2	116

#	Tipo de Cenário	% de Fatalidade	Frequência de Cenário (Evento/Ano)	Classe de Estabilidade Meteorológica	Velocidade de vento (m/s)	Maior Distância de Raio de Impacto do Tanque TQ-09 (m)
4	UVCE	50%	3,81E-07	C	3	217
				E	2	189
	Flash Fire	100%	3,43E-06	C	3	298
				E	2	258
	Pool Fire	50%	4,43E-06	C	3	129
				E	2	108
5	UVCE	50%	3,81E-07	C	3	77
				E	2	76
	Flash Fire	100%	3,43E-06	C	3	67
				E	2	64
	Pool Fire	50%	4,43E-06	C	3	37
				E	2	35
6	UVCE	50%	3,33E-07	C	3	108
				E	2	102
	Flash Fire	100%	3,00E-06	C	3	47
				E	2	61
	Pool Fire	50%	3,87E-06	C	3	55
				E	2	55

Um critério de cálculo de análise utilizando o risco individual acumulado associados à área de influência é que nenhuma ocupação residencial ou estabelecimento comercial deve estar sobre a curva ou tangente ao perfil da curva referente ao valor limite de 1E-4 eventos/ano.

A discussão apresentada por Bernechea e Viger (2013) para a análise de critérios de aceitabilidade do risco individual em alguns países demonstra que na Holanda e na Espanha é adotado o valor de 10E-6, no Reino Unido são adotados os mesmos critérios, mas requer a identificação de 3 zonas: zona interna definida para valor de RI maior que 10E-5 eventos/ano, uma zona intermediária para valores maiores que 10E-6 eventos/ano e uma zona externa para riscos individuais maiores 3,0E-7 eventos /ano.

Esses critérios demonstram claramente que o empreendimento não atende o padrão de tolerabilidade dos riscos face as condições socioambientais.

No planejamento da instalação de unidades perigosas é avaliada curva F-N que representa o padrão de distribuição de todos riscos postulados no projeto na qual a população é exposta. A distribuição acumulativa dos riscos é plotada no gráfico para comparação de 3 regiões de tolerabilidade de risco:

a. Região tolerável: compreende a área abaixo da curva de Alarp inferior;
b. Região de redução de risco tanto quanto for possível (ALARP): entre as curvas de Alarp inferior e superior;
c. Região não tolerável? compreende a área acima do perfil da curva de Alarp superior

Os resultados apresentados na Figura 6 demonstram que para condições de dinâmica de social apenas a exposição noturna outdoor atende plenamente o critério de tolerabilidade dos riscos, pois o padrão de distribuição do risco acumulativo se encontra na zona de riscos toleráveis.

Na análise do risco social (RS) sem fator de exposição e exposição diurna o empreendimento não atende ao padrão da curva CETESB (2011) utilizado como modelo de tolerabilidade dos riscos.

6. Conclusões

A Análise Quantitativa de Risco (AQR) é um método consistente para avaliação da instalação de empreendimentos em áreas sensíveis, pois atua como ferramenta de suporte no diagnóstico e no cálculo do risco para compor um dos critérios do planejamento do espaço territorial urbano que é prevenção de perdas econômicas, ambientais e sociais.

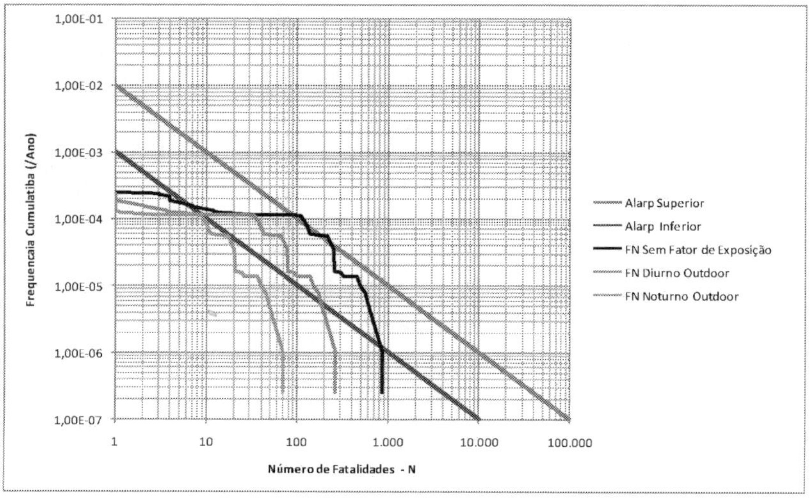

Figura 6 Curva FN para avaliação da tolerabilidade dos riscos

No estudo de AQR é estruturado com a representação dos riscos pela curva de iso-risco (Risco Individual) e pela curva F-N (Risco Social) que definem o grau de exposição da população na área de influência do projeto frente aos eventos acidentais identificados.

Uma das principais limitações do método AQR está na fase inicial que contempla as avaliações qualitativas que podem reduzir o rigor de análise para prevenção de perda

Os diferentes critérios de análise para uso no planejamento urbano devem ser claramente explicitados para oferecer credibilidade de análise e garantir que o conjunto de cenários de acidentes representem a totalidade de riscos para a composição das curvas F-N e iso-risco.

Os resultados demonstrados no estudo da área de tancagem de combustíveis derivados de petróleo confirmam a utilização do estudo quantitativo de risco e a importância de normas e procedimentos com apresentação de critérios de aprovação de empreendimentos para prevenção de perdas e garantia da segurança operacional.

7. Referências

AIChE. *Guidelines for Chemical Process Quantitative Risk Analysis. 2ª. Edição, American Institute of Chemical Engineers, New York: 2000.*

BERNECHEA, E. J.; VIGER J. A. *Design optimization of hazardous substance storage facilities to minimize project risk. Safety Science, n. 51, p. 49–62, 2013*

BERNECHEA, E. J.; VÍLCHEZB, J. A.; ARNALDOS A, J. *A model for estimating the impact of the domino effect on accident frequencies in quantitative risk assessments of storage facilities. Process Safety and Environmental Protection, Vol. 91, n. 6, p. 423–437, 2013.*

CETESB. *Norma Técnica CETESB - P4.261 – Risco de Acidente de Origem Tecnológica - Método para decisão e termos de referência- Caderno Executivo, 2ª Edição, Diário Oficial do Estado de São Paulo – Caderno Executivo I, Vol. 124, Poder Executivo, Seção I, p. 83. 2011.*

DELVOSALLE, C.; FIÉVEZ C.; CORNIL, N.; NOURRY, J.; SERVRANCKX, L.; TAMBOUR, F. *Influence of new generic frequencies on the QRA calculations for land use planning purposes in Walloon region (Belgium). Journal of Loss Prevention in the Process Industries, Vol. 24. p. 214-218, 2011.*

GUIMARÃES, S. T. de L.; CARPI JUNIOR, S.; GODOY, M. B. R. B.; TAVARES, A. C. *Gestão de Áreas de Riscos e Desastres Ambientais, 1ª. Edição IGCE/UNESP/RIO CLARO. Programa de Pós-Graduação em Geografia – IGCE, 2012.*

HERBERT, I. *The UK Buncefield incident e the view from a UK risk assessment engineer. Journal of Loss Prevention in the Process Industries, Vol. 23. p. 913-920, 2010.*

HORNG, J. J.; LINA, Y, S.; SHUB, C. M.; TSAIA, E. *Using consequence analysis on some chlorine operation hazards and their possible effects on neighborhoods in central Taiwan. Journal of Loss Prevention in the Process Industries, Vol. 18. p. 474-489, 2005.*

KOSMOWSKI, *K. T. Functional safety concept for hazardous systems and new challenges. Journal of Loss Prevention in the Process Industries, Vol. 19, p. 298–305, 2006*

LEES, *Frank P. Lees' Loss Prevention in the Process Industries – Hazard Identification, Assesment Control. 3ª Ed, USA: Elsevier Butterworth Heinemann, Vol. 1. 2005.*

MARHAVILAS, P. K; KOULOURIOTIS, D.; GEMEN V. *Risk analysis and assessment methodologies in the work sites: On a review, classification and comparative study of the scientific literature of the period 2000 – 2009. Journal of Loss Prevention in the Process Industries. n. 24. p. 477 – 523. 2011.*

RONZA, A.; CAROL, S.; ESPEJO, V.; VILCHEZ, J. A. B.; ARNALDOS, J. *A quantitative risk analysis approach to port hydrocarbon logistics. Journal of Hazardous Materials. v. 128. p. 10–24, 2006;*

SENGUPTA, A. *Land use planning in India. Loss Prevention Bulletin. n. 240, p.17. 2014.*

XU, J. H.; FAN, Y. *An individual risk assessment framework for high-pressure natural gas wells with hydrogen sulphide, applied to a case study in China. Safety Science, n. 68 p. 14 –23, 2014.*

22. Implementação de um sistema de medição de desempenho através de uma abordagem six sigma aplicado ao gerenciamento do sistema bop

Filipe Brandão Martins; Bruno Acioli de Matos; Cristiano Venâncio Xavier; Rodolfo Cardoso
(Departamento de Engenharia, Universidade Federal Fluminense/UFF, Rio das Ostras, Rio de Janeiro, Brasil)

Objetivo

A constante evolução da indústria do petróleo vem exigido do mercado uma concepção cada vez mais competitiva, na utilização de novas tecnologias, profissionais mais qualificados, lidando com cobranças mais rigorosas dos clientes e órgãos regulamentadores relacionados à gestão das unidades marítimas; principalmente nos controles e segurança dos poços perfurados. Dentro desse contexto, este capítulo visa atuar na estratégia de gerenciamento do principal sistema de controle e segurança de poços (BOP - *Blow-out Preventer*), através de conceitos de gestão, modelagem de processo e medição de desempenho, com utilização da abordagem Six Sigma. Este conceito é amplamente utilizado em grandes indústrias de manufaturas e comprovadamente eficazes em linhas de produção. Este estudo consiste na criação de um modelo de gestão de medição de desempenho para o Sistema BOP, utilizando a prática DMAIC e com o auxílio de ferramentas de melhoria de processos como: SIPOC, padronização das operações, BSC, e gestão à vista, baseados nas necessidades dos clientes internos e externos.

1. Introdução

Após o acidente com a plataforma Deep Horizon no Golfo do México em 2010, os órgãos regulamentadores e agentes da indústria de óleo e gás elevaram o nível de exigência pelo gerenciamento dos maiores riscos do setor. Ao analisar as causas técnicas e organizacionais que levaram a este evento, membros do

CCRM (Center for Catastrophic Risk Management) verificaram que os principais fatores estavam relacionados à problemas de gerenciamento das manutenções, teste do Blowout Preventer e dos seus sistemas de backup (CSB, 2014).

Este equipamento, denominado BOP, é a segunda e principal barreira de proteção do poço, havendo a perda de controle das pressões hidrostáticas, permitindo o fechamento, circulação do poço no caso de um eventual desbalanceamento/diferença entre a pressão da coluna de lama e a pressão hidrostática do poço. Um dos maiores riscos durante o processo de perfuração de um poço é o influxo descontrolado de óleo/gás da formação para a superfície (blowout). Segundo Martins et al. (2015), o BOP deve estar íntegro e com os seus controles prontos para desempenhar qualquer função em uma situação de emergência, caso contrário, há a possibilidade de ocorrência de acidentes de grandes proporções.

Além de acidentes de grande escala causados por falhas no sistema BOP, os autores destacam que a baixa confiabilidade do principal equipamento de controle e segurança de poços pode levar à execução de manutenções corretivas não planejadas (Non-production Time), com impacto direto na disponibilidade do equipamento e consequente perda financeira para a organização. Seu impacto é tão grande que o BOP chega a ser responsável pelo maior tempo de indisponibilidade das sondas com 13.449 horas de interrupções, que representam 59% de downtime, de acordo com um estudo realizado pela Petrobras (2004), conforme apresentado na figura 1.

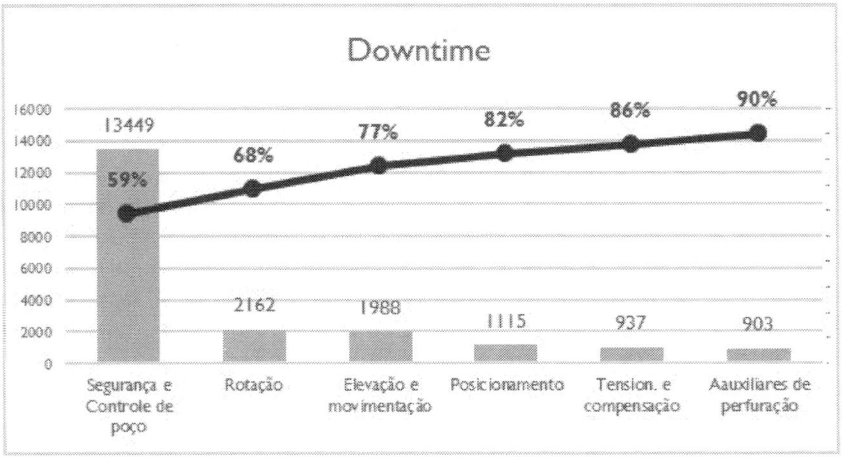

Fonte: Adaptado Petrobras, 2014

Figura 1 Falha de equipamento das unidades em operação para Petrobras no ano de 2014

Este índice elevado pode ser explicado pelo contexto no qual o BOP está inserido, incluindo o acesso limitado ao equipamento e falhas que são diretamente influenciadas pelas ações de fatores críticos como: má qualidade da manutenção realizada, má qualidade do fluído utilizado para operação do equipamento, tempo disponível para realização da manutenção requerida do equipamento, água do mar, correnteza e pressões hidrostáticas. Por se tratar de um item tão crítico para a segurança de todo o sistema, é fundamental um acompanhamento das suas operações e dos seus eventos críticos.

De acordo com as Boas Práticas de Gestão da Agencia Nacional de Petróleo (ANP) "O Operador da Instalação conduzirá sua prática de gestão de modo a estabelecer indicadores de desempenho e metas que avaliem a eficácia do sistema de gerenciamento da segurança operacional e promovam a melhoria contínua das condições de segurança das Instalações", (ANP, 2007, pag. 11). A agência reguladora afirma que esses indicadores de desempenho precisam ser proativos para que possam permitir a avaliação das condições que possam dar início ou contribuir para a ocorrência de acidentes.

Seguindo essa lógica, o presente trabalho busca definir modelo de gestão para o Sistema BOP e implementar um conjunto de indicadores de desempenho do departamento, utilizando conceitos de *Lean Manufacturing*. Com este sistema de medição, espera-se reduzir o tempo de indisponibilidade do Blowout Preventer, aumentando a eficácia do equipamento e melhorando os índices de segurança das operações.

2. Método de Trabalho

O artigo tomou como referência o modelo DMAIC e ferramentas utilizadas nos conceitos de Six Sigma, como BSC (Balanced Scorecard); SIPOC (mapeamento de processos – Supplier, Input, Process, Output, Customer), Gestão à vista e padronização das operações. A figura 2 resume cada etapa implementada:

3. Elaboração do Sistema de medição de desempenho do Sistema BOP

Para a definição dos processos críticos e implementação do modelo de gestão com os indicadores, foram necessários realizar os seguintes passos: identificar a estrutura da empresa e suas atividades primárias e de apoio, os indicadores e objetivos principais (BSC) da companhia, elaborar o modelo de negócio (SIPOC), identificar as necessidades dos clientes e normas seguidas. A figura 3 mostra o modelo desenvolvido após a realização dos passos descritos. Este modelo será detalhado ao longo do artigo.

D	Definição dos processos críticos e auxiliares diante da estratégia da empresa e das necessidades do cliente	Definição da cadeia de valor
		Definição do SIPOC (Fornecedores, processos, produtos e clientes)
		Identificação dos processos principais e auxiliares
M	Implementação da estratégia de medição dos processos	Análise da necessidade do cliente + BSC da empresa
		Definição do Sistema de medição de desempenho através do alinhamento da necessidade do cliente, processos e BSC da empresa.
		Implementação do modelo de Sistema de medição de desempenho
A	Análise do desempenho, identificação dos problemas e priorização dos processos a serem melhorados	Análise das medições (Verificação anual, verificações entre poços)
		Identificação dos problemas
		Priorização dos processos a serem melhorados (Registros de manutenção e teste)
I	Implementação de melhorias para eliminação dos problemas, reduzindo os custos e erros	Revisão dos planos de manutenção e procedimentos operacionais referentes as manutenções e testes entre poços
		Elaboração do processo de planejamento e registro da manutenção entre poços
		Elaboração dos indicadores de manutenção e testes entre poços
		Implementação do projeto de planejamento entre poços
		Elaboração dos indicadores de monitoramento diário dos parâmetros do Sistema BOP
		Reformulação e desmembramento do indicador de gestão do departamento do Sistema BOP (TGDS BOP)
C	Controlar o desempenho dos processos e resultados finais	Implementação dos indicadores do Sistema de Gestão à vista
		Implementação do processo de verificação anual
		Inclusão dos indicadores nas reuniões periódicas de gestão da companhia e divulgação dos resultados das performances em gestão do departamento de cada plataforma

Fonte: Autor, 2016

Figura 2 Metodologia DMAIC utilizada na elaboração do modelo dSistema de medição de desempenho do Sistema BOP

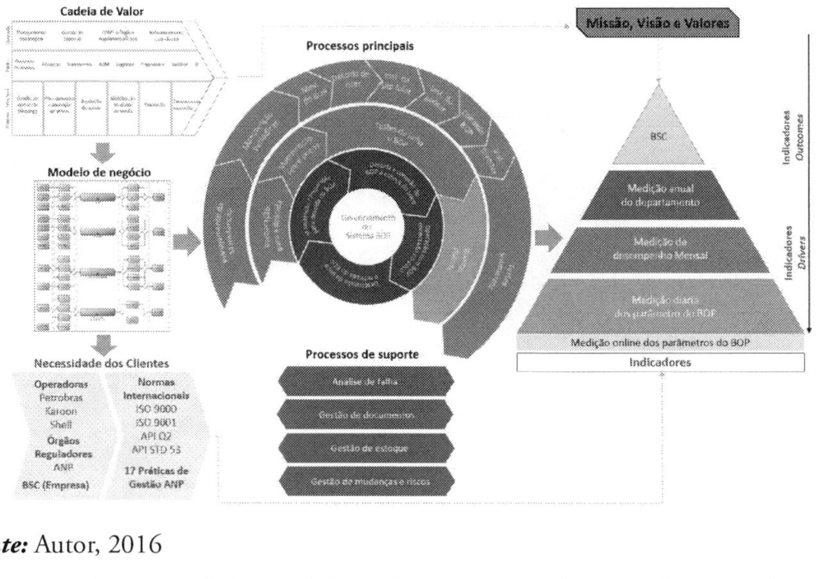

Fonte: Autor, 2016

Figura 3 Visão geral do modelo de Sistema de medição de desempenho do Sistema BOP

Definição da cadeia de valor

Para a definição dos processos com fornecedores e clientes do departamento, houve a necessidade da identificação das atividades principais e auxiliares da empresa. Foi utilizado o conceito de cadeia de valor que, segundo Porter (1989), auxilia a empresa na compreensão e identificação de suas atividades específicas e de como estas poderiam obter vantagem competitiva em relação aos seus concorrentes, ou seja, sendo um conjunto de atividades que geram custos e criam valor para o cliente. A cadeia de valor é exibida na figura 4, tendo sido desenvolvida por meio de um projeto de assessoria na estruturação da empresa em 2016, com a participação dos principais gestores de cada departamento estratégico da empresa.

Fonte: Adaptada empresa, 2016

Figura 4 Cadeia de valor da empresa

Para se obter um conjunto de indicadores, de acordo com Hernandes, Cruz e Falcão (2000), a seleção deve estar de acordo com a visão, missão e estratégia organizacional, seguindo um processo hierárquico top-down. o BSC mostra-se então uma importante ferramenta de gestão estratégica para traduzir a missão e visão da empresa, auxiliando no desmembramento das metas até a níveis operacionais.

Prieto et al. (2006) destacam que o BSC deve levar à criação de uma rede de indicadores de desempenho que precisam atingir todos os níveis organizacionais, tornando assim, uma ferramenta para comunicar e promover o comprometimento geral com a estratégia da corporação.

Diante disto, foi utilizado o BSC da empresa, obtendo seus indicadores estratégicos e objetivos principais. Dentre eles foram destacados os que seriam desdobrados para níveis operacionais, conforme apresentado na figura 5.

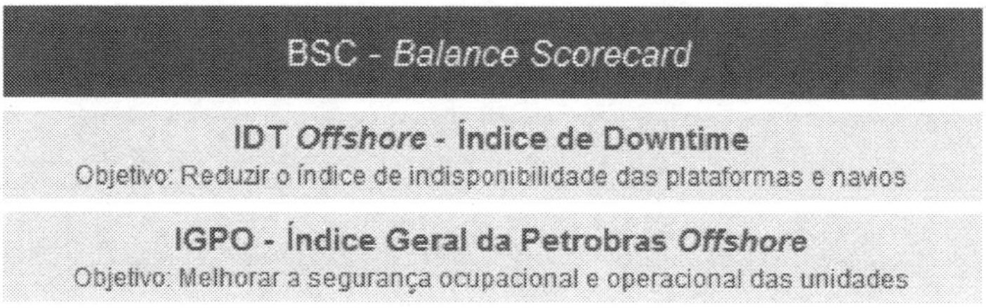

Fonte: Adaptado da empresa, 2016

Figura 5 Indicadores do Balance Scorecard da empresa

Definição do modelo de negócio

A partir da identificação da estrutura organizacional da empresa, aplicou-se a ferramenta SIPOC na elaboração de um modelo de negócio que, segundo Cristina et al., ([S.d.]), busca identificar todos os elementos relevantes de um projeto antes do seu início exibindo as inter-relações que existem no processo, além de evidenciar as suas interfaces e o impacto delas na qualidade do output. Andrade et al.(2012) explicam que a sigla SIPOC tem origem nos termos em inglês: Suppliers (fornecedores), Inputs (insumos), Process (processo), Outputs (produtos obtidos na saída) e Customers (consumidores).

Este modelo de negócio foi um dos resultados obtidos de um projeto de educação continuada em gestão que, de acordo com Martins (2015), teve como objetivo aumentar o conhecimento em gestão de forma a contribuir para o planejamento e controle das atividades realizadas no departamento. Para isto, foram realizados quatro workshops divididos em três etapas com a participação da gerencia e supervisores de bordo.

Macroprocessos do Sistema BOP

Os macroprocessos principais do Sistema BOP são processo de manutenção, os quais são desmembrados em: (a) planejamento e execução da manutenção entre poços, (b) processos de operação de descida e subida do BOP, (c) monitoramento e (d) testes com o equipamento conectado à cabeça de poço, conforme exibido na figura 6.

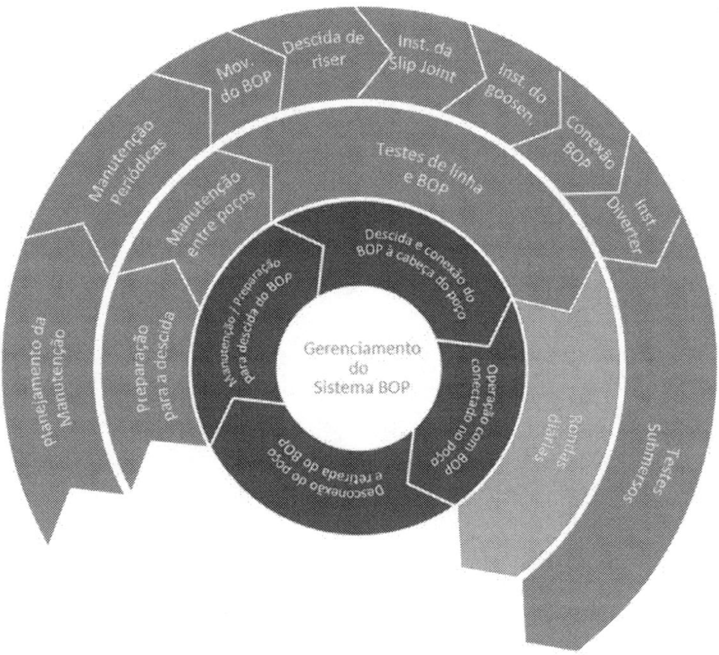

Fonte: Autor, 2016

Figura 6 Macroprocessos principais da gestão do Sistema BOP

Os macroprocessos de suporte definidos para auxiliar os processos principais são: Análise de falha, gestão da documentação, gestão de estoque e gestão de mudanças e riscos. Estes macroprocessos são destacados na figura 7.

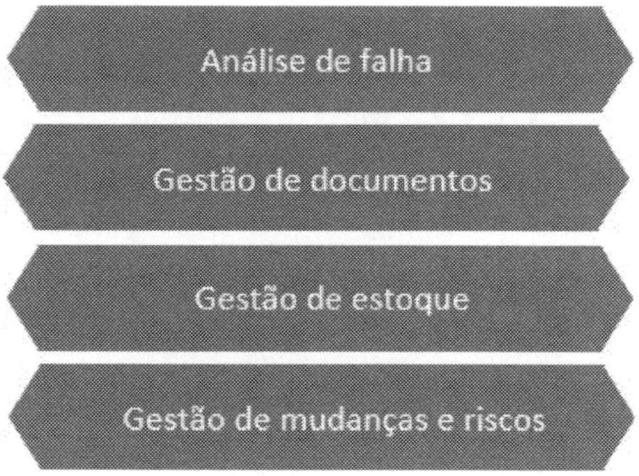

Fonte: Autor, 2016

Figura 7 Macroprocessos de suporte a gestão do Sistema BOP

Para cada macroprocesso desse foram identificados os fornecedores, inputs, outputs (produtos) e os clientes (internos e externos).

Identificação da necessidade dos clientes

Durante a análise da necessidade dos clientes, foram selecionados os itens cobrados em auditorias externas pelo principal operador (Petrobras) da empresa, pelo órgão regulador (Agência Nacional de Petróleo) e em auditorias internas do Sistema de Gestão Integrado (SGI) da Empresa nos anos de 2015 e 2016. Estas auditorias foram baseadas nas 17 Práticas de Gestão do Sistema de Gerenciamento de Segurança Operacional (SGSO) da ANP.

Com a análise de cada prática de gestão, com ênfase nos principais itens de não conformidades, foram definidas quais práticas seriam utilizadas na definição dos indicadores, conforme lista abaixo:

- PG 03: Qualificação, treinamento e desempenho do pessoal
- PG 06: Monitoramento e Melhoria Continua do Desempenho
- PG 08: Gestão da informação e da Documentação
- PG 12: Identificação e análise de risco
- PG 13: Integridade Mecânica
- PG 15: Procedimentos Operacionais
- PG 16: Gerenciamento de Mudanças

Foram consultadas também normas de gestão e técnicas nacionais e internacionais, utilizadaspor alguns clientes multinacionais. As principais normas consultadas estão destacadas abaixo:

- ISO 9000: Sistema de Gestão da Qualidade (Fundamentos e Vocabulário)
- ISO 9001: Sistema de Gestão da Qualidade (Requisitos)
- API Q2: Requisitos de Sistemas de Gestão de Qualidade para Organizações de prestação de serviços para a indústria de Petróleo e Gás.
- API 53 Standard: Blowout Prevention Equipment Systems for Drilling Wells

Definição e implementação dos indicadores

A partir do modelo de negócio das necessidades dos clientes, da companhia e das práticas de gestão utilizados, foram definidos os indicadores drivers e outcomes. A figura 8 resume a metodologia utilizada.

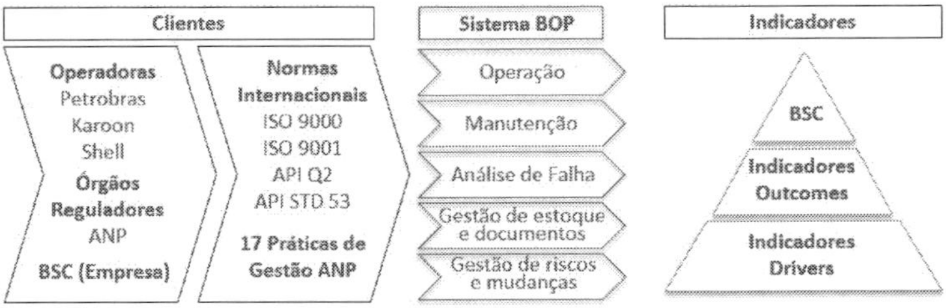

Fonte: Autor, 2016

Figura 8 Metodologia para definição dos indicadores

Os indicadores drivers (leading), conforme Campos (2004), são chamados também de itens de verificação e servem para medir o desempenho dos processos. Os outcomes são indicadores de fim, que tem como características ser menos gerenciáveis. A ABPMP (2013) chama de indicadores de resultado os quais demonstram o monitoramento do efeito. Para Campos (2004), estes indicadores são chamados de itens de controle. A figura 9 exibe o quadro resumo referente ao alinhamento entre os processos, outputs, necessidade dos clientes e BSC com os indicadores propostos.

<table>
<tr><th>Processos</th><th>Produto ou serviço</th><th>Necessidades dos clientes</th><th>Desdobramento do BSC</th><th colspan="2">Indicadores Drivers</th><th>Indicadores Outcomes</th></tr>
<tr><td>1. OPERAÇÃO</td><td>1.1 Operações corretas</td><td>PG 6 – item 6.3.1
PG 8 – item 8.2.
PG 13 – item 13.3.3
API Q2 – item 5.7.1.2</td><td>IGPO - Índice Geral da Petrobras Offshore Objetivo: Melhorar a segurança ocupacional e operacional das unidades</td><td>TCPP - Taxa de Conformidade dos Procedimentos Publicados</td><td rowspan="8">TGDS BOP - Taxa de Gestão do Sistema BOP (Todos os processos)</td><td rowspan="8">IDT BOP - Índice de Downtime em BOP

IPDT - Índice de Puxadas BOP em Downtime

TRDT BOP - Taxa de Representatividade de Downtime BOP

TFR BOP - Taxa de Falhas Reicidentes de BOP

TC RSA - Taxa de conformidade de RSA

TC RDI - Taxa de conformidade de RDI</td></tr>
<tr><td rowspan="3">2. MANUTENÇÃO</td><td>2.1 Manutenção planejada</td><td rowspan="3">PG 13 – item 13.2.1
PG 13 – item 13.2.2
PG 13 – item 13.3.2
PG 13 – item 13.3.3
API Q2 - item 5.7.8</td><td rowspan="3">IDT Offshore – Índice de Downtime Objetivo. Reduzir o índice de indisponibilidade das plataformas e navios</td><td>TAMC BOP - Taxa de Atendimento as Manutenções Criticas de BOP</td></tr>
<tr><td>2.2 Manutenção executada</td><td>TAC BOP - Taxa de Atendimento ao Checklist BOP</td></tr>
<tr><td>2.3 Manutenção gerenciada</td><td>TMAG BOP - Taxa de Manutenções Atrasadas Gerenciadas BOPs</td></tr>
<tr><td rowspan="2">3. ANÁLISE DE FALHAS E INCIDENTES</td><td>3.1 Análise de Causa raiz e plano de ação</td><td rowspan="2">API Q2 - Item 6.4.2
API Q2 - Item 6.4.3</td><td rowspan="2">IDT Offshore – Índice de Downtime Objetivo: Reduzir o índice de indisponibilidade das plataformas e navios</td><td>TFCA BOP - Taxa de Falhas Criticas Analisadas de BOP</td></tr>
<tr><td>3.2 Abrangências</td><td>TRAF BOP - Taxa de Realização de Abrangências das Falhas em BOP</td></tr>
<tr><td>4. GESTÃO DE ESTOQUE E DOCUMENTOS</td><td>4.1 Sobressalentes disponíveis</td><td>PG 8 – item 8.2.
PG 13 – item 13.2</td><td>IDT Offshore – Índice de Downtime Objetivo. Reduzir o índice de indisponibilidade das plataformas e navios</td><td>TDSC BOP - Taxa de Disponibilidade de Sobressalente Crítico BOP</td></tr>
<tr><td>5. GESTÃO DE MUDANÇAS E GERENCIAMENTO DE RISCOS</td><td>5.1 Risco das mudanças analisado</td><td>PG 12 – item 12.3
PG 13 – item 13.3.5
PG 16 – item 16.3.2
PG 16 – item 16.3.5
API Q2 - item 5.3
API Q2 - item 5.7.1.1
API Q2 - item 5.7.8
API Q2 - item 5.11.2</td><td>IGPO - Índice Geral da Petrobras Offshore Objetivo: Melhorar a segurança ocupacional e operacional das unidades</td><td>NA</td></tr>
</table>

Fonte: Autor, 2016

Figura 9 – Definição dos indicadores drivers e outcomes

A periodicidade dos indicadores drivers foi definida pelo tipo de processo e sua frequência de acontecimentos. Para os processos principais, a periodicidade estipulada foi mensal e para os processos de suporte anual. A figura 10 mostra o resumo de todos os indicadores:

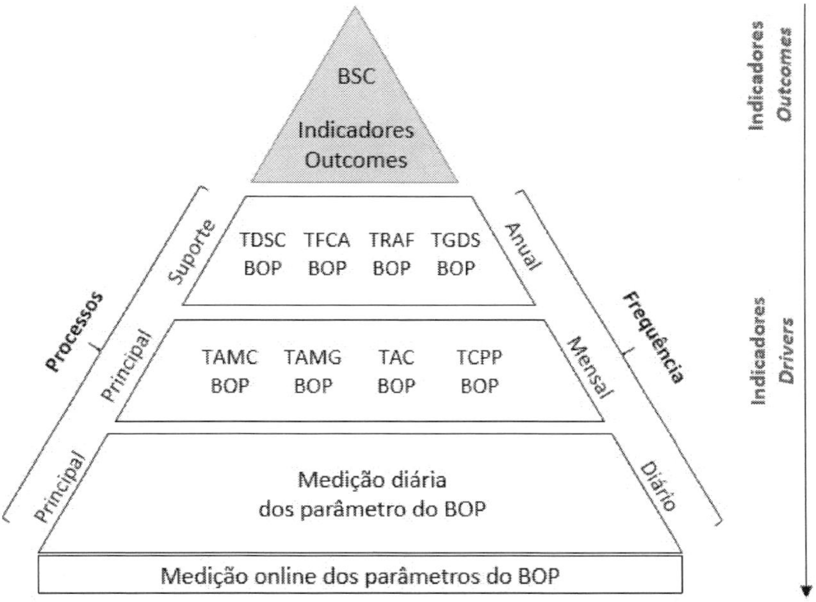

Fonte: Autor, 2016

Figura 10 Resumo dos indicadores do Sistema BOP

4. Análise de desempenho, identificação e priorização dos processos a serem tratados

Iniciadas as medições de desempenho através dos indicadores implementados durante o ano de 2015/2016. Os resultados foram analisados com o objetivo de identificar as melhorias nos processos. Utilizou-se o indicador de gestão do Sistema BOP (TGDS BOP), que abrange todos os processos, para definir quais dos processos havia a maior necessidade de implementação de melhorias. Este indicador é extraído através de uma verificação realizada anualmente a bordo junto com o supervisor do departamento, supervisores e técnicos de manutenção.

Para esta análise, o TGDS BOP foi subdividido em "documentação" (manuais, certificados e data-books), "registros" (manutenção, operação e teste), "manutenção" (integridade mecânica), "NR-13" e "estoque". A figura 11 mostra o resultado da frota após a conclusão de uma rodada completa em todas as unidades offshore da empresa.

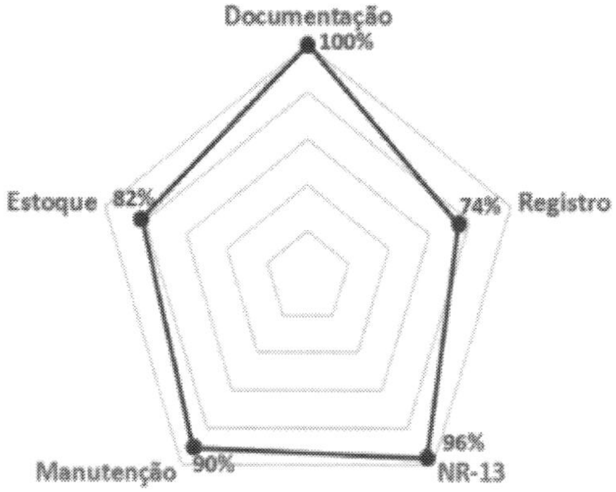

Fonte: Autor, 2016

Figura 11 Resultado da TGDS BOP em toda frota da companhia

Com base nos resultados, identificaram-se os processos que estavam com pior desempenho, a fim de priorizá-los para a implementação de melhorias. Conforme identificado no gráfico, os registros de manutenção, operação e testes entre poços, testes com o BOP conectado e registro de parâmetros diários obtiveram o pior resultado com 74% de atendimento.

5. Implementação de melhorias para eliminação dos problemas dos processos priorizados

As melhorias foram focadas nos processos de manutenção e operação entre poços relacionados aos: processo com o BOP conectado (testes, controles e rondas diárias) e na reformulação da verificação anual, a qual abrange todos os processos do Sistema BOP.

Revisão dos planos e procedimentos de manutenção e operação entre poços

Para melhorar o desempenho dos registros de operação, controles das manutenções e de testes entre poços, foi necessário a revisão de todas as manutenções entre poços e procedimentos operacionais de teste e descida do BOP com o objetivo de melhorar as descrições e padronização dos registros. Ao todo foram 439 documentos elaborados / revisados:

- 317 planos de manutenção
- 65 procedimentos operacionais e elaborados
- 48 formulários, dentre eles o Checklist de preparação do BOP, o qual consta todas manutenções e testes necessários.

Elaboração do processo de planejamento entre poços

Para o planejamento da manutenção entre poços foi elaborado um workflow, auxiliando no processo de planejamento, programação das manutenções e teste do BOP. Como o gerenciamento dos materiais e recursos necessários, com o envolvimento e validação dos departamentos de engenharia e gerência operacional. A figura 12 mostra o fluxo em detalhe.

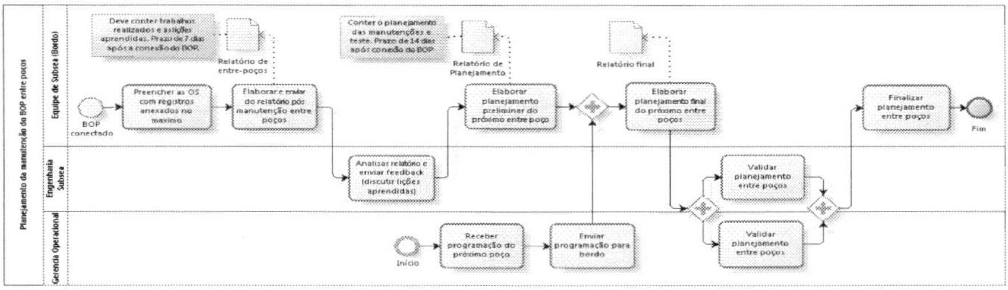

Fonte: Autor, 2016

Figura 12 Fluxo de trabalho referente ao planejamento entre poços do BOP

Implementação do Projeto de planejamento entre poços

Para melhorar o planejamento e execução das manutenções e testes, utilizou-se a ferramenta Project. Cada plano de manutenção foi inserido no projeto e então estipulado os recursos e tempo necessários, a melhor sequência a ser realizada, bem como os serviços realizados paralelamente. A figura 13 exibe um projeto de planejamento realizado no project.

Medição de desempenho da manutenção, teste e operação entre poços

Para a medição do desempenho da execução das manutenções e testes do Sistema BOP, bem como a operação de descida e conexão do mesmo, foi elaborado um indicador por evento de entre poços para cada unidade da frota. Este indicador também exibe as tarefas não realizadas, porém gerenciadas através de análises de risco e, por fim, o número de dias de entre poços em cada unidade. A figura 14 exibe um exemplo do indicador entre poços.

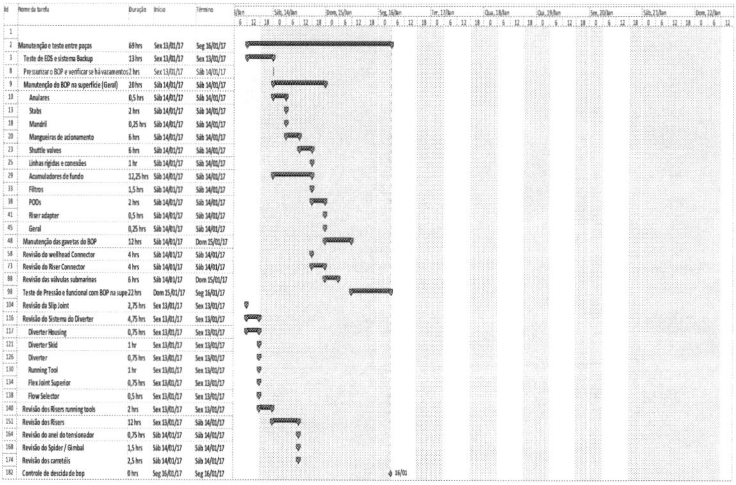

Fonte: Autor, 2017

Figura 13 Projeto do planejamento entre poços do BOP

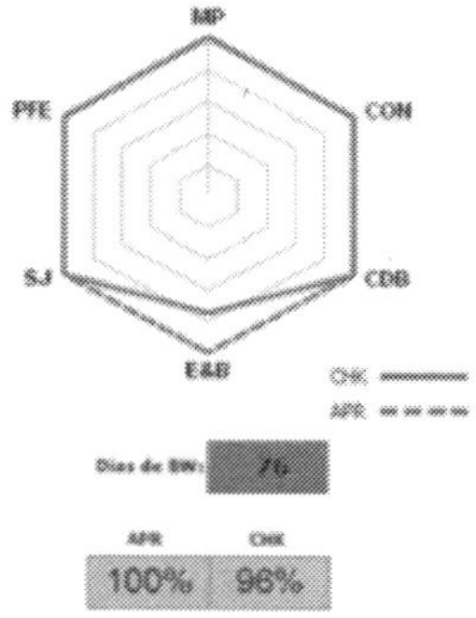

Fonte: Autor, 2016

Figura 14 Indicadores das manutenções e testes entre poços

Onde:

PFE – Testes de Pressão, Funcional e Estanqueidade
SJ – Testes de pressão e comutação da Slip Joint
E&B – Testes de EDS e Sistemas Backups
CDB – Controle de descida do BOP (Drift test, testes de linha, inspeção de riser, etc)
CON – Manutenções dos conectores (PN anel, silicone, setas, selos anti-hidrato, etc)
MP – Manutenções preventivas entre poços
APR – Itens com Análise Preliminar de Risco
BW – Entre poços (Between Wells)

Monitoramento diário do Sistema BOP

Para a implementação dos indicadores de monitoramento diário do Sistema BOP. Identificou-se todos os monitoramentos e itens das rondas diárias de cada sonda. Analisados também o atendimento e qualidade dos mesmos. Com todo o material coletado da frota, estipulou-se um padrão de informações importantes a serem checados durante as operações com o BOP conectado. Em seguida, foi elaborado um formulário padrão, o qual alimentaria diariamente o Sistema de gestão da empresa, com dados de monitoramento e controle diário; conforme exibido na figura 15. Assim, todos os envolvidos teriam acesso as principais informações do Sistema BOP diariamente, auxiliando no gerenciamento e ações caso fosse identificada alguma anormalidade.

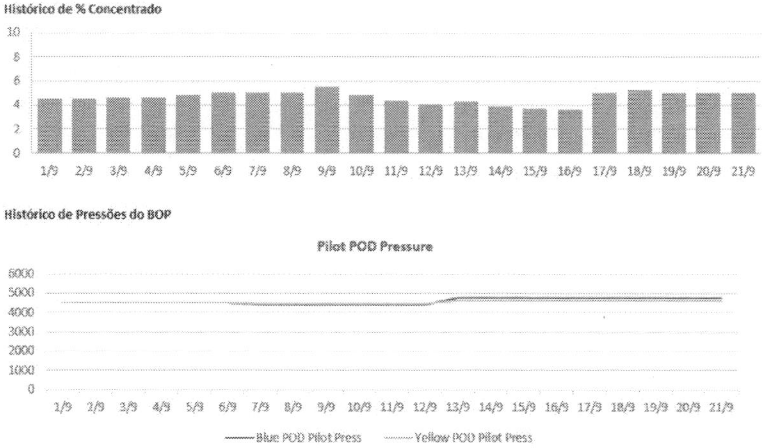

Fonte: Autor, 2016

Figura 15 Quadro de informações e indicadores de parâmetros diários do Sistema BOP

Reformulação do indicador de gestão do Sistema BOP (TGDS BOP)

Para melhorar a medição do desempenho geral dos processos, realizou-se uma reformulação nos itens verificados e da metodologia de avaliação e medição. Para isto, utilizou-se o histórico dos itens solicitados em auditorias externas e internas, experiências com problemas anteriores e boas práticas da indústria, totalizando mais de 700 itens a serem analisados em cada unidade, conforme divisão exibida na tabela 2:

Tabela 2 Divisão e itens da verificação anual

N° itens	Grupos	Descrição	Processo
49	Documentação	Manuais	Gestão de documentos
		certificados (COC, NDT, dimensional, calibração)	Gestão da documentos
		Data-books	Gestão de documentos
33	Operação & Teste	Registros de teste entre poços	Manutenção
		Registros de operação de descida e subida de riser e BOP	Operação
		Verificação dos procedimentos operacionais	Operação
		Registros dos testes com BOP no fundo e Choke manifold	Operação
70	Controle & Organização	Gerenciamento de estoque e sobressalentes críticos	Gestão de estoque
		Controle de ferramentas e consumíveis	Gestão de estoque
		Gerenciamento das análises de falha	Análise de falha
		Gerenciamento das análises de risco	Gestão de mudanças e riscos
		Gerenciamento dos alertas técnicos	Gestão de mudanças e riscos
		5S (Escritório e Oficina)	Geral
520	Integridade Mecânica	Integridade física dos equipamentos	Manutenção
		Gerenciamento das manutenções preventivas	Manutenção
		Análise das manutenções corretivas	Manutenção

Fonte: Autor, 2016

O indicador de gestão do Sistema de BOP foi desmembrado em indicadores específicos conforme detalhado na tabela 3

6. Controle do desempenho dos processos e resultados

Para garantir a eficiência no controle do desempenho e resultados e também para facilitar o acesso as essas informações foram realizadas algumas ações, descritas a seguir:

Tabela 3 Indicadores específicos da verificação anual

Indicador	Descrição	Indicador	Descrição
Registro	Não possuí registro	Análise de Ordens de Serviço	Sem Homem-Hora
	Registro fora do padrão		Sem material ou material incorreto
	Registro incompleto		Sem ativo ou ativo incorreto
	Reigistro de documentos obsoletos		Sem material e H-H
	Registro armazenado incorretamente		Sem ativo, H-H e material
Documentos	Não possuí documento	Estoque	Sem estoque e sem Solicitado de compra
	Documento desatualizado		Sem estoque , porém com solicitação de compra
	Documento obsoleto		Quantidade de estoque físico divergente do sistema
Certificação	Não possuí certificado	Manutenção	Manutenção não realizada
	Certificado vencido		Manutenção realizada / planejada incorretamente
	Sem plano de manutenção para certificação		Plano de Manutenção não reprogramado
Controle & organização	Não possuí controle		Manutenção atrasada
	Controle desatualizado		Manutenção registrada incorretamente
	Controle fora do padrão		Plano de manutenção inativo
	Controle incompleto		Não possuí plano de manutenção
Procedimentos	Não possuí procedimento	Alerta técnico	Alertas em atraso
	Procedimento desatualizado		Alertas aguardando
	Procedimento em atraso no fluxo		Alertas concluído incorretamente
	Sem atendimento ao treinamento		Alertas em andamento

Fonte: Autor, 2016

6.1 Implementação dos indicadores no Sistema de Gestão Integrado da empresa

Após a implementação das melhorias, foi iniciado o processo de gestão à vista, com os indicadores disponibilizados no sistema da empresa. Desta forma, qualquer pessoa poderia analisar o desempenho em todos os processos, comparando a performance da gestão do departamento e entre as unidades.

6.2 Implementação do processo de verificação anual para coleta do indicador de Gestão do Sistema BOP (TGDS BOP)

Estabeleceu-se um processo de verificação anual para a coleta do indicador de gestão do Sistema BOP (TGDS BOP). Este incluí desde o envio do formulário a bordo até a elaboração do relatório da verificação, disponibilização dos indicadores no sistema da empresa, análise e plano de ação junto à gerencia da unidade, conforme figura 16.

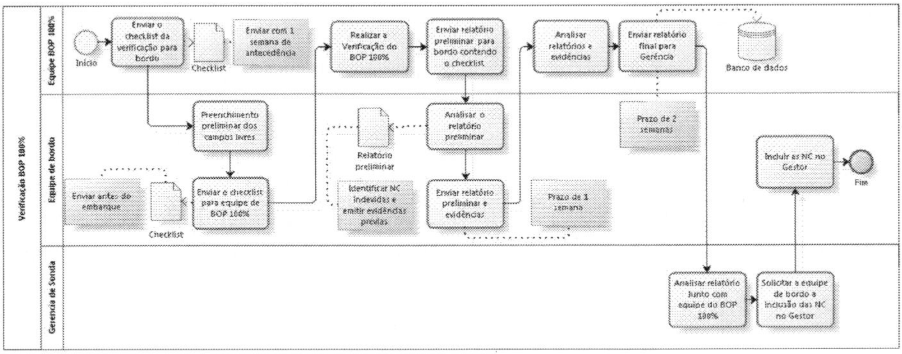

Fonte: Autor, 2016

Figura 16 Processo da verificação anual do indicador de Gestão do Sistema BOP (TGDS BOP)

7. Análise e divulgação periódica dos indicadores

Os indicadores relacionados aos processos principais, coletados mensalmente e por eventos entre poços, foram incluídos nas reuniões periódicas de gestão da companhia e os relacionados aos processos auxiliares e o indicador de gestão do sistema BOP (TGDS BOP), coletados anualmente, exibidos na reunião com a diretoria da empresa.

Para divulgação dos resultados, estipulou-se um veículo de comunicação da empresa para exibir os resultados dos indicadores periodicamente.

8. Conclusão

Em face da importância do sistema BOP no controle e segurança dos poços, preservação do meio ambiente, segurança operacional e das altas perdas financeiras com paradas de sonda (downtime), o estudo permitiu por meio dos conceitos de gestão, modelagem de processos e medição de desempenho, com utilização da abordagem Six Sigma, identificar os principais processos e seus gaps, implementando melhorias e estabelecendo indicadores de desempenho de forma abrangente a todos os processos do departamento responsáveis pela gestão do Sistema BOP.

Para isso, foram analisados os objetivos, metas e indicadores estratégicos da empresa, assim como as principais necessidades dos clientes e de forma a elaborar indicadores que atendessem a demanda de ambos.

Este sistema permitiu, durante o ano de 2015 e 2016, identificar 436 pontos de melhoria nos processos e controles do departamento e implementou 196 ações de melhorias, como revisões / elaborações de documentos, criação de processos e novos indicadores, contribuindo para a melhoria contínua do Sistema BOP.

Adicionalmente, este modelo serviu para avaliar o nível de gerenciamento de cada equipe das sondas e propor melhorias para o desenvolvimento dos mesmos.

9. Referência Bibliográfica

*ABPMP, ASSOCIATION OF BUSINESS PROCESS MANAGEMEN*T **PROFESSIONALS** –. *Guia para o Gerenciamento de Processos de Negócio – Corpo Comum de Conhecimento. São Paulo: [s.n.], 2013.*

ANDRADE, G. E. V.i *et al*. *Análise da aplicação conjunta das técnicas SIPOC, fluxograma e FTA em uma empresa de médio porte. 2012.*

ANP, AGÊNCIA NACIONAL DO PETRÓLEO. *Regulamento Técnico do Sistema de Perfuração e Produção de Petróleo. SGSO. [S.l: s.n.], 2007.*

CAMPOS, V. F.. *Gerenciamento da rotina do trabalho do dia a dia. Nova Lima: INDG Tecnologia e Serviços Ltda, 2004.*

CRISTINA, T. *et al*. *Mapeamento de processos: fundamentos, ferramentas e caso em uma operação logística. [S.d.].*

HERNANDES, C. A. M.; CRUZ, C. S. ; FALCÃO, S.. *Combinando o balanced scorecard com a gestão do conhecimento. Caderno de Pesquisas em Administração, v. 1, p. 1–9, 2000. Disponível em: <http://www.ead.fea.usp.br/cad-pesq/arquivos/C12-art01.pdf>. Acesso em: 7 set. 2016.*

MARTINS, F. *et al*. *Improving BOP Reliability Through an Integrated Management Approach. Offshore Technology Conference OTC-26182-MS. Rio de Janeiro: [s.n.]. , 2015*

PRIETO, V. C. *et al*. *Fatores críticos na implementação do Balanced Scorecard. Gestão & Produção, v. 13, n. 1, p. 81–92, 2006.*

Petrobras. *III Workshop de lições aprendidas e boas prática em BOP. 2014*

PORTER, M. E. *Vantagem competitiva - criando e sustentando um desempenho superior. Braga, E. M. P. Rio de Janeiro. Ed. Campus. (1989)*

SGSO. *Relatório Resultado SGSO 2015/2016. . [S.l: s.n.], 2016.*

US CSB. *Explosion and fire at the Macondo well.* **Vol 1**: *8. Report no. 2010-10-I-OS.2014*

23. Método de Diagnóstico de Empresa para Identificar o Nível de Maturidade *Lean*

Robisom Damasceno Calado -
(Departamento de Engenharia, Universidade Federal Fluminense/UFF, Rio das Ostras, Rio de Janeiro, Brasil)
Angela Alice Silva Boa Sorte Oliveira –
Faculdade de Engenharia de Lorena (EEL –USP) Lorena - SP, Brazil
Messias Borges Silva –
Faculdade de Engenharia de Guaratinguetá (FEG –UNESP) Guaratinguetá – SP, Brazil e Faculdade de Engenharia de Lorena (EEL –USP) Lorena - SP, Brazil

Objetivo

Este capítulo tem o objetivo de diagnosticar o nível de maturidade das empresas que são certificadas pelo Sistema de Gestão da Qualidade Automotivo ISO TS 16949: 2009 e se elas são consideradas Classes Mundiais, identificando os pontos fortes e fracos da gestão de cada uma das analisadas, visando fornecer subsídios para oportunidades de melhoria em seu Sistema de Gestão. o método de estudo utilizado será por meio do Questionário de Benchmarking Industrial do Instituto Euvaldo Lodi de Santa Catarina (IEL/ SC), utilizando o Método de Diagnóstico de Empresas (MDE). o estudo será feito por análise quantitativa referente ao grau de maturidade das empresas analisadas pelo método de Análise de Correlação Grey.

1. Introdução

A ISO TS 16949 é uma especificação técnica que representa um sistema de gestão da qualidade para a indústria automotiva global para alcançar níveis de classes mundiais da qualidade do produto, produtividade, competitividade e melhoria contínua (KARTHA, 2004; ZAKUAN et al., 2009). Uma ISO TS representa um acordo entre os membros de um comitê técnico, a qual é aceita para publicação e aprovada por 2/3 dos membros deste comitê por voto (ISO TS 16949, 2009). Johnson et al. (2017) diz se não conseguimos medir não conseguimos melhorar. Para este sistema de Gestão, a ISO TS 16949 (2009) solicita que a alta direção assegure a eficácia e a eficiência dos processos determinados pela organização. Eficácia é atender as atividades planejadas e eficiência é a relação entre o resultado alcançado e os recursos usados (ISO 9000, 2005). A ISO TS 16949 é uma especificação técnica muito importante para o setor automotivo. Por isso, neste trabalho será verificado se as empresas que são certificadas na ISO TS 16949: 2009 são classificadas como Classes Mundiais e se não são, qual é o nível de maturidade das empresas em questão. o nível de maturidade é possível ser visto pelo Questionário de Benchmarking Industrial. o Benchmarking Industrial é uma ferramenta que foi criada pela London Business School, em parceria com a IBM, que juntamente com a CBI (Confederation of British Industry) possuem um Programa Internacional de Benchmarking. Após a sua análise será realizada uma analogia ao Boxe para verificar o nível de maturidade das quatro empresas estudadas e por meio da Análise de Correlação Grey será verificado os pontos fortes e fracos das quatro empresas analisadas.

O objetivo do trabalho é adaptar e aplicar um roteiro ba-seado no Método de Diagnóstico de Empresa para diagnosti-car o nível de maturidade das empresas que são certificadas pelo Sistema de Gestão da Qualidade Automotivo ISO TS 16949: 2009 e verificar o quanto as organizações, amostra limitada a quatro no mesmo segmento de manufatura, são consideradas Classes Mundiais, segundo os indicadores do Benchmarking Industrial.

Esta pesquisa delimita-se ao estudo da verificação somente de empresas certificadas no Sistema de Gestão da Qualidade Automotivo ISO TS 16949. População escolhida serão empresas de peças e material a granel para a indústria automotiva brasileira. o tamanho da amostra será de quatro empresas certificadas na ISO TS 16949 e será realizada até 2013 pelo método estudo de caso, usando um Questionário com os Indicadores de Prática e Performance. o questionário será enviado por e-mail para as empresas escolhidas para coleta de dados e será direcionado aos gestores das empresas, quem responderão a pesquisa.

Por muitos anos, comitês técnicos trabalhavam para ali-nhar os padrões automotivos e a norma ISO 9001 para um único sistema tendo agora uma especificação técnica, a ISO TS 16949 2009 (HERNANDEZ, 2010). A ISO desenvolveu muitos outros padrões e que alguns são padrões de gestão da qualidade customizadas para as necessidades de setores específicos da indústria como a indústria automotiva, enquanto outros são estruturalmente modelados na ISO 9001 (SINGH et al, 2011). o objetivo da ISO TS 16949 é desenvolver um sistema de gerenciamento da qualidade que promova melhoria contínua, enfatizando a prevenção de defeitos, redução da variação e desperdícios da cadeia de suprimentos. (ISO TS 16949, 2009). ISO TS 16949 é um World Automotive Standard, o que equivale a QS 9000, é um padrão que define requisitos de qualidade para os fornecedores. (ESTORILIO, 2010) e se destina para dar maior foco na qualidade (SROUFE & CURKOVIC 2008). A especificação técnica

ISO TS 16949 é o cumprimento de determinadas práticas, de modo a garantir um nível consistente de qualidade do produto e uma qualidade de classe mundial e é razoável esperar que as empresas que buscam a ISO TS 16949 nos próximos anos encarem o certificado como uma ferramenta de mercado. (KARTHA, 2004). Esta especificação técnica define os requisitos do sistema de gestão da qualidade para o setor de produtos automotivos relacionados (BEVILACQUA et al, 2011). A ISO TS 16949 especifica requisitos do Sistema da Qualidade para o desenvolvimento do projeto, produção, instalação e reposição de produtos automotivos relacionados (RODRÍGUEZ-ROCHA et al, 2009, p. 100). Esta especifi-cação técnica evita auditorias de certificações múltiplas e provê uma abordagem comum para um sistema de gestão da qualidade automotivo (ISO TS 16949, 2009). Benefícios adicionais da ISO TS 16949, elogiado por uma das empresas do estudo de Sroufe & Curkovic (2008) foi que a empresa informou uma sinalização da melhoria da imagem de quali-dade em relação aos clientes potenciais, a empresa cresceu, aumentaram as vendas, a garantia da qualidade e mantiveram os negócios atuais. No trabalho de Joshi et al (2013) menciona que os entrevistados em sua pesquisa disseram que só alcan-çaram nível de qualidade na entrega por possuírem certifica-ções de classe mundial, como a ISO TS 16949 e outros sis-temas de gestão.

A contribuição científica é identificar se empresas certifi-cadas no Sistema de Gestão da Qualidade Automotivo ISO TS 16949 são reconhecidas como Classes Mundiais. Também será identificado pontos fracos com base na pesquisa realizada, detectando as lacunas para as empresas analisadas chegarem ao nível de Classe Mundial.

1.1 Método de pesquisa

A natureza da pesquisa será básica e é aquela que procura o progresso científico, a ampliação de conhecimentos teóricos, sem a preocupação de utilizá-los na prática. É a pesquisa formal, tendo em vista generalizações, princípios, leis e tem por meta o "conhecimento pelo conhecimento". o método a ser utilizado é o conceitual teórico, o qual obtém discussões conceituais a partir da literatura, revisões bibliográficas e modelagens conceituais. o método também utilizado será estudo de caso. o estudo de caso é um trabalho de caráter empírico, que investiga um dado fenômeno dentro de um contexto real contemporâneo por meio de análise apro-fundada de um ou mais objetos de análise (casos). o instrumental utilizado será questionário elaborado pelo IEL/SC para obtenção dos dados das empresas, o qual será preenchido pelas empresas participantes (MIGUEL, 2010).

A pesquisa com base no objetivo será a exploratória. Se-gundo Miguel (2010), o tipo exploratório é utilizado quando se deseja generalizar os resultados para diferentes grupos. De acordo com Oliveira, Marins e Dalcol (2009) a abordagem será qualitativa e quantitativa, quanto aos dados, pois o instrumental utilizado proporcionará esta abordagem aos dados coletados. Os dados qualitativos serão do tipo dados nominais e ordinais. Os ordinais, pois são dados que podem ser ordenados como por exemplo grau de satisfação, o qual pode receber as seguintes respostas: muito satisfeito, satisfeito e não satisfeito. E os nominais são dados cujas respostas não podem ser ordenadas, como por exemplo marca do último carro adquirido o qual pode ser Honda, Ford, GM ou outros. Os dados quantitativos utilizados serão dados discretos, os quais são gerados através de contagens, como número de filhos de uma família, por exemplo. o planejamento da pesquisa será uma pesquisa observacional, o qual envolve coleta de dados de interesse, em indivíduos de um ou mais grupos, mas sem intervenção. Quanto a forma de obtenção dos dados será transversal, que são dados referentes a um período. Será levado em consideração da classificação da pesquisa observacional o levantamento amostral, o qual precisa definir a população alvo e a população amostrada e identificar a unidade amostral e a unidade de informação. o tipo de plano amostral escolhido é o probabilístico com amostragem de conglomerados do Brasil.

2. Fundamentação Teórica

2.1 Conceito de Qualidade

Qualidade é o grau no qual um conjunto de características inerentes atende requisitos e pode ser usado com adjetivos tais como má, boa ou excelente (ABNT NBR ISO 9000, 2005).

Deming (1982) diz que qualidade só pode ser definida por quem a avalia, pois para quem trabalha em uma produção, Qualidade está relacionada ao seu desempenho no processo produtivo, fazendo ele se orgulhar do que faz.

Juran (1995) diz que Qualidade é adequação ao uso e um dos métodos de medi-la é baseado na frequência de deficiências (número de defeitos, número de erros, número de falhas de campo, horas de retrabalho, custo da má qualidade) por oportunidades de deficiências (número de unidades produzidas, total de horas trabalhadas, número de unidades vendidas, faturamento de vendas), porém essa medição depende do produto ou serviço realizado, pois às vezes a análise está com ótimos resultados, mas a empresa está perdendo o cliente.

Crosby (1999) diz que Qualidade é a conformidade com os requisitos, por isso a não conformidade detectada é a ausência de Qualidade. Para ele a qualidade é tangível e pode ser me-didas em custos, os quais podem ser divididos em avaliação, prevenção e falhas internas e externas: os custos da qualidade. Também lançou o conceito do Zero Defeito, o qual é uma medida de desempenho e tem a intenção de acertar desde a primeira vez (CROSBY, 1999; CARVALHO et al, 2005). Isso significa que é melhor concentrar em evitar os defeitos ao invés de apenas encontrá-los e corrigi-los. Baseado neste conceito Gan et al (2012) diz que para atender esses requisitos de qualidade, a análise de confiabilidade deveria incluir tanto operações de projeto quanto de processo. Wei et al. (2010) também menciona em seu trabalho que conceitos de qualidade deveriam ser incorporados no projeto de processo e que apenas no monitoramento da qualidade no nível opera-cional não é suficiente.

Já Ilkay e Aslan (2012) menciona que a Qualidade deveria ser considerada um caminho sistemático visando um Sistema de Gestão da Qualidade.

Relacionando-se a serviços para Lás Casas (2006) Quali-dade é a capacidade de proporcionar satisfação, pois não basta agradar o consumidor, é necessário encantá-lo, supe-rando suas expectativas na satisfação de necessidades, na resolução de problemas ou no fornecimento de benefícios e Sarkar et al (2011) menciona que organizações estão procurando por vários caminhos melhorar os serviços de qualidade para alcançar a satisfação do cliente.

2.1.1 Controle da Qualidade

Define-se controle da qualidade como um processo geren-cial durante o qual avalia-se o desempenho real, compara-se o desempenho real com a meta e atua-se nessas diferenças. Este conceito se refere a manter o "status quo", a fim de manter o processo planejado de modo que continue capaz de atingir as metas operacionais (JURAN, 1995).

O Controle de Qualidade convencional centralizava no desempenho baseado na especificação ou conhecido como pequena qualidade (VANICHCHINCHAI & IGEL, 2009). As mercadorias eram inspecionadas regularmente e mercadorias com alta qualidade eram marcadas com símbolos especiais (FISHER & NAIR, 2009).

Note que o Controle da Qualidade tem um sentido equiva-lente a inspeção do produto (JURAN, 1995). A Inspeção era mais usada no final da linha e era usada para ter certeza que os produtos enviados ao cliente tinham uma qualidade adequada.

Para se realizar o Controle da Qualidade era utilizado o "Princípio de Pareto" criado por Vilfredo Pareto (JURAN, 1997).

2.1.2 Garantia da Qualidade

Conforme Díaz et al (2012) a Garantia é usualmente defi-nida como a política aplicada aos clientes, onde produtos ou serviços comprados por eles são ou devem ser trocados ou reparados se derem problemas durante um período de tempo depois que o produto foi vendido pelo fabricante.

A Garantia é dada pela evidência objetiva, porém o tipo de evidência varia muito de acordo com as pessoas que pedem a garantia e com a natureza do produto. No caso de produtos naturais, vê-se a garantia pelo frescor dos vegetais por exem-plo. Já produtos manufaturados a evidência é por testes laboratoriais (JURAN & GRYNA, 1991).

Para Crosby (1999) a Garantia da Qualidade é induzir as pessoas, desde a Alta Direção até as camadas inferiores da organização, a fazer melhor tudo aquilo que devem fazer.

Já os Dados de Garantia são obrigações contratuais incor-ridas pelo fabricante em conexão com a venda de um produto. A análise desses Dados de Garantia focam em procurar novos métodos para estimar o campo de confiabilidade do produto e estimar reclamações de produtos em garantia dos históricos de garantia de uma empresa(WU, 2012).

2.1.3 Gestão da Qualidade

Conforme Zu et al (2010), a cultura organizacional é re-conhecida como sendo algo que gera efeito sobre a eficácia da implementação da Gestão da Qualidade e conforme Cagnazzo et al. (2010) empresas são exortadas a adotar ferramentas e técnicas de Gestão da Qualidade se desejam sobreviver e prosperar.

Já o termo Gestão da Qualidade é atividades coordenadas para dirigir e controlar uma organização no que diz respeito à qualidade, que inclue o estabelecimento da política, dos objetivos, do planejamento, do controle, da garantia e da melhoria da qualidade (ABNT NBR ISO 9000, 2005).

Para obter esta Gestão a ISO 9004 definiu-se os princípios de Gestão da Qualidade que estão relacionados a:

- Foco no Cliente,
- Liderança,
- Envolvimento de Pessoas,
- Abordagem por Processos,
- Abordagem Sistêmica de Gestão,
- Melhoria Contínua,
- Abordagem de Tomada de Decisões baseadas em Fatos
- Relações mutuamente Benéficas com Fornecedores

Programas e práticas de gestão de qualidade tem definido décadas de pesquisa (WIENGARTEN & PAGELL, 2012). Inclusive, na pesquisa de Rahman et al (2010) considera-se Gestão da Qualidade Total (TQM) e programas de gestão qualidade como duas práticas diferentes. As práticas de Ges-tão da Qualidade são projetadas para melhor orientar os recursos da manufatura e para melhorar a qualidade por meio de um maior controle no processo (por exemplo, SPC), melhorar a documentação (por exemplo, ISO 9001), ter maior cooperação e envolvimento (por exemplo, TQM), e ter esforços de melhoria mais profundos, por exemplo, seis-sigma (KULL & WACKER, 2010).

2.1.4 Sistema de Gestão da Qualidade

Para Deming (1982) um sistema é uma série de funções ou atividades (subprocessos, estágios, etc) em um organismo que trabalham em conjunto em prol do objetivo do organismo, pois sem objetivo não se pode dizer que existe um sistema.

Um Sistema de Gestão da Qualidade é um sistema de gestão para dirigir e controlar uma organização relacionada à quali-dade (ABNT NBR ISO 9000, 2005)

Conforme Mahmoud et al. (2011) em um contexto internacional competitivo em crescimento, empresas constantemente precisam se adaptar e otimizar suas ferramentas industriais para aumentar a sua produtividade por implementação de um Sistema de Gestão da Qualidade.

Levine e Toffel (2010) diz que a implementação de um Sistema de Gestão da Qualidade em conformidade com a ISO 9001 implica em ter procedimentos operacionais documen-tados, treinamento, auditorias internas e procedimentos de ação corretiva.

Quando um sistema é implementado, ele depende de pro-cessos que forneçam produtos e serviços com ótima qualidade e que melhore continuamente, mesmo com condições de mudanças referentes às saídas do sistema e que resultem em melhorias consistentes de qualidade (ILKAY & ASLAN, 2012).

2.1.5 Ciclo de PDCA

Em 1924, Walter A. Shewhart incrementou aos conceitos de qualidade gráficos de controle, incluiu conceitos estatísticos à realidade produtiva da empresa de telefonia Bell Telephones Laboratories e também propôs o ciclo PDCA, que direcionava a análise e solução de problemas (CARVALHO et al, 2005).

Conforme Fisher e Nair (2009) pouco era registrado sobre como antes de Shewhart os métodos estatísticos eram usados para assegurar a Qualidade, quem propôs o ciclo de PDCA e os gráficos de controle.

Os autores Renier et al. e Azadeh et al (2012). falam à respeito da aplicação do PDCA com a visão de melhoria contínua: Conforme Renier et al. (2011) o loop do PDCA de melhoria contínua diz respeito à otimização do ideal em sistemas; Azadeh et al (2012) também visualiza a melhoria contínua com o conceito do Ciclo de PDCA sendo uma característica muito importante para a integração de sistemas.

2.2 Benchmarking

Organizações tendem a imitar as melhores práticas da in-dústria, a fim de melhorar seu desempenho e manter sua competitividade e Isso exige que as empresas acompanhem de perto mudanças no ambiente empresarial, avaliem novas tecnologias e melhorem práticas em sua própria indústria (PARAST & ADAMS, 2012). o *benchmarking* foi considerada como uma das mais populares técnicas de gestão nos anos 1980 e 1990 e ganhou muitos créditos por ajudar organizações a melhorarem sua vantagem competitiva (ADEBANJO et al, 2010).

O *benchmarking* como técnica foi desenvolvido nos Esta-dos Unidos na década de 70 (LAS CASAS, 2006) e a Xerox Corporation adotou pela primeira vez a técnica nesta década (LAI et al., 2011). o presidente da Xerox assustado como avanço dos japoneses no mercado de copiadoras, mandou uma equipe a campo para comparar seus produtos aos da concorrência oriental. Foi percebido que os japoneses eram mais baratos apesar de mais simples e por isso a Xerox co-meçou a mudar os seus produtos (LAS CASAS, 2006).

Para Schefczyk (1993) companhias com *benchmarking* interno, as medidas baseadas em custos simples parecem ser adequadas para as análises. Para Serdar e Karaman (2011) o *benchmarking* é das mais poderosas abordagens de perfor-mances, pois provê uma sistemática estruturada para identi-ficar, classificar e avaliar processos, atividades e performan-ces de empresas.

2.3 Benchmarking Industrial

No *benchmarking* industrial, o desenvolvimento de indi-cadores e sua agregação são meios para melhorar as operações de negócios e competitividade (GRUPP & SCHUBERT, 2010). Schefczyk (1993) diz que o *benchmarking* industrial pode ser um caminho para identificar áreas de melhorias.

O Benchmarking Industrial é uma ferramenta que foi criada pela London Business School, em parceria com a IBM, que juntamente com a CBI (Confederation of British Industry) possuem um Programa Internacional de Benchmarking, e possuem um banco de dados com mais de 1000 empresas de 34 países (IEL/SC, 2009).

O Instituto Euvaldo Lodi de Santa Catarina – IEL/SC é uma Instituição credenciada pela Comparison International Ltda. com o objetivo de aplicar o Benchmarking Industrial no Brasil e credenciou uma rede de instituições multiplicadoras. Como benefícios para as empresas destacam-se a identifi-cação de pontos fortes e fracos de sua gestão, subsidiando as decisões de investimento e fornecendo informações estraté-gicas sobre o setor que atuam. Todas as informações sobre a empresa que contrata uma aplicação do Benchmarking Industrial são mantidas sob absoluto sigilo. Os dados individuais somente serão divulgados com autorização expressa da empresa. A empresa que participa deste programa dá um passo no processo de busca pela excelência industrial (IEL/SC, 2009).

O *benchmarking* industrial utiliza um questionário com questões de várias áreas da empresa analisada (CALADO, 2011). o Questionário do Benchmarking Industrial aplicado nesta pesquisa possui 80 questões, que são classificadas em indicadores de práticas e performance e divididas e avaliadas nas áreas, conforme figura 10.

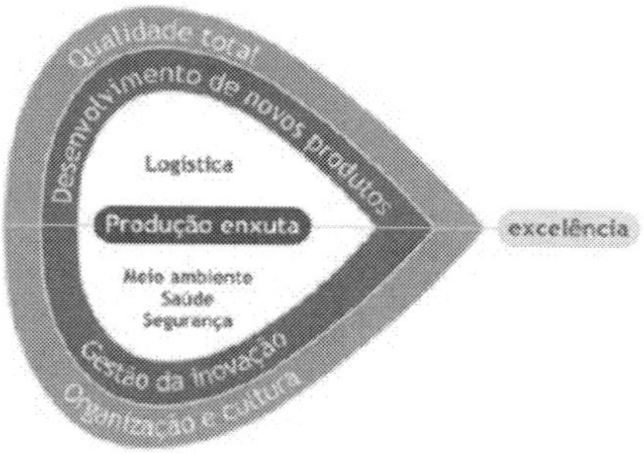

Figura 10 Áreas de Avaliação pelo Benchmarking Industrial (IEL/SC, 2009).

O processo de análise do *benchmarking* industrial não deve ser encarado como uma auditoria, mas sim, como um processo que auxilia a empresa a verificar sua posição perante líderes mundiais do seu setor de atuação, identificando suas potenciais oportunidades de melhorias e pontos fortes. o questionário possui um sistema de pontuação baseado em intervalos de 1 a 5 e são transformados em porcentagem, para apresentação nos gráficos de análise dos resultados (SEIBEL, 2004).

O *benchmarking* industrial é uma ferramenta de avaliação e comparação de práticas e performances em relação às líderes mundiais (IEL/SC, 2009). A análise comparando prática e performance permite que a empresa priorize suas ações de melhoria, adaptando as melhores práticas encontradas no setor, a fim de obter uma performance superior (SEIBEL, 2004. Se as notas dos indicadores realmente refletirem a situação atual da empresa, serão encontradas oportunidades de melhoria reais, mas se na avaliação houver uma nota alta em um indicador que não condiz com a realidade poderá impedir a empresa de trabalhar nesse indicador para melhorá-lo. Quando os indicadores finais são analisados de acordo com os padrões de melhores práticas e performances, também são analisados com outras empresas que já tenham completado o mesmo processo de *benchmarking* (CALADO, 2011).

2.4 Empresa Classe Mundial

Um grande esforço é colocado em identificar as "melhores práticas" para apoiar as empresas a atingir maior desempenho (LAUGEN et al., 2005). Essas Best Practices são práticas utilizadas que tem efeito significativo no desempenho de companhias de melhor performance (LAUGEN et al., 2005).

Empresas com melhores práticas normalmente alcançam maior performance de produção do que seus concorrentes (LIN, Y. et al., 2012). Por isso, conforme Motwani et al. (1994) muitas empresas de manufatura tem abraçado a filosofia de Manufatura Classe Mundial (WCM) e Kuula et al (2012) diz que as melhores práticas se resumem no conceito de World Class *Manufacturing*.

Voss e Blackmon (1996) definem práticas e performances de manufatura classe mundial:

- Prática de Classe Mundial é o processo estabelecido, que a empresa colocou em sua companhia para melhorar a maneira que ele executa seus negócios e;
- Performance de Classe Mundial, é a melhoria mensurá-vel em um processo de fabricação da empresa decorrentes da adoção de tais práticas.

A crescente pressão para a melhoria contínua e o desejo organizacional de alcançar a excelência empresarial, com alto desempenho, ou para se tornar uma Organização Classe Mundial, as empresas procuram tomar iniciativas de melhorias (THAWESAENGSKULTHAI, 2010).

Conforme Harrison (1998) através da adoção de Práticas de Classe Mundial o desempenho dos negócios vai melhorar correspondentemente.

2.4.1 Analogia ao Boxe

Para uma análise do posicionamento de empresa referentes aos índices de práticas e performances, foi desenvolvida uma analogia com a habilidade e a performance dos lutadores de boxe, esporte popular na Inglaterra (SEIBEL,

2004). A ana-logia é baseada em estudos de *benchmarking* no Sistema Produtivo Classe Mundial desenvolvido na Europa pela London Business School (LBS), em cooperação com o grupo de consultores da empresa IBM da Inglaterra (SEIBEL, 2004).

O gráfico de práticas e performances facilita o estudo em função dos índices gerais obtidos pela aplicação do modelo de *benchmarking* (CALADO, 2011).

A empresa recebe a denominação conforme a posição no diagrama de práticas (eixo das abscissas) e performances (eixo das ordenadas), (SEIBEL, 2004) e conforme Hanson e Voss (1995) para caracterizar a maturidade industrial é feita uma Analogia ao Boxe.

A escala no gráfico de práticas e performances varia de 0% a 100%, conforme Calado (2011). A posição de uma empresa no gráfico é definida pelas respostas às questões dos indica-dores do questionário, a partir das quais são calculados os índices gerais de práticas e performances.

Conforme Calado (2011), Seibel (2004) e conforme Hanson e Voss (1995) abaixo, encontram - se as definições de cada uma das categorias que definem o nível de maturidade das empresas:

- Empresa "Classe Mundial" é definida no modelo como aquela que alcançou um nível de práticas e performances igual ou superior a 80% do padrão descrito como Classe Mundial. São caracterizadas por ter implantado grande parte das melhores práticas disponíveis na indústria e por serem competitivas no mercado internacional. Uma Empresa Classe Mundial é aquela que atingiu a excelência operacional e posiciona-se na liderança de seu setor, com condição de competir no mercado internacional.
- Empresas na categoria "Desafiadoras" estão classifica-das como empresas que obtiveram entre 60% e 80% nos índices de práticas e performances, porém não atingiram o nível Classe Mundial.
- Empresas na categoria "Promissoras" apresentam níveis de práticas superiores a 60% mas ainda precisa melhorar os níveis de performances, pois são inferiores a 60%. São em-presas que têm investido na modernização e adoção de me-lhores práticas, porém ainda não obtiveram o retorno devido. o desafio dessas empresas é melhorar suas performances por meio da utilização efetiva dos recursos instalados. Duas situ-ações são possíveis: as práticas foram implantadas recentemente e se está em período de aprendizado; as práticas foram implantadas e persistem dificuldades operacionais, causadas por treinamento

deficiente dos colaboradores ou por adapta-ção incorreta à realidade do processo específico.

- Empresas na categoria "Vulneráveis" apresentam níveis de performance melhor que 60%, mas sem ter as melhores práticas de uma forma duradoura. São empresas que, embora estejam obtendo resultados satisfatórios, têm um índice de práticas muito baixo. Os resultados não são consistentes e sua posição é muito instável e difícil de ser sustentada a longo prazo, se as condições de competição vierem a se acirrarem. Algumas empresas com processos simples podem alcançar resultados superiores, com a implementação de melhores práticas. Em todos os casos, é necessário analisar se o alto desempenho está sendo obtido pela simplicidade do processo ou se a empresa está gerando custos para compensar inefici-ências operacionais, o que reduz a produtividade. Um exem-plo típico é quando empresas para cumprirem o prazo de entrega dado ao cliente, despacham os pedidos via aérea, para compensar atrasos no *lead time*; outro exemplo são empresas que operam com altos níveis de defeitos internos, mas utilizam a inspeção no final do processo para evitar que produtos defeituosos cheguem ao cliente. Nos dois casos, a empresa paga pelos custos da ineficiência operacional.
- Empresas na categoria "Contrapesos" possuem índices de práticas e performances entre 50% e 60%. Essas empresas estão muito aquém da excelência industrial e certamente lutam com uma competição internacional real e são tipicamente nichos de mercado que são de alguma forma protegidos.
- Empresas na categoria "Saco de Pancadas" é o grupo de mais baixa pontuação. As empresas dessa categoria têm pontuação inferior a 50% em práticas e performances. A situação delas é grave, e sua sobrevivência está ameaçada na economia de mercado aberto. A estratégia de negócio deverá ser um método de sobrevivência.

2.5 Sistema Grey

A Análise de Correlação Grey (GRA), foi proposto pela primeira vez em 1982 por Deng, Professor da Universidade Huazhong de Ciência e Tecnologia (ZHENG et al., 2010) . Sistema Grey (Grey System), está de acordo com o conceito da caixa preta: um conhecimento contido no sistema e des-conhecido e o sistema grey seleciona os scores. (CALADO, 2011; JU-LON, 1982).

O Grau de Correlação Grey é uma espécie de análise quantitativa para a avaliação de alternativas (ZHANG et al., 2013) e é considerado como uma medida da similaridade de dados discretos que podem ser dispostas em uma ordem seqüencial (IP et al., 2009). Ele fornece uma abordagem alternativa para identificar as correlações entre os fatores (SONG & SHEPPERD, 2011) e se concentra no objeto da pesquisa (ZHU & HIPEL, 2012). É usado para descrever a força e a fraqueza, o tamanho e a forma da relação entre fatores (CALADO, 2011).

A Teoria do Sistema Grey evita defeitos inerentes do método estatístico convencional (ACHERJEE et al., 2011). Na Teoria do Sistema Grey, avalia-se características de desempenhos múltiplos (LIN, H.-L., 2012) e de acordo com o grau de informação, se o sistema de informação é completamente conhecido, o sistema é chamado de sistema branco; se a informação é desconhecida, ele é chamado de sistema preto; se as informações são conhecidas parcialmente então o sistema é chamado de cinza, do inglês Grey (WEI, 2011). o Grau de Correlação Grey avaliado flutua de 0 até 1 e é igual a 1 se as duas sequências são identicamente coincidentes (CHEN et al., 2010).

Se os dados da amostra refletem a mesma situação mutativa de dois fatores, o seu Grau de Correlação é maior, ao contrário é menor (CALADO, 2011). Como exemplo a combinação de três projetos (A1; A2; A3) em conjunto com o método de corte proporciona a situação e projeto original (A4), um total de quatro projetos são analisados, conforme tabela 1, a qual possui dados quantitativos e qualitativos (TIE-JUN; SHA, 2008).

Tabela 1 Índice técnico para avaliar as melhorias de projeto, (TIE-JUN; SHA, 2008)

Projeto / Índice	A1	A2	A3	A4
X1: O grau de precisão (%)	90	95	99	99
X2: Investimento em estrutura (x $ 10.000)	1	5	100	0,1
X3: Custo da Mão de Obra (x $ 10.000)	30	9	9	100
X4: Taxa de contagem (número por hora)	2000	1200	60000	500
X5: O tamanho da área a cobrir	maior	grande	maior	O maior
X6: O grau dificuldade e facilidade para reconstriur	Comum	Difícil	Mais difícil	Mais facil

Adotam-se números de forma estimada para quantificar X5 e X6 e reorganiza na tabela 2 todos os índices de forma quantitativa, os quais são dispostos em uma forma não-dimensional pelo método padronizado linear e ao mesmo tempo, todos os índices são unificados em um índice positivo (TIE-JUN; SHA, 2008).

Tabela 2 Índice de avaliação,

Projeto \ Indicadores	X1	X2	X3	X4	X5	X6
A1	90	1	30	2000	3,75	5
A2	95	5	9	1200	2,5	1,25
A3	99	100	9	60000	6,25	3,75
A4	99	0,1	100	500	1,25	8,75

Nesse momento, a maior parte ideal das amostras é X0 = (1, 1, 1, 1, 1, 1), devido à fórmula (1) calcula a diferença absoluta da amostra X0 e Xi.

Matriz 1

$$\mathbf{X} = \begin{bmatrix} 0{,}909 & 0{,}100 & 0{,}300 & 0{,}033 & 0{,}600 & 0{,}571 \\ 0{,}960 & 0{,}020 & 1{,}000 & 0{,}020 & 0{,}400 & 0{,}143 \\ 1{,}000 & 0{,}001 & 1{,}000 & 1{,}000 & 1{,}000 & 0{,}429 \\ 1{,}000 & 1{,}000 & 0{,}090 & 0{,}008 & 0{,}200 & 1{,}000 \end{bmatrix}$$

Utiliza-se a fórmula da matriz de diferença absoluta Δ.

Fórmula 1

$$\Delta_{ij} = |X_{0j} - X_{ij}| \quad (i = 1{,}2{,}3{,}4; \quad j = 1{,}2{,}3{,}4{,}5{,}6)$$

E constitui a diferença do valor absoluto de x0 e xi na matriz 2 (DATTA et al. 2008).

Matriz 2

$$\Delta ij = \begin{bmatrix} 0{,}091 & 0{,}900 & 0{,}700 & 0{,}967 & 0{,}400 & 0{,}429 \\ 0{,}040 & 0{,}980 & 0{,}000 & 0{,}980 & 0{,}600 & 0{,}857 \\ 0{,}000 & 0{,}999 & 0{,}000 & 0{,}000 & 0{,}000 & 0{,}571 \\ 0{,}000 & 0{,}000 & 0{,}910 & 0{,}992 & 0{,}800 & 0{,}000 \end{bmatrix}$$

Uma vez calculado o Δ (máx.) e Δ (min.), é necessária a definição do peso, devido ao julgamento da importância. o peso representa o grau de importância da informação e defi-ne-se entre o valor zero e um, como uma variável que pertence aos números reais dentro do intervalo (0;1), de modo que a soma dos pesos equivalem a 1 (100%).

O Δ (máx.) = 0.999, Δ (min.) = 0 e conhecido o peso dos diversos índices (wj): 0,2, 0,2, 0,2, 0,1, 0,15, 0,15. Calculam-se o coeficiente de correlação, conforme fórmula 2.

Fórmula 2

$$\varepsilon_{ij} = \frac{\Delta(\min) + \rho\Delta(\max)}{\Delta_{ij} + \rho\Delta(\max)}$$

O Δij é a diferença do valor absoluto de x0 e xi; ρ é o coeficiente de distinção: 0≤ρ≤1; Δmin é o menor valor de Δij ; Δmáx é o maior valor de Δij (DATTA et al., 2008).

O coeficiente distingue-se e adota-se o valor entre 0,1 e 0,5, atribui-se para o valor igual a 0,3, para se calcular o coeficiente de correlação da matriz 3.

Matriz 3

$$\varepsilon_{ij} = \begin{bmatrix} 0{,}767 & 0{,}250 & 0{,}300 & 0{,}237 & 0{,}428 & 0{,}412 \\ 0{,}881 & 0{,}234 & 1{,}000 & 0{,}234 & 0{,}333 & 0{,}259 \\ 1{,}000 & 0{,}231 & 1{,}000 & 1{,}000 & 1{,}000 & 0{,}344 \\ 1{,}000 & 1{,}000 & 0{,}248 & 0{,}232 & 0{,}273 & 1{,}000 \end{bmatrix}$$

Para calcular o grau de correlação aplica-se a fórmula 3.

Fórmula 3

$$r_i = \sum_{j=1}^{6} w_j \, \varepsilon_{ij}$$

Matriz 4

$$r_i = \begin{bmatrix} 0{,}153 & 0{,}050 & 0{,}060 & 0{,}024 & 0{,}064 & 0{,}062 \\ 0{,}176 & 0{,}047 & 0{,}200 & 0{,}023 & 0{,}050 & 0{,}039 \\ 0{,}200 & 0{,}046 & 0{,}200 & 0{,}100 & 0{,}150 & 0{,}052 \\ 0{,}200 & 0{,}200 & 0{,}050 & 0{,}023 & 0{,}041 & 0{,}150 \end{bmatrix}$$

Calculado r1 = 0,4048, r2 = 0,5315, r3 = 0,6941, r4 = 0,6624, a sequência de conjunto da avaliação do projeto é:

A3> A4> A2> A1. Isso mostra que o A3 do projeto é o melhor plano. Segundo o Sistema Grey, na avaliação dos seis indi-cadores, pode-se saber que "o uso da unificação e da caixa de material de mesma capacidade" é a melhor opção.

3. Metodo de diagnóstico de empresa

3.1 Etapas do MDE

Neste trabalho será utilizado somente o diagnóstico em-presarial por meio do Questionário de Benchmarking Indus-trial, do MDE criado por Calado (2011) com somente 14 das 24 etapas. As etapas e a descrição de cada uma das etapas do MDE é baseada no ciclo de PDCA – Plan, Do, Check, Action.

A fase Plan - Planejar é composta por 4 etapas no Método de Diagnóstico de Empresas, conforme segue:

- **Etapa 1:** Define-se o tema e a proposta preliminar da pesquisa a fim de aplicar o MDE. A pesquisa será realizada em 4 empresas relacionadas ao setor de automotivo e que pos-suam a certificação ISO TS 16949. A análise da empresa será por meio do Questionário de Benchmarking Industrial.
- **Etapa 2:** Procede-se a uma revisão de literatura perti-nente, sobre Qualidade, ISO 9001, ISO TS 16949, Classe Mundial, Benchmarking. Benchmarking Industrial, Método de Correlação Grey, a fim de alinhar com o objetivo da pes-quisa.
- **Etapa 3**: utiliza-se do método estudo de caso para a realização da pesquisa a fim de coletar os dados das empresas do setor automotivo.
- **Etapa 4:** Contato inicial com as empresas para a reali-zação do Diagnóstico por meio da explanação da proposta da pesquisa aos participantes, onde se esclarece por meio de uma Carta de Confidencialidade o projeto da pesquisa e que o diagnóstico proporcionará a empresa uma análise que auxiliará na tomada de decisões para melhorias nos processos, negócios e pessoas. o documento que será enviado, obtém o compromisso de sigilo das informações coletadas.
- **Etapa 5**: Identifica-se o participante da pesquisa, o qual coletará os dados da empresa internamente, preenchendo o questionário por meio de uma auto-avaliação e enviando a pesquisadora.

A fase Do - Fazer é composta por 1 etapa no Método de Diagnóstico de Empresas, que é a etapa 6, conforme segue:

- **Etapa 6:** Coletam-se dados para a elaboração do diag-nóstico, por meio de questionário. É explicado ao respondente que este trabalho tem a finalidade de apoiar a tomada de decisão. A pessoa quem deverá responder o questionário terá que possuir o conhecimento dos dados da empresa, e como sugestão, o ideal seria o Representante da Direção, Gestores ou uma pessoa que cuida do Sistema de Gestão da Qualidade e estas atribuirão valores a cada questão de 1 à 5, conforme Questionário do Benchmarking Industrial.

A fase Check - Verificar é composta por 3 etapas no Método de Diagnóstico de Empresas, que são da etapa 7 à 9, conforme segue:

- **Etapa 7:** Elaboram-se os cálculos após o envio do Questionário preenchido primeiramente para avaliação de cada empresa, nos quesitos de prática e performance nas 7 áreas do Benchmarking Industrial. Após o cálculo faz-se a classificação das empresas, conforme a analogia à Luta de Boxe de acordo com o Benchmarking, para saber em qual nível de maturidade as empresas em questão se classificam. Também serão identificados os indicadores fortes e fracos de práticas e performance pelo método Grey nas 7 áreas do Benchmarking Industrial;

- **Etapa 8:** Selecionam-se as questões recomendadas com alto desempenho de acordo com o Método Análise de Corre-lação Grey para diagnóstico.

- **Etapa 9:** Selecionam-se as questões recomendadas com baixo desempenho de acordo com o Método Análise de Cor-relação Grey para diagnóstico.

A fase Action - Agir é composta por 5 etapas no Método de Diagnóstico de Empresas, que são da etapa 10 à 14, conforme segue:

- **Etapa 10:** Planeja-se a apresentação dos resultados da pesquisa, por meio de envio de um relatório com os dados compilados aos respondentes.

- **Etapa 11:** Resgata-se o problema que suscitou a inves-tigação, a fim de responder se as empresas que são certificadas na ISO TS 16949 se são classificadas como Classes Mundiais.

- **Etapa 12:** Confrontam-se os resultados obtidos com a teoria que deu suporte à investigação.

- **Etapa 13**: Elabora-se o relatório final da pesquisa.
- **Etapa 14:** Divulgam-se os resultados da pesquisa.

3.2 Aplicação do Método Grey para Análise dos Pontos Fortes e Fracos

O Sistema Grey será usado para descrever os pontos fortes e pontos fracos, das 4 empresas analisadas do setor automotivo.

Para se descrever a aplicação do Sistema Grey no MDE, foi escolhida uma das áreas da Manufatura Classe Mundial: a área de Qualidade Total.

A combinação de um conjunto de 16 indicadores avaliados por gestores das 4 empresas, pelo método estudo de caso, durante o MDE são mostrados na tabela 11.

Tabela 11 Indicadores pontuados pelas empresas na área da Qualidade Total

Indicadores	Empresa A	Empresa B	Empresa C	Empresa D
AD 1	3	5	2	4
AD 6	3	3	3	4
AD 8	3	3	1	3
OC 10	3	3	3	3
OC 5	3	3	4	3
OC 7	3	3	3	3
OC 9	3	3	3	3
Q 1	5	5	3	5
Q 10	5	5	1	4
Q 2	5	3	4	5
Q 3	1	5	3	3
Q 4	5	3	3	3
Q 5	5	5	1	4
Q 6	3	3	1	2
Q 8	3	3	3	4
Q 9	5	5	3	4

3.2.1 Pontos fortes e fracos da Área da Qualidade Total

Após os dados da 4 empresas serem analisados pelo Sistema Grey, na área da Qualidade Total, identificaram-se os valores de ri, conforme tabela 13.

Tabela 13 Valores de ri da Área da Qualidade Total

Sigla	R	Valor de R	Indicador
Q 6	r14	0,320	Defeitos (internos)
AD 8	r3	0,342	Medidas de desempenho
OC 10	r4	0,404	Ferramentas para resolução de problemas
OC 7	r6	0,404	Uso sistemático de *benchmarking*
OC 9	r7	0,404	Orientação para o cliente
AD 6	r2	0,446	Produtividade
Q 8	r15	0,446	Relacionamento com Fornecedores
Q 3	r11	0,524	Capabilidade do processo
OC 5	r5	0,531	Envolvimento dos colaboradores
Q 4	r12	0,560	Confiabilidade do produto em serviço (defeitos externos)
AD 1	r1	0,561	Nível de satisfação do cliente
Q 10	r9	0,697	Custos de refugo, retrabalho, reciclagem (incluindo segunda qualidade)
Q 5	r13	0,697	Custos de garantia
Q 9	r16	0,759	Qualidade da produção inicial de um novo produto em relação ao especificado
Q 2	r10	0,844	Modelos e procedimentos da qualidade
Q 1	r8	0,872	Visão da qualidade

A sequência de conjunto da avaliação dos indicadores é: Q6 > AD8 > (OC10 = OC7 = OC9) > (AD6 = Q8) > Q3 > OC5 > Q4 > AD1 > (Q10 = Q5) > Q9 > Q2 > Q1.

Os pontos fortes calculados para a área da Qualidade Total são conforme segue:

- Visão da qualidade (Q1): as empresas mencionaram que possuem Mentalidade de Zero Defeitos e Qualidade Total; qualidade controlada durante o processo, qualidade concebida para facilitar a fabricação; e que a qualidade é responsabilidade de todos.
- Modelos e procedimentos da qualidade (Q2): mencio-naram que possuem Modelos abrangentes para gestão da qualidade e melhorias são seguidas, resultando em imple-mentação de planos de ação.

Os pontos fracos calculados para a área da Qualidade Total são conforme segue:

- Defeitos (internos) (Q6): mencionaram que mais de 1% de defeitos (mais de 10.000 ppm), podem ocorrer em qualquer parte do processo.

- Medidas de desempenho (AD8): mencionaram que so-mente comparam custos e medidas não financeiras de resul-tados do processo como medidas de desempenho.

4. Resultados obtidos na pes-quisa

4.1 Demonstração do cálculo para a Realização da Analogia ao Boxe

Para a demonstração da Analogia ao Boxe, será mostrado o cálculo referente a Empresa A.

Conforme os cálculos mostrados de Prática e Performance da área da Qualidade Total, abaixo encontra-se a tabela 8 com os cálculos das outras áreas do Benchmarking Industrial da Empresa A.

Tabela 8 Resultados das Áreas de Diagnóstico da Empresa A

Áreas de Diagnóstico Empresarial	Somatória dos Dados Obtidos pelo Respondente	Somatória de Pontuações Possíveis	%
Qualidade Total PR (%)	28	40	**70%**
Qualidade Total PF (%)	30	40	**75%**
Produção Enxuta PR (%)	35	55	**64%**
Produção Enxuta PF (%)	22	45	**49%**
Logística PR (%)	16	20	**80%**
Logística PF (%)	10	35	**29%**
Organização e Cultura PR (%)	32	50	**64%**
Organização e Cultura PF (%)	1	5	**20%**
Desenv. Novos Produtos PR (%)	36	50	**72%**
Desenv. Novos Produtos PF (%)	20	30	**67%**
Gestão da Inovação PR (%)	22	30	**73%**
Gestão da Inovação PF (%)	6	10	**60%**
Meio ambiente, Saúde e Seg PR (%)	38	40	**95%**
Meio ambiente, Saúde e Seg PF (%)	18	20	**90%**

Para se obter o Índice Geral de Prática e Performance da Empresa A, será demonstrado o cálculo de Prática, pois o de Performance é o mesmo. Foram calculados todos os valores de PR, somando-se todos os dados obtidos pelo respondente referente a PR e depois dividindo-se pela somatória de pon-tuações possíveis de PR, conforme segue: (28 + 35 + 16 + 32 + 36 + 22 + 38)/ (40 + 55 + 20 + 50 + 50 + 30 + 40) = 207/ 285 * 100 = 73%.

A tabela 10 mostra o índice geral de prática e performance das quatro empresas analisadas.

Áreas de Diagnóstico Empresarial	Empresa A	Empresa B	Empresa C	Empresa D
Índice Geral de Prática - PR (%)	73%	73%	69%	69%
Índice Geral de Performance - PF (%)	58%	79%	56%	68%

4.1.1 Nível de Maturidade das empresas

O nível de maturidade das quatro empresas está conforme gráfico 12 da Analogia ao Boxe, referente as empresas A, B, C e D.

O gráfico de Analogia ao Boxe auxiliou por meio de uma visualização rápida mostrar em que ponto as empresas se classificavam quando plotava-se os pontos em percentual de práticas e performances. Também permitiu de uma forma visual realizar a comparação das empresas estudadas em um único gráfico.

Fazendo uma Analogia ao Boxe as empresas A, e C que participaram do estudo foram classificadas como Promissoras. Já as empresas B, e D foram classificadas como Desafiadoras. As empresas pesquisadas não são, portanto, classificadas.

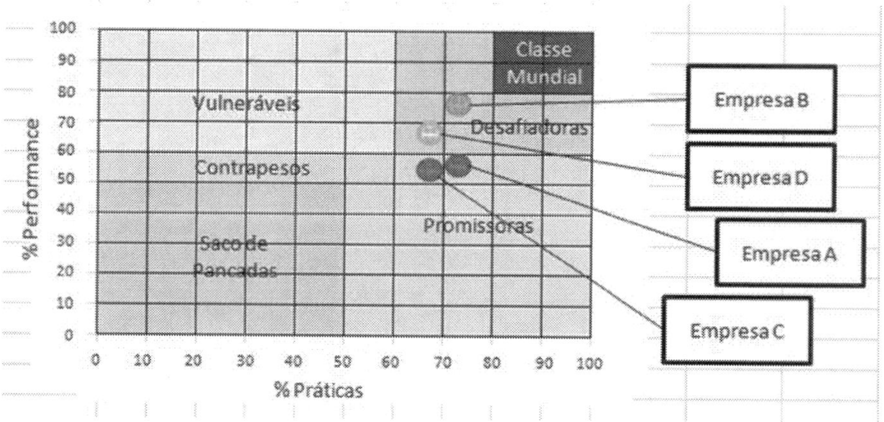

Gráfico 12 Classificação das empresas analisadas

As empresas do Setor Automotivo certificadas na ISO TS 16949: 2009 que foram analisadas na pesquisa mostram que ainda não são classificadas como Classes Mundiais, mas estão próximas deste resultado, porque para ser Classe Mundial precisa obter no mínimo 80% de prática e 80% de performance. Nota-se que as empresas classificadas como Desafiadoras estão mais perto de obter a classificação Classe Mundial. As empresas Promissoras precisam trabalhar um pouco mais nesta questão para também alcançarem este nível.

4.1.2 Intervalo de confiança das Empresas Pesquisadas

Nota – se pelo gráfico de intervalo de confiança que a em-presa B realmente possui uma melhor classificação com 95% de certeza, utilizando o software Minitab. É possível verificar a mesma posição das outras empresas, conforme gráfico 13.

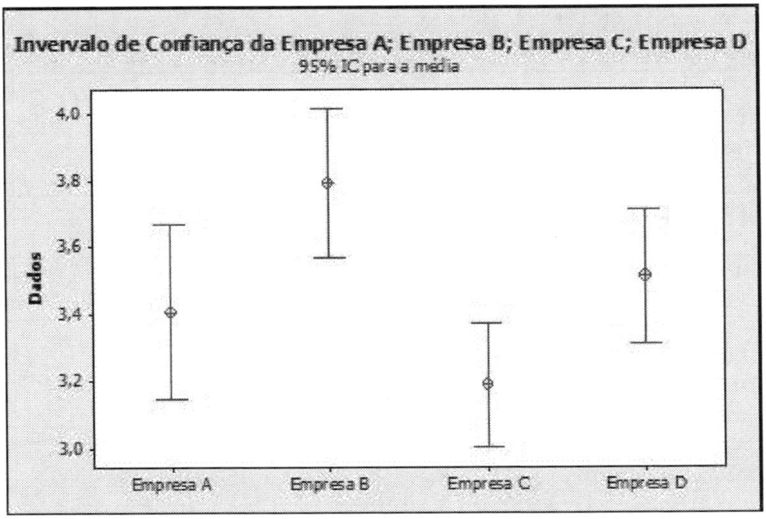

Gráfico 13 Intervalo de Confiança de 95% das Empresas A, B, C, e D.

As empresas A e C foram classificadas como Promissoras. As empresas B e D foram classificadas como Desafiadoras. Por meio dessas análises, nota-se que as empresas analisadas do Setor Automotivo certificadas na ISO TS 16949: 2009 ainda não são classificadas como Classes Mundiais, mas estão próximas deste resultado, porque para ser Classe Mundial precisa obter no mínimo 80% de prática e 80% de performance. Nota-se que as empresas classificadas como Desafiadoras estão mais perto de obter a classificação Classe Mundial. As empresas Promissoras precisam trabalhar um pouco mais nesta questão para também alcançarem este nível.

A classificação como empresa Promissora para a Empresa A é pela razão de ter obtido nota de prática 73% e performance 58% que pela Analogia ao Boxe obtém-se essa classificação. De uma maneira geral, isso significa que ela precisa melhorar em seu gerenciamento, pois o grande problema está no método de gestão da empresa.

A classificação como empresa Desafiadora para a Empresa B é pela razão de ter obtido nota de prática 73% e performance 79%. De uma maneira geral, isso significa que ela precisa melhorar o método de realização das tarefas para obtenção dos resultados, pois o grande problema está no método de execução das atividades da empresa.

A classificação como empresa Promissora para a Empresa C é pela razão de ter obtido nota de prática 69% e performance 56%. De uma maneira geral, isso significa que ela precisa melhorar o método de realização das tarefas para obtenção dos resultados, pois o grande problema está no método de execução das atividades da empresa e melhorar em seu gerenciamento, pois o problema está no método de gestão da empresa.

A classificação como empresa Desafiadora para a Empresa D é pela razão de ter obtido nota de prática 69% e performance 68%. De uma maneira geral, isso significa que ela precisa melhorar o método de realização das tarefas para obtenção dos resultados, pois o grande problema está no método de execução das atividades da empresa e melhorar em seu gerenciamento, pois o problema está no método de gestão da empresa.

4.2 Análise do Método de Diagnóstico de Empresas

O MDE permitiu elaborar o delineamento de toda a pes-quisa, com a utilização do PDCA. Facilitou muito no desen-volvimento do estudo, pois mostrava o passo-a-passo a ser realizado. A fase de planejamento foi a fase mais demorada. Depois a fase de coleta de dados demorou o prazo definido com os respondentes com alguns dias de atraso, o que não atrapalhou o andamento da pesquisa. Na fase de verificação também não se estendeu muito neste período, porque a pes-quisadora já havia estudado o método de Correlação Grey para a realização dos cálculos. E a fase de ação foi um pouco complexa, pois havia a necessidade de sintetizar os dados para a elaboração do relatório.

Pelo fato da análise das empresas ser uma estudo de caso e não uma pesquisa-ação foi realizada a comparação dos dados das quatro empresas analisadas e obteve-se os pontos fortes e fracos de uma maneira geral e não de uma forma individual. Para a definição de pontos fortes e fracos de cada empresa a pesquisadora precisaria de mais amostras internas de cada empresa para a análise de pontos fortes e fracos de uma maneira individual, porém sairia do foco desta pesquisa.

4.2.1 Análise dos dados de Práticas e Performances

Foi verificado que as empresas possuem notas melhores em práticas comparado às notas de performance. Isso significa que estas empresas são de atitudes, utilizam atividades, mé-todos e ferramentas conhecidos no mercado, porém possuem pouco gerenciamento. E se não mede, não se sabe o que deve ser melhorado ou corrigido para o gerenciamento contínuo da empresa.

Nota-se que as empresas A e B obtiveram as melhores notas em práticas - 73%. As empresas C e D obtiveram os valores de práticas equivalentes a 69%.

A empresa que possui a melhor performance é a empresa B com o valor de 79% e a empresa com o valor mais baixo é a empresa C com 56%.

A empresa B mostra que as práticas utilizadas, que são os métodos e ferramentas aplicados, estão fazendo a empresa obter as melhores performances. Por isso, dentre as empresas analisadas esta é a que possui a melhor classificação – prática 73% e performance 79%.

4.2.2 Análise da Comparação ao Intervalo de confiança

Pelo cálculo do intervalo com 95% de confiança, obteve-se praticamente as mesmas classificações das empresas, com-parado aos dados obtidos no gráfico de Analogia ao Boxe. Logo, verifica-se que a gráfico do Intervalo de Confiança de 95% elaborado no software do Minitab corrobora com os dados obtidos no gráfico de Analogia ao Boxe.

4.2.3 Análise do Método de Correlação Grey

O cálculo por meio do Método de Correlação Grey auxiliou na definição dos pontos fortes e fracos das empresas analisadas. Os cálculos são fáceis de serem aplicados e foi utilizado o software Excell.

4.2.4 Análise dos Pontos Fortes e Fracos das Empresas Analisadas

Foi utilizado o método de correlação Grey para a definição de pontos fortes e fracos. Os Pontos Fortes e Fracos foram definidos para as quatro empresas analisadas, baseado no cálculo de r, por meio do Método de Correlação Grey. Os pontos fortes e fracos foram calculados nas sete áreas do Benchmarking Industrial, os quais foram obtidos por meio de cálculos pelo Método Grey para Qualidade Total, Organização e Cultura, Desenvolvimento de Novos Produtos, Gestão da Inovação, Logística, Meio Ambiente, Saúde e Segurança e Produção Enxuta das 4 empresas analisadas.

5. Conclusão

Foi verificado que o nível de maturidade das empresas certificadas na ISO TS 16949 ainda não é Classe Mundial, porém falta pouco para a obtenção desta classificação. o nível de maturidade encontrado no estudo é a classificação como Promissoras e Desafiadoras, as quais estão próximas do nível Classe Mundial. Seria uma oportunidade para trabalhos futuros a verificação do nível de maturidade das empresas certificadas em Sistemas de Gestão Integrados. Outra oportunidade para trabalhos futuros seria identificar por que empresas certificadas na ISO TS 16949 possuem altos níveis de defeitos.

Agradecimentos

Ao Instituto Euvaldo Lodi (IEL), de Santa Catarina, por ter apoiado e contribuído com as informações do Benchmarking Industrial para esta pesquisa. Também agradecemos as quatro empresas brasileiras, na qual foi acordado não divulgar seus nomes pela ampla colaboração ao responder a pesquisa, na qual tornou-se possível a realização da dissertação de mestrado da aluna e autora Angela Alice Silva Boa Sorte Oliveira na UNESP – Guaratingueta.

6. References

[1] **ACHERJEE, B.; KUAR, A. S.; MITRA, S.; MISRA, D**. *Ap-plication of grey-based Taguchi method for simultaneous op-timization of multiple quality characteristics in laser transmission welding process of thermoplastics. International Journal, Advanced Manufacturing Technology. v. 56. p. 995–1006, 2011. B1*

[2] **ADEBANJO, D; ABBAS, A.; MANN, R.** *An investigation of the adoption and implementation of Benchmarking. International Journal of Operations & Production Management. v. 30. n. 11. p. 1140-1169, 2010. A2*

[3] **ASSOCIAÇÃO BRASILEIRA DE NORMAS TÉCNICAS. ABNT NBR ISO 9000**: *Sistemas de Gestão da Qualidade – Fundamentos e Vocabulário, 2005.*

[4] **ASSOCIAÇÃO BRASILEIRA DE NORMAS TÉCNICAS. ABNT NBR ISO 9004**: *Gestão para o Sucesso Sustentado de uma Organização – Uma Abordagem da Gestão da Qualidade, 2010.*

[5] **AZADEH, A.; FARMAND, A. H.; SHARAHI, Z. J**. *Perfor-mance assessment and optimization of HSE management systems with human error and ambiguity by an integrated fuzzy multivariate approach in a large conventional power plant manufacturer. Journal of Loss Prevention in the Process In-dustries. v. 25. p. 594-603, 2012. B1*

[6] **BEVILACQUA, M.; CIARAPICA, F. E.; GIACCHETTA, G; MARCHETTI, B**. *Implementation of a quality procedure based on Delphi method and the ISO/TS 16949:2009*

in the production of stainless steel tubes for automotive exhaust systems. International Journal of Quality & Reliability Management. v. 28. n. 8. p. 841-866, 2011. B2

[7] **CALADO, R. D**. *Método de diagnóstico de empresa: uma abordagem segundo os princípios Lean. 226f. Tese (Doutorado). Programa de Pós Graduação em Engenharia Mecânica. Universidade Estadual de Campinas. Campinas, 2011.*

[8] **CALADO, R. D; BATOCCHIO, A.; CALARGE, F. A**. *Teoria do Sistema Grey: Um Método de Análise e Correlação para a Seleção e Avaliação de Projetos. XIX Simpósio Internacional de Engenharia Automotiva, 2011.*

[9] **CARVALHO, M. M.; PALADINI, E. P; BOUER, G.; FER-REIRA, J. J. A.; MIGUEL, P. A. C.; SAMOHYL, R. W.; ROTONDARO, R. G.** *Gestão da Qualidade: Teoria e Casos. 1ª Ed. – Rio de Janeiro: Elsevier, 2005. p. 355.*

[10] **CROSBY P. B**. *Qualidade e Investimento: A Arte de Garantir a Qualidade. 7ª ed. – Rio de Janeiro: José Olympio, 1999. p. 327.*

[11] **DEMING, W. E.** *Qualidade: A revolução da Administração. 1ª ed, Rio de Janeiro: Marques-Saraiva, 1990. p. 367.*

[12] **DÍAZ, V. G. P.; MARTÍNEZ, L. B.; FERNÁNDEZ, J. F. G.; MÁRQUEZ, A. C.** *Contractual and quality aspects on warranty: Best practices for the warranty management and its maturity assessment. International Journal of Quality & Reliability Management. v. 29. n..3. p. 320-348, 2012. B2*

[13] **ESTORILIO, C; POSSO, R. K**. *The reduction of irregularities in the use of "process FMEA". International Journal of Quality & Reliability Management. v. 27. n. 6. p. 721-733, 2010. B2*

[14] **FISHER, N. I.; NAIR, V. N**. *Quality management and quality practice: Perspectives on their history and their future. Applied Stochastic Models in Business and Industry. v. 25. p. 1–28, 2009. B2*

[15] **GAN, L.; XU, J.; HAN, B. T.** *A computer-integrated FMEA for dynamic supply chains in a flexible-based environment. In-ternational Journal, Advanced Manufacturing Technology. v. 59 p. 697–717, 2012. B1*

[16] **GRUPP, H.; SCHUBERT, T.** *Review and new evidence on composite innovation indicators for evaluating national per-formance. Research Policy. v. 39. p. 67–78, 2010. A1*

[17] **HANSON, P.; VOSS, C.** *Benchmarking Best Practice in Eu-ropean Manufacturing Sites. Business Process Reengineering & Management Journal. v. 1. n. 1. p. 60-74, 1995.*

[18] **HARRISON, A.** *Manufacturing strategy and the concept of world class Manufacturing. International Journal of Operations & Production Management. v. 18. n. 4 p. 397-408, 1998. A2*

[19] **HERNANDEZ, H.** *Quality audit as a driver for compliance to ISO 9001:2008 standards. The TQM Journal. v. 22. n. 4. p. 454-466, 2010. B2*

[20] **IEL/SC - INSTITUTO EUVALDO LODI DE SANTA CA-TARINA**. *Questionário Benchmarking Industrial. Florianópolis, r.11, 2009.*

[21] **ILKAY, M. S.; ASLAN, E.** *The effect of the ISO 9001 quality management system on the performance of SMEs. International Journal of Quality & Reliability Management v. 29 n. 7. p. 753-778, 2012. B2*

[22] **IP, W. C.; HU, B. Q.; WONG, H.; XIA, J.** *Applications of grey relational method to river environment quality evaluation in China. Journal of Hydrology. v. 379. p. 284–290, 2009. A1*

[23] **ISO TS 16949,** *Quality Management Systems - Particular requirements for the application of ISO 9001:2008 for auto-motive production and relevant service part organizations, 2009.*

[24] **JOHNSON, D. M.; SUN, J.; JOHNSON, M. A.** *Integrating multiple manufacturing initiatives: challenge for automotive suppliers. Measuring Business Excellence. v. 11 N. 3. p. 41-56, 2007. B2*

[25] **JOSHI, D.; Nepal, B.; RATHORE, A. P. S.; SHARMA, D.** *On supply chain competitiveness of Indian automotive component manufacturing industry. International Journal of Production Economics, 2013. A1*

[26] **JU-LONG, D.** *Control Problems of Grey Systems. System & Control Letters. v. 1. n. 5. p. 288-294, 1982.*

[27] **JURAN, J.M.** *Juran na Liderança pela Qualidade: Um guia para executivos. 3ª ed. – São Paulo: Pioneira, 1995. p. 386.*

[28] **KARTHA, C.P.** *A comparison of ISO 9000:2000 quality system standards, QS9000, ISO/TS 16949 and Baldrige criteria. The TQM Magazine. v.16. n.5. p. 331–340, 2004. B2*

[29] **KULL, T. J.; WACKER, J. G.** *Quality management effectiveness in Asia: The influence of culture. Journal of Operations Management. v.28. p. 223–239, 2010. A1*

[30] **KUULA, M.; PUTKIRANTA, A.; TOIVANEN, J.** *Coping with the change: a longitudinal study into the changing manufacturing practices. International Journal of Operations & Production Management. v. 32. n. 2. p. 106-120, 2012. A2*

[31] **LAI, M.-C.; WANG, W.-K.; HUANG, H.-C.; KAO, M.-C.** *Linking the benchmarking tool to a knowledge-based system for performance improvement. Expert Systems with Applications. v.38. p. 10579–10586, 2011. A2*

[32] **LÃS CASAS, A. L.** *Qualidade total em Serviços: Conceitos, Exercícios, Casos Práticos. 5ª ed. – São Paulo: Atlas, 2006. p. 231.*

[33] **LAUGEN, B. T.; ACUR, N.; BOER, H.; FRICK, J.** *Best man-ufacturing practices What do the best-performing companies do? International Journal of Operations & Production Management. v. 25. n. 2. p. 131-150, 2005. A2*

[34] **LEVINE, D. I.; TOFFEL, M. W.** *Quality Management and Job Quality: How the ISO 9001 Standard for Quality Management Systems Affects Employees and Employers. Management Science. v. 56, n. 6, pp. 978–996, 2010. A1*

[35] **LIN, H. –L.** *The use of the Taguchi method with grey relational analysis and a neural network to optimize a novel GMA welding process. Journal of Intelligent Manufacturing. v. 23. p. 1671–1680, 2012. A2*

[36] **LIN, Y.; MA, S.; ZHOU, L.** *Manufacturing strategies for time based competitive advantages. Industrial Management & Data Systems. v. 112. n. 5. p. 729-747, 2012. A2*

[37] **MAHMOUD, H. B.; KETATA, R.; ROMDHANE, T. B.; AHMED, S. B.** *A multiobjective-optimization approach for a piloted quality-management system: A comparison of two ap-proaches for a case study. Computers in Industry. v. 62. p. 460–466, 2011 A2*

[38] **MIGUEL, P. A. C.** *Metodologia de Pesquisa em Engenharia de Produção e Gestão de Operações. Abepro, 2010. 226p.*

[39] **MOTWANI, J; KUMAR, A.; KATHAWALA, Y. WCM** *Prac-tices of North American Manufacturing Organizations. Industrial Management & Data Systems, v. 94, n. 7, p. 18-23, 1994. A2*

[40] **OLIVEIRA, U. R. De; MARINS, F. A. S.; DALCOL, P. R. T.** *Diretrizes metodológicas de pesquisa acadêmica em engenharia de produção: uma abordagem prática, 2009.*

[41] **PARAST, M. M.; ADAMS, S. G.** *Corporate social responsibility, benchmarking, and organizational performance in the petroleum industry: A quality management perspective. International Journal Production Economics. v. 139. p. 447–458, 2012. A1*

[42] **RAHMAN, S.; LAOSIRIHONGTHONG, T.; SOHAL, A. S.** *Impact of lean strategy on operational performance: a study of Thai manufacturing companies. Journal of Manufacturing Technology Management. v. 21. n. 7. p. 839-852, 2010. B2*

[43] **RENIERS, G. L. L.; CREMER, K.; BUYTAERT, J.** *Continu-ously and simultaneously optimizing an organization's safety and security culture and climate: the Improvement Diamond for Excellence Achievement and Leadership in Safety & Security (IDEAL S&S) model. Journal of Cleaner Production. v. 19. p. 1239 - 1249, 2011. A2*

[44] **RODRÍGUEZ-ROCHA, B. D.; CASTILLO-BARRERA, F. E.; LÓPEZ-PADILLA, H.** *Knowledge Capitalization in the Automotive Industry using an Ontology based on the ISO/TS 16949 standard. Electronics, Robotics and Automotive Me-chanics Conference. p. 100-106, 2009.*

[45] **SARKAR, A.; MUKHOPADHYAY, A. R.; GHOSH, S. K.** *Improvement of service quality by reducing waiting time for service. Simulation Modelling Practice and Theory. v. 19. p. 1689–1698, 2011. B1*

[46] **SCHEFCZYK, M.** *Industrial Benchmarking: A case of per-formance analysis techniques. International Journal of Pro-duction Economics. v32. p. 1-11, 1993. A1*

[47] **SEIBEL, S.** *Um Modelo de Benchmarking baseado no Sistema Produtivo Classe Mundial para Avaliação de Práticas e Per-formances da Indústria Exportadora. 173f. Tese (Doutorado). Programa de Pós-graduação em Engenharia de Produção. Universidade Federal de Santa Catarina. Florianópolis, 2004.*

[48] **SERDAR, K.; KARAMAN, E. A.** *A fuzzy logic model for benchmarking the knowledge management performance of construction firms. Canadian Journal of Civil Engineering. v. 38. p. 464-475, 2011. B1*

[49] **SINGH, P. J.; FENG, M.; SMITH, A.** *ISO 9000 series of standards: comparison of manufacturing and service organiza-tions. International Journal of Quality & Reliability Management. v. 23. n. 2. p. 122-142, 2006. B2*

[50] **SONG, Q.; SHEPPERD, M.** *Predicting software project effort: A grey relational analysis based method. Expert Systems with Applications. v. 38. p. 7302–7316, 2011. A2*

[51] **SROUFE, R.; CURKOVIC, S.** *An examination of ISO 9000:2000 and supply chain quality assurance. Journal of Op-erations Management v. 26. p. 503–520, 2008. A1*

[52] **THAWESAENGSKULTHAI, N.** *An empirical framework for selecting quality management and improvement initiatives. International Journal of Quality & Reliability Management. v. 27. n. 2. p. 156-172, 2010. B2*

[53] **TIE-JUN, C.; SHA. L.** *Application and Study of Lean Produc-tion Theory in the Manufacturing Enterprise. IEEE 2008, 2008 International Conference on Information Management, Inno-vation Management and Industrial Engineering. 2008.*

[54] **VANICHCHINCHAI, A.; IGEL, B.** *Total quality management and supply chain management: similarities and differences. The TQM Magazine. v. 21. n. 3. p. 249-260, 2009. B2*

[55] **VOSS, C.; BLACKMON, K.** *The impact of national and parent company origin on world-class manufacturing Findings from Britain and Germany. International Journal of Operations & Production Management, v. 16. n. 11. p. 98-115, 1996. A2*

[56] **WEI, C. C.; SHEEN, G. J.; TAI, C. T.; LEE, K. L.** *Using Six Sigma to improve replenishment process in a direct selling company. Supply Chain Management: An International Journal. v.15. n.1 p. 3–9, 2010. A1*

[57] **WIENGARTEN, F.; PAGELL, M.** *The importance of quality management for the success of environmental management initiatives. International Journal of Production Economics. v. 140. p. 407–415, 2012. A1*

[58] **WU, S.** *Warranty Data Analysis: A Review. Quality and Reli-ability Engineering International. v. 28 p. 795–805, 2012. B1*

[59] **ZAKUAN, N. M.; YUSOF, S. M.; SHAHAROUN, A. M.** *The Link between Total Quality Management and Organizational Performance in Malaysian Automotive Industry: The Mediating Role of ISO/TS16949 Efforts. IEEE International Conference on Industrial Engineering and Engineering Management. p. 439 - 443, 2009.*

[60] **ZHENG, G.; JING, Y.; HUANG, H.; GAO, Y.** *Application of improved grey relational projection method to evaluate sus-tainable building envelope performance. Applied Energy. v. 87. p. 710–720, 2010. A1*

[61] **ZHU, J.; HIPEL, K. W.** *Multiple stages grey target decision making method with incomplete weight based on mul-ti-granularity linguistic label. Information Sciences. v. 212. p. 15–32, 2012. A1*

[62] **ZU, X.; ROBBINS, T. L.; FREDENDALL, L. D.** *Mapping the critical links between organizational culture and TQM/ Six Sigma practices. International Journal Production Economics. v. 123. p. 86–106, 2010. A1*

Made in United States
Orlando, FL
04 November 2026

90218973R00259